生物演化与环境

主　编　戎嘉余

副主编　袁训来　詹仁斌　邓　涛

中国科学技术大学出版社

内容简介

生物演化是人类关心的永恒主题。古生物学家根据岩石中保存的化石记录和古环境信息，一直致力于真实地恢复这一漫长的历史画卷。本书以精美的化石为实证，以重大生物进化事件为主线，讲述地球生命38亿年以来真实发生的进化过程，以及所伴随的环境演变。其中，生物及其类群的起源、辐射、灭绝和全球气候变化、青藏高原隆升等重大变革事件是重点内容，使读者不但能够了解地球生物演化的复杂过程，也学会"讲古论今"，对现今的地球环境和人类的未来做出深层次的思考。

图书在版编目(CIP)数据

生物演化与环境/戎嘉余主编.—合肥:中国科学技术大学出版社,2018.3（2023.1重印）

ISBN 978-7-312-04405-2

Ⅰ.生… Ⅱ.戎… Ⅲ.生物—进化—高等学校—教材 Ⅳ.Q11

中国版本图书馆CIP数据核字(2018)第033243号

地图审图号:GS(2018)1429号

生物演化与环境

SHENGWU YANHUA YU HUANJING

出版	中国科学技术大学出版社 安徽省合肥市金寨路96号,230026 http://press.ustc.edu.cn https://zgkxjsdxcbs.tmall.com	开本	787 mm×1092 mm 1/16
		印张	27
		字数	534千
印刷	合肥华苑印刷包装有限公司	版次	2018年3月第1版
发行	中国科学技术大学出版社	印次	2023年1月第3次印刷
经销	全国新华书店	定价	99.00元

　　中国科学院南京地质古生物研究所和古脊椎动物与古人类研究所把"基础研究""应用基础研究"和"科学传播"放在同等位置,将其定位为研究所的三大战略。长期以来,这两个所的科学家通过多种渠道,热心普及地球生命历史和环境演变的知识,为提高公众的科学素养、为莘莘学子建立唯物主义的自然观和人生观贡献力量。近年来,由多位活跃在科研一线的科学家联合在南京大学和中国科学院大学开设"生物演化与环境"全校通识课程,就是其中一项颇有意义的工作。他们为此做了认真的准备,不仅综合了全球最新科研资料,还把自己的科学理念与最新科研成果融入讲课内容。在2016年和2017年两年教学实践的基础上,每位老师都对讲义做了补充完善,于2017年下半年写就本教材。

　　生物演化是人类关心的永恒主题。约38亿年的生命演化过程波澜壮阔、千变万化。地层古生物学家根据岩层中保存的化石和环境信息,努力恢复这一漫长的生命历史画卷。生物及其类群的起源、大辐射和大灭绝,全球气候变化,青藏高原隆升等重大变革事件,以及生命演化对人类的启示等内容,构成了本教材的主要部分,与以往同类教材比较有自己明显的特色。

　　本教材面向大学全学科的本科生及研究生。我们殷切期望他们通过学习该课程,能在今后读懂一些有关生物演化和环境的论著;能具备一定的地质学和生物学的基础知识(如记住全球地质年代表,了解各地质时期重要的代表性化石);能对生物演化和环境演变有一个初步的了解;能把地球作为一个完整的系统来看待和思考,进而为探索和揭示现今地球环境和人类未来深层次的演化机理做出贡献。

　　欲求超胜,必先会通。通古今,通中西,通文理,汲取知识,培育能力,双管齐下,方能成为博学多才、掌握本领、行为优雅之强人。现今大科学时代,科研机构和大学之间,提倡"教育和科研资源共享、优势互补"的协同育人方式,这是科教融合的重要内容,也是年轻学子成长、成才的必经之路。期盼这本教材能对这一教育方式有一些微薄的贡献。

本书各章节编写分工如下:第一章戎嘉余,第二章杨群、马俊业,第三章王向东、彭善池、盛青怡,第四章袁训来,第五章周传明,第六章李国祥,第七章詹仁斌,第八章王怿、徐洪河、汪瑶,第九章朱敏,第十章王军,第十一章沈树忠、王玥,第十二章王鑫,第十三章张海春,第十四章徐星、张蜀康,第十五章沙金庚,第十六章邓涛,第十七章刘武、吴秀杰,第十八章周忠和。封面绘画杨定华。

本书的编写出版,得到了南京大学和中国科学院大学相关部门、中国科学技术大学出版社以及许多学生的关心、支持和帮助,国家自然科学基金委员会、中国科学院以及现代古生物学和地层学国家重点实验室为本书的出版提供了经费支持。谨此,我们致以诚挚的谢意!

戎嘉余　袁训来　詹仁斌　邓涛

二〇一八年元月三日

如果从达尔文(Darwin,1859)的《物种起源》巨著问世算起,演化生物学的研究历史已有近160个年头了,但是,这与人类历史相比,只是一瞬间。

许多学科或领域(从地质学到古生物学,解剖学到基因组学,组织胚胎学到分子生物学)的众多学者,为解读生物演化这个议题而不懈探索,乐此不疲,成绩卓著。但是,仍有许多问题还未找到答案,仍有许多假说还争议不断。要在这么短的时间里,解决比天还大的生物演化及其与环境的诸多问题,是断然不可能的。这是因为,从时间上看,生命诞生于38亿年前,演化历史极其漫长;从空间上看,生物演化所涵盖的内容极其丰富;科学研究日益呈现出专门化和精细化的特点,但不同专业、学科之间的交叉融合却远远不够;地质、地层和化石记录有其不完备性;生命过程离不开生存环境,而环境因素与演化却不一定表现出明晰的因果关系……为揭示演化真谛,我们必须努力探索耕耘,一步一个脚印地前行。

化石是生物演化及其与环境关系的最重要的见证者。古生物学(Palaeontology 或 Palaeobiology)是研究地史时期一切生物的遗体和遗迹(统称为化石)的科学,连接着地质学(Geology)和生物学(Biology),涉及生命及其类群的起源与演化、地层层序和时代、古生物地理、古生态系统、古环境条件,等等。研究化石离不开地层学(Stratigraphy)。地层学专门研究地壳表层成层的岩石,旨在建立地层层序及系统,根据化石、绝对年龄等确定地层时代,做好地层划分与对比,寻找重要矿层和有价值的岩石,为人类服务。拥有浩瀚资料的古生物学和地层学,是地质学最根本的两大基础学科,它们厚重的积累和层出不穷的新发现,总是不断地为探索生命演化带来全新的、强有力的支持。

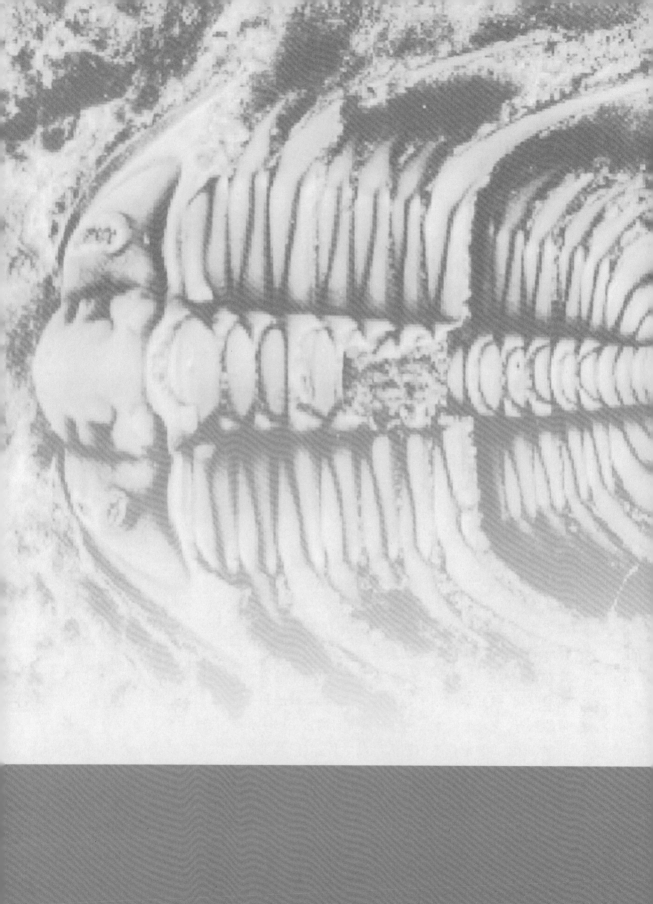

第一章

导论

来自地层学和古生物学的证据

生物演化，
在悄无声息的缓慢进程中
不时被暴风骤雨般的
突发事件所打断，
且不可逆，没有预设方向和目的，
随影而行的外在、内在及机遇等因素
都起着重要的作用。

第一节 生命篇

生命是神奇的,是生物体许多现象的复合(如生长、发育、感觉、意识、反应、繁殖、代谢、遗传变异及结构)。生命具有时空和哲学意义。地球上的生物五花八门,每个物种都有其最适合的环境。各种生物凭借着它们自己独特的性状,共同谱写出生命世界的辉煌。许多生物(特别是海洋生物)及其栖息状况,大多数人从未见过。例如图1-1所示的就是一种形态独特、栖息在深海底部的无脊椎动物(属腔肠动物门八射珊瑚亚纲),它像其他生物一样,拥有自己的祖先和历史,有自己独特的生存环境和所需要的生存条件。

图1-1 海鳃或海笔——栖息在深海底部、体型奇特的一种无脊椎动物。

尽管各家观点不完全相同,但我们仍然可把生命大致分为以下五大界别:原核生物界、原生生物界、真菌界、动物界、植物界。

1. 原核生物界

原核生物界包括微小单细胞,如蓝细菌(旧名蓝藻、蓝绿藻)、细菌和古菌(也有单独将后两类分出,分别称为细菌界和古菌界),源自35亿年前,无细胞核和细胞器,常在极端环境中生活。古菌,在地球早期大气缺氧时业已存在,现仍驻守在深海火山口、陆地热泉和盐碱湖等厌氧环境中。它与现实生活的联系最近才被发现:一日本患者得了健忘抑郁症后,确诊是患了脑脊髓炎,系古菌感染所致。

2. 原生生物界

原生生物界包括真核细胞、单细胞或多细胞生物,如变形虫、有孔虫、放射虫和绿藻、褐藻、红藻、硅藻,多在水中生活或寄生。它们源自16亿年前,约有3万种。它们看起来似乎很简单,但其细胞结构却相当复杂。下面几大类都是由它演化而来的。

3. 真菌界

真菌细胞有真正的细胞核,细胞壁以几丁质为主要成分,最常见的是各种大型真菌(如木耳、蘑菇等),还有霉菌和酵母(单细胞),大都是真核、异养的多细胞或多核生物,营寄生或腐生。它们不含叶绿素,不能进行光合作用;缺少鞭毛,运动受到限制,但向体外分泌消化酶,通过吸收而非摄食方式来获取营养;源自6亿年前,约有7万种。

4. 动物界

动物是生物圈中最大的类群,包括无脊椎动物、原索动物和脊椎动物,发育消化、呼吸、循环、排泄、神经和生殖系统,能运动、有感觉,不像植物那样需要进行光合作用,以植物、其他动物或微生物为食。其种类繁多、千奇百怪。现存最引人注目的是脊椎动物,约有5万种;分布最广的是无脊椎动物(图1-2),约有200万种(占现生种数的80%左右)。无脊椎动物中数量最多且多样性最高的是节肢动物。其中,昆虫的种类和数量最多,约有150万种(见第十三章)。

图1-2 无脊椎动物在史前和现代的常见分类单元(傅强绘)。

5. 植物界

植物是有光合作用能力的真核、多细胞生物,如树木、小草、海藻等绿色有机体,广布于海洋和陆地(包括湖泊、河流),直接或间接哺养了其他生命。陆地植物包括苔藓、蕨类、裸子植物和被子植物等。其中,被子植物种类最多,约有25万种,占植物总数的50%左右(见第十二章)。喜花和传粉昆虫与被子植物是互惠互利、共同演化的。植物是重要的聚煤物质,煤矿就是植物堆积后历经复杂的地质过程(如高温、高压)而形成的。有胚植物,可能源自4亿多年前。

研究演化生物学,需要结合现代生物学的概念,掌握以下基本名词术语。

物种(species) 有特定形态和行为、生理、生化、生殖、免疫等系统,有特定生态需求,占领特定生境,由不连续分布、大小不一的居群(或称种群)组成。上述诸方面的变异是生物演化的根本。各种隔离(如地理、生态、生殖)如何促进不同居群朝不同方向,逐渐演变成新种或借助于遗传突变而快速演化成新种?个中问题,纷繁复杂。同属不同种的生物,因生物学特性和生态要求相似,一般难存于同一生境内。

居群(population) 生物学领域常称其为种群,是物种在自然界存在的具体形式和繁衍的基本单元。同一居群内和同种不同居群之间的形态变异,乃是新种诞生的起点。居群变异是物种的一种基本特征。物种形成就是通过居群而不是通过个体来实现的。在同种同一居群内易于识别出不同的表型(phenotypes),而不是不同的物种。

群落(community) 是生态学、生态生物地理学和生态地层学的基本单元,由生活在同一生态位(ecological niche)的全部物种组成。它们与无机和有机因素相互依存,共同经受环境考验。群落随时间的推移和环境的变化,在组成、结构和分布上亦会发生变化。这些变化是生命演化过程中一个重要的组成部分。

生物多样性(biodiversity) 是指同一生态系统中所有生物的总和,反映了生命的基本特征。它包括遗传、物种和生态系统等3个层次。现代生物以热带雨林里的多样性最高,种数亦最多,约占全球的一半,但地球上一共有多少种生物,尚无精确数字。图1-3展示的是热带雨林中的一位科学实验者,正在向一株高大乔木(逾30 m高)的树冠层(光合作用强、生物多样性高)喷洒药雾(起麻醉作用),过了一阵子,很多从未见过的甲虫便纷纷掉落到铺在地面的塑料布上。令人惊讶的是,科学家发现在每一种植物的树冠层上生活的甲虫都是不同的,如在豆科植物 *Luehea* 树冠上生活着的甲虫竟多达163种。这些甲虫也只在特定的乔木上生存。由此说明,全球甲虫的多样性可能大大超出人们的预估。可见,对生物多样性的认识还有很大的提升空间。

图1-3 在南美洲热带雨林中,一位科学家采用喷雾法采集乔木树冠上的甲虫。

微生物广布于地球的各个角落。目前,在地表下12 km深处,也发现了它们的踪迹。深海是探索生命的新领域,但过去我们对其了解几乎为零。1978年,科学家在大洋深处首次观察到喷出的热液(称为"黑烟囱",主要成分为硫化矿物)和生活在附近的热液生物(图1-4),但对它们的起源、代谢和生殖了解得极少。近年来,海底热泉自养生物和广布于各种缺氧环境的厌氧铵氧化(anammox)细菌的发现,向"万物生长靠太阳"这一古训发起了挑战。

树有根,水有源。现今世界上所有生物,都是在不同地史时期,从它们祖先那里形成分支以后,各自独立演化出来的。小到物种,大到门级分类单元,都拥有其独一无二的形态构造,这都是长期演化的产物。达尔文所说的"化石证明,物种的新变异来自祖先旧的特征"阐述的就是这个道理。同样,生态系统也都有它们的祖先,生物多样性也都是长期演变的结果。

图1-4　大洋深处"黑烟囱"的产生及其周围的部分生物(汪品先提供)。

如今的生物学正面临着理论和方法上的重大革新和突破,发展前景无限广阔。连一些梦想大有作为的物理学家,也纷纷改弦更张,携带着现代化的物理学思维方式和实验手段,来到生物学和遗传学领域中的许多处女地里,开垦耕耘。可见生物学这个广阔的领域中可研究的问题已经热到什么程度了。

第二节　时　间　篇

时间延伸着、流逝着,是不可逆的,一直在毫不留情地往前走;时间是无声、无形、无色的,但又是可以度量的。例如,用放射性元素衰变的方法,可以测出地球和含化石地层的精确年龄;更令人称奇的是,古生物可以告诉我们时间。

地球的历史,也像我国朝代历史一样,按照地层发育先后顺序,以地层中的化石为依据,分成不同的地质时代,如图1-5所示。

生命演化过程极其漫长。如果把它比喻为一本巨厚的书籍,每一章代表了一个地质历史时期,每一页纸上的文字就是镌刻在岩石中的生命,今日世界则呈现在这部巨著的封面上。米开朗基罗说过,雕塑就是从石头里解放出生命来。而古生物学家既要把史前生命从石头里解放出来(图1-6),还要想方设法把生命的来龙去脉理清楚。

地质历史记录了生命演化的轨迹。如果把地球的46亿年历史比作一天的24小时,我们来看看在这一天里究竟发生了什么?(图1-7)

0:00(约46亿年前)　地球形成。

凌晨4:10(约38亿年前)　生命诞生。有关生命起源的假说甚多,共识甚少(见第四章)。已知最早出现的生命是当时全球广布的蓝细菌,它通过叶绿素的光合作用,不断地释放氧气,慢慢地使全球大气和海洋氧化。

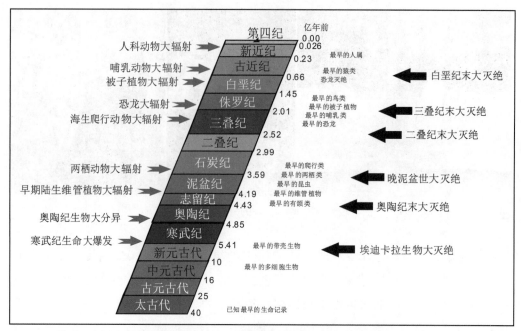

图1-5 地质历史划分与重大生命事件(绝对年龄值根据 Gradstein et al., 2012)。

第四纪
亿年前

人科动物大辐射 → 新近纪 0.00
0.026

哺乳动物大辐射 → 古近纪 0.23 最早的人属

被子植物大辐射 → 白垩纪 0.66 最早的猿类 恐龙灭绝 ← 白垩纪末大灭绝

恐龙大辐射 → 侏罗纪 1.45 最早的鸟类

海生爬行动物大辐射 → 三叠纪 2.01 最早的被子植物 最早的哺乳类 最早的恐龙 ← 三叠纪末大灭绝

二叠纪 2.52 ← 二叠纪末大灭绝

2.99

两栖动物大辐射 → 石炭纪 3.59 最早的爬行类

早期陆生维管植物大辐射 → 泥盆纪 4.19 最早的两栖类 最早的昆虫 ← 晚泥盆世大灭绝

志留纪 最早的维管植物

奥陶纪生物大分异 → 奥陶纪 4.43 最早的有颌类 ← 奥陶纪末大灭绝

4.85

寒武纪生命大爆发 → 寒武纪 5.41 最早的带壳生物 ← 埃迪卡拉生物大灭绝

新元古代 10 最早的多细胞生物

中元古代 16

古元古代 25

太古代 40 已知最早的生命记录

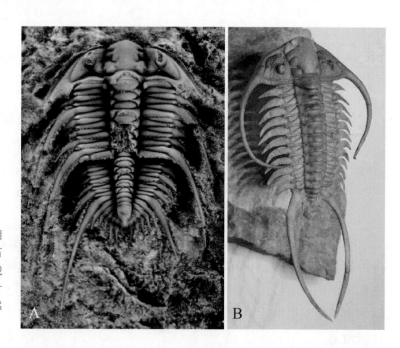

图1-6 我国南方湖南寒武纪三叶虫化石(A;彭善池提供)和俄罗斯地台奥陶纪三叶虫化石(B;上海自然博物馆提供)。

A

B

中午12:00(约23亿年前)和晚上19:50(约8亿年前) 发生了两次大规模的快速氧化事件,逐渐改变了地球的环境,最终形成了臭氧层。这一时期被称为"地球的中世纪",生命演化步伐极其缓慢。

晚上20:30(约7亿年前) 地球上出现了多次冰期(见第五章)。罗迪尼亚超大陆裂解,陆缘海生物初级生产率和有机碳埋藏量大幅增加,大气中二氧化碳持续减少,地表几乎都被冰雪覆盖,形成雪球地球(此即著名的雪球地球假说)。

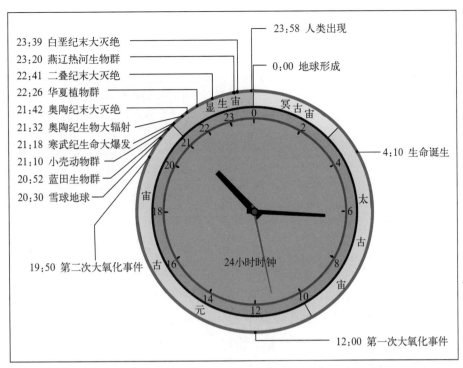

图 1-7　假如把地球历史 46 亿年当作一天的 24 小时,时钟指示的是重大的生物和环境事件(傅强绘)。

晚上 20:52(距今 6 亿年起)　大自然给生命带来了全新的希望。蓝田生物群(6 亿年前)、瓮安动物群(5.8 亿年前)、埃迪卡拉生物群(距今 5.8 亿－5.5 亿年)等化石库富含微型或巨型生物,原始多细胞动物开始大放异彩。这是后生动物早期演化的重要时期。最近有科学家指出,从单细胞演变成多细胞生物可能只是一步之遥,因为在变成多细胞之前,它们已具备了代谢机制的多样性。

晚上 21:10(约 5.42 亿年前)　大量多种类型的寒武纪小壳动物化石(small shelly fossils)出现。生存竞争和捕食压力给众多生物,特别是无脊椎动物,创造了硬骨骼(钙质、磷质、硅质,多以磷质壳保存;见第六章)。生物骨骼化是寒武纪生命大爆发早期的重要特征。

晚上 21:18(约 5.18 亿年前)　澄江动物群是展示早期海洋动物世界和生物多样性的特异窗口,被誉为 20 世纪最惊人的科学发现之一。它和布尔吉斯页岩动物群都是寒武纪大爆发(Cambrian explosion)的典型代表,是生命演化史上生物造型最强烈、悬殊度最大的一次辐射事件,因为它们诞生了大批全新的门、纲级类群(约 20 个门 50 多个纲近 260 多个属的最早代表,包括"逮住天下第一鱼"所指的"昆明鱼"和"海口鱼")(图 1-8;见第六章),这些动物奠定了现生动物门类最早的发育基础。其中,节肢动物成为这场大辐射事件的最大赢家,其数量和种类约占当时动物群总体的 80%,并将这种优势一直延续至今。关键环境因素(如含氧量几乎达到现代海洋水平)的激发、特殊基因条件的诞生和合适生态效应的孕育,使得生命在拓展全新生态空间中,主动适应了最适宜的环境条件。

图1-8 "逮住天下第一鱼"所指的昆明鱼(舒德干等,2016)。

从生命起源到寒武纪大爆发,经历了约32亿年的漫长历程,几乎占到地球历史总长度的70%,表明生命孕育之路曾是多么漫长和艰难。

晚上 21∶32(约 4.7 亿年前) 奥陶纪海洋生物大辐射(Ordovician marine biodiversification)诞生了许多目级以下的分类单元(如科、属、种),腕足动物、苔藓动物、棘皮动物、刺丝胞动物等立足于海洋(从浅水到较深水各生态域),得到了惊人的发展(图1-9;见第七章)。尽管对于这次大辐射的原因尚未达成共识,但是地球板块活动加剧、海平面上升、全球温度适度下降、古地理分布格局变化等,都可能有利于新生物种的形成与迁移。

图1-9 奥陶纪海洋生物大辐射示意图。

晚上 21:42（约 4.4 亿年前）　奥陶纪末大灭绝（end-Orovician mass extinctin）发生。在数十万年时间里，南方大陆冰盖的形成和融化、全球温度的骤降和骤升、海平面的速降和速升，导致 70% 左右的海洋生物物种消亡。假如这次灭绝没有发生，上述生物大辐射还将稳步持续；假如大灾变环境持续甚或更为严酷，海洋生命将遭受更严重的创伤，生命演化轨迹亦将发生更大的改变。

奥陶纪晚期，部分植物弃海登陆，且不断地适应环境，占领陆地（见第八章）。植物先行登陆的重大意义，在于为紧跟着"脱离"海洋的动物提供了必不可少的食物，并改变荒漠

图 1-10　早期植物的登陆与演化示意图。

使之成为合适的栖居之地（图 1-10；见第九章）。植物和动物的登陆是生物演化的一个极其伟大的创举，没有这个伟大的步骤，就几乎没有后来陆地生命演化的一切。但是，对其漫长而曲折的过程和动力，我们还了解得很少。

夜晚 22:26（距今 3 亿年起）　海洋动物群继续繁衍，陆地植物获得巨大发展。在我国华南和华北的广阔区域，最繁盛的是华夏植物群（图 1-11A），其森林是陆地上奇特的景观，恢复它的生长背景并非易事。"植物庞贝城"反映了二叠纪内蒙古乌达地区的一个陆生植物生长景观（图 1-11B；见第十章）。

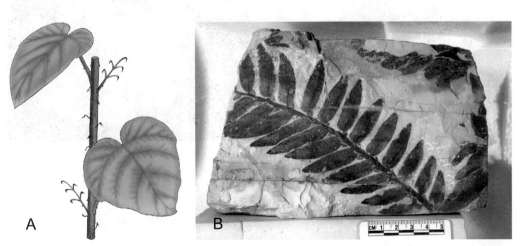

图 1-11　华夏植物群的典型分子：大羽羊齿（A；据 Li and Taylor, 1999）；在乌达材料中一个很常见的华夏植物群特征分子：拟齿叶（*Paratingia*；B）（王军提供）。

夜晚 22:41(约 2.52 亿年前) 地史中最惨烈的一次生物大灭绝事件是二叠纪末期大灭绝(end-Permian mass extinction)。在短短 10 万年内,全球规模的火山广为喷发,大气中二氧化碳剧增,海洋酸化缺氧,温度骤升,生态系统崩塌,95% 的海洋生物神秘消失;陆地干旱,野火频发,热带雨林遭到彻底破坏,土壤系统几乎崩溃,75% 的陆地生物消亡(见第十一章)。

深夜 23:20(约 1.25 亿年前) 在侏罗纪、白垩纪陆地生物大辐射中,中国保存有绝佳的燕辽、热河生物群的精美化石,如长羽毛的恐龙(图 1-12;第十四章)、鸟类、昆虫、开花被子植物等。恐龙,因有些个体硕大而最吸引众人目光,如阿根廷龙(图 1-13);但是,恐龙并非都是大个体且看起来十分恐怖的,也有个体很小的,如寐龙(图 1-14)。在海洋里,软体动物门(如瓣鳃类、头足类、腹足类)、棘皮动物门和腔肠动物门占据了优势地位,前者如菊石(最大个体直径超过 2 m)(图 1-15)。

图 1-12 四肢都长有羽毛的恐龙,产自辽宁义县下白垩统(徐星提供)。

图 1-13 示白垩纪已知最大的阿根廷龙的重量与 20 头现生成年大象相当。

图 1-14 个体大小与成年人手掌相近的寐龙(徐星提供)。

图 1-15 在海洋中称霸的菊石(最大的个体直径超过 2 m),属于软体动物门头足纲,在白垩纪末期大灾变事件中消亡。

午夜 23:39(约 0.66 亿年前) 白垩纪末大灭绝(end-Cretaceous mass extinction)。恐龙、菊石等生物从地球上永远消失。新生代陆生哺乳动物开始辐射(见第十六章)。新近纪的生物多样性大增,可能与青藏高原剧烈隆升引发古地理、

古气候、古生态的变化密切相关（见第十五章）。哺乳动物也像中生代的爬行动物一样，有些物种在征服陆地之后，克服重重困难，义无反顾地游向海洋，并存活至今。这是自然选择的一个典型实例。

午夜23:58（约600万年前）　人类出现（见第十七章）。应该说，人类是十分幸运的。有学者对人类出现的概率做了一个比喻，就好比掷骰子，要连续一万次出现六点朝上的情况下，人类才能面世。这用来说明人类的出现是极其偶然的。

时间与生命演化相伴，时间见证了生命演化的过程。时光不能倒流，但借助于化石，可以"穿越"时光，可以探索数十亿年来由时间串联起的从涓涓细流到波澜壮阔的一个个完整而断续的生命演化过程。

古生物学者用化石确定含化石的地层时代。地层记录了许多大大小小的生命和环境事件。为讲述同一个地质时期的自然和生命故事，就要精确地划分与对比地层，这需要各国地层学家充分合作，其中的关键是要有共同语言，不能把不同时期发生的事情混为一谈。为了达到这个目的，国际地层委员会（ICS）决定在各国开展各阶（Stage）地层的全球标准层型剖面和点位（GSSP）的研究。图1-16展示了我国湖北宜昌王家湾奥陶系最上部赫南特阶底界层型剖面（见第三章）。

图1-16　湖北省宜昌市北部王家湾的奥陶系-志留系界线地层剖面，示奥陶系最上部赫南特阶（Hirnantian Stage）底界的全球标准层型剖面与点位（Chen et al., 2000；Rong et al., 2008）。

第三节　空　间　篇

讲到空间的变化，不得不首先提及"板块构造说（plate tectonics theory）"。20世纪60年代，海洋地质和海底地球物理学家观察到海底扩张（sea-floor spreading）、地壳消减的现象，提出地球的岩石圈由许多大小不同的板块拼合而成，它们在塑性软流圈上做大规模的水平移动，使"大陆漂移说（continental drift theory）"成为主流学说。地壳活动论的思想引发了地球科学的一场大革命。各个板块的地理位置随地质历史推移而不断地演变,似已成为不争的事实。

中国是由多个板块和地体组成的。各板块之间有分界线(带),如秦岭-大别造山带就是华南板块和华北板块的分界线,喜马拉雅造山带就是西藏板块和印度板块的分界线。这些板块在不同时期其地理位置也是不同的。在古生代,华北和华南两大板块之间起先有一定距离,后合成一体。在新生代,印度板块向北俯冲到欧亚板块之下,导致青藏高原隆升,东亚季风形成,气候环境发生巨变。化石记录能验证青藏高原的隆升,这是极其重要的科学实例(见第十五章)。

各板块上不同时期生活着不同的生物群;同一时期不同板块上拥有相同或不同的生物群。在后一种情况下,生物群会受到各种类型的阻隔,使交流大受影响,而影响程度则视隔离程度的强弱而不同。这些板块的表面或被海水淹没,或隆升成陆。它们的时空变化是全球大地构造、古地理、地球物理和地质学家长期关注的重大问题。

古生物学为板块活动提供了许多确凿的证据。古植物化石在恢复地史时期古板块的相对位置方面,发挥了重要的作用。陆地生物很难跨越相距甚远的大洋进行交流。科学家们根据不同地区同类化石的分布范围,提出特定化石群的时空分布,此即陆地生物地理区系的内容。下面举例说明。

有一种裸子植物名叫舌羊齿(Glossopteris),生活在2.55亿年前,种子较大且厚实(图1-17A),在南极洲、澳大利亚、新西兰、新几内亚、印度、阿拉伯半岛南部、非洲东南部、马达加斯加岛、南美洲南部和马尔维纳斯群岛(图1-17B)均被发现。这些地方现在被大洋相隔很远,那么舌羊齿当时是怎样漂洋过海的呢?原来它们以前生活在冈瓦纳联合古大陆上,这些地方原先是联合在一起、后来才分离的(图1-17C)。

再举一个海洋无脊椎动物的例子。不同地史时期,有亲缘关系的生物群通常生活在相邻海域,借助洋流进行迁移。4.6亿年前,我国浙赣边区诞生了世界上已知最早的始石燕(腕足动物门)(图1-18A)。它在度过奥陶纪末大灾变(4.4亿年前)之后,向华北、塔里木、图瓦等海域迁移(图1-18B),历经数百万年才到达欧洲和北美海域。它在全球的分布和迁移,与板块地理位置和洋流分布密切相关。

脊椎动物也有很好的例子。1亿多年前,有袋类动物诞生并逐渐向全球散布。其最早化石记录出现在辽宁1.25亿年前的地层中;8 000万年前向北美迁移;4 000万年前到达南美洲南端;距今3 500万—4 000万年时到达西摩岛;3 000万年前到达澳大利亚,一直延续至今,成为该地一种独特的大型动物。这条迁移路线为有袋类哺乳动物的演化提供了可靠的证据。

全球板块构造的位置是随着时间延续而变动的,它是生命演化过程中不可缺少的空间背景之一。没有这些复杂因素的叠加,生命演化历程将会是另一副模样。

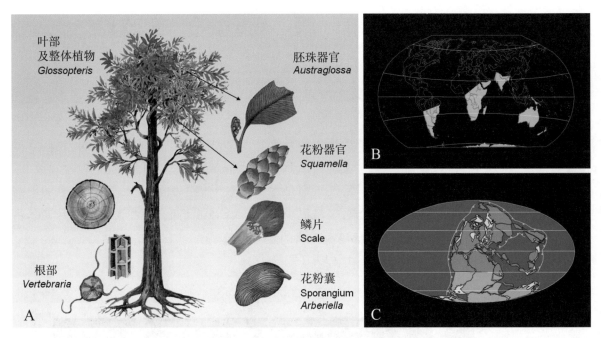

图 1-17　晚二叠世的舌羊齿化石(A; 出自 M. E. White 的研究成果)、它的现代地理位置(B)和古地理再造(C)及舌羊齿的分布(绿色范围)图(S. McLoughlin 依据其研究成果绘制)(王军提供)。

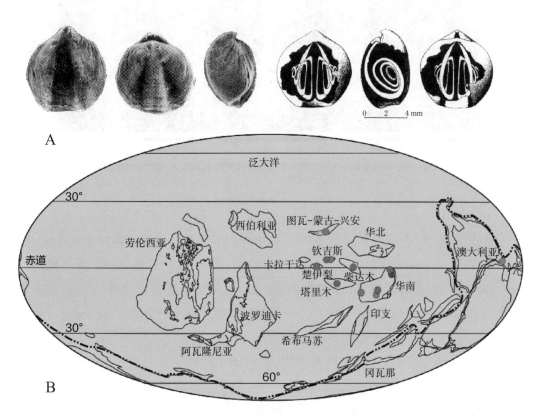

图 1-18　华南晚奥陶世始石燕属(*Eospirifer*)的外形与内部腕螺构造(A)及全球古地理再造(B)。红点为晚奥陶世凯迪晚期的始石燕(最早代表),粉红点为奥陶纪末赫南特期的始石燕,其他点为志留纪早中期的始石燕(改自 Rong and Zhan, 1996)。

第四节 环境篇

在太阳系里,地球是迄今所知唯一有生命的星球。它和太阳的距离不远也不近,拥有的大气(包括氧气、二氧化碳等)、海洋、水、温度,于生命都恰到好处(图1-19)。可是,靠近地球的金星和火星则完全是别样状态了。金星离太阳更近,表层温度极高($465-485$ ℃),被二氧化碳和充满硫酸的浓云层(厚$20-30$ km)覆盖,CO_2占97%以上,严重缺氧,气压则是地球的数十倍。火星离太阳更远,表面覆盖广袤的沙漠、砾石和熔岩流,表温很少高于0 ℃(夜晚最低-123 ℃),大气中CO_2占95%。这两颗行星,目前都没有可靠的生命痕迹。

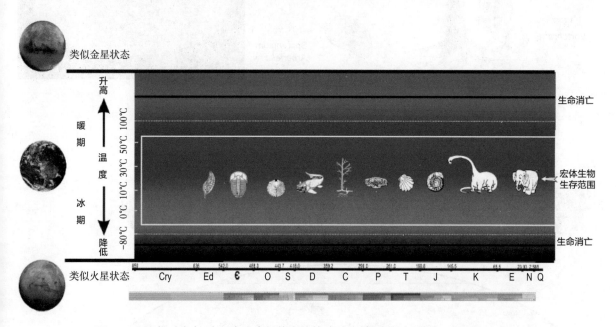

图1-19 示相对稳定、在一定生命阈值内的地球系统(据戎嘉余、黄冰,2014)。

就地球而言,今天和地质历史时期的环境是不同的。如现在两极发育冰盖,而地史时期大都无冰盖或只有单极冰盖(图1-20);再者,大陆布局、气候、大气氧及二氧化碳等含量、海洋环境等,都与史前的不一样;更有人类这个地球上最具创造力和破坏力的生物,独占鳌头。所以,"今天是开启过去的一把钥匙"(将今论古)的说法是不全面的,有时候甚至是不合适的。

生命自诞生以来,与环境相互作用,共同演化。在演化过程中,生命紧紧依赖于环境,如气候与温度的变化,都会影响到生物的组成和分布。演化是一面镜子,生物是繁盛还是萧条,是新种产生还是旧种消亡,各门类和物种之间都不一样。有些得益、有些受害,有些兴旺、有些衰落,此消彼长,这样的差异永远存在于演化进程中。

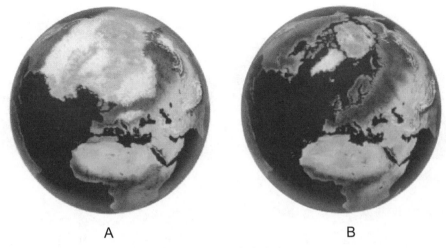

图1-20　第四纪冰期(A)与现在的地球(B)北极冰盖的对比。

极端气候变化引起的环境和生命效应,备受当今人类社会的关注,地史时期地球温度和环境的变化,给人类应对当今环境恶化带来诸多启示。元古代以来,地球上出现过多次规模较大的温度升降事件,都对生物造成了很大的影响。例如,在全球变冷的事件中,有些(如石炭纪和更新世)影响较小,有些(如奥陶纪末期)却影响很大,甚至造成了生物大灭绝的严酷后果;据说,6亿年前的雪球地球(snowball Earth)事件致地表温度降至−50 ℃,使生命受到重创(见第五章)。说起全球气候变化,我们不宜拘泥于字面上的"变冷"或"变暖",关键要看温度变化是否超过生物生存所需之阈值。要探究生物为什么能成功地适应环境变化,为什么一些生物幸存下来,而一些生物永远消亡,生物内因也很重要。然而,我们对生物内在因素(如遗传、生理、生化、生殖)的深入研究还相当薄弱。

生物大灭绝(mass extinction)是指在相对短的地质时期内,全球环境严重恶化导致大量生物消亡。大灭绝重创或毁坏了原有的生态系统,加速和催化了优势类群的更替,使演化轨迹发生重大改变。显生宙以来,共发生过5次得到共识的大灭绝。它们的起因主要有以下4个方面:① 小行星撞击(图1-21);② 超级地幔柱和大规模火山喷发(图1-22);③ 海水缺氧、酸化;④ 全球气候剧变。

图1-21　白垩纪末"天外来客"撞击地球导致生物大灭绝的假想图。

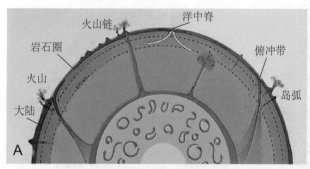

图1-22　地球内部从核心向地表涌现的超级地幔柱(A)和火山喷发(B)示意图。

奥陶纪末,大冰期造成海洋生物大灭绝(见第七章)。

二叠纪末(2.52亿年前)发生的一次全球性极热事件,是由西伯利亚超级地幔柱引发的,75%陆地生物灭绝,95%海洋生物消亡,是地史中最惨烈、最严酷的一次生物大灭绝(见第十一章)。

然而,在数十亿年漫长的生命演化过程中,尽管发生过多次规模不同的大灾变事件,地球生命始终没有彻底灭绝过。

那么,大灭绝之后幸存下来的物种会是哪些生物呢?这个问题引起了科学家的极大兴趣。有一种鱼类,叫拉蒂迈鱼,它的最早代表见于3亿年前的泥盆纪,一直延续到中生代,以后就消失不见了,人们以为它在白垩纪末大灭绝中与恐龙一起消亡了。然而,在20世纪人们发现,这种鱼类在非洲东部海岸(如索德瓦那海湾)和印度尼西亚海域还活着(图1-23)。有人称其为复活生物(Lazarus taxa),即当环境恶化后,它的居群的多样性、繁殖、散布、忍耐能力都大幅度下降,居群规模缩小,个体变少,栖息地减缩,等到环境好转,又"活过来了"。拉蒂迈鱼就采取了"躲避"的生存策略,在大陆架边缘深处(约百米深)洞穴里栖息,无其他生物打扰,适应尤为成功,一直存活至今。

图1-23　拉蒂迈鱼(A)和印度尼西亚渔民手捧刚捕获的拉蒂迈鱼(B)。

生物幸存的策略很多,也有些生物采取"小型化"来应对灾难环境,如二叠纪末大灭绝中有些海洋底栖生物(如腕足类)。有趣的是,在大灾难来临之时,那些体型大、结构特化的陆地生物,往往难逃厄运。一种科学猜想认为,体重在25 kg以上的物种,都没能逃脱白垩纪末大灭绝的重创。

灭绝还是存活,是由很多因素(也含时机、运气等)综合造成的。写到这里,我们想起了达尔文(1859)说过的一句话:"个体越少,变异越少,改进机会越小,遇到环境剧变时的危险性越大,灭绝的可能性也越大。"

第五节 演 化 篇

中世纪的欧洲普遍受到宗教和唯心主义的束缚,"上帝"是万物创世主的观念统治着人们的心灵。文艺复兴及以后,涌现出一批伟大的人物,如达·芬奇、培根、笛卡儿、康德等。18世纪,法国科学家布丰(图1-24A)第一次对神创论的物种不变观点提出质疑,试图为猿和人寻找统一的祖先;拉马克(图1-24B)认为物种是可变的,并总结出"用进废退""获得性遗传"等生物演化现象;居维叶(图1-24C)用"灾变论"来解释地层中化石记录不连续的现象。这些都为达尔文的演化论奠定了基础。

图1-24 布丰(1707—1788,A)、拉马克(1744—1829,B)和居维叶(1769—1832,C)。

19世纪早中期,达尔文出现了(图1-25)。他的成才,既有偶然性,又有必然性。上大学的他,从学医转学神学,一概了无兴趣,但热衷于搜集生物标本,却遭到父亲的强烈反对。一个天赐的机会,达尔文登上了贝格尔号帆船(图1-26),开始了全球航行(图1-27)。他是带了两本书上船的,即《圣经》和《地质学原理》(莱伊尔著)。在长达5年的航行考察期间,他花了大量的时间,阅读了莱伊尔的著作,"环境缓慢变化"的观点在他脑海里打上深深的烙印。一个刚刚20岁出头的年轻人,在这5年的日日夜夜里,遭受了孤独、恐惧、抑郁、病痛等无尽的折磨,不知吃了多少苦头。一天夜晚,当他看到一艘与他反方向行驶的船时,真想叫它停下来,登上那条船,回去算了,不想再继续考察了。但是,他咬牙坚持,没有半途而废。坚毅和执着使他从一个虔诚的基督教徒变成了改变世界的伟人。

图1-25　达尔文(1809—1882)。　　图1-26　贝格尔号帆船。

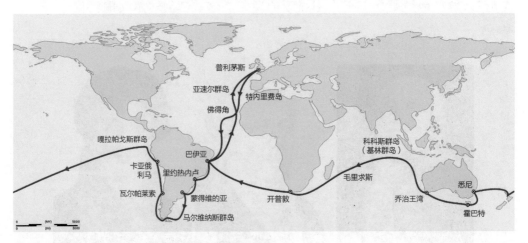

图1-27　达尔文乘坐的贝格尔号帆船的航行路线(1832—1837)。

　　达尔文在寂寞、煎熬的航行期间,用心搜集了大量生物和化石标本。通过观察和研究,他发现了很多新的生命、化石和重大的生物演化现象。例如,他发现相邻地区存在着相近的物种,而距离越远,物种的差别越大;他发现南美洲的化石和现存的犰狳之间有着绝妙的关系(图1-28)。他还研究了嘎拉帕戈斯地雀,这是他创造生命演化理论的根基。他发现岛上的生物来自南美大陆;岛内及岛间生物有明显差异;南美洲同种地雀的后代因为摄食不同的果实,渐生变异。最终,"物种不是不变的,而是后天变异、世代传承的(descent with modification)"新观点就这样形成了。

图1-28　现生的犰狳(A)与犰狳化石(B)。

　　1859年,达尔文终于出版了《物种起源》这部巨著。他的主要认识有:① 不同物种由共同祖先演化而来(共祖);② 物种内的居群个体在形态、结构、遗传等方面有着差异(变异);③ 物种之间是由微小差异逐渐累积而成的(渐变);④ 生物演化的主要机制是自然选择。他说:"自然选择每时每刻都在满世界地寻找哪怕最轻微的每一个变异,保留有利变异,淘汰不适应的,以改进生物跟周围环境的关系。"

　　达尔文并非圣贤。我们讲达尔文的丰功伟绩,并不意味着他的学说没有局限和缺陷。例如,他没有拆开一位遗传学家寄给他的信,致使他与基因研究成果擦肩而过,不明白基因和基因组对生命演化有多么重要的价值;他过分强调同领域生物间的生存斗争;他对突然和短期的剧变(如全球大灾变)重视不够。这些都是受当时社会和科研大环境制约的。一个残酷的事实是,那时的社会是不允许否定上帝的,达尔文只得顶着天大的压力,潜心他的研究。他曾忧心忡忡地写了以下3句话:"若证明复杂器官不能从微小连续突变而来,学说将完全瓦解";"若自然选择仍需借助突变演化才能说得通,我将弃之如粪土";"在任何步骤中,若需加上神奇的进步,自然选择理论就分文不值"。晚年的达尔文明确地承认,《物种起源》的早期版本,过于推崇自然选择,而忽视既无益、也无害的变异。

　　达尔文之后,20世纪有3种主要理论补充和发展了达尔文学说:① 三四十年代以杜布赞斯基(图1-29)、辛普森等为代表的科学家将达尔文理论与遗传学、系统分类学、古生物学相结合,形成"现代综合演化论(modern synthetic theory of evolution)"。他们认为生物演化的原料是基因重组,演化的基本单位是群体而非个体,演化是群体中基因频率发生重大改变的结果,生物对环境的适应性则是长期自然选择的结果,自然选择决定了演化的方向。② 60年代木村资生(图1-30)提出"分子演化中性论(neutral theory of molecular evolution)",认为生物演化的动力是中性突变和突变漂移固定,主因是无利无害的,存活概率是随机的,不受自然选择影响,遗传漂变的适应性演化是在分子水平上对达尔文理论的补充。③ 70年代埃尔德雷奇(图1-31)和古尔德(图1-32)提出"间断平衡论",或称"断续平衡论(punctuated equilibrium)":新种通过跳跃方式快速形成种系分支(成种);物种一旦形成,便处于保守状态,表型上无显著变化(即停滞),直至下次成种;演化是"跳跃"与"停滞"相间的过程。就后一种理论而言,我们应注意到达尔文在《物种起源》中早已说过的一句话:"物种形成的时间是非常短暂的,但成种后会延续相当长的一段时间。"

图1-29 杜布赞斯基(T. Dobzhansky)。　图1-30 木村资生(M. Kimura)。　图1-31 埃尔德雷奇(N. Eldredge)。　图1-32 古尔德(S. J. Gould)。

生物演化是全方位的,涵盖了所有的层次。物种以下,如基因、基因重组、基因丢失、染色体、遗传、个体和居群,属于微演化(microevolution)范畴,现代生物学在这方面发挥了很大的作用。物种及其以上层次,如谱系发生史、成种、演化新质(evolutionary novelty)、演化速率、演化趋势、大辐射、背景灭绝和大灭绝,属于宏演化(macroevolution)领域,古生物学做出了并将继续做出很大的贡献,这也是本章所涉及的内容。化石居群能为探索微演化提供重要证据,但相关研究还有很大的提升空间。

理清生命的来龙去脉,须确定生物间的祖-裔关系。构建"生命之树"正是为了梳理地史时期各类生物的演化脉络,这是一项由生物学家和古生物学家共同承担的、艰巨而伟大的工程(见第二章)。

有学者说,类群之间的过渡型化石或许并不存在,因为成种的过程太快且突然;即使有中间环节,也不易保存为化石;即使保存为化石,也不一定能被人们发现。更何况,从一个类群演化到另一类群,并非是一蹴而就的。大量化石证明,恐龙是鸟类的祖先。恐龙向鸟类的演变就绝非一步到位,而是经历了许多代无数次的变异(如脑量增大、尾巴缩短、牙齿消失、爪子融合、胸骨增大、骨骼中空),才一步一步地向鸟类演化的。在生命演化过程中,不适应环境的绝大多数物种都被淘汰了,只有剩下的一支最终演变成鸟类(图1-33,图1-34;第十四章)。

图1-33　始祖鸟化石(徐星提供)。

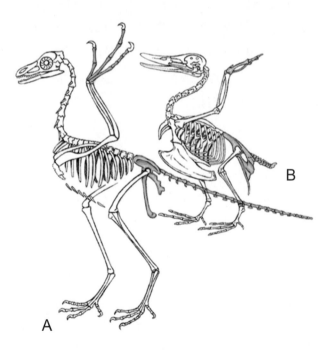

图1-34　始祖鸟(A)到今鸟(B)的演化(徐星提供)。

　　植物界也有大量实例证明,生命演化既有渐变,又有突变。以植物开花为例,现在地球上看到的花,形态各异、种类繁多,它们的祖先很早以前即已诞生。殊不知有花植物的出现还曾困扰过伟大的生物学家达尔文呢！但是花的起源问题,虽经科学家努力探讨,至今尚未解决(见第十二章)。

一个伟大的理论,是很难用一句话阐释清楚的。在一些广泛散布的词典或教科书里,生物演化的定义不仅写得过于简单,实际上还步入了认识误区。演化并非只是从简单到复杂的;复杂的一定由简单的演变而来,但复杂的也可变成简单的,或者还有基本保持不变的。达尔文说过:"复杂化可能发生,但不是生物演化的必然发展规律。"演化的多样性,也不只是从少到多,如遭遇大灭绝时多样性可从多到少,表明它是在不断变化的。至于演化是从低级到高级的说法,视人类为最高等生物,更是从人类自己的角度去观察的。实际上所谓"低级",只不过是出现得较早、拥有更多共同祖先的特征而已。原始不是"低等"的代名词,它们也是适应环境的产物。试想,现今被视为"高等"的生物,过多少万年再回过头来看它们时,又成为什么生物了呢? 所以,演化问题极其复杂。以下6个方面的认识有助于对生物演化一词的理解:

(1)演化本质在于基因变异,没有变异就没有成种;变异靠遗传代代相传。

(2)变异一旦发生,开弓没有回头箭,即演化不可逆。

(3)自然选择普遍存在,但并非是演化的唯一机制。

(4)环境变化有很多不确定因素;演化无目的、无方向,亦不可预测。

(5)适者生存不等同于强者或王者生存,条件、机遇和运气同样不可忽视。

(6)演化既有复杂化,又有简单化(如寄生生物);物种有普通、特化类型,并无高级、低级之分;过于特化的生物往往对恶化的环境难以适应而被淘汰。

生物演化,实质上是指随时间推移、空间拓展、环境变化而演变的生命过程。平淡、渐变和悄无声息的生命演化过程,常被激烈、突变、暴风骤雨般的事件所打断。随影而行的外在(如环境恶化、生物竞争)、内在(如基因突变、丢失)及机遇等诸多因素在这个纷繁复杂的过程中一直起着重要作用。科学家们正在为揭开生命演化的无数奥秘而努力探索。

达尔文改变了世界,改变了我们对生命和自然的认识,这对于人类的思维和科学事业都产生了深远而不可估量的影响。

自哥白尼创立"日心说"以来,重大科学革命一次次地把支撑人类傲慢、自大心理的顽固观念洗刷掉。一位黎巴嫩诗人说:"地球是广袤宇宙中的一粒小沙子,我是无边大海沙岸上的一颗小沙粒。"在漫长的地球历史进程中,人类只是生命演化中一个偶然、随机出现的物种,远非极致和巅峰。

达尔文演化论之所以常常被质疑,是与西方文化观念有关的。西方文化核心中"人人都是上帝子民"一说,与演化论格格不入。经过百余年的斗争,顽固的英国教会近年向达尔文低下了高傲的头:"就误解你并鼓励他人也误解你而欠你一个道歉;望能换回信念,寻觅理解的美德。"

生命演化过程与环境变化密不可分。有着传统持久力和旺盛生命力的地层学和古生物学,不断地探索同时期生命和环境的共演化(coevolution),并把不同时期的演化故事串起来,旨在恢复整个生命和环境的演变历史。

人类社会与动物社会是有差异的。理解生命演化,不应该停留在"物竞天择""优胜劣汰"甚至"弱肉强食"的层面上。适者生存不等于强者生存。社会达尔文主义必须坚决摈弃!生命演化这件事本身能带给我们很多启示(见第十八章)。

演化生物学的研究,虽说已有百余年的历史,但人类对生命演化真谛的理解和认识才从起点出发不远。我们期盼能激发更多青少年追求科学的热情与梦想,使他们加入到探索生命演化和环境变迁的队伍中,更期盼他们能树立正确的世界观、自然观和人生观,这对于年轻人的未来至关重要。

拓展阅读

陈均远,2004.动物世界的黎明 [M].南京:江苏科学技术出版社.

庚镇城,2009.达尔文新考 [M].上海:上海科学技术出版社.

古尔德,2013.生命的壮阔 [M].范昱峰,译.南京:江苏科学技术出版社.

龙漫远,陈振夏,2009.达尔文和他改变的世界:纪念达尔文诞辰200周年 [J].科学文化评论,6(4):13-26.

戎嘉余,方宗杰,吴同甲,1990.理论古生物学文集 [G].南京:南京大学出版社.

舒德干团队,2016.寒武大爆发时的人类远祖 [M].西安:西北大学出版社.

舒柯文,王原,楚步澜,2015.征程:从鱼到人的生命之旅 [M].北京:科学普及出版社.

吴庆余,2006.基础生命科学 [M].2版.北京:高等教育出版社.

殷鸿福,徐道一,吴瑞堂,等,1988.地质演化突变观 [M].武汉:中国地质大学出版社.

张弥曼,2005.热河生物群 [M].上海:上海科学技术出版社.

Coyne J A,2009. Why Evolution Is True? [M]. Oxford: Oxford University Press.

科因,2009.为什么要相信达尔文? [M].叶盛,译.北京:科学出版社.

Darwin C R,1859. On the Origin of Species by Means of Natural Selection [M]. London: [s. n.].

达尔文,1995.物种起源 [M].周建人,叶笃庄,方宗熙,译;叶笃庄,修订.修订版.北京:商务印书馆.(根据第六版翻译)

达尔文,2001.物种起源 [M].舒德干,陈苓,蒙世杰,等译.西安:陕西人民出版社.

达尔文,2014.物种起源 [M].苗德岁,译.南京:译林出版社.(根据第四版翻译)

Dobzhansky T,1937. Genetics and the Origin of Species [M]. New York: Columbia University Press.

Eldridge N, Gould S J,1972. Punctuated equilibria: An alternative to phyletic gradualism [M] // Schopf T J. Models in Paleobiology. San Francisco: Freeman and Cooper.

Gradstein F M, Ogg J G, Schimitz M D, et al.,2012. The Geologic Time Scale: Volumes 1-2 [M]. Amsterdam: Elsevier.

Hou X G, Aldridge R J, Bergstrom J, et al.,2004. The Cambrian Fossils of Chengjiang, China: The Flowering of Early Animal Life [M]. Oxford: Blackwell Publishing.

Kimura M.1968. Evolutionary Rate at the Molecular Level [J]. Nature,217:624-626.

Mayr E, 1998. This Is Biology: The Science of the Living World [M]. Cambridge, Mass: Harvard University Press.

迈尔, 1999. 看! 这就是生物学 [M]. 涂可欣, 译. 台北: 天下文化远见出版股份有限公司.

Mayr E, 2001. What Evolution Is? [M]. London: Basic Books.

迈尔, 2008. 进化是什么? [M]. 田洺, 译. 上海: 上海科学技术出版社.

Simpson G G, 1944. Tempo and Mode in Evolution [M]. New York: Columbia University Press.

Valentine J W, 2004. On the Origin of Phyla [M]. Chicago: The University of Chicago Press.

MAN

Gorilla

Orang

Chimpanzee

Gibbon

Ape-Men

Bats

Apes

Hoofed Animals
(Ungulata)

Rodents

Whales

Sloths

Semi-Apes
(Lemuroidea)

Be

Pouched Animals

Primitive Mammals
(Promammalia)

Beaked

Osseous Fishes
(Teleostei)

Mud-Fish
(Protopteri)

Bird
(Aves

Reptiles

Ganoids

Amphibia

Lizards

Petromyzon

Mud Fish
(Dipneusti)

Primitive Fishes
(Selachii)

Snake

Myxine

Jawless Animals
(Cyclostoma)

Skull-less Animals
(Acrania)

Insects

Ascidi

Crustaceans

Chorda-Animals

Arthropods

Sea-Squirts
(Tunicata)

Star-Animals
(Echinoderma)

Soft Worms
(Scolecida)

Ringed Worms
(Annelida)

Primitive Worms
(Archelminthes)

Sea-Nettles
(Acalephae)

Worms
(Vermes)

Plant-Animals
(Zoophyta)

Sponges

Gastreada

Egg-Animals
(Ovularia)

Planæada

In

Synamœbæ

Amœbæ

Monera

第二章

生物演化树

生物演化树
是表示生物物种或类群之间
亲缘关系的
一个树状模型，
是研究物种演化的重要概念。

演化树的概念是达尔文在1859年出版的经典著作《物种起源》中首先提出的，他称其为"生命之树"，意指地球上所有生物物种——包括现存地球上的动物、植物、微生物以及曾经在地球上生活并已灭绝的化石物种——之间的亲缘关系可用一个树状分支图表示，也可以说，"生命之树"是地球生物演化的一个宏大模型，反映了我们所理解的生物物种之间的演化关系。

演化树，也称进化树、系统树、系统发生树、谱系树、谱系发生树、谱系关系图，实际上是一个生物演化分支图。演化树的形态可以表示为如图2-1代表的不同类型。这棵树的根表示树上所有物种类群的共同祖先，末端分支表示当前生活的物种，位于树根和树顶端之间的部分代表"树"所经历的演化过程，包括新物种的产生（分化）、多样化进程、古老物种的灭绝（在化石记录中发现）、集群灭绝等。研究生物演化树的学科称为谱系系统学，简称系统学或谱系学。

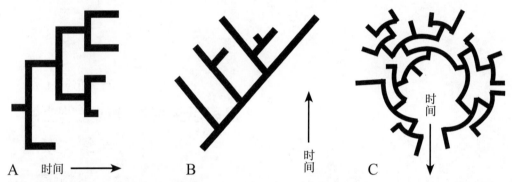

图2-1　生物演化树的常见形态类型。图中，时间箭头所指的演化树的末端分支代表当前生存的物种，未到达末端的分支则代表已经灭绝的物种。A. 平卧式谱系树；B. 直立式谱系树；C. 放射式谱系树，其末端位于该分支图的外周边。

生命之树的根，发源于35亿多年前原始地球上形成的某个单细胞生物，地球上后来出现的所有生物（包括已经灭绝的古生物）都是那个原始单细胞祖先的后代。现在地球上存活物种的各种信息（包括基因、形态、发育、生态等）以及它们的古生物祖先的形态、分子和地层信息，可以用以重建这棵"生命之树"上所有成员之间的亲缘关系。化石记录和基因数据是我们绘制生物演化树的两大支柱；此外，生物的形态、发育、生态等信息，也是重建"生命之树"的重要依据。

我们通常对于生物演化和自然选择的理论比较熟悉，可是很少提到达尔文创造性地提出的"生命之树"这个富有想象力的概念，它为我们理解地球生命演化提供了一个极好的形象思维模型。在达尔文出版《物种起源》之前，自然科学家都将动物、植物、微生物看作是自然界固有的，就像岩石、土壤、空气一样，是神创的，并不关注和深入研究生物界内部的演化关系。"生命之树"的提出则为我们提供了一个描绘生物演化关系和进程的理论构架。

本章将讨论如何运用生物演化树来认识生物之间的亲缘关系和演化过程，构建演化树的主要根据、方法,研究演化树对于生物分类学、历史生物学等方面的重要意义,同时,也将涉及演化时间表(时间树)的建立及其与地质事件和生物类群起源之间的联系。

第一节　演化树与谱系关系的表述方法

演化树用以描述生物物种或者生物类群间的亲缘关系,并可进一步追溯其演化历史。那么,我们如何表述一棵演化树呢?以图2-2为例,演化树上每一个末端小支代表了一个生物类群,称为**分类单元**(taxon)。而演化树中产生分支的点称为**节点**(nodes),它代表由此节点产生的分类单元的**共同祖先**(common ancestor),所有从节点分支出去的分支都是该共同祖先的**后裔**(descendants)。在图2-2中,空心点为分类单元1、2、3、4的共同祖先,黑色实心点是分类单元5、6、7、8的共同祖先,实心灰色点是7和8的最近共同祖先。在演化树基部,产生所有分类单元的节点为**根**(root)。

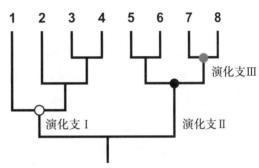

图2-2　演化树、内部节点(分支点)及演化支示意图。

20世纪中叶,德国昆虫学家维里·海内希提出一个著名的理论——谱系发育系统学(Hennig,1966),也称分支系统学(cladistics)。其基本原理是,依据生物类群之间的各种特征性状,构建各种大小的**演化支**(clade)。这个极为简约的分支图建立(构树)原理是当前所有复杂计算谱系发育研究以及所有系统分类研究的基础。

在演化树中,我们所感兴趣的分类单元构成**内类群**(ingroup),其他与内类群亲缘关系较近并与之分享一个共同祖先的分类群构成**外类群**(outgroup);而从同一节点分出的两个分类单元构成**姊妹群**(sister group)。图2-2中,如果我们关注分类单元1—4所构成的演化支的系统学问题,1—4就称为内类群,5—8构成的演化支就称为上述演化支的姊妹群,5—8可作为1—4支系的外类群。演化树的这种分支特征是我们生物分类的基础。**单系**(monophyly)和**演化支**是分支分类学中的基本概念,一个单系群即构成一个演化支,它表示其所有组成单元都来自同一个**最近共同祖先**(most recent common ancestor,MRCA),并且不包含其他分类单元。比如,5、6、7、8构成一个单系群,这个演化支的最近共同祖先位于黑色节点;类似地,7和8也构成一个演化支,它的最近共同祖先位于灰色节点处。

既然演化树可以表示生物类群之间的亲缘关系,那么我们是如何从树的分支形式研判和论述不同生物之间的特征性状的演化的呢?这就需要我们重建特定性状的演化历史。为了便于理解,需要引入一些关于性状类型的基本概念,如图2-3所示。

同源性状(homologou character),代表两个或多个物种共有的、源自一个共同祖先的性状。例如,鸟类的翅膀与蝙蝠的翅膀作为前肢,它们是同源性状,源自四足动物(包括两栖、爬行、哺乳动物及早期四足动物化石)共同祖先的两个前肢。但是,作为飞行构造,蝙蝠和鸟类的翅膀却不是同源特征,原因是它们的内部结构和共同祖先并不相同;昆虫的翅膀也是表皮的衍生物,因此我们不能将鸟和蝙蝠的翅膀看作是昆虫翅膀的同源性状。

与同源性状相对应,具有相同功能,但是并非源自同一共同祖先的性状称为同功性状。

同功性状(analogues, analogous traits),指两个或多个亲缘关系较远的物种或生物类群由于相同生存条件而产生的形态与功能相似的特征性状,是生物对外界环境自然选择的生存适应的演化产物。这种现象在分支系统学中称为**异源同形**(homoplasy)。比如,鸟类的翅膀是由祖先类群的一对前肢演化而来的,而昆虫的翅膀源于表皮的衍生物,两者都是适应飞行的特征构造,属于同功性状。同功性状产生的机理叫作**趋同演化**(convergent evolution)。

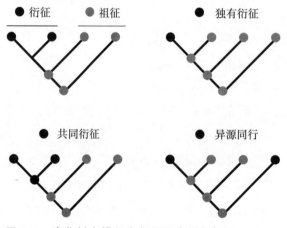

图2-3 演化树中祖征和衍征示意图(改自 Page and Holmes, 1998)。

如图2-3所示,在一个生物类群中,那些源自祖先而保留下来的性状,称为**祖征**(plesiomorphy);两个或两个以上分支共有的祖征,称为**共同祖征**(synplesiomorphy)。要注意,具有共同祖征的类群并不一定具有紧密的亲缘关系或形成一个演化支。

与祖征对应的是**衍征**(apomorphy),指一个类群的新生性状。衍征可用来定义一个分类群。某一物种或类群所独有的衍征称为**独有衍征**(autapomorphy,又称自有衍征),而两个或多个类群共有的同源新生性状则称为**共同衍征**(synapomorphy)。共同衍征是分支系统学中的一个至关重要的概念,它是建立和鉴别演化分支的主要依据。依据共同衍征可以追溯到一个演化支的最近共同祖先,而在更远的祖先类群中不存在作为该演化支共同衍征的特征性状。

第二节　演化树的解读

对于生物系统关系以及生物演化的认识,人们时常会有一种不正确的观念,认为地球上的生物可以采用低级和高级来区分,而生物演化应该从低级向高级一步步地向上发展。有人会说,高级动物是从低级动物演化而来的,人是从猿演化而来的,猿是从猴演化而来的,哺乳动物是从爬行动物演化而来的,脊椎动物是从无脊椎动物演化而来的。其实,这些说法并不科学。尽管,从地球生物演化历史的总体进程来看,最早出现了单细胞生物,后来出现了多细胞生物,多细胞生物中,貌似比较复杂的生物(比如脊椎动物和被子植物)是后来演化出来的。所以,生物演化进程总体上是从简单到复杂(有时相反),但是很难说是从低级到高级。因为,我们并不能定义什么是低级,什么是高级。比如,微生物是地球上最古老的生物类群,但是微生物的生存适应能力常常优于任何多细胞复杂生物,因此,我们不能借此认为微生物是低级或是高级的生物。当前地球上的所有生物物种都是或近或远的表亲关系,而不存在祖裔关系。基因研究表明,黑猩猩是智人的姊妹物种,但是黑猩猩并不是智人的祖先,因为这两个物种实际上是从同一个祖先演化而来的。哺乳动物与爬行动物也是共祖的关系,是同一个演化支系上的两个不同分支。

如图2-4A所示,植物演化树最早产生两个演化支,一支是现在的苔藓类,另一支(维管植物)则包括了现在的蕨类、裸子植物和被子植物。尽管苔藓植物在这个树上分支最早(图2-4A中黑色圆点),与所有陆生植物祖先共有许多特征,但是苔藓植物与维管植物支系同时经历了不

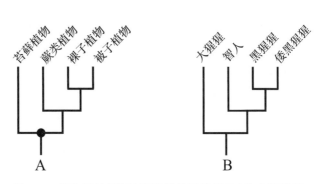

图2-4　植物系统树(A)和灵长类系统树(B)的内部亲缘关系。

同的演化历史。所以,我们不能认为苔藓植物比维管植物更加原始。苔藓植物是其他陆生植物的姊妹群。同样,如图2-4B所示,可以解读智人与黑猩猩及倭黑猩猩的系统演化关系:智人与黑猩猩＋倭黑猩猩也是姊妹群。

形象地说,生物演化并非阶梯式上升,而是像树枝似的向各个方向分叉发展。这种理念可以通过演化树的模型得以准确表示。演化树可以帮助我们不带主观意识地理解各种生物之间的演化关系。

由于分子生物学的快速发展,20世纪后半叶的生物系统研究领域涌现出许多

重大突破,大大深化了我们对生物系统和演化历史的认识。例如,1977年,美国学者Woese和Fox(1977)通过对核糖体RNA序列的分析,发现了一个全新的超门级原核生物类群——古细菌(Archaeobacteria),或称古菌(Archaea)。长期以来,我们将生活在极端环境下(极高温的热泉或高盐水)的似细菌微生物和其他细菌归入同一个原核生物大类群;但是,分子生物学证据显示,它们分属完全不同的界别,而且古菌与真核生物的亲缘关系较之与真细菌类的关系更加接近。该研究也是科学界最早采用核糖体RNA构建生命树的全新探索。

在动物系统研究中的重大发现是原口动物中的两大支系——冠轮动物(Lophotrochozoa;Halanych et al.,1995)和蜕皮动物(Ecdysozoa;Aquinaldo et al.,1997),取得这些重大发现的数据来自DNA,方法是采用分支分类法构树。冠轮动物(包括拥有触手冠的腕足动物门、苔藓动物门、帚虫动物门等,以及拥有担轮幼虫的软体动物门、环节动物门等)和蜕皮动物(包括节肢动物门、线虫门、曳鳃动物门等)的发现,颠覆了传统动物系统学构架,包括有节动物类(环节动物和节肢动物)和触手冠动物归属后口动物或独立于原口动物的超门的假说。

第三节 构树的方法

谱系系统学(phylogenetic systematics)也称分支系统学或分支分类学(cladistics;Harvey and Pagel,1991),其主要任务是构建生物系统树(即构树),通常采用各种生物性状数据。这些性状特征必须是具有相同起源的共同衍征(见本章第二节),并且能够在不同生物间相互比较,例如,外部形态数据、组织或骨骼解剖数据、遗传序列、生态及行为特征等。构树的基本任务是建立一系列单系群(monophyletic group),即演化支系。其基本假设是:

(1)生物演化的基本式样是二歧分支,即一个祖先类群分化为两个子代类群;但是,也允许多分叉(即内部干支的枝长为0)。

(2)性状在谱系中逐渐发生变化,祖征(远祖保留下来的性状)和衍征(新生性状)可以区别,也是分支系统学中的关键。

(3)一个单系分支(或称演化支、单系群;图2-5A)的所有组成分子都排他性地拥有一个最近共同祖先,鉴别特征是它们具有共同衍征(排外地拥有的相同新生性状)。

如果在一棵系统树上,一个分类群所包含的物种及分支拥有一个共同祖先,但同时又包含其他物种或分支,则称之为**并系群**(paraphyletic group;图2-5B);如果一棵系统树上,一个分类群包括不同演化支系,则称之为**多系群**(polyphyletic group，也称复系群；图2-5C）。只有当一个分类群是单系的时候，才构成一个同源的演化支，而多系的分类群反映了人为的归并，并不是自然演化的产物。因此，在重建系统树的研究中，如果发现某个分类群具有多系特征点的话，则需要注意该类群的系统分类方案可能存在问题。例如，传统分类中，爬行动物纲和鸟纲被认为是两个独立的类群，然而，近来系统学已经证明鸟纲是由中生代的爬行类演化而来的，这就导致传统的爬行动物构成了一个多系群。如果将鸟类并入爬行纲，则爬行纲就成为一个单系群（演化支）。多系群的例子，如包含节肢动物门和环节动物门的有节动物类，两者分别源自蜕皮动物类和冠轮动物类。系统学家一般认为，多系群是应该放弃的错误分类群，其产生的原因通常是趋同演化。

分支系统学构树的基本方法是：在所研究的分类群及它们的性状矩阵中，识别尽量多的共同衍征，共同衍征代表共祖，不同类群可以通过共同衍征组成演化支，演化支可以层层相套，但不能相互交叉（多系的类群不能成为演化支）。然而，不同的性状矩阵可能会生成不同分支方式（也称"拓扑结构"），即不同的演化树。因此，在实际系统研究中，还需要采用多重证

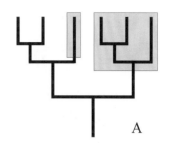

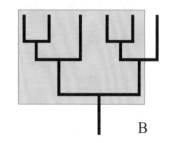

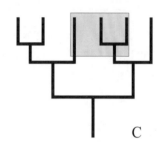

图2-5　单系群（A）、并系群（B）和多系群（C）示意图。

据（比如形态、基因、化石序列等），并研究不同数据之间的一致性和可靠性评估（这里不做讨论）。

理论上，由一组物种（或生物类群）组成的系统树的可能的分支式样（拓扑结构）数目随着类群数目（n）的增加而快速增长（$n=4$时），有根树和无根树的数目（分别用N_r和N_u表示）的一般公式分别是：

$$N_r = [(2n-3)!]/[2^{n-2}(n-2)!] \quad 其中 n \geqslant 2$$

$$N_u = [(2n-5)!]/[2^{n-3}(n-3)!] \quad 其中 n \geqslant 3$$

若$n=2,3,4,5,6$，则$N_r=1,3,15,105,945$棵；若$n=10$，则$N_r = 34\ 459\ 425$棵，$N_u = 2\ 027\ 025$棵。这些可能的拓扑结构，大多数可以根据一般生物信息排除。详细参考Nei和Kumar（2000）的论文。

为了找到最优的拓扑结构，也就是找出共同衍征最多的演化支系，通常采用三种统计方法：距离法（distance method）、最大简约法（maximum parsimony method）和最大似然法（maximum likelihood method），并且对于由不同的方法得到的结果进

行检验。有兴趣的读者可以参考Nei和Kumar（2000：第六章）的论文。在实际研究中，由于分析的分类群和性状矩阵涉及的数据一般都比较大，所以需要计算机程序辅助才能完成。这些构建谱系关系的计算机程序已经成为谱系发育分析的基本工具（可参考 http://evolution.genetics.washington.edu/phylip/software.html ♯Plotting）。

距离法的基本构树原理是，性状距离相近的类群组成一个演化支（意味着分享的共同衍征多）。简约法的基本原理是，演化路径最短的拓扑结构最优（作为最好的估计）。似然法的基本原理是，计算得到似然值最大的树型为最优（依据计算模型与实际数据之间的比较）。所以，经过计算和检验得到的系统树实际上是真实演化树的统计学推断，包括两个重要特性：一是拓扑结构（一般在分支节点上有置信度估计值）；二是分支长度（图2-6）。后者与分支的演化速度有关，因此，与将要讨论的演化时间表的建立关系密切。

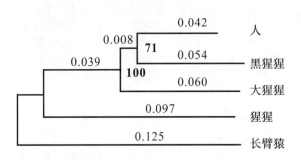

图2-6　系统树的基本要素示意图（据 Nei and Kumar，2000）。小数数值为支长，节点处黑体数字为置信度估计。

第四节　演化时间树

时间是生物演化的一个关键要素，演化本质上是一个随着时间发生的变异、分化和由此产生的生物多样性变化的过程。时间与演化速率、演化机制、生物与环境协同演化等重要科学问题紧密相关。确定演化树上各个分支节点的时间，即建立演化时间树（time tree）。

20世纪60年代之前，建立演化时间表的全部证据来自化石记录。随着20世纪后期分子生物学的快速发展，研究者发现不同物种的同源蛋白分子或基因分子之间的差异度与物种间的分歧时间密切相关，即存在分子钟（molecular clock；Zuckerkandl and Pauling，1965）。按照分子钟理论，研究人员首先在人类起源方面取得突破，计算得出人和猿的分化时间大约为500万年前（Sarich and Wilson，1967），而之前依据化石记录和形态比较研究的推论是该演化事件发生在1 400多万年前。

分子钟理论提出后，得到广泛应用并在方法论上不断改进，已经在各个生物门类中开展研究（Hedges and Kumar，2009）。研究表明，不同物种或者谱系的演化速率存在差异，同一演化系（lineage）也存在时间进程上的变化。为了解决分子钟演

化速率离散而不是恒定的问题,研究人员采用如下策略以提高分子钟的可靠性:
① 对不同分支进行相对速率检验,剔除系统树中速率异常的类群(Nei and Kumar,
2000：Section 10.2);② 建立局部(支系)的分子钟(local molecular clock; Yoder
and Yang,2000);③ 建立宽松分子钟(relaxed molecular clock; Drummond et al.,
2006),即建立可变分子钟的概率模型。

　　用分子钟计算系统树上节点的时间,通常需要该节点上至少一个化石的最早时
间(或其他可反映相关演化分支点的地质事件)作为参照点[也称(化石)校准点,(fossil)
calibration point],据此将系统树的枝长(或遗传距离)转化为时间,如图2-7所示。

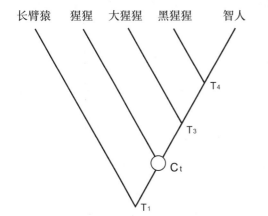

节点	遗传距离*	分歧时间（百万年前）
T_1	0.212± 0.018	16.22
C_t（化石校正准点）	**0.183± 0.016**	**14**（化石记录）
T_3	0.113± 0.012	8.64
T_4	0.095± 0.011	7.27

分歧时间=遗传距离÷突变率 [假设分子钟存在]
突变率≈0.183/14百万年 [据Raaum et al., 2006]

图2-7　分子钟估算演化分支时间示意图。C_t = 化石校准点时间(依据最早的猿类化石记录);* 依据线粒体DNA片段[896个碱基对(bp)]计算的遗传距离(据 Nei and Kumar, 2000：Table 6.1)。这里假设所研究的演化支存在局部恒定分子钟。

　　将系统树、分子钟和化石记录等多重数据综合在一起,重建系统发育关系和演
化时间表,这个领域被称为谱系年代学(phylochronology;杨群等,2009)。研究表
明,化石校正方法在谱系年代研究中起关键作用。

　　首先,化石校准点必须在系统位置和地质年代上是相对精确可靠的(Parham
et al.,2012);第二,使用多个化石校准点,可减小系统误差;第三,由于化石保存的
特性(不完整性)和地层绝对年龄的测量误差,一般需要给化石校准点赋予概率分
布函数,设置软边界(soft bound)或硬边界(hard bound),并根据古生物学知识进行
比较分析;第四,由于化石校准点一般代表对应分支点的最小时间估计值,因此需
要给出该分支点的最大时间参照值,以提高时间树的精确度(减小置信区间)。有
兴趣的读者可参照相关文献,进一步了解谱系年代研究中的化石校准方法。

　　随着分子数据的快速递增、计算模型和化石校准方法的日臻完善,生命之树上
不同演化分支(例如,各个动、植物门类)的谱系年代研究正在逐步展开,产生了一
系列可定量评估和比较的研究结果。包括真核生物起源、后生动物起源与早期分
化、被子植物起源、鸟类与哺乳动物起源等在内的重要演化事件的时间问题的研

究,已取得重要进展。谱系年代研究为古生物记录提供有效的补充,分子钟估计分支分化时间与古生物首次出现时间可互为对照和验证。对于化石记录较为完整的类群,化石记录主导时间表的建立;对于化石记录极为缺乏的生物类群,则分子钟估计时间成为有用的期望值。运用谱系年代学方法建立演化时间树,突破了化石记录偏向于骨骼生物的局限性,基因分化时间和速率研究适合所有生物(包括微生物)。

第五节　古生物与演化树

尽管基因等有机分子记录了生物演化的大量信息,但是我们可以认为,化石是生物演化的直接证据,是生物演化的直接见证者。因此,在生物演化研究中,古生物发掘和研究是必不可少的。其重要意义体现在:

(1) 古生物是生命演化树的重要组成部分,可以帮助我们理解现在生物的由来。事实上,古生物是生命演化树的主体,而当前地球上的生物仅仅代表这棵大树的顶层。据估计,地球上已经灭绝的物种的数量至少数十倍于当前地球上的物种数。由于化石记录的不完整性,我们发现的化石物种也许只有实际数目的很小一部分。以节肢动物为例,在寒武纪生命大爆发中,节肢动物存在46个目级以上类群,但是85%的类群都已灭绝。因此,要了解节肢动物的起源和早期演化,对古生物的研究成为必要。

(2) 化石可为演化树上不同生物分支提供演化中间环节,即过渡类群。过渡类群可揭示各种生物特征的渐进过程,帮助我们理解特征的起源和演化。例如,银杏的胚珠、鸟类的羽毛等重要特征的演化问题。"活化石"银杏的先驱类群最早出现在侏罗纪中期(大约1.7亿年前)。然而,长期以来,人们并不理解侏罗纪的银杏是如何演变为新生代以来的银杏的,直到21世纪初研究者发现了白垩纪的中间环节,才得以理解其胚珠演化的路径:长柄多胚珠→短柄多胚珠→长柄单胚珠(Zhou and Zheng,2003)。

(3) 化石记录不仅提供了地质历史时期生物形态、多样性等数据,而且,化石的地层时代分布数据可用于检验不同谱系树的时间吻合度。图2-8A显示4个物种(S_1-S_4)的地层时代分布,基于形态分析得到的谱系关系存在两种可能的分支形式(图2-8B,C),怎么判断哪一种方案更加合理呢?研究者提出了一种分析方法,采用地层时代分布信息,如图2-8B和图2-8C所示的两种假设,与物种的地层分布比较相符的分支方案,被认为是较合理的。比较方法是,测量和比较各分支方案导致的**幽灵支**(ghost lineage)的总长度,幽灵支愈短则分支方案与地层记录愈符合。这样将地层层位信息和形态信息作为同等数据,用于构建系统树的研究方法称为地层分支系统学(stratocladistics;Fisher,2008)。

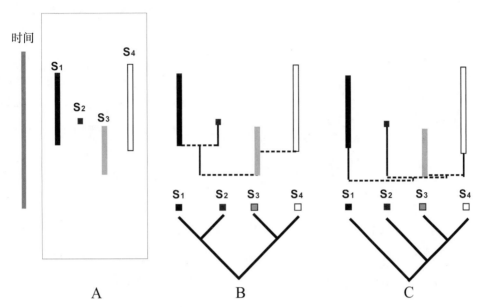

图 2-8　物种 S_1—S_4 地层时代分布(A)用以检验系统关系假说(B,C)示意图(据 Wagner,1998)。垂直细实线代表幽灵支。

(4)化石记录与沉积物所反映的地质环境的信息,有助于我们更好地理解演化树的生物分支演化与特定时期环境变化的协同关系,即生物演化的环境机制。例如,马的演化历史表明,随着地质背景的改变,马的食性随之发生改变,进而其身体大小与骨骼构造逐渐趋向于现代马的特征。

综上所述,化石记录不仅是分子钟研究中的最重要参照系统,而且在演化树的构建以及演化机制解释等方面发挥独特作用。尽管古生物在生命演化树上应该占据主体地位,然而在目前的系统演化研究领域中,古生物数据有待发挥其应有的作用。

第六节　演化树的意义

演化树的建立,有助于重建和描绘生物演化历史轨迹。不仅如此,演化树研究也在其他许多领域中得到应用。

(1)演化树是自然生物系统分类学的基础。长期以来,我们习惯于使用林奈分类系统将生物划分为界、门、纲、目、科、属、种。这个系统诞生在达尔文演化理论建立之前,建立在物种固定而非演化的基础之上。现代生物系统学必须建立在反

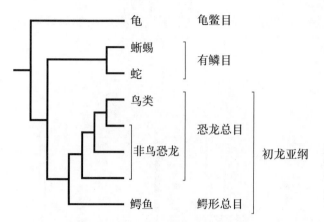

图 2-9 鸟类与爬行动物系统树。系统树显示,只有将鸟类作为爬行动物和恐龙的一个分支,后两者才能成为独立的演化支,才有自然分类地位。

映生物演化历史的基础之上,演化树上建立的演化支应该很好地反映各个生物类群之间的演化关系,并能检验传统分类群是否是一个独立的演化支,因而是有效的。如图 2-9 所示,龟鳖目、有鳞目、初龙亚纲、鳄形总目都是单系的演化分支;但是,传统的爬行纲和恐龙总目在这棵系统树上都包含鸟纲,都是多系群,不构成独立的演化支。只有将鸟类作为恐龙类的一个分支(这是传统分类系统中没有发现的),我们才能将恐龙类和爬行类作为独立的自然分类群。

(2)演化树用以追踪病毒传播历史,在刑事案件中被作为证据。以下是一个典型案例。

1999 年,在非洲某国某医院工作的外国医疗队 6 名医生被控告故意传播 HIV(人类免疫缺陷病毒),因为该医院 400 多名儿童被诊断感染 HIV,当地检察官怀疑这些医生为国外敌对组织服务并存在政治图谋。辩护方为了证明此事件与这些医生无关,采用了分析患者病毒分子与所在区域性广泛样品之间的亲缘关系的方法,即构建病毒的演化树。因为病毒的变异速度较快,在进入不同宿主后会发生变异演化。结果显示:① 400 多名儿童感染者样品的分子序列形成一个演化支,说明具有同一个来源;② 该演化支与两个邻国的 HIV 样品亲缘关系最近,而且涉案医院 400 多件样品是较晚的分支,说明涉案医院的病毒来源于邻国;③ 分子钟测定涉案 400 多件样品的分化时间是 1997 年,而上述外国医疗队到达该国的时间是 1998 年 3 月,因此,不可能由这些医生带来。这个研究结果于数年后的 2006 年最终被确定发表(De Oliveira et al.,2006),当时 6 名医生已被囚禁数年,且于 2004 年被地方法院判处死刑。2007 年,该国高等法院依据研究成果和相关证据,宣告 6 名被告医生无罪释放。

采用基因构树还在追踪 SARS(非典型肺炎)、禽流感、寨卡等病毒的来源等方面得到广泛应用。

(3)生命时间树用于检验古生物学的假说。例如,对于早期后生动物起源与寒武纪生命大爆发的问题,古生物学上有两种假说:① 后生动物祖先在早寒武世 1 000 万年内快速(爆发式)演化产生 20 多个动物门类并快速分化;② 各个门类动物的祖先实际上在寒武纪之前就已经存在,但是未留下或留下很少的化石记录。

寒武纪生命大爆发代表了可保存为化石的生物矿化事件。20世纪90年代后期开始,研究者开始尝试采用基因数据和古生物结合的方法研究动物类群的起源和早期演化问题,探索估算出各个动物门类祖先出现的时间在距今12亿—7亿年。虽然这些时间估算的离散度较大,但是均一致显示了动物门类在寒武纪之前就已演化产生,支持上述第二种假说。

(4)演化树为协同演化提供重要证据。例如,昆虫中的甲虫类是地球上多样性最丰富的类群,其中半数以上物种为植食性昆虫,这与植物演化有关吗?时间树研究表明,以被子植物为食物的甲虫每一次起源都与植物多样性提高相关,从而产生适应辐射。整体上看,这些辐射代表了鞘翅目仅半数的物种以及相同比例的植食性昆虫物种(Farrell,1998)。

演化树的分析研究还在生物多样性历史重建、天然药物筛选等领域具有重要价值。

用演化树的模型和观点分析地球生物系统的亲缘关系和演化历史,是以达尔文理论为基础,以分支分类学为方法,以基因、形态和化石记录为基本数据而展开的一个充满活力的学术领域。科学家经过150多年(从 E. Haeckel 于1866年建立第一棵较为系统的生命演化树开始)的探索,逐渐对生命演化树的整体和大量细节进行了分析和重建。考虑到地球生物数量之巨大,隐藏在地层中的化石生物数量更是庞大且保存不完整,准确解密生命演化树全部内涵的任务将是无比艰巨的。随着20世纪后半叶开始的分子生物学数据的大量涌现和运用,演化树研究的步伐不断加快,新的突破持续涌现,但化石记录在演化树上的融入仍然任重道远。

2015年,一个美国科研小组构建了已知230万物种的生命演化树。研究表明,对真核生物和动物的深层关系,学术界还有不同意见。随着研究探索的不断深入,一个问题的解决往往会带来更多问题的浮现。正是新问题的不断发现,驱动着学科不断进步。由于地球上还有大量新的物种有待发现和描述,化石世界更是隐藏了无尽的奥秘,在可预见的未来,科学界对于演化树的精确化和细节的探索将仍然是一个活跃而有趣的研究领域。

由于每一棵重建的生命演化树都是一个新的假说,研究者需要不断发现新的证据,以印证和强化前面的假说或推翻和否定前面的假说而建立新的分支模型。演化树的研究不仅对于探索地球生物演化历史、理解生物之间的系统演化以及生物与生物、生物与环境间的协同演化具有永恒的理论意义,而且在跟踪病原体传播途径、法医鉴定、药物设计、生物多样性保护等应用上具有重要意义。

演化树研究表明,生物在演化上并无高级与低级之分,不同类群只有起源时间早晚之分,地球上所有生物都是经过数十亿年演化的产物,在任何相同的时间面上，生物类群间的关系是或近或远的表亲关系。人类是地球上很晚出现的物种，然而智人在生存时间和自然适应性能等方面都不能说更加先进。尽管智人非常特化，已经快速影响地球环境，但是在整个生态系统中仍然微不足道。生物演化与环境之间的长期协同作用，导致了这个自然系统的彼此高度依赖和制约。一旦这个系统失去平衡，人类和其他物种生存的基础将会受到威胁。因此，保护地球生态系统对于人类和其他地球生物的健康发展至关重要，可以有效延缓或避免生命演化树遭到重创。

拓展阅读

杨群，丛培允，孙晓燕，等，2009. 谱系年代学进展 [J]. 古生物学报，8(3):364-
372.

De Oliveira T, Pybus O G, Rambaut A, et al., 2006. Molecular epidemiology:
HIV-1 and HCV sequences from Libyan outbreak [J]. Nature: 444, 836–837.

Drummond A J, Ho S Y W, Phillips M J, et al., 2006. Relaxed phylogenetics and
dating with confidence [J]. PLoS Biology, 4(5): e88.

Farrell B D, 1998. "Inordinate Fondness" explained: why are there so many bee-
tles? [J]. Science, 281: 555–559.

Fisher D C, 2008. Stratocladistics: Integrating temporal data and character data in
phylogenetic inference [J]. Annual Review of Ecology Evolution & Systematics,
39: 365–385.

Halanych K M, Bacheller J, Liva S, et al., 1995. 18S rDNA evidence that the
lophophorates are protostome animals [J]. Science, 267: 1641–1643.

Harvey P H, Pagel M D, 1991. The Comparative Method in Evolutionary Biology
[M]. Oxford: Oxford University Press.

Hedges S B, Kumar S, 2009. The Timetree of Life [M]. Oxford: Oxford Universi-
ty Press.

Hennig W, 1966. Phylogenetic Systematics [M]. translated by Davis D D, Zangerl
R. Urbana, Illinois: University of Illinois Press.

Nei M, Kumar S, 2000. Molecular Evolution and Phylogenetics [M]. Oxford:
Oxford University Press.

Page R D M, Holmes E C, 1998. Molecular Evolution: A Phylogenetic Approach
[M]. London: Blackwell Science Press.

Parham J F, Donoghue P C J, Bell C J, et al., 2012. Best practices for justifying
fossil calibrations [J]. Systematic Biology, 61(2): 346–359.

Sarich V M, Wilson A C, 1967. Immunological time scale for hominid evolution
[J]. Science, 158: 1200–1203.

Wagner P, 1998. Phylogeny and Stratigraphy Comparison [M] // Donovan S K,
Paul C R C. The adequacy of the fossil record. New York: John Wiley & Sons
Ltd.: 165–187.

Woese C R, Fox G E. 1977. Phylogenetic structure of the prokaryotic domain: the
primary kingdoms [J]. Proceedings of the National Academy of Sciences of the
United States of America, 74: 5088–5090.

Yoder A D, Yang Z, 2000. Estimation of primate speciation rates using local mo-
lecular clocks [J]. Molecular Biology and Evolution, 17: 1081–1190.

第三章

全球年代地层的标准
——"金钉子"

"金钉子"为地层刻下了时间的烙印，
记录着生命起源和演化的进程，
是人类探索地质历史时期奥秘的标尺。

全球标准层型剖面和点位俗称"金钉子",是建立国际地质年代表的基础,是地球科学家必须遵循的国际标准,具有十分重要的科学意义。建立"金钉子"不仅需要有发育良好的地质地层条件,而且需要科学家加倍努力以取得有影响力的国际学术成果,因此是一个系统的科学工程。迄今中国已经获得了10枚"金钉子",是目前全世界获得最多的国家。

第一节　全球标准层型剖面及其发展简史

一、全球标准层型剖面和点位——"金钉子"

全球标准层型剖面和点位(the global standard stratotype-section and point, GSSP)的俗称是"金钉子(golden spike)",它是划分和定义全球年代地层的基本单位"阶"的底界的国际标准,由于有些阶的底界与更高等级的年代地层单位如统、系、界的底界一致,进而也是确定这些高等级单位底界的国际标准。"金钉子"一名,源于美国铁路建设史上的一段佳话。1869年5月,美国的中央太平洋铁路和联合太平洋铁路,在犹他州的普罗蒙特利峰汇合,成为第一条连接大西洋和太平洋的横贯美洲大陆的铁路——太平洋铁路。在落成庆典上,利兰·斯坦福钉入了最后4枚特制道钉(图3-1),最后一枚道钉含有73%的黄金,这枚具特殊意义的黄金道钉就是著名的"金钉子",它的楔入是美国铁路建设史上具有里程碑意义的事件。地层学借用"金钉子"来代称全球标准层型剖面和点位,既通俗简练,也深有寓意。

全球标准层型剖面和点位是国际地层委员会和国际地质科学联合会(IUGS),以正式公布的形式所指定的年代地层单位界线的典型或标准,是为定义和区别全球不同年代所形成的地层的全球唯一标准或样板,并在一个特定的地点和特定的岩层序列中标出,作为确定和识别全球两个时代地层之间的界线的唯一标志。国际上对"金钉子"的要求非常严格,确立过程十分艰难。从寻找理想的地层剖面到对剖面的高质量多学科研究,往往要经历长达数年甚至几代地质学家数十年的努力。其后还要通过激烈的国际竞争,以及国际地层委员会及其下属分会的专家多轮投票表决通过,最后还要通过国际地质科学联合会的审批才能完成。"金钉子"因此被公认为是世界范围内发育最好、研究水平最高的剖面,是地层学的高质量研究成果。它的确立,标志着一个国家在地层学领域的研究实力达到世界领先水平。这不仅是研究"金钉子"的地质学家个人和团队的光荣,也是国家崇高的科学荣誉。

图3-1 油画《最后一枚道钉》(*The Last Spike*；托马斯·希尔绘于1881年，现藏于萨克拉门托加州铁路博物馆)。画面正中手持银质大锤的人为利兰·斯坦福。

二、国际地层学发展简史

地层学是研究地壳表层成层岩石的学科,它是地质学的一个基础学科,现代地层学的概念已经扩展到非成层的岩石。地层学的研究范围主要包括地层的层序关系、接触关系、空间变化关系,以及地层的划分、对比和地层系统的建立。地层学发源于欧洲,例如地层学中的两个基本定律——地层叠覆律(law of superposition)和化石层序律(law of faunal succession)就分别由丹麦地质学家尼古拉斯·斯坦诺和英国地质学家威廉·史密斯提出。19世纪40年代,地质年表中的绝大多数纪陆续建立;70年代末,古生代以来的纪已经在欧洲全部建立。

国际地层委员会将建立全球统一的、精确定义的年代地层系统和地质年代系统作为其主要工作目标,首先考虑的是解决各系之间的界线的精确划分问题,相继成立了系与系的界线国际工作组,如前寒武系-寒武系工作组、寒武系-奥陶系工作组、志留系-泥盆系界线工作组等,地层学领域由此进入了规范年代地层(地质年代)划分新时期,世界各国也陆续开展了全球各系界线层型剖面的研究。以往由于缺乏公认的统一标准或"共同语言",世界各国对年代地层(地质年代)的划分差异极大,造成了各个国家和全球范围内地层时代的确定和对比的困难。通过数年的努力,1972年,国际志留系-泥盆系界线工作组率先取得突破,在捷克首都布拉格附近的Klonk的志留系-泥盆系的过渡地层中(图3-2),建立了志留系-泥盆系的界线层型剖面,以一致单笔石(*Monograptus uniformis*)在该剖面的首现划定了这条界线

图 3-2 捷克首都布拉格附近的 Klonk 的泥盆系底界全球标准层型剖面和点位纪念标志。图中远景的山坡是 Klonk 剖面，红线为"金钉子"点位。

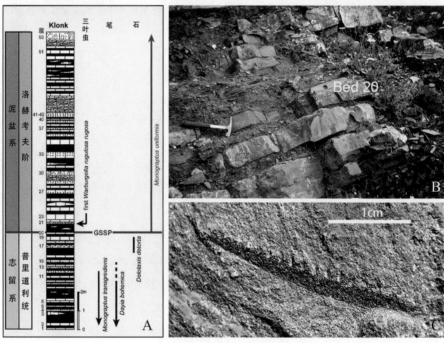

图 3-3 A. Klonk 剖面泥盆系底界附近的柱状图及重要化石的地层分布；B. Klonk 剖面近景，地质锤所在位置是 20 层，厚约 7—10 cm，层型点位在本层的上部；C. 一致单笔石①（改自 Becker et al.，2012）。

——————
① 笔石是以漂浮生活为主的海生动物，地理分布广，繁盛于奥陶纪，是确定该时期全球标准层型剖面和点位最重要的化石。

（Becker et al.，2012；图 3-3）。国际志留系-泥盆系界线工作组的实践，创立了不用单位层型而仅用底界的界线层型定义年代地层单位的先例，为国际地层委员会以后确立以"金钉子"定义年代地层单位底界的原则奠定了基础。正因为如此，Klonk 剖面被认为是全球的第一枚"金钉子"。按照现有《国际年代地层表》的划分，显生宇有 100 个阶需用"金钉子"定义。从 1972 年起至今，国际地层委员会及其下属的地层分会，已在全世界确立了 66 枚"金钉子"（图 3-4）。

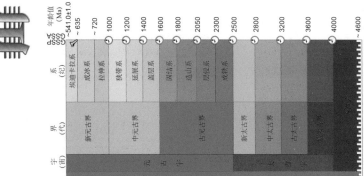

图 3-4 2016年10月国际地层委员会发布的中文版《国际年代地层表》。"金钉子"符号指向其所定义的界线，红框内为在中国建立的10枚"金钉子"。

第二节　全球标准层型剖面和点位的研究方法及研究实例

一、研究原则

全球标准层型剖面和点位的研究最重要的是生物地层学的研究工作,其他地层学的研究都作为辅助手段。建立"金钉子"的目的是建立全球标准以及利于全球对比,其实用性、点位的精确性和远距离对比潜力是关键,点位选择因此就显得非常重要,通常遵循的原则包括:① 露头必须有足够的沉积厚度;② 连续沉积,无构造扰动,无变质作用;③ 具备丰富多样、保存完好的化石,并能识别连续的生物演化序列;④ 有利于远距离生物地层对比的岩相;⑤ 交通便利,易于到达(金玉玕等译,2000)。因此,在建立"金钉子"的工作过程中要求:① 全面了解特定时间段的生物和地质特征,广泛考察全球剖面,选择工作地区;② 开展多门类生物地层、沉积岩石学、同位素地球化学、磁性地层、同位素年龄测定、古环境背景等研究;③ 建立高精度的生物地层,确定标志化石及其谱系演化关系,同时开展辅助化石类群的研究;④ 开展广泛的国际合作,取得国际共识,进行全球对比研究;⑤ 提交国际界线工作组和国际地层分会投票表决,获得国际地层委员会和国际地质科学联合会的批准。

二、研究方法和实例

现以寒武系芙蓉统和排碧阶"金钉子"的研究作为实例,介绍"金钉子"的研究方法。这枚"金钉子"由中国科学院南京地质古生物所彭善池率领的中、美研究团队确立,定义排碧阶和芙蓉统的共同底界(彭善池等,2016)。排碧阶"金钉子"层型剖面地理上位于湖南省花垣县排碧乡排碧剖面西段的最东端,经319国道北侧公路即可抵达,十分便捷;古地理上位于江南斜坡带远端(Peng and Robison, 2000; Peng and Robcock, 2001),发育连续的碳酸盐岩沉积序列,没有受到后期构造扰动和变质作用的影响(图3-5; Peng et al., 2004)。该剖面发育连续演化序列的三叶虫化石[①],建立了甲胄雕球接子向网纹雕球接子演化的谱系(图3-6),这个谱系已在世界各地无数剖面中被观察证实。其中,网纹雕球接子全球性分布,并可以进行全球对比,因而以其首现确定排碧阶"金钉子"层型点位位于排碧剖面花桥组底部之上369 m处(图3-5,图3-6)。

----

① 三叶虫繁盛于寒武纪,以浅海底栖爬行或半游泳生活为主,少数为远洋游泳和漂浮生活,如球接子三叶虫,其地理分布广,是确定该时期全球标准层型剖面和点位最重要的化石。

图 3-5　湖南花垣排碧阶"金钉子"层型剖面远景。黄色箭头代表排碧阶底界"金钉子"层位。

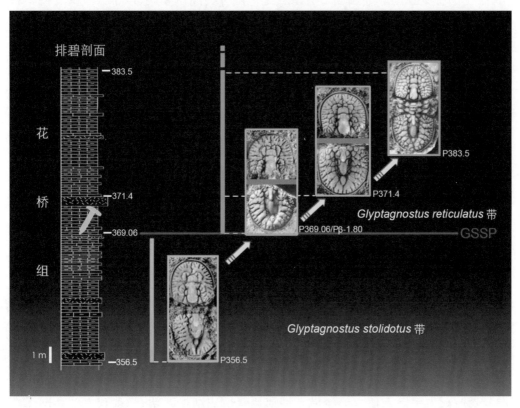

图 3-6　湖南花垣排碧阶"金钉子"层型剖面排碧阶底界界线层段中雕球接子（*Glyptagnostus*）演化谱系。红色横线指示排碧阶底界，与网纹雕球接子（*G. reticulatus*）首现一致；垂直蓝线代表网纹雕球接子祖先种甲胄雕球接子（*G. stolidotus*）；垂直橙线代表网纹雕球接子（*G. reticulatus*），包括 3 个亚种，由左至右依次为网纹雕球接子安氏亚种（*G. reticulatus angelini*）、网纹雕球接子网纹亚种（*G. reticulatus reticulatus*）和网纹雕球接子结节状亚种（*G. reticulatus nodulosus*）。

另外，在排碧阶"金钉子"层型剖面也开展了牙形刺①生物地层(Dong and Bergström，2001；Qi et al.，2006)、无机碳同位素地层(Saltzman，2001；Peng et al.，2004)和层序地层等多方面的研究，来辅助其更好地进行全球对比。牙形刺 *Westergaardodina lui-W. ani* 组合带和 *Furnishina quadrata-F. longibasis* 组合带的底界可能与排碧阶底界大致对应(Dong and Bergström，2001；Qi et al.，2006)。排碧阶的底界与寒武纪的一次显著无机碳同位素正向漂移相一致，其与SPICE(Steptoean positive carbon isotope excursion)漂移的开始颇为吻合，该事件具有全球性，是识别全球排碧阶底界的辅助标志(Saltzman et al.，2000)；排碧阶底界网纹雕球接子首现对应海进初期，于网纹雕球接子带中部达到高水位期，之后海平面降低，该现象可见于华南、华北、劳伦大陆等地区(Palmer，1981；Peng et al.，2004)。

通过对排碧阶底界全球界线层型剖面长期系统、综合的研究工作，2002年3月，中国的提案经国际地层委员会寒武纪地层分会通讯表决，以82.4%的支持率获得通过(14票赞成，2票反对，1票弃权)。6月又被国际地层委员会以全票表决通过。2003年8月被国际地质科学联合会批准，由时任国际地质科学联合会主席E. de Mulder教授签发了批准书，寒武系内的首枚"金钉子"得以在中国确立。

---

① 牙形刺从寒武纪出现至三叠纪末灭绝，浮游或自浮生活，地理分布广，是确定晚古生代全球标准层型剖面和点位的重要化石。

第三节　中国的地层学研究历史及中国的"金钉子"

一、中国的地层学研究历史

中国最早的地质调查机构(也是中国最早的科学研究机关)地质调查所是1916年由丁文江、章鸿钊与翁文灏一起组建的。地质调查所一共走出过48位院士，地学研究成绩卓著，获得了世界声誉。20世纪70年代，美国夏绿蒂·弗思夫人在她所著的《丁文江——科学与中国新文化》一书中这样写道："在1949年以前的岁月里，地质调查所成为中国人伟大的骄傲。地质调查所生动地说明：只要提供适当的工作条件，中国人在科学成就上就可以同西方国家媲美。"新中国成立后，1959年11月在北京召开第一届全国地层会议，这是我国地质科学领域内首次召开的全国性大型专业会议；1979年9月在北京召开第二届全国地层会议，并在会议前后出版了一系列区域地层表、地区古生物图册、各纪断代总结、地层界线讨论等专著；2000年5

月在北京召开第三届全国地层会议,第一枚"金钉子"(1997年)落户中国后,我国开始大力开展"金钉子"的研究;2013年11月在北京召开第四届全国地层会议,进一步深化了地层建阶研究,同时强调要做好国际和中国地层标准与区域地层单位对比研究、"金钉子"研究和"金钉子"建立后的后层型研究。

中国的全球标准层型剖面和点位研究始于20世纪70年代后期,比国际上开展的"金钉子"研究晚了10余年。在之后的30多年里,我国地质学家在"金钉子"的研究竞争中,历经艰难、屡遭挫折,又迎难而上、执着追求,转而后来居上(图3-7,图3-8;中国科学院南京地质古生物研究所,2013)。

二、中国的"金钉子"

1997年,我国首枚国际"金钉子"在浙江常山黄泥塘正式确立。由中国科学院南京地质古生物研究所陈旭院士率领的国际团队所确立的达瑞威尔阶"金钉子"也是奥陶系的首枚"金钉子"。它实现了我国"金钉子"的零的突破,此后,我国的年代地层和"金钉子"研究捷报频传。

2001年,由中国地质大学殷鸿福院士率领的研究团队,确立了三叠系最下部印度阶底界"金钉子"(图3-8),这枚"金钉子"同时定义印度阶、下三叠统、三叠系和中生界的共同底界,是我国定义年代地层单位最多的"金钉子"。其界线层型剖面是浙江长兴煤山D剖面。

2003—2006年的4年中,中国科学院南京地质古生物研究所每年都为我国确立一枚"金钉子":彭善池研究员主持研究的寒武系排碧阶"金钉子"(2003),界线层型剖面是湖南花垣排碧剖面;金玉玕院士主持研究的二叠系吴家坪阶(2004)和长兴阶"金钉子"(2005,图3-8),界线层型剖面分别是广西来宾蓬莱滩剖面和浙江长兴煤山D剖面;陈旭院士主持研究的奥陶系赫南特阶"金钉子"(2006),界线层型剖面是湖北宜昌王家湾剖面。其中排碧阶"金钉子"同时定义寒武系芙蓉统的底界,吴家坪阶"金钉子"同时定义二叠系乐平统的底界。

2008年是我国"金钉子"的丰收之年,这一年在中国同时确立了3枚"金钉子":彭善池研究员主持研究的寒武系古丈阶"金钉子",界线层型剖面是湖南古丈罗依溪剖面;国土资源部武汉地质矿产研究所汪啸风研究员主持研究的奥陶系大坪阶"金钉子",界线层型剖面是湖北宜昌王家湾剖面;中国地质科学院地质研究所侯鸿飞、田树刚和贵州省地勘局地质科学研究所吴祥和等研究的石炭系维宪阶"金钉子",界线层型剖面是广西柳州北岸乡碰冲剖面。

2011年,彭善池研究员率领的国际研究团队又在浙江江山碓边确立寒武系江山阶"金钉子",至此我国的"金钉子"数量增至10枚,成为拥有"金钉子"最多的国家之一。

建立顺序	界	系	阶(底界)	GSSP层型剖面地点	层型点位	生物标志	地理坐标	批准年份	备注
2	中生界	三叠系	印度阶	浙江长兴煤山(D剖面)	殷坑组底之上19 cm,27c层之底	牙形刺Hindeodus parvus首现	31°4'50.47"N 109°42'22.24"E	2001	同时定义下三叠统、三叠系、中生界底界
5	古生界	二叠系	长兴阶	浙江长兴煤山(D剖面)	长兴组底界之上88 cm,4a-2层之底	牙形刺Clarkina wangi首现	31°04'55"N 109°42'22.9"E	2005	
4	古生界	二叠系	吴家坪阶	广西来宾蓬莱滩	茅口组来宾灰岩顶部,6k层之底	牙形刺Clarkina postbitteri postbitteri首现	23°41'43"N 109°19'16"E	2004	同时定义乐平统底界
7*	古生界	石炭系	维宪阶	广西柳州北岸乡碰冲	鹿寨组碰冲段83层之底	有孔虫Eoparastaffella simplex首现	24°26'N 109°27E	2008	
6	古生界	奥陶系	赫南特阶	湖北宜昌王家湾	五峰组观音桥层底界之下39 cm	笔石Normalograptus extraordinarius首现	30°58'56"N 111°25'10"E	2006	
1	古生界	奥陶系	达瑞威尔阶	浙江常山钳口镇黄泥塘	宁国组中部,化石层AEP184之底	笔石Undulograptus austrodentatus 首现	28°52.265'N 118°29.558'E	1997	
7*	古生界	奥陶系	大坪阶	湖北宜昌黄花场	大湾组底界之上10.57 m Shod-16牙形刺样品层之底	牙形刺Baltoniodus triangularis首现	30°51'37.8"N 110°22'26.5"E	2008	同时定义中奥陶统底界
10	古生界	寒武系	江山阶	浙江江山碓边	华严寺组底界之上108.12 m	球接子三叶虫Agnostotes orientalis首现	28°48.977'N 118°36.887'E	2011	
3	古生界	寒武系	排碧阶	湖南花垣排碧四新村	花桥组底界之上369.06 m	球接子三叶虫Glyptagnostus reticulatus首现	28°23.37'N 109°31.54'E	2003	同时定义芙蓉统底界
7*	古生界	寒武系	古丈阶	湖南古丈罗依溪西北约5 km	花桥组底界之上121.3 m	球接子三叶虫Lejopyge laevigata首现	28°43.20'N 109°57.88'E	2008	

图3-7 在我国建立的全球标准层型剖面和点位("金钉子")(据彭善池等,2016)。*维宪阶、大坪阶、古丈阶于2008年3月在国际地科联第58届执委会上同时批准,建立顺序不分先后。

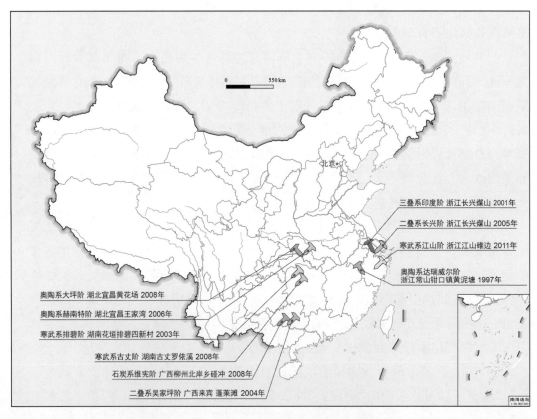

图3-8 中国获得的全球标准层型剖面和点位("金钉子")的地理分布图。

图3-9 浙江长兴国家级地质遗迹保护区,保护区内有二叠系长兴阶底界"金钉子"和三叠系印度阶底界"金钉子"。

第四节 全球标准层型剖面和点位建立后的工作(后层型研究)

"金钉子"的确立不是地层学研究的终结,而是为全球地层划分对比和地质演化研究提供了一个全球统一的时间框架。根据国际惯例和"金钉子"研究的要求和发展趋势,在"金钉子"确立后必须随之开展后层型研究,既进一步充分发挥"金钉子"作为全球划分对比标准的作用,也可巩固其全球标准的地位。后层型研究主要包括3个方面:① "金钉子"的补充和深化研究,对层型剖面的资料进行系统化和数字化,对界线上下的一些非主导化石门类的研究和新兴学科的研究等;② 对那些已经确立在国外的"金钉子",需要开展对比研究,解决在我国相应地层中如何精确识别和对比该界线的问题;③ 高分辨率地层学研究和在此基础上的古环境研究,以及包括如油气资源等在内的应用研究。

后层型研究计划的重点是运用多种方法(包括古生物的、物理的和化学的方法)进行对比。通过对地层中赋存的古生物的、物理的和化学的信息的综合研究,揭示古环境和进行国际间的地层对比(Shen et al., 2011)。例如,二叠系乐平统的后层型研究已经取得了可喜的成果(图3-10),乐平统的生物地层学、同位素地球化学、天体撞击事件、火山喷发、海平面变化、海洋超级缺氧事件,以及煤山钻井项目的多个国际实验室生物地化盲测等,都是后层型研究的内容。奥陶系的后层型研究包括将高精度的地层对比应用于油气资源勘探,与中石化、中石油等企业合作,开展地层精确划分与对比、烃源岩有利层段和甜点区预测等研究。由于二叠系瓜德鲁普统的华南和北美生物地层对比仍然存在很多问题,并且缺乏地球化学等多学科的研究,于是,南京地质古生物研究所的研究团队联合北美同行在瓜德鲁普山开展了数次后层型研究野外工作,采集了大量的样品,正在开展牙形刺生物地层、䗴类化石、同位素地球化学、放射性同位素测年等研究工作。

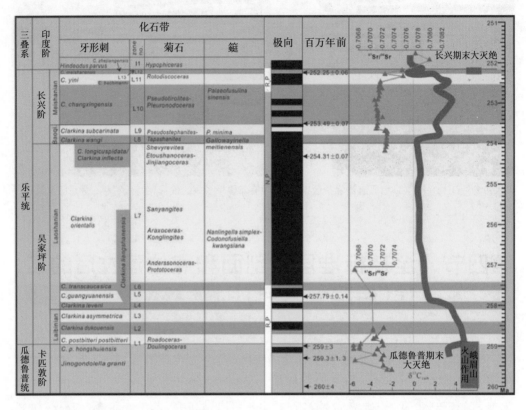

图3-10　华南乐平统综合地层序列(Shen et al., 2010)。包括牙形刺、菊石、有孔虫生物地层,磁性地层,同位素年龄,碳、锶同位素变化曲线等信息。

科学研究的三要素是科学的目的、科学的精神和科学的研究方法。全球标准层型剖面和点位这一科学问题的研究目的是确立全球地层划分和对比的标准;研究方法和步骤包括广泛调查、确定地点和剖面、采集样品、室内分析和处理、谱系重建、生物地层学研究、多重地层划分、地球化学及古环境研究、全球对比研究等;研究意义是为了完善全球地质年表、为国家挣得荣誉、为国民经济服务等。

我国在地层学研究中取得了国际瞩目的成就,获得了目前全世界上最多的10个"金钉子"。既因为我国拥有地层序列发育良好、化石资源丰富等得天独厚的条件,也得益于国家的强盛、充足的科研经费、良好的科研环境、扎实的研究基础和逐渐提高的国际地位。

拓展阅读

萨尔瓦多，2000. 国际地层指南：地层分类、术语和程序 [M]. 金玉玕，戎嘉余，陈旭，等译. 2版. 北京：地质出版社.

彭善池，侯鸿飞，汪啸风，2016. 中国的全球层型 [M]. 上海：上海科学技术出版社.

中国科学院南京地质古生物研究所，2013. 中国"金钉子"：全球界线层型剖面和点位研究 [M]. 杭州：浙江大学出版社.

Becker R T, Gradstein F M, Hammer O, 2012. The Devonian Period [M]// Gradstein F M, Ogg J G, Schmitz M D, et al. The Geologic Time Scale: Volumes 1−2. Amsterdam: Elsevier: 559−601.

Dong X P, Bergström S M, 2001. Middle and Upper Cambrian proconodonts and paraconodonts from Hunan, South China [J]. Palaeontology, 44: 949−985.

Palmer A R, 1981. Subdivision of the Sauk Sequence [J]. US Geological Survey Open-file Report, 81(743): 160−162.

Peng S C, Babcock L E, 2001. Cambrian of the Hunan-Guizhou Region, South China [J]. Palaeoworld, 13: 3−51.

Peng S C, Babcock L E, Robison R A, et al., 2004. Global standard stratotype-section and point (GSSP) of the Furongian Series and Paibian Stage (Cambrian) [J]. Lethaia, 37: 365−379.

Peng, S C, Robison R A, 2000. Agnostoid biostratigraphy across the Middle-Upper Cambrian boundary in Hunan, China [J]. Paleontological Society Memoir 53, supplement to Journal of Paleontology, 74(4): 1−104.

Qi Y P, Bagnoli G, Wang Z H, 2006. Cambrian conodonts across the pre-Furongian to Furongian interval in the GSSP section at Paibi, Hunan, South China [J]. Rivista Italiana diPaleontologia e Stratigrafia, 112 (2): 177−190.

Saltzman M R, 2001. Carbon isotope stratigraphy of the Upper Cambrian Steptoean Stage and equivalents worldwide [J]. Palaeoworld, 13: 299.

Saltzman M R, Ripperdan R L, Brasier M D, et al., 2000. A global carbon isotope excursion (SPICE) during the Late Cambrian: relation to trilobite extinctions, organic-matter burial and sea level [J]. Palaeogeography, Palaeoclimatology, Palaeoecology, 162 (3−4): 211−223.

Shen S Z, Henderson C M, Bowring S A, et al., 2010. High-resolution Lopingian (Late Permian) timescale of South China [J]. Geological Journal, 45(2−3): 122−134.

Shen S Z, Crowley J L, Wang Y, et al., 2011. Calibrating the end-Permian mass extinction [J]. Science, 334, 1367−1372.

第四章

生命起源与早期演化

天地玄黄，宇宙洪荒，

道生一，一生二，

二生三，三生万物。

世间生命皆同根，

源自冥古时代的一个原始细胞。

地球上的生命从无到有,从简单的原核单细胞到复杂的真核多细胞,生物经历了一个漫长的进化过程。

从生命起源到寒武纪生命大爆发这段生命史称为地球早期生命演化史,它约占整个地球生命演化史的6/7,其间发生了一系列生命演化的里程碑式的事件。如,距今46亿—35亿年间生命的起源和原始生态系统的建立;25亿年前后氧化大气圈的形成和真核生物的出现;中元古代至新元古代(距今16亿—5.4亿年)多细胞生物的起源、早期辐射以及复杂生态系统的建立和演化。本章以生命起源、真核生物起源和多细胞生物起源为主线,重点阐述这三大事件发生的过程、环境背景以及化石证据。

第一节　生命起源

生命起源是千古未解之谜,是地球上最特别的事件。迄今为止,没有充分的证据表明,除了地球以外的其他星球上有生命的存在。

在宇宙形成之初,即约100亿年前,产生了构成生命的基本元素碳、氢、氧、氮、硫、磷等。在稍后的星系演化中,一些有机分子如氨基酸、嘌呤、嘧啶可能开始形成,并分散到星际尘埃和星云中。这些分子在一定条件下,有可能聚合成像多肽一样的生物大分子,再经过遗传密码和若干前生物系统的进化,最终产生具原始细胞结构的生命。这一系列演化事件很有可能在地球形成过程之中产生,称为生命起源的过程(张昀,1989)。生命起源研究就是探索地球上第一个最原始、最古老的细胞何时起源、出现在何种环境中以及它形成的过程。

一、生命起源的时间

在中世纪的西方,人们对《圣经》上的故事深信不疑。1650年,一位爱尔兰大主教根据《圣经》上记载的历史事件,向前推算出上帝创世的时间是公元前4004年。也就是说,生命起源发生在约6 000年前。很显然,这与人类现今认识的地质年龄相差很远。地质学家在讨论生命起源的时间时,是根据地球上保存的最古老的生物化石来推算的。地质历史中形成的岩层,就像一部编年史书,而深深地埋藏于这些岩石之中的化石,就是这部史书的文字,记录着地球生物的演化历史,年代越久远的生物化石,保存在岩层中的位置越朝向底层。

迄今为止,地球上最古老的生物化石来自澳大利亚西部始太古代皮尔巴拉超群瓦拉伍那群的阿皮克丝硅质结核(Early Archaean, Pilbara Supergroup, Warrawoona Group，Apex Cherts）中，含化石的岩石年龄在距今35亿—34亿年之间。对岩石薄片的观察显示，它是一类保存了有机质壁结构的原核生物化石（Schopf，1993；图4-1），大小只有几微米到几十微米，这些化石的形态类似于现代的蓝细菌。这一古老的化石给予我们一个非常重要的概念，那就是地球上的生命在35亿年前就已经出现。同时，我们知道固体地球的形成年龄大约在45.5亿年前，这两个数据可以把生命起源的年龄大致界定在距今45.5亿—35亿年之间。

在地球上保存的岩石中，比澳大利亚瓦拉伍那群更古老的沉积岩石就是格陵兰西部始太古代依苏瓦绿岩带（Early Archaean，Isua Greenstone Belt），距今有39亿—37亿年，主要以火山喷发岩和沉积岩组成。科学家在其中约37亿年前的沉积岩中发现了1—4 cm高的叠层石（Nutman et al.，2016；图4-2）。在这一特殊结构中，虽然没有发现生物实体化石，但是，我们知道，叠层石是以蓝细菌为主的微生物，在生长和新陈代谢活动过程中黏附和沉淀矿物质或捕获矿物的颗粒而形成的一种生物沉积构造。因此，这些微小的叠层石很可能表明在37亿年前，地球上就已经出现了生命。另外，科学家还在格陵兰的同一个地点更老的、约38.5亿年前的沉积岩石中发现了富含轻碳（^{12}C）的碳颗粒（Rosing，1999）。这种富^{12}C的碳颗粒通常被认为只有光合自养生物的分馏作用才能形成[①]。格陵兰古老岩层的一系列科研成果把生命起源的时间进一步缩小到距今45.5亿—38.5亿年之间。

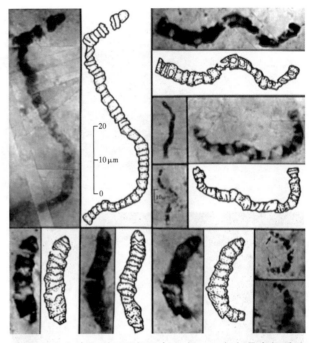

图4-1 产自澳大利亚西部距今35亿—34亿年具有机质壁结构的原核生物化石，形态和大小类似于现代的蓝细菌，是迄今为止发现的最古老的生物化石（引自Schopf，1993）。

① 生物的碳分馏原理：在自然界，碳原子以3种不同形式（同位素）存在，通过碳原子核所包含的中子数不同可以区分为^{12}C（含6个质子和6个中子）、^{13}C（含6个质子和7个中子）和^{14}C（含6个质子和8个中子）。其中^{14}C具有放射性，不稳定，在老于5万—6万年的物体中就不能检测到。其他两种碳同位素^{12}C和^{13}C是稳定的，在整个地质时期的地球大气圈中都存在这两类二氧化碳（$^{12}CO_2$和$^{13}CO_2$）。在光合作用中存在着的固碳酶（rubisco）能够区分这两类二氧化碳，并优先与$^{12}CO_2$反应。因此，在光合细菌和蓝细菌，还包括所有其他光能自养生物中，光合作用形成的有机碳比大气圈中的CO_2富含^{12}C。大气圈中的CO_2也参与无机化学作用，溶解在海水中的CO_2转化为重碳酸根（HCO_3^-）能够与海水中的钙离子（Ca^{2+}）反应形成灰岩，这种无机化学过程并没有选择性地吸收$^{12}CO_2$或$^{13}CO_2$。因此，在地质时期，由此过程形成的碳酸岩含有与同时期大气圈中同样比例的$^{12}CO_2$和$^{13}CO_2$。由此可以进一步根据碳酸岩中^{12}C和^{13}C的比例来反推出当时是否有光合自养生物"取走"了大气圈中的部分$^{12}CO_2$。

图4-2 产自格陵兰西部早太古代依苏瓦绿岩带的叠层石,约37亿年前,是迄今为止发现的最古老的叠层石(引自 Nutman et al.,2016)。

图4-3 月球表面的陨石坑,保留了40亿年前大撞击时期的景象,科学家推测当时的地球也经历了类似的过程,只是后来的地球经历了沧海桑田般的变化,这样的景象没有保存下来。

随着地质科学和空间科学的进一步发展,科学家们利用比较行星学的研究手段,对月球和火星进行了观察和分析,并认为在地球形成的早期,地球受到了大量的小行星(包括彗星)和陨石的撞击,正如现今的月球和火星表面一样,还残留着太阳系形成早期留下的大量撞击坑(图4-3),小行星的撞击会在短时间内给地球表面带来极高的温度,该时期的地球不适合生命的生存。这一撞击事件大约结束于40亿年前,并由此可以推测,地球上生命的起源不大可能早于40亿年前。

因此,迄今为止,科学研究给出的地球上生命起源的时间可以较为精确地框定在距今40亿-38.5亿年之间。

二、生命起源假说

生命是如何产生的? 在人类数千年的文明史上,产生了很多假说,归纳起来有以下4种。

1. 创世论和自生论

创世论主要来自《圣经》里面记载的上帝创造世界的故事。上帝在7天之内造就世间万物、山川河流,还包括我们人类本身。创世论,也称为神创论或特创论,在18世纪以前的西方学术界以及整个西方文化中占据着统治地位。在中国古代也有类似的说法,如1 700多年前,三国时代吴国的徐整编写的《三五历纪》和《五远历年纪》里记载了大家熟知的"盘古开天辟地"之说,即"阳清为天,阴浊为地",而盘古死后,"骨节为山林,体为江海,血为淮渎,毛发为草木"。

自生论源于古代人类在日常生活之中对一些自然现象观察的结果,并从中概括出关于生命从何而来的说法。如古希腊人认为,昆虫生于泥土;古埃及人则认为,生命起源于尼罗河。在中国古代2 200年前的西汉时期,《礼记》之中也有类似的说法:"季夏之月,腐草为萤"。

自生论和创世论都是人类早期对于生命起源的蒙昧认识,只看到了生命萌发的表面现象。如今,随着科学技术的不断发展,我们更需要的是科学的证据以及科学上的理性探索。

2. 有生源论和宇宙胚种论

有生源论认为生命就是宇宙中固有的现象,生命和其他物质在宇宙产生时同时出现。有生源论试图用科学的知识和方法为生命起源寻找答案,但忽视了生命和其他无机物质的本质区别,它并没有也不可能解释生命起源的过程,其实它属于"不可知论"的范畴。有生源论在19世纪的西方相当流行,在20世纪的后半叶,有生源论逐渐发展到现在的宇宙胚种论。直到现在,仍有许多科学家认为,生命必需的酶、蛋白质和遗传物质的形成,需要数亿年的时间,在地球早期(上文中提到的距今40亿－38.5亿年)并没有可以完成这些过程的充足时间。因此,他们认为生命一定是以孢子或者其他生命的形式,从宇宙的某个地方来到了地球。这种观点有一定的科学依据。20世纪40年代以来,人类利用天体物理手段,在地球之外探测出近百种有机分子,像甲醛、氨基酸等。其中两种天体可能与地球上的生命起源有关,它们可能会给地球带来生命或者生命必需的有机分子。这两种天体,一种是彗星,另一种是球粒陨石。我们已经在部分彗星和陨石中检测出大量的有机分子,比如,人们把一些彗星称为"脏雪球",它们不仅含有固态的水,还有氨基酸、萜类、乙醇、嘌呤、嘧啶等有机化合物,生命有可能在这些彗星上产生而被带到地球,或者在彗星和陨石撞击地球时,由这些有机分子经过一系列的合成而产生生命。

宇宙胚种论也存在着不同的看法,生命如果是从地外某处起源,并在38亿年前迁移到地球上,那么需要回答的问题是:生命在宇宙中进行长时间的迁移是否还能存活? 我们知道,天体之间的距离是以光年(光在一年中行驶的距离,1光年 = $94\ 605 \times 10^8$ km)为计算单位的,天体之间的交流非常困难。与太阳系最近的恒星是半人马星座的比邻星(Proxima),距离太阳系约4.3光年,以彗星的运行速度(约20 km/s)计算,到达太阳系大约需要65 000年。如果比邻星有生命,再通过彗星迁移到太阳系的地球上来,它要经历长时间和长距离的恶劣环境,在太空中,温度接近于绝对零度,同时还存在着各种辐射,如紫外线辐射等,生命长期在这种环境下存活是不可想象的。

三、地外生物学

如果说生命是宇宙之中的一个普遍现象,那么地球之外的其他天体是否也有类似于地球早期或现今的环境呢? 它们过去或现今是否也有生命存在? 对地外行星的探索也许能为研究地球生命起源打开一扇新的窗口。随着宇航技术的发展,自20世纪60年代之后,人们对生命的探索从地球扩展到外地行星,并诞生了一门新学科——太空生物学(Astrobiology 或 Exo-biology)。

人类第一个要了解的目标是月球,地质学家认为,月球可能是在40亿年前,一颗较大的行星撞击地球后,由迸发出去的地球碎片所形成的。现今的月球表面形态几乎停滞在40亿年前的状态,月球也许能够为我们提供早期生命或生命起源的环境信息。在中国的古代神话中有嫦娥奔月的说法,月球上有月桂、月兔,但在20世纪六七十年代,随着苏联和美国的宇航员登月的成功,这个神话彻底破灭了,月球其实是一个没有水、没有大气,不适合生命生存也没有生命遗迹的荒漠星球。

第二个探索的目标是火星,火星也许有着与地球历史类似的"火星史"。火星上是否有生命呢? 现今对火星生命的探索主要包括3个方面:① 在火星上直接寻找活的生命。② 寻找液态水和曾经有过液态水的证据。水是生命之源,我们所理解的生命都是以水作为介质来进行物质和能量传递的,所以液态水的存在非常重要。③ 寻找与生命有关的遗迹,主要包括生物化石和与生命有关的化合物。

1975年,美国的"海盗号"航天器对火星观察的结果是:火星上没有生命,没有液态水,它是一个荒芜干枯的红色星球。20世纪90年代至21世纪初,国际上,特别是美国国家航空航天局(NASA)和欧洲航天局(ESA)加大了对火星的探测力度,通过火星"探测者号""拓荒者号""勇气号""火星快车号""盖娅号""好奇号"等一系列航天器和"哈勃"天文望远镜得到的信息显示,火星很可能曾经有过液态水的存在,主要依据是:① 火星有类似于地球表面干涸河道和湖泊的地貌;② 部分岩石表面留下了可能是被水侵蚀的痕迹;③ 具有赤铁矿和硫酸盐矿物,它们的形成与液态水紧密相关;④ 火星的极冠、土层下都含有大量的冰;⑤ 火星上有类似地球上由水作为介质沉积的岩石,这些岩石还具有微细的层理和斜层理。另外,通过光谱分析,在火星的大气层中还发现了少量的甲烷(CH_4)气体,科学家推测现今的火星上也许存在产甲烷的细菌。

虽然人类已经可以通过"火星车"(如"勇气号""火星快车号""好奇号"等)对火星表面进行照相和样品的初步分析,但是,由于人类暂时还无法直接登陆火星,也不能通过航天器把火星样品带回地球进行实验室分析,因此要对火星上是否有生命这样一个重大问题得出结论还为时过早。值得一提的是,人们在南极的冰层上发现了一颗陨石(编号为ALH84001),对其中的氧稳定同位素进行分析,认为它来自火星;放射性同位素年龄测试显示该陨石的年龄约为45亿年,它是在1万多年前掉到南极的冰盖上的。科学家对该陨石进行了深入的研究,一些研究者认为,这个陨石上可能含有水和生命的痕迹,主要有3个方面的证据:① 陨石中含有数种沉积矿物,它们是在有液态水的情况下,甚至只有在生命的代谢过程中才能形成;② 有机化学方法分析显示,它含有多种多环芳香烃(PAHs),可能与生命有关;③ 通过扫描电镜观察,发现了形态非常类似细菌的微结构。也有很多学者对这颗陨石中所包含的有关生命存在的信息提出质疑,认为这些证据并不能排除是陨石掉到地球之后受到污染而产生的,多环芳香烃也能在纯化学过程中产生。对 ALH84001 陨石中含有生物遗迹的研究结论,美国《科学》杂志资深记者里查德·科尔曾引述卡尔·萨根一句非常有名的话来进行评论:"与众不同的断言需要与众不同的证据。"

第三个观察的天体是木星的一颗卫星——木卫二(Europa),它的大小跟地球类似,1997年美国的"伽利略号"航天器对木卫二进行了观察,发现在木卫二表面覆盖了一层厚厚的冰,冰的表面还有大量纵横交错的裂痕。这些信息告诉我们,这颗星球上也许在过去某个时期或某几个时期,冰曾经溶化,或许冰层之下就是液态水。有液态水的存在就具备了生命存在的基本条件,但木卫二是否有生命还是一个未解之谜,需要我们更进一步观察和研究。

总之,随着航天科技和其他相关技术的进一步发展,地外生命的探索为人类研究生命的起源开辟了一个新的途径。

四、生命起源的化学进化论

19世纪后半叶,伴随着达尔文的《物种起源》这部伟大巨著的问世,生命科学发生了前所未有的大变革,同时也为人类揭示生命起源这一千古之谜带来了一丝曙光:地球生命的祖先诞生在地球早期特殊的环境之中,由非生命物质通过"化学进化"过程慢慢演化而来,这就是现代生命起源的化学进化论。

虽然从20世纪开始,生命属于自然界并起源于自然界的思想已经广为传播和被大众接受,但直到30年代,苏联学者奥巴林和英国学者荷尔丹先后提出的"原始汤"假说才把生命的起源从单纯的猜想变成了具体可操作的研究工作。他们认为生命的出现是缓慢的、复杂的过程,是从非生命的有机物合成并形成"原始汤"的形式开始的,再由似胶状形式的有机物质演化成厌氧的异养生物,它们能够吸收原始海洋中的有机物质来进行生长和自我复制。

可以说,他们的"原始汤"模式为其后研究生命起源提供了一个指导性框架。1953年,一位美国芝加哥大学的研究生司坦利·米勒模拟奥巴林和荷尔丹假定的早期地球大气圈成分,在烧瓶中加入氢气、甲烷和氨等还原性气体和水蒸气,将烧瓶密闭并插入两支电极通电产生电火花。7天后,他在烧瓶中收集到了数种氨基酸。

米勒实验揭示了组成蛋白质的氨基酸能够通过无机物合成。之后,米勒和其他科学家用类似的实验方法,利用不同的能源,如紫外光、高温、震动波等,在实验室中合成了一系列重要有机化合物,如多种氨基酸、核甘酸、尿素、嘌呤、嘧啶、糖、脂肪等。应该说,"原始汤"模式的前化学合成的推测已被很多实验所证实。这一过程不但在实验室可以完成,而且在40多亿年以前形成的碳质球粒陨石中也发现了类似的有机化合物。这一系列发现和研究充分表明了在自然条件下(包括早期地球的环境)也能发生类似的有机分子合成。

米勒等人的实验给予人们一个非常重要的概念:在早期的地球上,如果大气圈含有大量的还原性气体,比如甲烷、氨气、氢气等,并存在原始海洋,它们就有可能在闪电或其他的能源作用下合成多种氨基酸和其他简单的有机化合物,这些有机化合物可能在原始地球的某处(如潟湖)浓缩,再进一步聚合成蛋白质、多糖类和高分子脂类,也许在一定的时候能够孕育出生命。

"原始汤"模式虽然很好地解释了生命起源的前化学进化过程,但至少还存在两个疑问:第一,虽然大家一致认为原始地球的大气圈是缺氧的,但是根据现有的证据还不能确切地推测出原始大气的组成,从还原性大气圈($CH_4 + N_2$、$NH_3 + H_2O$、$CO_2 + H_2 + N_2$)到惰性大气圈($CO_2 + N_2 + H_2O$)的说法都有。大气化学家认为原始地球具有非还原性大气模型,而研究生命起源前化学进化过程的学者则倾向于原始地球具有还原性大气圈,因为在此条件下,氨基酸、嘌呤、嘧啶和其他复合物的非生命合成非常容易进行。如果是惰性大气圈,这一过程就难得多。第二,"原始汤"在地球早期并不能长期稳定地存在。前面已经提到,在40亿前的地球早期,大量的陨石和小行星对地球的频繁撞击会在地球表面产生极高的温度,"原始汤"刹那间就会干枯,生命也不能生存,如果第一个细胞是在地球上产生的话,那么它只能发生在40亿年之后。但是,现代的生物化学学者认为,生命起源的前化学进化过程至少需要数亿年才能完成主要的酶、蛋白质和遗传模式的形成,在原始海洋稳定后短短的1.5亿年间(见前文"生命起源的时间"),生命起源的整个过程是很难完成的。

五、热泉和生命起源

如果把地球上生命的起源和原始生命多样性的发生推向40亿年之前,比较流行的观点是:生命可能发生在"热泉"(图4-4)或类似于现代海底"黑烟囱"的环境中。这一观点主要来自对"热泉"中生活的嗜热微生物的研究。分子进化树的研究表明,嗜热微生物都是一些"古老的物种",它们分布在分子进化树的"基部"(图4-5)。嗜热微生物能够生活在80-110 ℃的温度中,热泉环境可能与原始地球生命起源的环境相一致。

"热泉"(hotspring)或海底"黑烟囱"(black chimney)是指大洋底的热泉喷口,它多分布于板块边缘的洋嵴上。由于海水和洋嵴附近的岩浆之间发生了物质和热量的交换,伴随着海底热泉喷出,大量的气体和各种金属、非金属也从泉口涌出,这些气体包括CH_4、H_2、He、Ar、CO、CO_2、H_2S等,喷出的金属和非金属有Fe、Mg、Cu、Au、Zn、Mn、Ca、S、Si等。当这些气体和金属、非金属随着热水喷出到海底时,其物理和化学条件就发生了相应的变化,如温度下降、浓度降低、流动速度变慢等,因此在喷口附近的喷出物,特别是H_2S和一些金属之间就发生化学反应而生成金属硫化物(如CuS、FeS、ZnS等),它们的颜色多呈暗色,日积月累就堆积成黑色的烟囱状构造,人们称之为"黑烟囱"。

图4-4　中国云南腾冲热泉。热泉水温可达80℃,在这些高温和含有还原性物质(S、H_2S和CO等)的热水中生活着大量的嗜热微生物(包括古细菌和细菌)。

最早发现海底"黑烟囱"是在20世纪70年代末,美国伍兹霍海洋研究所的"阿尔文号"潜艇,在东太平洋洋中脊的轴部发现了主要由磁黄铁矿、黄铁矿、闪锌矿和铜–铁硫化物组成的柱状圆丘。当时美国学者克里丝和他的同事们意识到这一发现可能具有非常重大的科学意义,经过近两年的潜心研究,他们在这些温度超过300℃、承受着数百个大气压的"黑烟囱"口发现了一类活着的微生物,它们就是嗜热古细菌,而这类微生物

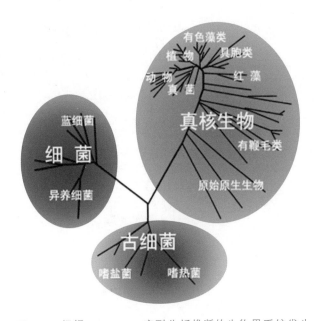

图4-5　根据SSU rRNA序列分析推断的生物界系统发生示意图。古细菌、细菌和真核生物三大类群的交汇处主要是嗜热微生物(改绘自Pace,1997)。

在常温下并不能很好地生存。同时,在"黑烟囱"的热水中还发现了CH_4和CN^-等有机分子,使人联想到这一特殊的环境与地质学家描绘的地球在约40亿年前的情形非常类似。因此,在1980年的巴黎国际地质大会上,克里丝和他的同事们就提出了"生命起源于热水的模式"。

归纳起来,"热水模式"主要有以下5个方面的有利证据:第一,早期地球的温度

较高,最早的生命形式应该是一些能适应高温的生物,而热泉中的生物恰恰就是嗜热的微生物;第二,热泉的环境与早期的地球环境有类似之处(高温和含有还原性气体);第三,热水环境可能有利于小分子的有机化合物脱水并聚合成有机高分子,特别是在热水口附近的硫化物(如FeS等)表面,更有利于高分子的合成(硫化物有催化剂的作用);第四,热泉口与外层海水之间有一个温度和水化学渐变的梯度,可能有利于多种化学的连续反应;第五,热泉中的嗜热微生物是分子进化树的"基部"类型。但是该模式也存在一些缺陷,例如,大多数生物化学反应在100 ℃时并不能很好地发生;现代生物的20种氨基酸和嘌呤、嘧啶、戊核糖骨架在高温下非常不稳定,在这样的极端环境条件下,它们的生命只能维持几秒钟。任何一个合理的生命起源模式不仅要解释生命在这样的环境下是如何起源的,还要解释高温起源的嗜热生物是如何进化到现存生物的。

　　总的来说,生命起源还存在很多未解的谜团,但人们已经在理论和实验中取得了可喜的进步。生命起源以前的化学模拟过程与古老陨石的有机组分分析大体一致,但实验的结果和现存最简单的生物间的差别还是非常巨大的。对生命起源的一系列事件的研究要跨越不同的科学领域,生命起源以前的生化单体和有机聚合物的合成化学环境还有待进一步验证。有机聚合物的复制和序列、最初的复制系统的能量来源、代谢途径的出现也都有待进一步研究。我们不知道遗传密码是怎样起源的,但是RNA分子催化活性的发现和RNA酶的研究给RNA起源说[①]有力的支持。因此,生物化学家要探讨的中心议题是"原始汤"是如何进化为RNA生命形式的。

　　根据现有的证据,生命起源的过程大致可以描述成:在地球形成之初,地球的大气中充满着CH_4、CO、CO_2、NH_3、N_2、H_2等气体,在热、离子辐射和紫外线辐射等不同的能源作用下,并在重金属或黏土(作为化学催化剂)的表面合成简单有机化合物(氨基酸、嘌呤、嘧啶等)再聚合成生物大分子(多肽、多聚核苷酸等),这些有机大分子可能聚积在早期地球火山喷发出来的热水池中,大分子能进行自我选择,进而通过分子的自我组织进行自我复制和产生变异,从而形成核酸(遗传物质)和活性蛋白质,并同步产生分隔结构(如类脂膜)。最后,在基因(多核苷酸)控制下的代谢反应为基因的复制和蛋白质的合成等提供能量。这样,一个由生物膜包裹着的、能自我复制的原始细胞就产生了。这

---

① 生命起源的RNA学说:"原始汤"模式是一个特殊的有机化学场所,它里面应该存在一系列的有机分子(如蛋白质、多糖类和高分子脂类等),在它们的组成成分不能保持稳定,又没有基因复制机制的情况下,生命不可能产生。美国学者在20世纪80年代发现某些RNA自身具有酶的功能,它们把自己一分为二,并把分开的部分又再次结合起来进行自我复制,RNA身兼了生命起源必需的蛋白质和遗传信息两项功能,由此可以推测,第一个原始细胞出现以前也许存在一个RNA的世界(RNA world),并生活在"原始汤"之中。RNA学说是当今地球生命起源最具吸引力的模型,但RNA系统又是如何产生的,我们对此还是知之甚少。另一方面,RNA在类似地球早期的高温(即使是常温下)环境中并不能长期存在。因此,进一步的实验工作和新的假说将在探讨生命起源的分子进化方面显得格外重要。

个原始细胞可能是异养的或者是化能自养的,它可能类似于现代生活在热泉附近的嗜热古细菌。

以上这种生命起源模式还有很多关键步骤我们并不十分了解,也无法在实验室重复这些过程。例如,有机分子是如何进行自我选择的?遗传密码是如何起源的?分隔结构(细胞膜和细胞内部的膜结构)是如何形成的?细胞内部复杂的新陈代谢过程是怎样起源的?我们距离揭开生命起源这一亘古之谜,还有一段遥远的科学历程。生命起源研究是一个涉及生物学、化学、地质学、天文学等众多学科的综合课题。

第二节　生命的早期演化

生命在地球上出现以后,生物就沿着生物进化(遗传、变异、选择等)的道路由"简单"向"复杂"发展。一般来说,早期生命历史是指生命起源到寒武纪生命大爆发这段距今38亿—5.4亿年的生命演化史,在这段时间内地球上的生命经历了原核生物的发展、真核生物的起源和演化、后生动物和后生植物的起源和演化等重要演化事件(图4-6)。

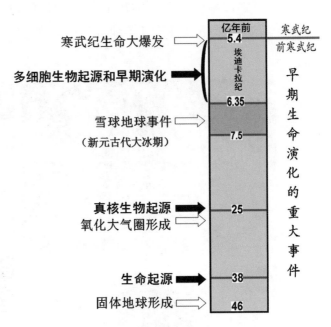

图4-6　地球早期重大生物事件和地质事件。

一、原核生物

地球上最早出现的生命是原核生物(Prokaryotes),细胞没有细胞核,遗传物质分散在细胞质中或集中在细胞的某些部位而形成"核区"。原核生物是地球上已知的最原始的生命存在形式,它们在地球上生存的时间最长,在35亿年前就已经出现;分布的区域最为广泛,在现代地球上的表层几乎都能找到它们的踪迹。自地球上生命起源之后,这类生物主宰着距今35亿—25亿年约10亿年的地球生命史。这些数据主要来自地球的岩石,地球上最古老的沉积岩石年龄超过了38亿年,主要分布在格陵兰西部,从这些岩石中观察到的叠层石、条带状铁建造(banded iron formation,BIF)和稳定碳同位素资料来看,这个时期地球上某些地区可能已经出现了释放氧气的微生物。但这些岩石中并未发现可靠的生物实体化石。迄今为止,地球上最早的、较为可靠的生命记录是保存在约35亿年前的澳大利亚太古代硅质叠层石中的原核生物化石,它们与现代蓝细菌(也称为蓝藻)在形态上极为相似,是一类主要以太阳光为能源的自养生物。这类生物在地球早期海洋中可以形成较大规模的叠层石-微生物席。

叠层石-微生物席(stromatolite-microbial mats)是原核生物(主要是蓝细菌、光合细菌及其他微生物)的生命活动所引起的周期性的矿物沉积和胶结作用,形成叠层状的生物沉积构造称为叠层石,而形成叠层石的微生物群落称为微生物席(图4-7)。由叠层石-微生物席群落组成的生态系统是地球上最早出现的和最原始的生态系统,最老的叠层石可以追溯到37亿年前,最古老的原核生物化石就发现于澳大利亚西部距今35亿年的瓦拉伍那群硅质叠层石中。迄今为止,已经在格陵兰、澳大利亚、北美和南非十几个地点的年龄超过25亿年的沉积岩石中发现了叠层

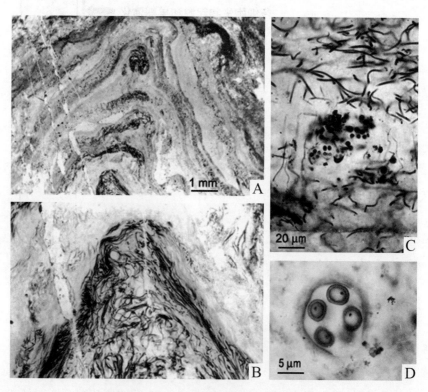

图4-7　产自江苏睢宁县新元古代早期九顶山组硅质结核中的微小叠层石和其中保存的蓝藻化石(曹瑞骥提供)。A. 硅化的微小锥状叠层石,它由明暗相间的微层组成,暗层是化石藻席层,明层主要由无机矿物组成;B. 是A的部分放大,显示暗层由丝状蓝藻组成;C. 显示组成藻席的蓝藻有丝状蓝藻和球状蓝藻;D. 藻席中保存完整的球状蓝藻聚合体。

石,组成叠层石的微生物群落参与了地球早期元素的氧化和还原反应,转移和积聚化学能和太阳能,并在代谢过程中释放氧气,把早期地球的还原性大气圈逐渐转变成氧化性大气圈,为以后真核生物的出现和生物的多细胞化奠定了基础。在这个阶段,原核生物主宰着地球,也在改变着地球环境。

二、真核生物

真核生物(Eukaryotes)的出现是地球早期生命演化的革新事件。举目所见,花鸟鱼虫,都是由真核细胞组成的多细胞复杂生物。自原核生物在地球上出现以后,经过近10亿年的地质演化和原核生物的作用,在距今27亿－25亿年,地球大气圈中的氧气含量明显增加。也只有大气圈中氧含量达到一定程度时,真核生物才可能出现。这是因为真核生物主要进行有氧代谢,真核细胞的有丝分裂本身就是一个需氧过程,而且真核生物不能很好地防御强烈紫外线,只有在氧化大气圈形成的同时,臭氧层形成之后,地球环境才能适合真核生物的生存。地球氧化大气圈的形成主要得益于原核生物,特别是蓝细菌的释氧作用。无可置疑,真核生物也是由原核生物演化而来的。关于真核生物的起源,最著名的学说应该是马古利斯于1981年提出的"内共生学说"(Margulis,1981),即真核生物起源于若干原核生物的共生,宿主可能是一种异养的、较大的原核生物;线粒体是从内共生的、可进行有氧呼吸的、自由生活的细菌发展而来;质体则来自内共生的光合细菌或蓝细菌;真核细胞的运动器官来自共生的螺旋菌;细胞核由宿主的核质演变而来。迄今为止,地球上最早的、最可靠的真核生物的化石证据是中国北方中元古代串岭沟组页岩(年龄为距今17亿－16亿年)中保存的大型球状疑源类[①]化石(Peng et al.,2009;图4-8)。

A　30 μm　　　　B

图4-8　天津蓟县中元古界串岭沟组(距今17亿－16亿年)的单细胞真核生物化石(引自Peng et al.,2009)。A. 用氢氟酸从页岩中浸泡出来的微体有机质壁化石;B. 化石的复原图,有机质壁化石经过复原是一类纺锤形微体化石。

① 疑源类(Acritarcha)是一个非正式的分类学术语,目的是为了分类描述的方便,人为地把形态上没有典型甲藻特征的带刺微体球形有机质壁化石放入该单元。Evitt (1963)将"疑源类"定义为:"未知或可能多样生物亲缘关系的小型微体化石,由单一或多层有机成分的壁包封的中央腔组成;对称性、形状、结构和装饰多种多样,中央腔封闭或以孔、撕裂状不规则破裂、圆形开口等多种方式与外部相通"。根据"疑源类"的字面就可以理解,这类化石的生物亲缘关系未知或不能确定,但越来越多的研究表明,其中绝大部分类型属于绿藻或海生杂色藻类,少部分可能与单细胞原生生物、真菌孢子囊或动物的卵有关。

从现有资料来看,地球上比较可信的早期真核多细胞藻类化石来自距今12亿—10亿年间的加拿大萨莫塞特岛的硅化石灰岩中,它们的形态与现生红毛藻类(Bangiphytes)极为相似(Butterfield et al.,1990)。在中元古代晚期,产于中国山西永济汝阳群(距今15亿—12亿年)中的两类微体化石——水幽沟藻和塔盘藻,是迄今为止世界上发现的最古老的大型带刺疑源类(图4-9)。这种以有机质壁保存的微体化石广泛发现于新元古代(距今10亿—5.4亿年)及更新时代的沉积物中,是新元古代最具特色的生物化石组合之一。

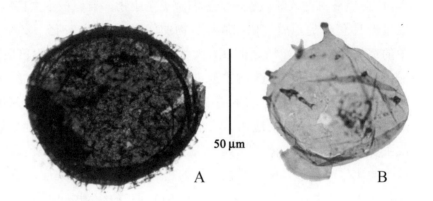

图4-9 山西永济汝阳群(距今15亿—12亿年)大型带刺的单细胞真核生物化石,显示真核生物在该时期已经具有复杂的细胞骨架(尹磊明提供)。A.水幽沟藻(*Shuiyouspheridium*);B.塔盘藻(*Tappania*)。

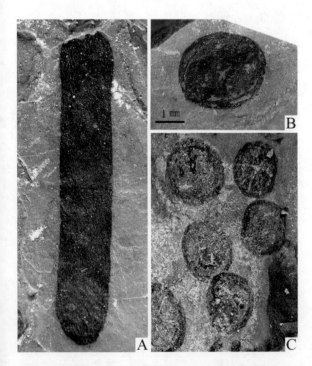

图4-10 安徽淮南地区新元古代早期刘老碑组页岩中的宏体碳质压膜化石,距今10亿—8亿年。A.丘尔藻(*Chuaria*);B,C.塔乌藻(*Tawuia*)。

生命演化历程进入新元古代早期(距今10亿—7.5亿年),真核生物的多样性有着明显提高,一些重要的化石库相继被发现。如,北美史匹次卑尔根岛的新元古代地层中[约7.5亿年前;斯瓦伯耶里组(Svan-bergfjellet Formation)]用浸泡法获得的数种微米级绿藻化石表明绿藻在该时期已经分化(Butterfield et al.,1994)。另外,在世界其他地区相当层位的碎屑岩中利用浸泡的方法也获得很多微体真核生物化石,如中国淮南地区距今10亿—8亿年间的刘老碑组页岩中就产出了大量的微体真核生物化石,表明在该时期微体真核生物已经具有一定的多样性(Tang et al.,2013)。另外,在该时期出现一套极具特色的*Chuaria-Tawuia*宏体碳质压膜组合(图4-10),如中国河北燕山地区、天津蓟县地区、安徽淮南地区、海南石碌地区及加拿大麦肯哲山等地的宏体碳质压膜化石群，由于可供分类的形态学及细胞和组织结构较少，它们的分类位置一直存在争议。最近，科学家对安徽淮南地区刘老碑组的宏体*Chuaria*化石进行了详细研究，发现了可靠的原位保存的多细胞结构（图4-11），表明在新元古代早期已经出现了宏体多细胞真核生物。

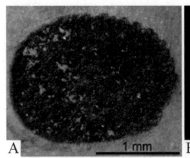 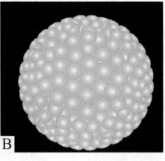

图4-11 安徽淮南地区新元古代刘老碑组页岩中具有多细胞结构的宏体碳质压膜化石，距今10亿—8亿年（引自Tang et al.，2016）。A. 具有多细胞结构的丘尔藻化石；B. 丘尔藻的复原示意图。

新元古代晚期（距今6.35亿—5.4亿年），即埃迪卡拉纪，中国称为"震旦纪"，地球生物圈、大气圈和海洋环境发生巨大改变，随着全球性的极端寒冷事件（也称雪球地球事件）的结束，全球温度变暖，氧气含量明显升高，真核多细胞复杂生物，包括多细胞藻类和动物均已出现，并且具有一定的形态分异。在埃迪卡拉纪，生物与环境的相互作用改变了海洋生态系统的格局，在此之前，自生命起源以来长达30亿年间的海洋生态系统主要是叠层石-微生物席生态系统，在埃迪卡拉纪出现了以宏体真核多细胞生物为主体的复杂生态系统。

埃迪卡拉纪的真核生物面貌在以下3个方面具有明显特色：第一，最引人注目的是埃迪卡拉生物群的出现（图4-12）。它是寒武纪动物大辐射前夕最重要的复杂生物群，自20世纪40年代在澳大利亚发现以来，已经在全世界（包括中国湖北三峡）发现了30多处，时代分布为距今5.8亿—5.4亿年。

图4-12 发现于澳大利亚南部埃迪卡拉地区约5.6亿年前的庞德石英砂岩中的形态多样而奇特的动物印痕化石复原图（改自张昀，1998）。

它们形态多样,已经发现了超过100种类型;体型奇特,绝大多数类型很难与寒武纪之后乃至现代的生物进行比较,亲缘关系未定;个体巨大,部分类型个体长可达1 m以上。第二,带刺的大型疑源类化石具有一次较大的形态分异,所描述的种属已超过100个(图4-13),这些化石的产出时代大多紧邻马瑞诺冰期,主要保存在冰期之后的第一个海侵沉积序列中,之后大部分属种随着埃迪卡拉动物群的辐射而绝灭。第三,宏体多细胞藻类和动物在大冰期之后很快出现并发生了形态分异。化石证据主要来自中国扬子地台埃迪卡拉纪早期的"蓝田生物群"(图4-14,图4-15)和"瓮安生物群"(图4-16),它们是地球早期生命多细胞化、组织化、性分化和生物多样性的见证。

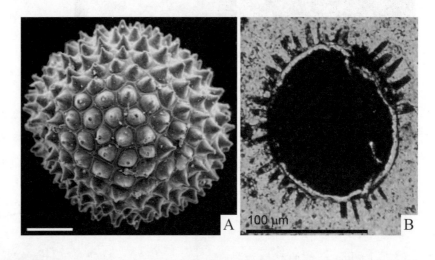

图4-13 贵州瓮安磷矿埃迪卡拉系陡山沱组磷块岩中保存的带刺的大型疑源类化石。A. 用醋酸从磷块岩中浸泡出来的疑源类化石;B. 利用切片法从薄片中观察到的疑源类化石。

图4-14 产自安徽休宁蓝田地区埃迪卡拉系蓝田组的蓝田生物群。A. 动物化石:蓝田虫(*Lantianella*),化石体分为三部分,下部为固着器,中间部分为锥状体,上部为触手;B. 藻类化石:陡山沱藻(*Doushantuophyton*),二歧分叉的丝状体组成的密集丛状藻体。

图4-15 蓝田生物群的古生态复原图。据十多种不同形态的藻类和动物化石以及原地埋藏的古生态学研究绘制。图中化石生物的颜色主要参考现代类似生物所描绘,一些丛状和扇状类型是多细胞藻类,杯状和具触手类型属于动物。它们生活在水深50—100 m范围内的海洋中。

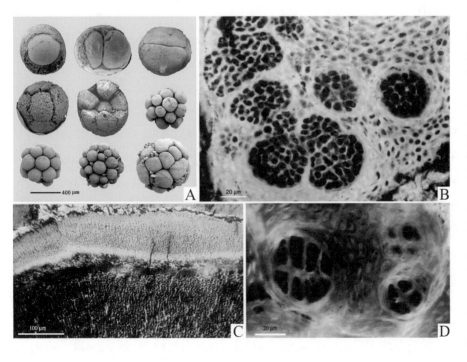

图4-16 产自贵州瓮安磷矿埃迪卡拉系陡山沱组磷块岩中的瓮安生物群。A. 用醋酸从磷块岩中浸泡出来的动物胚胎化石,代表了动物胚胎从单个受精卵开始,分裂成2个、4个、8个细胞等的一系列的早期发育过程;B—D. 利用切片法从薄片中观察到的多细胞藻类化石:B,D. 具有细胞分化的多细胞红藻,其中的细胞岛状结构为有性繁殖的果孢子囊,C. 具有皮层和髓层细胞分化的红藻原叶体,上部为皮层,细胞较小,排列紧密,下部为髓层,细胞较大,排列较为疏松。

拓展阅读

曹瑞骥，袁训来，2006. 叠层石 [M]. 合肥：中国科学技术大学出版社.

达尔文，2001. 物种起源 [M]. 舒德干，陈苓，蒙世杰，等译. 西安：陕西人民出版社.

袁训来，万斌，关成国，等，2016. 蓝田生物群 [M]. 上海：上海科学技术出版社.

袁训来，肖书海，尹磊明，等，2002. 陡山沱期生物群：早期动物辐射前夜的生命 [M]. 合肥：中国科学技术大学出版社.

张昀，1998. 生物进化 [M]. 北京：北京大学出版社.

Briggs D E G, Crowther P R, 2001. Palaeobiology Ⅱ [M]. Oxford: Blackwell Science Ltd.

Butterfield N J, Knoll A H, Swett K, 1994. Paleobiology of the Neoproterozoic Svanbergfjellet Formation, Spitsbergen [J]. Fossils and Strata, 34: 1−84.

Chen Z, Zhou C M, Xiao S H, et al., 2014. New Ediacara fossils preserved in marine limestone and their ecological implications [J]. Scientific Reports, 4, 4180; DOI:10.1038/srep04180.

Cloud P E, 1976. Beginnings of biospheric evolution and their biogeochemical consequences [J]. Paleobiology, 2: 351−387.

Margulis L, 1981. Symbiosis in Cell Evolution [M]. San Francisco: Freeman and Company.

Nutman A P, Bennett V C, Friend C R L, et al., 2016. Rapid emergence of life shown by discovery of 3 700-million-year-old microbial structures [J]. Nature, 537: 535−538.

Oparin A I, 1968. Genesis and Evolutionary Development of Life [M]. New York: Academic Press.

Pace N R, 1997. A molecular view of microbial diversity and the biosphere [J]. Science, 276: 734−740.

Peng Y B, Bao H M, Yuan S H, 2009. New morphological observations for Paleoproterozoic acritarchs from the Chuanlinggou Formation, North China [J]. Precambrian Research,168: 223−232.

Rosing M T, 1999. ^{13}C-Depleted carbon microparticles in $>$ 3 700 -Ma sea-floor sedimentary rocks from west greenland [J]. Science, 283: 674−676.

Schopf J W, 1993. Microfossils of the Early Archean apex chert: new evidence of the antiquity of life [J]. Science, 260: 640−646.

Tang Q, Pang K, Xiao S H, et al., 2013. Organic-walled microfossils from the

 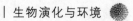

Early Neoproterozoic Liulaobei Formation in the Huainan region of North China and their biostratigraphic significance [J]. Precambrian Research, 236: 157–181.

Tang Q, Pang K, Yuan S H, et al., 2017. Electron microscopy reveals evidence for multicellularity in the Proterozoic fossil *Chuaria* [J]. Geology, 45(1):75–78.

第五章

新元古代雪球地球事件

新元古代全球性冰期事件
是地质历史时期最严酷的古气候事件，
它极大地改变了地球表层环境，
对地球早期生物演化产生了巨大影响。

新元古代发生了地质历史时期最严酷的冰川事件,冰川沉积在目前地球上各大洲都有分布。沉积学和古地磁证据表明当时冰川到达了赤道地区的海平面附近。雪球地球假说是当今学术界关于新元古代冰期事件最流行的假说,它对新元古代冰期的许多难解问题,包括冰碛沉积在各个大陆的广泛分布、赤道地区的海平面附近出现冰川、冰期地层中铁建造的重新出现、冰碛岩之上盖帽白云岩的全球性分布,以及盖帽白云岩碳同位素的低负值特征等,都给出了比较合理的解释。

雪球地球事件对地球表面各圈层(包括岩石圈、水圈、大气圈和生物圈)都产生了重要影响。从冰期前演化缓慢、类型单一的海洋微体生物群落,到冰期后更替迅速、丰富多彩的宏体生物世界,雪球地球事件对地球早期生命演化起到了导火索和加速器的作用。

第一节　冰期和冰川沉积

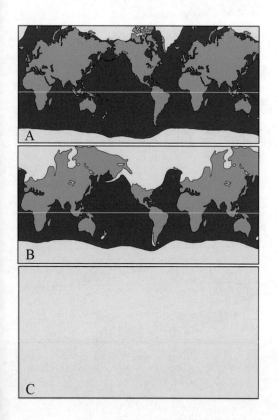

图5-1　现在(A)、第四纪冰期(B)和雪球地球时期(C)地球表面冰川分布示意图(改自www.snowballearth.org)。

一、冰期和雪球地球事件

冰期是指地球表面覆盖有大规模冰川的地质时期。两次冰期之间相对温暖的时期,称为间冰期。地球在40多亿年的历史中曾有过多次冰期,特别是新元古代、石炭-二叠纪和新生代的冰期都是持续时间很长的地质事件,通常称为大冰期。大冰期的时间尺度至少为数百万年。

地球现在的状态是在北极地区、南极地区及高海拔的山脉高原地区有少量的冰川覆盖,而大部分的陆地和海洋都是常年裸露、没有冰川的(图5-1A)。第四纪冰期的末次冰期发生在约2万年前,可靠的地质记录显示,冰川从南北极向低纬度地区延伸,在北美洲北部和欧洲北部都有冰川活动(图5-1B),当时全球海平面比现在可能低100余米。

雪球地球(snowball Earth)描述了最极端的冰期事件。顾名思义,雪球地球指的是从南极到北极,整个地球都被冰雪覆盖(图5-1C)。强烈的冰反射效应造成全球平均气温达到 –50 ℃,赤道地区达到 –20 ℃(与现在的南极地区相似)。由于缺少海洋的缓冲作用,地球表面昼夜和季节的温差加剧,气候特征与火星表面类似。

冰期事件的研究在地质学上是一个很热门的课题,它在探讨地球表面的环境变化、生物演化以及地球演化历史等方面有着非常重要的意义。地球历史中发生过多次全球性或者区域性冰期事件,其中全球性冰期事件(雪球地球)与地球表层的大气圈、水圈和生物圈的演化密切相关。在地质历史中,地球大气圈有两次显著的增氧过程,一次发生在元古宙的早期,另一次发生在元古宙的晚期,而这两个时期都分别与两次雪球地球事件在时间上非常吻合。在地球的生物演化历史中,在古元古代雪球地球之前,地球上存在的主要是一些低等的细菌和古细菌。而在这次雪球地球事件之后,则出现了一些微小的、简单的真核生物。在新元古代大冰期之后,地球上动物和植物就大量出现了(图 5-2)。因此,雪球地球是整个地球发展历史的重要组成部分,雪球地球事件的发生、发展和结束对地球表面环境及生物演化都产生了巨大影响。

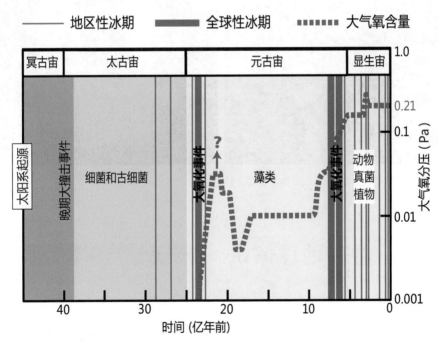

图 5-2 雪球地球事件与大气氧含量变化和生物演化之间的关系(改自 www. snowballearth. org)。

二、冰川沉积

冰川沉积物是认知地质历史时期冰期发生的主要依据之一。冰川沉积物(冰碛物)指的是在冰川运动和消融过程中,所挟带和搬运的碎屑形成的堆积物。大陆冰川向海推进,冰川挟带的碎屑物沉积经常受到海洋环境的改造,冰碛物也可以与正常的海洋沉积混合,形成冰川-海洋沉积。一般来说,冰川沉积物有如下特点:① 由不同成分的碎屑物组成,碎屑大小混杂,缺乏分选性,经常表现为巨大的砾石、砂、粉砂和泥级碎屑的混合物(图5-3A);② 绝大部分砾石棱角明显、部分砾石表面具有磨光面或冰川擦痕(图5-3B)。

南华系南沱组冰碛层是华南扬子区新元古代分布最广的冰碛沉积记录,除四川中部和北部局部地区外,几乎在整个扬子地区都有分布。

南沱组冰碛岩以杂砾岩为主,一般不具层理(图5-3A)。杂砾岩所含砾石排列无序,大小悬殊混杂,分散在岩石杂基中,砾石含量在5%−30%。砾石分选性差,从0.5 cm以下的细砾到2−3 m的巨型漂砾都有出现。砾石成分比较复杂。据统计,湖北宜昌三峡地区南沱组冰碛岩的砾石成分主要是花岗岩、片岩、片麻岩、砂岩、碳酸盐岩及燧石等。南沱冰碛岩中的细小碎屑(杂基)成分也比较复杂,大体上和砾石的组分类似。

图5-3　南沱组冰碛杂砾岩(A)和冰川擦痕构造(B)。

第二节　雪球地球假说

一、假说的提出

在20世纪60年代以前,地质学家已经发现,6亿年前的冰川沉积在地球上是广泛分布的,包括澳大利亚南部地区。有意思的是,古地磁研究表明,澳大利亚南部地区在6亿年前位于赤道附近。在现在的地球赤道地区,如果有冰川沉积的话也只能出现在海拔几千米以上的高山,而在低纬度、低海拔的地方不可能出现。因此,新元古代冰川沉积的全球性分布,以及当时冰川沉积出现在低纬度地区的海洋环境,困惑了地质学界很长时间。

美国加州理工学院 Kirschivink 教授于1989年首次正式提出了雪球地球假说,并于1992年正式发表在英国剑桥出版社出版的《元古宙生物圈综合研究》(The Proterozoic Biosphere:A Multidisciplinary Study)一书中。Kirschivink 教授提出的3个预测可以检验假说正确与否:首先就是冰川沉积的全球等时性,其次是冰期时海洋缺氧,最后是冰期后的极端温室效应(Kirschivink,1992)。令人遗憾的是,这个奇异的假说在发表后的数年内一直埋没在1 400余页厚的论文集里,没有在学术界产生大的影响。

新元古代冰期的全球等时性在近几年得到了很好的验证,越来越多的放射性同位素年龄数据和古生物地层学资料都证明,新元古代冰期可能是全球性范围内同时发生的事件。另外,目前也有证据证明,冰期时期的海洋可能是缺氧的。条带状铁建造主要出现在元古宙早期,是目前世界上最重要的铁矿石类型。条带状铁建造的形成被认为与当时缺氧的海水密切相关,因为只有在缺氧的状态下,海水中才能富集大量的溶解 Fe^{2+} 离子。条带状铁建造主要出现在18亿年前,之后就基本上消失了,因为海洋可能已经脱离了缺氧状态。但是在10余亿年之后,条带状铁建造在新元古代冰期又出现了。这说明当时的地球环境,特别是海洋,可能又回到了18亿年前的缺氧状态。

在新元古代冰碛沉积之上广泛发育一套碳酸盐岩(盖帽碳酸盐岩;cap carbonate),它代表了冰期结束后极端温室环境下的沉积。美国哈佛大学 Hoffman 教授(图5-4)研究组通过对纳米比亚新元古代 Ghaub 组冰碛岩盖帽碳酸盐岩详细的碳同位素和热沉降史的分析,认为盖帽碳酸盐岩的低负碳同位素值[-5‰,以维也纳皮迪箭石(VPDB)为标准]反映了冰期时的数百万年间海洋表层生产力的停滞,这表明当时存在一个全球性冰期,即雪球地球期。雪球地球期间火山活动释放大量的二氧化碳到大气中,当大气中二氧化碳浓度累聚到一定程度(约为现代大气二氧化碳浓度的350倍),强烈的温室效应导致雪球地球迅速消融(Hoffman et al.,1998)。1998年雪球地球假说的重新提出在国际学术界引起了很强烈的反响,赞成和支持该假说的双方科学家长期争论不休,一直到现在也没有达成共识。

图5-4 雪球地球假说的主要倡导者 Hoffman 教授(肖书海提供)。

二、雪球地球的形成过程

　　地球表面圈层的变化在很大程度上受到地球内部运动的影响。地壳板块在地球内部动力的推动下,在地幔软流圈之上不停地运动。由于板块汇聚和造山运动,在地球历史上曾经多次形成超级大陆,例如约9亿年前的罗迪尼亚超级大陆(Rodinia supercontinent)。罗迪尼亚超级大陆的裂解为其后雪球地球的发生提供了条件。

　　罗迪尼亚超级大陆裂解后各个板块主要集中在地球上的中低纬度地区(图5-5),在该地区,由于温度高、湿度大,因而化学风化作用非常强烈。化学风化作用可以用下面这个化学反应公式表示:

$$CaSiO_3 + CO_2 \rightarrow CaCO_3 + SiO_2$$

其中$CaSiO_3$代表地表岩石。

图 5-5 罗迪尼亚超级大陆解体后 7.2 亿年前和 6.35 亿年前地球各陆块展布特征及冰碛岩分布示意图(改自 Li et al., 2013)。Amaz:亚马孙陆块;Av:阿瓦隆陆块;Balt:波罗的陆块;Ca:卡多姆陆块;Congo:刚果陆块;EAnt:东南极洲陆块;ESv:东斯瓦巴德陆块;Ind:大印度陆块;Kal:喀拉哈里陆块;Laur:劳伦陆块;NA:北澳大利亚陆块;NCh:华北陆块;P:拉普拉塔陆块;SA:南澳大利亚陆块;SCh:华南陆块;SF:圣弗朗西斯科陆块;Sib:西伯利亚陆块;Tm:塔里木陆块;WAfr:西非陆块。

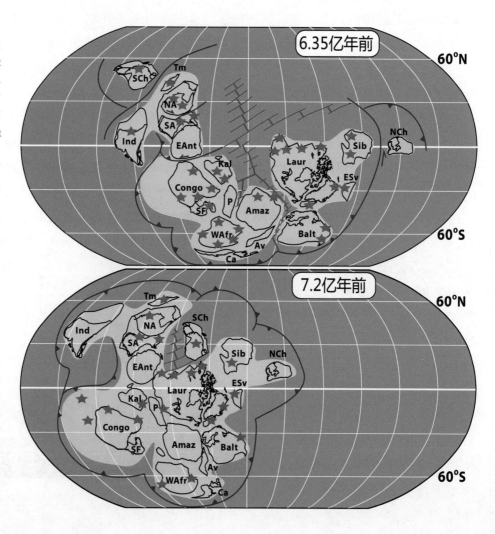

可以看出,化学风化作用消耗大气中的二氧化碳(CO_2)。二氧化碳是一种效应很强的温室气体,大气中二氧化碳浓度增大就会导致气温升高,反之,大气中二氧化碳浓度降低也会导致地球表面温度的下降。因此,在罗迪尼亚超级大陆解体后,由于强烈的化学风化作用,大量消耗了大气中的二氧化碳,从而导致地表温度的下降,进而导致在地球的南北两极形成冰川。

地球上冰川的出现会起到另外一种作用,那就是冰反射(ice albedo)。从太阳辐射到地球上的能量,其中的一大部分通过各种介质被反射回去,这些介质包括海水、陆地、冰川和积雪等。它们的反射效率各不相同。海水的反射率非常低,只有1%,裸露陆地的反射率为30%,冰川为60%,而新鲜的积雪为90%。冰川的反射作用形成正反馈效应,导致地球表面温度进一步降低,冰川进而从两极向赤道推进。而一旦冰川突破了南北纬30°,冰反射效应就失控了,冰川很快就将中低纬度地区全部覆盖,从而形成雪球地球。

雪球地球形成之后,地球表面的一些运动,比如说生命活动和风化作用几乎全部消失,但是地球内部运动并没有停止,它所造成的火山活动释放大量的温室气体(例如CO_2)到大气圈中。当温室气体累积到一定的程度(约120 000 ppm,或者约350倍于现代大气二氧化碳浓度),温室效应能够抗衡并超过冰反射效应的时候,冰川就开始了融化。而一旦冰川开始融化,冰反射效应就会快速下降,从而造成雪球地球的迅速消失。

雪球地球的形成和消失,与地球内部运动导致的板块运动、超级大陆的形成和裂解及地球表面吸收太阳辐射能量的效率有关。

三、关于雪球地球假说的争论

雪球地球假说提出以来,特别是1998年Hoffman教授在《科学》杂志的文章发表以后,学术界一直争论不休,在国际上引起了新元古代冰期事件的研究热潮。部分地质学家不赞同雪球地球假说,他们通过对冰碛岩沉积的详细观察,认为冰碛沉积序列中存在脉冲式的冰进和冰退,长期持续稳固的水体循环停滞状态并不存在。例如,Leather 等(2002)根据阿曼Huqf超群Fiq组冰碛沉积的研究,认为Fiq组沉积相组合包括了近端冰海、远端冰海、正常海相沉积物重力流,以及正常浅海碎屑岩沉积。据此,他们认为新元古代冰期与第四纪振荡的冰期非常相似,而并非雪球地球。Rieu 等(2007)根据Fiq组沉积序列化学风化指数(chemical index of alteration,CIA)和矿物风化指数(mineralogical index of alteration,MIA)分析,进一步提出新元古代冰期时期的气候模式是周期性的,其间出现多次温暖湿润的间冰期。冰期阶段水体循环强烈,显示开放海洋的特征。

部分古气候学家利用数值模型推演,认为雪球地球的状态不可能出现。Hyde

等(2000)利用气候/冰盖模型(climate/ice-sheet model)模拟雪球地球的状态,他们发现在新元古代全球性冰期时,地球赤道附近存在未被冰封的开放海洋。Le Hir等(2008)通过碳-碱度循环的数值模拟,认为在冰期时,只要存在局限范围的开放海环境,大气二氧化碳和海水的高效率交换就能够导致大气二氧化碳不可能累聚到能够融化全球性冰川的浓度。

尽管有许多学者质疑雪球地球假说,但Hoffman教授非常坚定地认为雪球地球是存在的,他认为支持雪球地球假说的证据越来越多。例如,Bao等(2008)根据新元古代冰期消融时期沉积硫酸盐的多氧同位素研究,为冰期结束后大气高二氧化碳浓度提供了直接证据,验证了雪球地球假说的预测。

四、关于新元古代冰期的轨道高倾斜度假说

关于新元古代大冰期事件的成因还有另外一种假说,即轨道高倾斜度假说(the high-obliquity hypothesis; Williams, 1998)。黄道面指地球绕着太阳公转的轨道平面,赤道面指地球赤道所在的平面。现在黄道面和赤道面的夹角大约在23°26′,当黄赤交角大于54°时,地球赤道地区接收的太阳能量反而没有两极地区多,因此赤道附近可能形成了类似于现在地球两极地区的冰雪环境。

轨道高倾斜度假说虽然能够解释低纬度地区出现寒冷气候,但强烈的季节变化使得产生低纬度冰川的可能性大大降低。对地球历史中蒸发岩古地磁数据的综合分析表明,在过去20亿年以来,地球一直处于轨道低倾斜度状态(Evans, 2006)。

第三节 新元古代两次全球性冰期事件及中国的记录

新元古代发生了两次全球性冰期事件,第一次是斯图特冰期(Sturtian glaciation),第二次是马林诺冰期(Marinoan glaciation)。这两次冰期之间是一个相对长时间的间冰期。斯图特冰期的年龄在距今7.2亿-6.6亿年之间,而马林诺冰期持续的时间相对短一些,发生在距今6.55亿-6.35亿年之间。

斯图特冰碛岩在很多大陆上都有分布(图5-5)。在冰期出现的条带状铁矿分布范围也非常广泛,在全球都有分布。华南地区江西的新余铁矿和湖南的江口铁矿等,都是这一次冰期的铁矿沉积。马林诺冰期的冰碛岩分布更加广泛,目前在各个大洲都保存有沉积记录(图5-5)。

中国的新元古代南沱冰碛层由布莱克韦尔德等首先报道,之后葛利普和李四光等人经研究,确定了它的时代属于晚前寒武纪。其后许多地质学家和我国各省的地质研究所、地质队和地质院校等对华南、华北和西北地区的新元古代冰期地层做了大量研究工作,内容涉及冰碛岩的特征、含冰碛岩地层的层序、冰碛地层的划分对比和形成时代、冰碛岩形成环境和区域分布,以及冰碛沉积的古纬度及冰川作用起源探讨等许多方面。

华南扬子区是世界上新元古代冰碛沉积发育程度和研究程度都比较高的地区之一。扬子区新元古代有两次冰期和一次间冰期,即江口冰期(即长安-古城冰期)、大塘坡间冰期和南沱冰期,两次冰期分别对应于雪球地球的斯图特冰期和马林诺冰期。扬子区新元古代地层放射性同位素年代学研究,为两次雪球事件的起始和结束时间提供了精确的年龄数据(图5-6)。

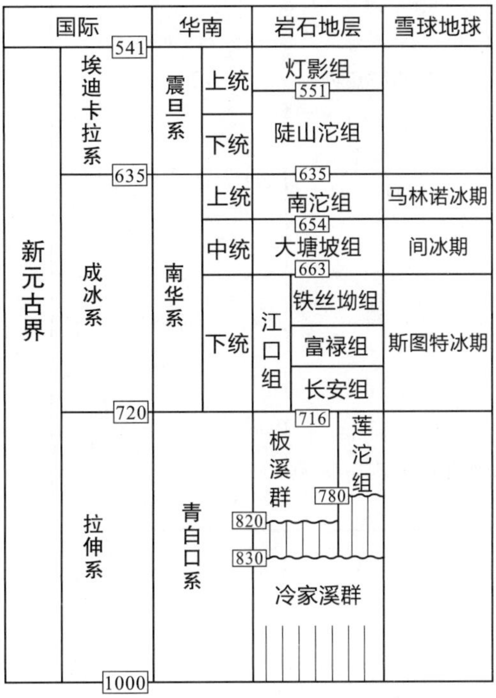

新疆库鲁克塔格地区是世界上唯一一个在同一个地区同时发育3套冰碛沉积记录的地区。3套冰碛沉积贝义西组、特瑞爱肯组和汉格尔乔克组,分别代表了斯图特冰期和马林诺冰期两次雪球地球事件,以及埃迪卡拉纪内部区域性冰期事件(Xiao et al.,2004)。

国际		华南		岩石地层		雪球地球
新元古界	埃迪卡拉系	541	震旦系	上统	灯影组	551	
				下统	陡山沱组		
		635				635	
	成冰系		南华系	上统	南沱组		马林诺冰期
					654	
				中统	大塘坡组	663	间冰期
				下统	江口组	铁丝坳组	斯图特冰期
						富禄组	
						长安组	
		720				716	
	拉伸系		青白口系	板溪群	莲沱组	780	
					820	
					830	
					冷家溪群	
		1000				

图 5-6 华南扬子区新元古代地层及冰期沉积(图中年龄单位为百万年)。

第四节 雪球地球事件对生物演化的影响

雪球地球事件是地质历史上最严酷、最极端的地质事件和古气候事件,它的发生、发展和结束改变了地球海洋和大气的一些物理化学条件。紧随其后的真核生物的辐射,特别是后生动物的早期演化,跟这一极端环境事件具有密切的联系。

雪球地球期间,全球冰封,但并不是地球上所有的生命活动都终止了。在冰裂缝、火山喷口,以及海底热液活动区域,还存在局部的开放性海洋。这些地区很可能就是雪球地球时期生物的避难所,或者称之为生命的绿洲,地球上的生命在这些

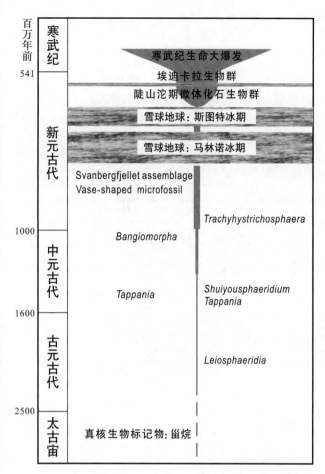

图 5-7　地质历史中真核生物演化(改自周传明等，2002)。

区域得以延续。

新元古代雪球地球事件前后，地球生物圈面貌确实发生了彻底改变（图5-7）。地球的发展历史，以约5.41亿年前的寒武纪起始为界，被分为隐生宙和显生宙两部分。在占地球自46亿年前形成以来近90%时间的隐生宙，地球上的生物分异度非常低，海洋主要被个体微小、肉眼看不见的微体生物占据，生物演化基本上处于停滞状态。而在以寒武纪生命大爆发为序曲的显生宙，地球生物圈则变为以宏体生物占主导、地区性差别显著和生物圈面貌的快速更替为特征。地球环境的剧烈变化是生命演化过程中的外部诱因，在从隐生宙到显生宙地球生命演化关键的转折过程中，雪球地球事件可能起到了导火索和加速器的作用。

一、雪球地球事件之前的生物

新元古代雪球地球事件之前，低等的原核生物蓝细菌在地球海洋生物圈中占主导优势。它们个体微小，丝状或球形蓝细菌的直径一般只有数微米，但它们经常形成规模庞大的生物沉积建造——叠层石（图5-8），并以此让我们认识它们在地球早期生命演化史中的重要地位。雪球地球事件之前也出现了少量的真核生物，例如一些表面带有刺状装饰的微体生物和微小的红藻类生物化石，但它们在漫长的前寒武纪生命演化过程中只是零星的点缀（周传明等，2002）。

二、雪球地球事件之后的生物

雪球地球事件之后地球生物圈面貌发生了翻天覆地的变化。在马林诺冰期之后，在埃迪卡拉纪早期的海洋里，出现了以表面具有复杂装饰的微体真核生物占主导地位的生物群，它们在当时的地球海洋中广泛分布。另外，在安徽南部黄山地

区,马林诺冰期之后还出现了目前我国独有的、形态复杂、类型丰富的宏体藻类和动物组合——蓝田生物群。在埃迪卡拉纪晚期,地球海洋生物圈出现了个体庞大、形态奇异、类型多样的埃迪卡拉生物群,它们在寒武纪大爆发前夜的海洋里占据统治地位,并最终被竞争性更强的显生宙后生动物取代。

下面以华南材料为例,主要介绍一下埃迪卡拉纪早期的陡山沱微体生物群和晚期的埃迪卡拉宏体生物群。

1. 陡山沱微体生物群

埃迪卡拉纪早期的微体化石至少有3种保存方式。第一种是以有机质成分保存在泥页岩中,例如在澳大利亚和俄罗斯西伯利亚等地产出的微体化石多以这种形式保存。第二种是以硅化方式保存在燧石中,产地包括我国华南扬子区和印度小喜马拉雅地区等地。第三种是以磷酸盐化方式保存在磷块岩或者含磷岩石中,我国南方陡山沱组磷块岩和挪威斯瓦尔巴德地区产出的微体化石以这种方式保存。

怎么观察保存在燧石里的硅化微体化石呢? 首先把燧石切成一个薄薄的石片,将石片磨成一个厚度在0.03—0.05 mm的透明薄片,然后放在光学显微镜下观察就可以了。华南埃迪卡拉系陡山沱组燧石结核里的微体化石保存得非常精美,化石的生物结构,包括细胞的状态和装饰,都保存得非常好(图5-9)。化石形态类型非常多,目前已经发现超过100个形态种(Liu et al.,2014)。

保存在磷块岩中的微体化石可以通过上述切片法观察,也可以通过酸泡处理

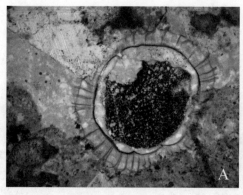
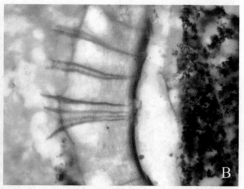

图5-9 湖北宜昌地区埃迪卡拉系陡山沱组燧石结核中保存的疑源类化石 *Tianzhushania*。化石直径约为0.5 mm，B为A的局部放大。

获得。在实验室用稀醋酸将岩石中的碳酸盐成分溶解掉，不溶的磷酸盐成分的化石就脱离出来，然后利用光学显微镜或者扫描电子显微镜就可以进行观察研究。和以有机质成分保存的化石相比，磷酸盐化化石常以三维立体形态保存，而前者由于埋藏后的压实作用，往往呈压扁的二维形态。陡山沱组以磷酸盐化形式保存的微体疑源类化石超过40个形态类型（图5-10A），另外还有微体的多细胞藻类化石（图5-10B）（Xiao et al.，2014）。

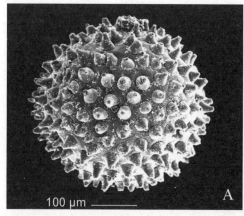

图5-10 贵州瓮安磷矿陡山沱组磷酸盐化疑源类化石（A）和多细胞藻类化石（B）。

陡山沱组磷酸盐化化石中有一类特别引人注目，那就是球状化石，它们具有复杂的外部装饰和内部结构。它们最初被解释为绿藻生物化石，后来因被解释为动物胚胎化石而闻名于世。随后，关于这类化石生物属性的解释陆续发表，比如巨大硫细菌和原生生物等。最新的研究成果认为，它们既可能是多细胞藻类，也可能是某些干群动物，其生物属性仍有待于进一步研究。通过利用高分辨率同步辐射断层扫描成像技术对一些处于早期分裂阶段球状化石的深入研究，发现它们中部分具有具极叶动物胚胎化石的特征，部分具有典型盘状卵裂动物胚胎的特征。总的来说，这类化石的生物属性还没有最终确定。

2. 埃迪卡拉生物群

埃迪卡拉生物群（距今5.70亿—5.41亿年）是地球历史中最为独特的化石生物

群之一,在地球早期复杂生命演化史上占据了极为重要的位置。一些化石类型可能代表了最早的后生动物(如 *Kimberella* 等),被认为是某些现代动物门类的祖先类型,但大多数类型很难归入现生的生物门类,因此,埃迪卡拉生物群可能代表了一次失败的生物演化尝试(Seilacher,1992)。Retallack(2013)认为它们可能属于陆生生物。到目前为止,对绝大部分埃迪卡拉化石类型的生物属性和亲缘关系还存在争论。

　　自从20世纪80年代早期埃迪卡拉化石在澳大利亚被首次发现以来,目前已经在全世界包括澳大利亚弗林德斯山脉、加拿大纽芬兰、纳米比亚南部和俄罗斯白海地区等大约30多个地区的埃迪卡拉纪地层中发现。

　　2011年,我国科学家在湖北宜昌三峡地区埃迪卡拉系灯影组首次发现了典型的埃迪卡拉化石(图5-11A),并在随后的化石挖掘过程中,采集到了数量可观的化石标本。

图 5-11 湖北宜昌埃迪卡拉系灯影组埃迪卡拉化石(A)和遗迹化石(B)。

　　世界其他地区埃迪卡拉生物群的绝大部分化石主要以印痕和铸模的方式保存在砂岩的层面和岩层中,而中国发现的埃迪卡拉化石产自富含有机质的灰岩中,这种保存方式代表了不同的埋藏环境和化石化过程,在碳酸盐中保存的化石具有在砂岩中无法保存的更多生物特征,这将为研究埃迪卡拉生物的身体构型多样性、生活方式、营养策略和生物间相互影响等一系列疑难问题打开一条新途径。

　　湖北三峡地区灯影组除了产出埃迪卡拉实体化石之外(Chen et al.,2014),还有大量的遗迹化石。这些遗迹化石是5亿多年前动物在海底生活时留下的痕迹。灯影组遗迹化石类型多样,它们可能是由不同类型的动物造成的,也可能是同一种动物在不同的活动过程中形成的。一些动物可能时而在海底爬行,时而钻到沉积物中(图5-11B)。因此,遗迹化石也能给我们探讨动物的生活习性提供重要信息。

　　与新元古代雪球地球事件之前的海洋生态系统相比,埃迪卡拉纪的化石记录给我们揭示了一个更加复杂的海洋生态系统。冰期后海洋生物群从微体到宏体,从简单的生活方式到比较复杂的生态系统,再到多门类后生动物在寒武纪早期的大爆发,整个生命演化过程明显受到雪球地球事件的强烈影响。

拓展阅读

周传明，袁训来，肖书海，2002. 扬子地台新元古代陡山沱期磷酸盐化生物群 [J].
科学通报，47(22): 1734-1739.

Bao H M, Lyons J R, Zhou C M, 2008. Triple oxygen isotope evidence for
elevated CO_2 levels after a Neoproterozoic glaciation [J]. Nature, 453: 504-506.

Chen Z, Zhou C M, Xiao S H, et al., 2014. New Ediacara fossils preserved in ma-
rine limestone and their ecological implications [J]. Scientific Reports, 4: 4180.
DOI: 10.1038/srep04180.

Evans D A D, 2006. Proterozoic low orbital obliquity and axial-dipolar geomagnetic
field from evaporite palaeolatitudes [J]. Nature, 42: 51-55.

Hoffman P F, Kaufman A J, Halverson G P, et al., 1998. A Neoproterozoic snow-
ball Earth [J]. Science, 281, 1342-1346.

Hyde W T, Crowley T J, Baum S K, et al., 2000. Neoproterozoic "snowball
Earth" simulations with a coupled climate/icesheet model [J]. Nature, 405: 425-
429.

Kirschivink J L, 1992. Late Proterozoic Low-latitude Global Glaciation: The Snow-
ball Earth [M]// Schopf J W, Klein C, 1992. The Proterozoic Biosphere: A
Multidisciplinary Study. Cambridge: Cambridge University Press. 51-52.

Le Hir G, Godderis Y, Donnadieu Y, et al., 2008. A geochemical modelling study
of the evolution of the chemical composition of seawater linked to a "snowball"
glaciation [J]. Biogeosciences, 5: 253-267.

Leather J, Allen P A, Brasier M D, et al., 2002. Neoproterozoic snowball Earth
under scrutiny: Evidence from the Fiq glaciation of Oman [J]. Geology, 30: 891-
894.

Li Z-X, Evans D A D, Halverson G P, 2013. Neoproterozoic glaciations in a re-
vised global palaeogeography from the breakup of Rodinia to the assembly of
Gondwanaland [J]. Sedimentary Geology, 294: 219-232.

Liu P J, Xiao S H, Yin C Y, et al., 2014. Ediacaran acanthomorphic acritarchs
and other microfossils from chert nodules of the upper Doushantuo Formation in
the Yangtze Gorges area, South China [J]. Paleontology Memoir, 72: 1-139.

Retallack G J, 2013. Ediacaran life on land [J]. Nature, 493, 89-92.

Rieu R, Allen P A, Plotze M, et al., 2007. Climatic cycles during a Neoproterozoic
"snowball" glacial epoch [J]. Geology, 35: 299-302.

Seilacher A, 1992. Vendobionta and Psammocorallia: lost constructions of Precam-
brian evolution [J]. Journal of the Geological Society, London, 149: 607-613.

Williams D M, Kasting J F, Frakes L A, 1998. Low-latitude glaciation and rapid changes in the Earth's obliquity explained by obliquity-oblateness feedback [J]. Nature, 396: 453−455.

Xiao S H, Bao H M, Wang H F, et al., 2004. The Neoproterozoic Quruqtagh Group in eastern Chinese Tianshan: evidence for a post-Marinoan glaciation [J]. Precambrian Research, 130: 1−26.

Xiao S H, Muscente A D, Chen L, et al., 2014. The Weng'an biota and the Ediacaran radiation of multicellular eukaryotes [J]. National Science Review, 1: 498−520.

第六章

寒武纪大爆发

寒武纪早期，

海洋动物世界开始变得丰富多彩，

脊椎动物在内的大量动物门类竞相爆发呈现；

奇虾凶猛无比，

金字塔式食物链建立，

近似于现代海洋的复杂生态系统开启。

在漫长的生物演化历史中,寒武纪早期(距今5.41亿—5.2亿年)是最重要的时期之一,地球上丰富多样的现生多细胞后生动物的祖先大多出现或起源于这一时期,期间不仅相继出现了大量具骨骼的多门类后生动物化石,而且对保存有软躯体的特异埋葬化石库(如澄江生物群、澳大利亚鸸鹋湾页岩生物群等)的发现和研究表明,现生动物门一级分类单元大多首现于这一重要时段;与之前贫乏后生动物化石记录的前寒武纪相比,后生动物自寒武纪开始才成为地球海洋生态系统的主要成员和主宰者。

第一节　寒武纪大爆发术语的由来

在19世纪中叶,达尔文及其同时代的地质和古生物学家就已注意到在地质历史中动物在寒武纪开始大量出现这一科学谜题。达尔文在其《物种起源》一书第十章就做了以下记述:"无可置疑,寒武纪和志留纪三叶虫是从某种甲壳类动物演化而来的,而这种甲壳类动物应该生活在寒武纪以前很长一段时间内……如果我的学说是正确的话,无可置疑,在寒武纪最下部地层沉积之前应当有一段相当长的时间存在,这段时间可能与寒武纪到现代整个时间一样长,甚至更长……但是,为什么在寒武纪之前没有发现富含化石的地层呢? 我不能给出满意的答案……这种现象在目前是令人费解的,可能会真正成为反对本学说的有力证据。"显然,达尔文试图以渐变论和自然选择的观点将这一科学谜题解释为由于沉积岩石记录的不完整性所致,这一观点在此后的很长时期内曾经被广为接受:古生物学家多将这一现象作为化石保存的假象,归因于化石记录的不完整性,认为动物存有一段未被化石记录所揭示的较长的前寒武纪历史。美国古生物学家Walcott在1910年更是提出了在寒武纪与前寒武纪之间应存有一个"利帕期(Lipalian interval)",代表缺乏地层和化石记录的时段。

直到20世纪中叶以前,寒武纪各种各样动物化石的突然出现始终被解释为前寒武纪地层缺失,或者被解释为前寒武纪化石没有被保存或发现。这种认识的改变最早可追溯到1948年,著名的美国地层古生物学家Cloud首次对上述渐变论观点的解释提出了挑战,认为古生物学家所观察到的化石记录真实地反映了过去地质历史中所发生的变化,后生动物并不存有一个漫长的前寒武纪历史,指出寒武纪各种各样多细胞动物的出现就如地质记录所展示的那样非常快速,他采用了"eruptive evolution"一词意指寒武纪初期大量多门类后生动物化石在地层中出现的"瞬时性"(相对于地球的46亿年历史而言),强调动物在寒武纪的快速演化。"Eruptive evolution"即是寒武纪大爆发(Cambrian explosion)概念的雏形。1956

年,著名的德国古生物学家Seilacher依据前寒武纪–寒武纪过渡时期遗迹化石的研究,指出寒武纪爆发式演化(explosive evolution)的真实性,这不仅是对Cloud的寒武纪动物爆发性演化假说的进一步支持,也使得寒武纪动物爆发式演化概念在古生物学领域逐步得以推广。自此,寒武纪大爆发(Cambrian explosion)概念也基本成型。通过对前人报道的大量所谓前寒武纪动物实体和遗迹化石的再研究,Cloud在1968年进一步明确了寒武纪动物爆发式演化的概念,研究认为,之前文献中报道的所谓的前寒武纪动物化石只是沉积构造、藻类化石等,因此,寒武纪动物爆发式演化是一个真实的、快速的动物辐射演化事件。1979年,英国古生物学家Brasier在撰文研究寒武纪动物辐射演化事件时,首次使用了"Cambrian explosion"这一术语。中文文献中偶尔也将其译为"寒武纪大爆炸",因为explosion(爆炸、爆发、激增)也有爆炸之意;但较少学者采用这一译法,因为对生物演化而言,爆发意指事件的突发性和力度,而爆炸则多有一些悲剧色彩,似乎暗喻着生命的终结。

之后近半个世纪以来,有关前寒武纪晚期至寒武纪早期的古生物研究资料不仅基本证实了寒武纪大爆发的客观存在,而且新的发现研究显示这一生物演化事件的爆发性较之前所认知的力度更强,比如我们人类所属的脊索动物门在寒武纪早期澄江生物群中已经出现。但随着前寒武纪晚期地层中原始动物化石的零星发现与研究,寒武纪大爆发显然已不再指示前寒武纪无后生动物化石记录,而主要是指寒武纪早期大量多门类后生动物的快速出现以及遗迹化石的分异度和复杂性的惊人增加,反映多门类两侧对称后生动物在寒武纪早期爆发性地辐射(explosive radiation)这一生物事件,因此,文献中也常用寒武纪大辐射(Cambrian radiation)这一术语。需要强调的是:"爆发"并不等同于"起源",它并不否认后生动物的共同祖先根植于前寒武纪晚期。相反,埃迪卡拉纪海绵动物及腔肠动物的出现,为寒武纪大爆发奠定了生物基础。

动物是地球上最复杂的生命形式,是在生命起源之后大约经过30亿年的漫长演化才开始在地球上出现的。在生命历史中,动物起源和寒武纪爆发式辐射演化的发生机制和过程被列为当今自然科学十大谜题之一,一直是备受科学界关注且不断得到探索的重大科学问题;同时,这也是进化论与神创论相斗争的前沿阵地。因此,揭示动物起源和寒武纪大爆发的过程具有科学和哲学的双重意义。寒武纪大爆发是生物历史上最具革命性的重大演化事件之一,其最重要意义在于大量门一级动物躯体构型产生于这一演化事件中,是许多现生动物门的最重要的历史起点,同时还伴随着复杂的海洋生态系统的建立。

化石记录揭示了寒武纪大爆发的存在,更深入理解寒武纪大爆发还需要寒武纪早期更多化石的发现及越来越深入的研究工作。

第二节　寒武纪大爆发的证据

自20世纪中期以来,古生物学研究取得了许多重要成就,全球大量古生物学的发现和研究越来越证实,寒武纪大爆发是地球生命历程中一个真实存在的动物快速辐射演化的事件,寒武纪大爆发不仅产生了几乎所有现生多门类动物躯体构型,建立了动物演化谱系之树,而且初步形成了复杂的、金字塔式的海洋生态系统食物链。寒武纪大爆发事件主要来源于以下几个方面的化石证据:① 前寒武纪晚期[埃迪卡拉纪(距今6.35亿—5.41亿年)]化石记录;② 寒武纪早期多门类动物骨骼化石的大量突发性出现(也即生物矿化事件);③ 特异埋藏化石库的信息;④ 埃迪卡拉系-寒武系过渡地层中遗迹化石特征的显著变化。

一、埃迪卡拉纪地层中动物化石稀少

近半个多世纪以来,有关埃迪卡拉纪古生物的发现及研究取得了许多令人瞩目的科学成就,确证了在寒武纪之前的地层中存有动物化石记录;虽然这些动物化石相对较为稀少,而且一些在动物归属方面尚存有争议。埃迪卡拉纪重要的生物群包括蓝田生物群(见第四章)、瓮安生物群、埃迪卡拉生物群(Ediacaran Biota;图6-1,图6-2)、高家山生物群(图6-3)等。

1. 瓮安生物群

瓮安生物群发现于贵州埃迪卡拉系陡山沱组含磷岩系,距今6亿—5.8亿年。1998年以来,古生物学家在瓮安生物群中发现了一些多细胞动物胚胎化石和微型海绵动物及刺细胞动物成体化石,这一系列的发现被誉为演化生物学领域近年来取得的重大成就之一。瓮安生物群是迄今为止世界上已确证含有动物化石的最古老生物群,为从发育生物学的角度论证动物起源和共同祖先模型提供了非常宝贵的证据。到目前为止,瓮安生物群仍然缺乏可靠的大个体宏观动物化石;同时,其中究竟是否有两侧对称动物化石也存有争议。需要指出的是,发现于我国皖南的埃迪卡拉纪蓝田生物群(见第四章),也存有可疑的后生动物化石。

2. 埃迪卡拉生物群

埃迪卡拉生物群由Sprigg于1946年发现于澳大利亚南部埃迪卡拉山前寒武纪末期约5.5亿年前的庞德石英砂岩中。国际地质科学联合会于2004年批准建立了一个新的地质年代——埃迪卡拉纪,这个新的地质年代名称可以说与这一重要化石群相关。作为地球上最早出现的大型复杂的生物化石,早期曾被解释为与寒武纪之后和现代海洋中的动物相关的动物祖先类群。然而,埃迪卡拉生物群中的化石具有如下特点:首先,埃迪卡拉化石为软躯体生物,没有矿化的外壳和骨骼,却通常发现于不易保存化石的石英砂岩中,并呈现三维立体的形态,这在此后的5亿多年地球历史上是罕见的。第二,埃迪卡拉化石个体大、形态多样,但是却缺乏动物通常所具有的进行运动、取食和消化等的器官。这给演化生物学家和地质学家带来大量难以回答的问题。因而,古生物学家对埃迪卡拉化石生物属性和生活方式的解释存在着各种各样观点截然不同的假说,它们曾经被认为是真菌、地衣、原核生物、原始多细胞动物,等等。1985年,Seilacher提出了埃迪卡拉生物群中的化石并非多细胞动物,尽管这些化石形态复杂、类型繁多,与多细胞动物有类似之处,但是它们是由单细胞通过特定的方式构成的,它们固着在海底,以自养方式生活。1992年,Seilacher进一步提出了文德生物界的概念,以示埃迪卡拉生物群在生命演化史中的特殊性。有科学家曾经这样解释埃迪卡拉化石,它们代表着地球上动物大量出现之前的一次失败了的演化尝试。埃迪卡拉生物群不仅发现于澳大利亚,还发现于加拿大、俄罗斯、纳米比亚及我国三峡地区(图6-1),它们都产自埃迪卡拉纪中晚期地层中,时代大约为距今5.75亿—5.45亿年。除个别属(如 *Kimberella*)被解释为可疑的两侧对称动物化石之外,埃迪卡拉生物群的化石大多与寒武纪及其之后的动物没有直接的演化关系(图6-2)。

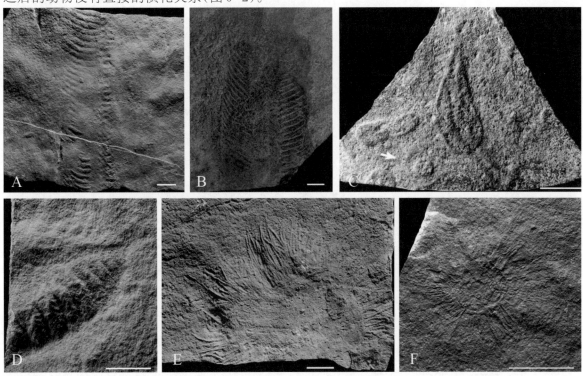

图6-1　三峡地区灯影组石板滩段埃迪卡拉生物群中的部分代表化石(陈哲提供)。A, B. *Pteridinium*, 叶状化石；C. *Charniodiscus*, 叶状化石,箭头指示固着器；D. *Rangea*, 叶状化石；E, F. *Hiemalora*, 圆盘状化石。比例尺除在D中为1 cm,其余皆为2 cm。

图6-2　埃迪卡拉生物群的化石群落复原图（据 Erwin and Valentine，2013：fig. 5.17；Q. Paul绘）。

3. 高家山生物群

　　高家山生物群发现于我国陕西宁强县的埃迪卡拉系灯影组高家山段的地层中，其主要特征是保存有埃迪卡拉纪晚期（约5.45亿年前）的具骨骼动物化石，这基本上是最早的动物骨骼化石记录。虽然这个生物群显示埃迪卡拉纪晚期已有零星的"骨骼"化后生动物存在，如 *Cloudina*、*Sinotubulites*、*Gaojiashania* 等（图6-3）；但与寒武纪早期的动物化石相比较而言，这些化石的类型及属种均较为单调，同时，这些"骨骼化石"的骨骼形成方式也较为原始；这些圆管状的骨骼体常是由某些矿物和有机物共同组成的，管状体的钙化程度较低，碳酸钙矿物颗粒常是侵染在以有机质为主的壳壁之内，壳壁多为由细小的颗粒成层密集分布组成，它们多以黏结方式形成管状壳，此类原始骨骼可能是生物诱导矿化的结果，似乎还不是完全生物控制矿化的产物。

　　显而易见，虽然埃迪卡拉纪地球浅海环境中已有后生动物的存在，但与之后的寒武纪早期动物化石记录相比较，这些动物化石不仅较为稀少，而且许多在归属问题上存有较大的争议。目前来看，可以确证的埃迪卡拉纪后生动物化石可能为海绵动物及刺细胞动物，两侧对称动物的存在与否尚有疑问和争论。埃迪卡拉纪动物化石记录相对贫乏，从另一侧面证实了寒武纪大爆发的真实存在。埃迪卡拉纪动物化石虽然稀少且原始，但并不能就此否认它们在研究动物起源方面的重要性，它们为之后的寒武纪大爆发奠定了生物学基础,尤其是以海绵动物和腔肠动物为代表的基础动物在埃迪卡拉纪的出现也被看作是寒武纪大爆发的序幕。

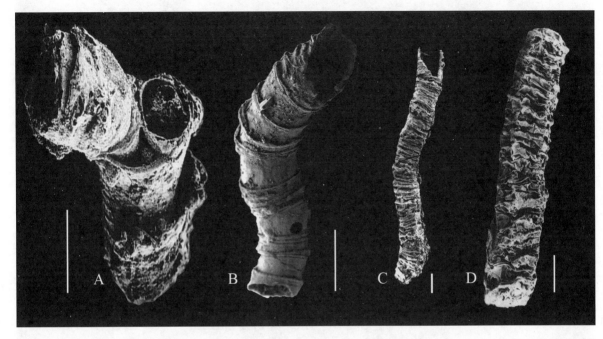

图6-3 陕南埃迪卡拉纪晚期高家山生物群中的动物骨骼化石(陈哲提供)。A,B. *Cloudina*,可能与环节动物有关;C,D. *Sinotubulites*,分类不明的管状化石。比例尺为500 μm。

二、寒武纪早期多门类动物骨骼化石的大量突发性出现

寒武纪初期地球海洋浅海环境中最显著的特征就是具有矿化骨骼的多门类无脊椎动物如雨后春笋般地快速涌现,形成了动物大爆发的壮观景象。寒武纪早期大量多门类后生动物骨骼化石的突发性出现,不仅是寒武纪大爆发的主要证据之一,而且众多后生动物门类几乎"同时"利用矿物建造骨骼,因此也被称为早期后生动物矿化事件,动物具备矿化的硬壳显著增强了自我保护功能,在生存竞争中向有利于自身方面发展。寒武纪早期骨骼化石由于其个体较小,大多生物亲缘关系不明,因此文献中常被笼统地称为"小壳化石"。小壳化石这一称谓其实并无严格的生物分类学意义,其囊括了众多后生动物门类的化石,如腕足动物、软体动物、环节动物(一些管状化石)、节肢动物(一些骨片或棘刺)、软舌螺、腔肠动物(如原始锥石等)、毛颚动物(原牙形类)、海绵动物(骨针)等,以及一些分类及其亲缘关系尚不明确的疑难化石,如托莫特壳类、似软舌螺类、织金壳类、开腔骨类、牙形状化石等(图6-4)。

图6-4 寒武纪早期整体骨骼小壳化石。A. 管状化石 *Torellella*；B. 阿纳巴管 *Anabarites*；C. 软舌螺化石 *Conotheca*；D. 腹足类化石 *Aldanella*；E_1，E_2. 帽状单板类化石 *Canopoconus*；F. 管状化石 *Cupitheca*；G. 锥石类化石 *Hexangulaconularia*；H. 祖群腕足动物化石 *Lathamella*；I. 喙壳类化石 *Watsonella*；J. 腹足类化石 *Archaeospira*。比例尺为100 μm。

依据骨骼的"完整度"，即依据单个骨骼标本能否代表和指示原生物个体的全貌进行划分，寒武纪早期小壳化石可以大概分为以下两类：整体骨骼化石（图6-4）和骨片（或骨针、骨刺）（图6-5）化石。整体骨骼化石包括软舌螺、软体动物、祖群腕足动物、腔肠动物及一些管状化石（如似软舌螺）等，它们的骨骼体大多能基本反映出原生物个体的外貌和形态。骨片（sclerite）化石包括托莫特壳类、开腔骨类、赫尔克壳类、织金壳类、微网虫骨片、原牙形刺类等，它们多仅为生物体骨骼框架（骨片系）的某一部分，若缺乏完整化石标本材料，则很难对其生物母体进行形态的复原，也难以进行系统分类位置的研究。依据离散的骨片化石分析研究母体生物构型和骨片在母体生物表面的分布状况，常被称为骨片系（scleritome）的复原研究。依据早期骨骼化石矿物组成成分的不同，小壳化石可主要分为以下三类：① 碳酸钙质壳（文石或方解石），如软舌螺、软体动物、开腔骨类等；② 磷酸钙质壳，如磷质腕足动物、似软舌螺、微网虫骨片、托莫特壳、原牙形类、原始锥石等；③ 硅质骨骼，以普通海绵和六射海绵骨针为主。寒武纪早期骨骼化石研究资料表明,上述三类化石中以碳酸钙质骨骼为最多,其次为磷酸钙质,硅质化石则主要见于普通海绵和六射海绵的骨针(图6-9)。

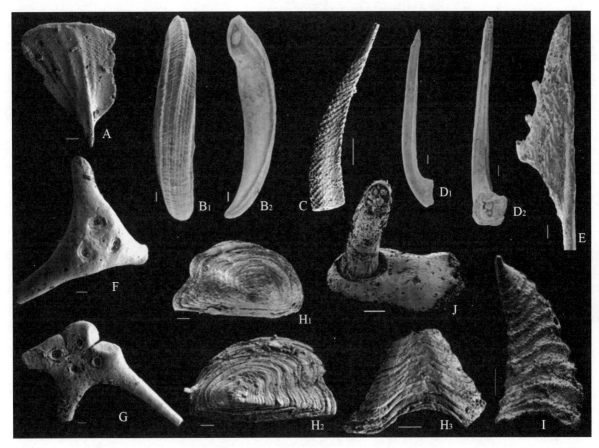

图6-5　寒武纪早期离骨片小壳化石。A.赫尔克壳类 *Sinosachites*；B₁, B₂. 棱管壳类 *Siphogonuchites*；C. 似牙形状化石 *Rhombocorniculum*；D₁, D₂. 原牙形刺化石 *Protohertzina*；E. 疑难骨片化石 *Scoponodus*；F. 开腔骨类化石 *Allonnia*；G. 开腔骨类化石 *Archiasterella*；H₁－H₃. 托莫特壳类化石 *Tannuolina*, H₁和H₂为帽形骨片, H₃为鞍形骨片；I. 托莫特壳类化石 *Lapworthella*；J. 织金钉类化石 *Cambroclavus*。比例尺除在H₃中为500 μm, 其余皆为100 μm。

小壳化石出现于寒武纪最早期,且明显早于三叶虫等动物化石的出现时间,因此它们不仅是寒武纪大爆发的主要证据之一,而且代表了寒武纪大爆发的序幕或第一幕。小壳化石既是研究后生动物起源和早期演化的重要实证材料,也是开展寒武纪早期前三叶虫地层划分与洲际对比研究的主要标准化石。小壳化石主要繁盛于寒武纪最早期纽芬兰世和第二世,尤其是纽芬兰世的后生动物化石以小壳化石为主导；一些类别的小壳化石可以延续到寒武纪晚期,如开腔骨类(Chancelloriids)等。小壳化石地理分布广泛,到目前为止,在各主要大陆的寒武系下部地层中皆产出有小壳化石,尤其以中国、俄罗斯的西伯利亚地台、澳大利亚等地小壳化石最为丰富,分异度高。我国的西南地区(扬子地台)和塔里木地区富产小壳化石,是研究小壳化石的重要地区,为研究寒武纪早期后生动物的起源和演化以及寒武纪大爆发提供了极为重要的化石材料。

三、特异埋葬化石库的信息

在沉积岩石地层中发现的化石,通常多为不易被细菌等次生破坏分解的生物硬体,动物的软躯体部分在死后很容易被快速分解,很难被保存为化石。只有在极少数沉积地层单元中,不仅保存有动物的硬体骨骼化石,而且软躯体部分也可以被栩栩如生地保存为化石,这些保存软躯体动物化石的沉积地层单元常被称为特异埋葬化石库[Konservat Lagerstätten(德语)]。特异埋葬化石库常具有非常重要的科学价值,因为其可以大致反映当时的生物群落面貌,而且软躯体细节的保存可以为开展生物学研究提供极为重要的资料。自埃迪卡拉纪至第四纪的地层中,一些地区偶尔会有特异埋葬软躯体化石库的发现。中国也发现有一些全球著名的特异埋葬化石库,如澄江生物群(寒武纪第二世)、热河生物群(晚侏罗世-早白垩世)、山旺生物群(中新世)等。

全球寒武纪地层中产出有许多特异埋葬化石库,产出的生物群如布尔吉斯页岩(Burgess Shale)生物群(加拿大)、澄江生物群、关山生物群(中国云南)、凯里生物群(中国贵州)、鸸鹋湾页岩(Emu Bay Shale)生物群(澳大利)等,其中以我国的澄江生物群及布尔吉斯页岩生物群最为著名。这些特异埋葬生物群的发现和研究,不仅为寒武纪大爆发提供了重要实证,而且也为研究许多动物门类的起源及早期演化提供了重要资料。下面将以布尔吉斯页岩生物群和澄江生物群为例,简要介绍特异埋葬化石库对于研究寒武纪大爆发的意义。

1. 布尔吉斯页岩生物群

布尔吉斯页岩生物群最早由Walcott于1909年发现于加拿大洛基山脉中寒武世的布尔吉斯页岩(约5.05亿年前)地层中。虽然发现了大量的动物化石,但Walcott并没有充分认识到布尔吉斯页岩化石在研究动物演化方面的重要性,他对这些动物化石在寒武纪地层中突发出现的解释与达尔文的假设相似,认为在寒武纪之前这些动物应该已存在,只不过在陆地上没有保存寒武纪之前的沉积岩石地层。20世纪60-80年代,以著名古生物学家Whittington教授为首的剑桥大学科学小组对布尔吉斯页岩生物群开展了新的发掘与研究,他们在布尔吉斯页岩生物群中发现了更多动物化石类型。这个生物群共计产出有十余个门一级动物类别,包括海绵动物、腔肠动物、腕足动物、棘皮动物、曳鳃动物、叶足类、软体动物、节肢动物、脊索动物等(图6-6),其中节肢动物是优势类群,寒武纪大型捕食动物奇虾最早就发现于这个化石群。Whittington教授等科学家的大规模发掘和研究给当时的科学界造成了极大震撼,为研究寒武纪大爆发之谜提供了极其重要的资料。因而在1981年,布尔吉斯生物群被联合国教科文组织列入世界自然遗产名录。

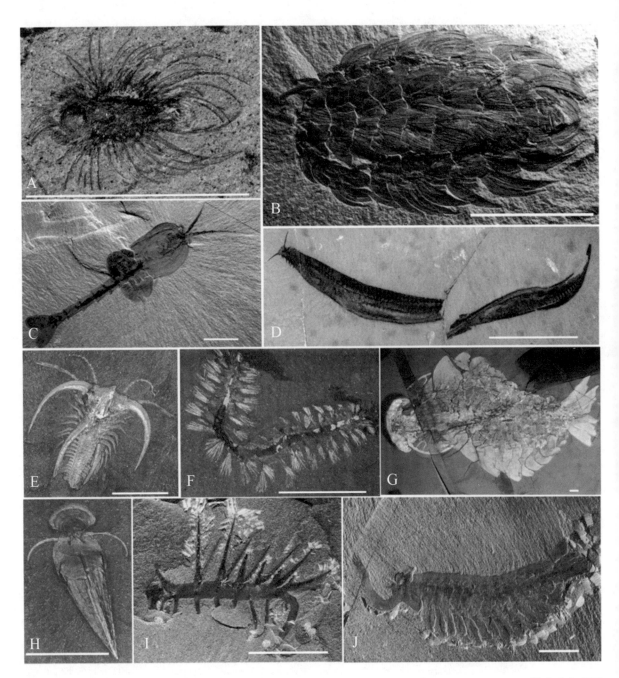

图6-6 布尔吉斯页岩生物群中部分软躯体保存的动物化石。A. 疑难动物化石 *Orthozanclus*;B.疑难动物化石 *Wiwaxia*;C. 节肢动物 *Waptia*;D. 脊索动物 *Pikaia*;E. 节肢动物 *Marrella*;F. 环节动物 *Burgessochaeta*;G. 奇虾 *Anomalocaris*;H. 软舌螺 *Haplophrentis*;I. 叶足类 *Hallucigenia*;J.节肢动物 *Opabinia*。比例尺为1 cm。(图A,B,C,D,G,F 据Erwin and Valentine, 2013;图E, H, I, J 据Briggs et al.,1994。图A,G保存在加拿大安大略皇家博物馆,J. Caron授权使用;其他标本保存在美国自然历史博物馆,并得到其授权使用。)

2. 澄江生物群

澄江生物群最早发现于我国云南省澄江县帽天山,产出于玉案山组页岩、粉砂岩地层中(寒武系第三阶,约5.2亿年前),1984年由侯先光教授(时任中国科学院南京地质古生物研究所助理研究员)发现,1985年由张文堂和侯先光(1985)首次正式报道并命名。经过30多年的不断发掘和研究工作,澄江生物群的分布范围从澄江县扩大到昆明市、晋宁县、安宁县、马龙县和宜良县等地,已经发现了20多个包括脊索动物在内的门和亚门一级的生物类别,相当于纲一级的生物类别近50个,共计220余种动物,较客观地再现了约5.2亿年前海洋动物世界的壮丽景观。澄江生物群十分罕见地保存了动物的软体构造(图6-7),如动物的眼睛、附肢、口器、消化道、神经系统、纤毛环、卵等软体印痕都得以保存;不同生活方式的动物化石也得以保存,如浮游、游泳、底栖固着、底栖爬行、钻孔等生活习性都有化石代表;此外还可见动物的粪便化石。这些化石为研究寒武纪早期动物的解剖构造、功能习性、生殖方式、神经系统等提供了极其珍贵的化石资料。相对于加拿大布尔吉斯页岩生物群,澄江生物群时代更早、化石保存更为精美,澄江生物群中一系列新的动物化石类群的发现与研究,引起了演化生物学家的高度关注,尤其是原始脊椎动物等化石的发现显示寒武纪大爆发的过程较之前认知的更快、规模更大,澄江生物群中大量动物化石为寒武纪大爆发的存在提供了更加可靠的证据。《纽约时报》将澄江生物群的发现评论为"20世纪最惊人的发现之一"。正是由于澄江生物群的重要意义及我国科学家在寒武纪大爆发研究领域的突出科学成就,由中国科学院南京地质古生物研究所陈均远、云南大学侯先光和西北大学舒德干主持的"澄江动物群与寒武纪大爆发"项目在2003年获得国家自然科学奖一等奖。位于帽天山的澄江化石产地也于2012年被联合国教科文组织列为世界自然遗产名录,目前是我国唯一的化石类世界自然遗产。

澄江动物群的发现,彻底改变了学界之前对寒武纪早期动物多样性的认识。发现于澄江生物群的动物门类包括海绵动物门、刺细胞动物门、腕足动物门、软体动物门、环节动物门、有爪动物门、叶足动物门、曳鳃动物门、棘皮动物门、栉水母动物门、内肛动物门、星虫动物门、帚虫动物门、半索动物门、脊索动物门、古虫动物门和许多分类位置不明的动物类型在内的20多个动物门类,这显示在寒武纪第二世早期,从低等的海绵动物到高等的脊索动物,大多数现生动物门在寒武纪开始后不久都已有了各自的代表,充分证实了寒武纪大爆发的存在,也为"间断平衡理论"提供了新的依据。事实上,在漫长的地球生命演化史上,既有缓慢的渐进演化,也有剧烈的跃进演化,是渐进与跃进并存的演化过程,寒武纪初期生物演化处于极速跃进阶段。更为重要的是,澄江动物群中还保存了许多处于演化"中间环节"的重要化石,它们可为研究动物门类之间的演化关系提供重要证据。

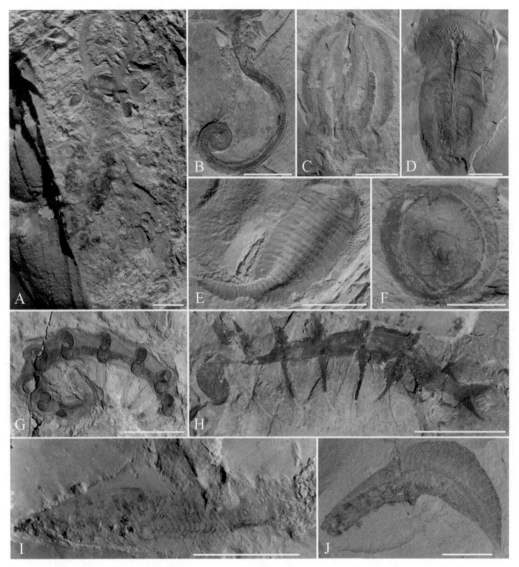

图6-7　澄江生物群中部分软躯体保存的动物化石(赵方臣提供)。A. 奇虾化石奇虾(*Anomalocaris*)；B. 曳鳃类化石环饰蠕虫(*Cricocosmia*)；C. 栉水母化石帽天栉水母(*Maotianoascus*)；D. 节肢动物化石纳罗虫(*Naraoia*)；E. 节肢动物化石抚仙湖虫(*Fuxianhuia*)；F. 腕足动物化石日射水母贝(*Heliomedusa*)；G. 叶足类化石微网虫(*Microdictyon*)；H. 叶足类化石怪诞虫(*Hallucigenia*)；I. 脊椎动物化石海口鱼(*Haikouichthys*)；J. 脊索动物化石云南虫(*Yunnanozoon*)。比例尺为1 cm。

四、埃迪卡拉系–寒武系过渡地层中遗迹化石的显著变化

　　遗迹化石是生物在沉积物表面或沉积物内部进行各种生命活动所留下的痕迹被沉积物充填、埋葬,再经后期成岩作用石化而形成。与实体化石不同,遗迹化石仅是生物活动的痕迹,而实体化石代表了生物部分或完整躯体。依据生物的活动习性,常见的遗迹化石有居住迹、爬迹、停息迹、觅食迹、逃逸迹、耕作迹等,此外,还包括粪化石以及生物侵蚀构造(如钻孔)等。在化石群落中,通常只有那些具有硬

体的生物才能保存成实体化石,软躯体生物通常难以保存成实体化石,但软躯体生物却可以形成遗迹化石,且遗迹化石多为原地保存,因此,遗迹化石可补充化石群落的多样性,尤其是对于贫乏实体化石的地层而言。遗迹化石的研究可以为古生物学、地层学、古生态及沉积环境分析提供许多有用的资料。

遗迹化石可以为研究埃迪卡拉系-寒武系过渡地层中动物群落面貌的变化提供重要资料,是寒武纪大爆发的化石证据之一,尤其是针对那些不具矿化骨骼的软躯体动物而言。在成冰纪之前的地层中,无可信的动物遗迹化石存在。动物遗迹化石最早出现在埃迪卡拉纪,但埃迪卡拉纪的遗迹化石类型相对简单,分异度低。自寒武纪初期开始,遗迹化石的形态复杂性、类型、丰度、分异度都有了大幅增加,显示寒武纪初期造迹动物更为丰富多样,说明遗迹化石在寒武纪初期也有大的辐射。埃迪卡拉系-寒武系过渡地层中遗迹化石的总体变化所反映的动物演化趋势与实体化石所记录的变化特征基本相一致,支持了寒武纪大爆发这一生物演化事件的真实存在。

沉积地层记录显示,埃迪卡拉纪后生动物遗迹化石记录稀少,这些遗迹化石主要为动物在海底沉积物表面活动所形成,垂向生物扰动微弱,此期的沉积物表面常发育有完好的蓝藻微生物席。自寒武纪初期开始,浅海环境中海底沉积物表面垂向生物扰动大量增加,大量生物扰动在深度和强度上的持续增加,破坏了微生物席的生产环境,导致微生物席逐渐衰减,海洋环境中发生了底质变革,从微生物席到生物扰动混合底,且混合底层在不断加深(图6-8)。底质革命导致了海洋沉积物混合层的加深,沉积物含氧层的深度也在增加,而还原带则相应下移,这一正反馈更有利于自寒武纪开始的动物辐射演化:动物可以在沉积物中生活,拓展了生态空间。

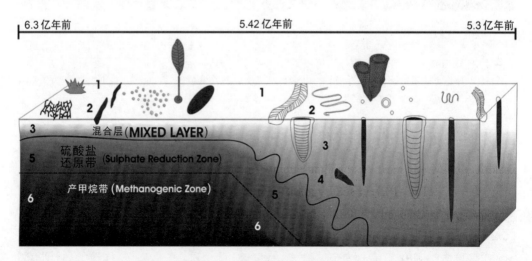

图6-8 埃迪卡拉纪-寒武纪初期海洋沉积物表层的底质变革(改自 Callow and Brasier, 2009: fig.1)。其中:1. 光合作用;2. 碳酸钙沉淀;4. 碳酸钙溶解。

第三节　寒武纪大爆发的特征及模式

相对于漫长的地球历史（46亿年）而言，多门类后生动物在寒武纪初期（距今5.41亿－5.2亿年）的快速出现是爆发性的，期间已出现有约20个现生动物门及一些已灭绝的动物线系类群（图6-9）。而其余寒武纪早期没有化石记录的现生后生动物门类，除苔藓动物门最早化石记录发现于奥陶系地层之外，其他门类动物多个体极其微小，一些营寄生生活，甚至在整个显生宙都没有关于它们的化石发现报道，因此可以说"几乎主要的现生后生动物门在寒武纪早期已经出现"，显示寒武纪早期动物特别在门一级的辐射演化是爆发性的。

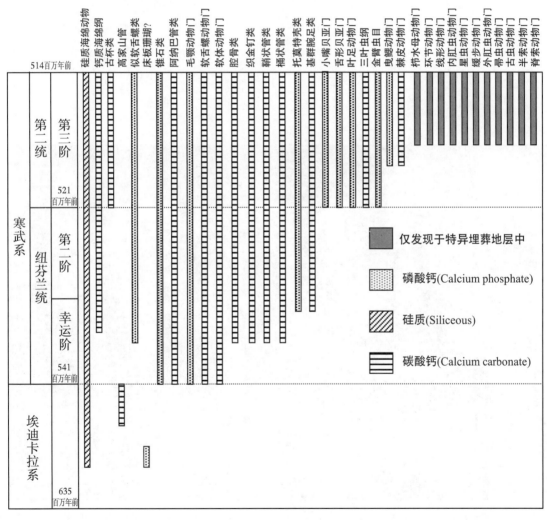

图6-9　各类后生动物化石在埃迪卡拉纪–寒武纪早期地层中的出现顺序及矿化骨骼成分。多门类动物具有矿化的骨骼，以碳酸钙质骨骼为主，其次为磷酸钙及硅质。矿化骨骼为动物大辐射提供了重要基础；具备矿化的硬壳显著增强了自我保护功能，在生存竞争中有利于自身发展。

一、寒武纪大爆发的特征

依据已有的化石证据,可将寒武纪大爆发的主要特征概括如下:① 包括脊椎动物在内所有动物造型在寒武纪早期一个短暂的地质时间内快速出现;② 寒武纪大爆发事件中不仅出现了大多现生动物门一级生物类群,而且还出现了许多造型奇特的动物类群,它们许多在寒武纪出现之后很快或逐渐灭绝;③ 各类别动物化石的出现时间并不是等时的,有前后顺序,辐射有幕次性;④ 寒武纪大爆发事件中出现了许多现生动物门类的"中间类型",它们可以为研究动物门类间的演化关系提供重要资料;⑤ 类似现代浅海环境中的复杂生态系统在寒武纪早期已经建立,动物已经占领海底沉积物内层和海水不同层次空间以及不同生境;⑥ 类似现代海洋的金字塔式食物链网在寒武纪大爆发时期已经建立,动物间存有较强的生存竞争,其中巨型食肉动物奇虾化石位于食物链的顶端(图6-10),依据口器分析,这类动物可达1 m以上,为顶级捕食者;⑦ 后生动物的大规模矿化事件发生在寒武纪大爆发时期,动物利用矿物建造骨骼,不仅可以更好地支撑软躯体,而且可以起到防护等作用,矿化骨骼的形成为动物之后的演化提供了基础。

图6-10　依据澄江生物群化石绘制的寒武纪第二世早期海洋生态复原图(朱茂炎提供)。

全球各地的化石资料显示,寒武纪大爆发不仅是动物造型的大爆发事件,也是生态空间的大扩展和复杂生态系统的快速建立的演化事件。

二、寒武纪大爆发的模式

化石记录显示,从埃迪卡拉纪至寒武纪初期这一时段内各类后生动物的出现并不是同时的,它们在地层中的出现具有一定的先后顺序(图6-9)。化石记录显示,后生动物的出现可概括地分为三个阶段,各个阶段的后生动物组成面貌很不相同。全球一系列早期生命化石群的发现,如蓝田生物群、瓮安生物群、埃迪卡拉生物群及高家山生物群等的发现,显示埃迪卡拉纪已经出现了少数原始的动物门类,如海绵动物、刺细胞动物等,为随后的寒武纪大爆发做了铺垫,拉开了大爆发的序幕,迎来了动物世界的黎明,可以看作寒武纪大爆发之前发生的动物隐形辐射(cryptic radiation)或大爆发的序幕,其中两侧对称动物化石记录稀少,主要构建了动物演化树的基础动物类群。而之后发生在寒武纪初期的寒武纪大爆发,可以分为两幕,即寒武纪纽芬兰世的第一幕,以及以澄江生物群为代表的、发生在寒武纪第二世早期的主幕。

发生在纽芬兰世的寒武纪大爆发第一幕,以多门类微小骨骼动物化石(小壳化石)的迅速出现为特征,这些化石不仅包括现生动物门类,如海绵动物、刺丝胞动物、软体动物、毛颚动物等,而且还有许多已灭绝的骨骼化石类别,如软舌螺类、托莫特壳类、腔骨类、织金钉类等。与前寒武纪晚期零星的骨骼化石记录相比,纽芬兰世大量动物骨骼化石的出现不仅显示寒武纪动物大辐射开始于寒武纪,而且指示纽芬兰世骨骼化石的辐射代表了寒武纪大爆发的第一幕。纽芬兰世新出现的动物门类大多属于冠轮动物超门(Lophotrochozoa),说明大爆发第一幕为冠轮动物的大辐射。

发生在寒武纪第二世初期的大爆发主幕,以澄江生物群为代表。这一时期的海洋动物不仅包括一些在梅树村期已出现的动物门类,还新出现了许多新的动物门类,包括蜕皮动物超门(Ecdysozoa)的节肢动物、缓步类、叶足类、曳鳃动物等,而且还出现了后口动物亚界的棘皮动物、古虫动物、脊索动物等。到澄江生物群时期,除苔藓动物门及那些难以保存为化石的动物门类之外,现生生物中几乎所有动物门类已经出现。显然,寒武纪大爆发主幕期间,由基础动物、原口动物亚界(包括冠轮动物和蜕皮动物)及后口动物组成的完整动物演化树轮廓已基本建立,在之后的地质历史中,动物的演化主要不体现在新躯体构型(动物门)的产生,而体现在门之下动物分类级别的演化。同时,一个类似现代海洋的生态系统也形成于寒武纪大爆发的主幕期,海洋生物之间形成了复杂的食物链,生物竞争加剧。

第四节　寒武纪大爆发发生的原因

　　什么因素导致了寒武纪大爆发？这是科学界的一个重大难题，吸引了古生物学、生物学、生态学、地质学等许多学科的科学家持续不断地进行探索研究。科学家常从生物学和环境背景两大方面的因素来探讨动物起源和寒武纪大爆发过程与发生机制问题。针对这一科学问题，科学家就此提出过一些不同的见解和假说，归纳起来主要分为两大类：将大爆发事件归因于环境因素，或者归因为生物因素。生物与环境关系密切，许多环境的变化都会导致生物演化的改变。强调外部环境因素的假说有：① 含氧量上升说，认为前寒武纪至寒武纪过渡时期大气中氧气分压显著增加为主因；② 海水中钙离子浓度上升说；③ 磷酸盐分泌过程假说，认为生物矿化起始于有大量磷元素供给的海洋环境；④ 雪球地球假说，认为新元古代成冰纪，地球环境极度寒冷，被冰雪覆盖，而随着冰雪的消融，进入之后的埃迪卡拉纪，生物面貌逐渐开始了较大的变化，这一假说的内容及其对地球生物演化的影响详见第五章。此外，其他海洋物理化学条件的变化，如温度、盐度等，以及板块的聚合与裂解等，也被认为与寒武纪大爆发的发生有关。

　　从动物本身而言，寒武纪大爆发发生的原因需要从基因、发育、生理、形态和生态等方面寻找。强调生物因素为主的假说可以简要概括如下：① 基因发育调控机制说，即与 Hox-基因有关，Hox-基因是控制动物前后分区发育的基因，被认为是动物起源和演化的关键；② 神经系统假说，认为动物寒武纪大爆发需要动物神经系统的发育完全，特别是感觉系统的发展，包括脑的发育和视觉器官的发育等；③ 捕食压力说，认为动物骨骼的出现可能与捕食活动所造成的环境压力密切相关，骨骼的出现不仅有助于自身的捕食活动，同时，外骨骼的出现可提高抵御被捕食的能力，矿化事件主要源于食草动物或食肉动物捕食作用诱导的选择压力所致；④ 形态定律假说，认为生物形态遵守形态的数学定律，因而它是不变的，生物形态有自然力约束，就像生命的重力和化学键一样，不可改变，这被用以解释为何寒武纪之后缺少新的生物构型；⑤ 生物矿化假说，认为大气氧含量的增加，使得大个体动物的有氧代谢成为可能，大的生物体需要矿化骨骼来支撑；⑥ 空的生态空间假说，认为寒武纪大爆发的发生在于当时具有大量没有生物占据的空的生态空间，使得寒武纪初期新出现的许多动物可以快速占领这些生态空间。此外，还有胚胎发育及眼睛的作用等方面的假说。

　　虽然试图解释寒武纪大爆发事件的假说很多，但目前为止，还没有一种能够对动物起源和寒武纪大爆发做出充分解释的假说，大多仅能自圆其说，而缺乏广泛性。比如，解释碳酸钙骨骼的模式并不能解释蛋白质起重要作用的磷质骨骼的同时出现;而磷酸盐分泌过程假说,与具不同成分骨骼的矿化生物几乎同时出现的方式不一致。寒武纪大爆发是一个复杂的综合事件,既有外部因素,也有内在的发育因素及生物间的生态因素(图6-11)。这一事件的产生同时受内因和外因的共同影响,是内因和外因协同作用的结果。尽管产生这一事件的理论机制仍无定论,但寒武纪大爆发事件在后生动物演化史上的重要性却是不言而喻的。

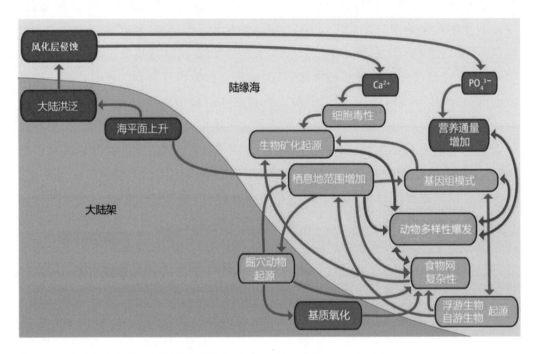

图6-11　寒武纪大爆发相互关联的因素网(改自 Smith and Harper, 2013)。

第五节　寒武纪大爆发不支持神创论

自达尔文时代开始,生物进化论就一直不断地在与神创论作斗争。自寒武纪大爆发这一概念出现后,一些神创论学者非常激动,他们似乎找到了反对进化论的科学依据,在一些宗教媒体及杂志上,常引述寒武纪大爆发作为反对进化论的理由。其实,一些神创论学者之所以对寒武纪大爆发情有独钟,是因为有关寒武纪大爆发在一些媒体上被表述为:"所有动物门类在寒武纪突然同时出现",或"几乎所有的动物祖先都曾站在同一起跑线上",等等。他们认为这种所谓多门类动物同时出现难以通过进化论解释。尤其是在澄江动物群的发现和研究引起轰动之后,由于一些媒体不准确的报道和有些宗教人士的偏颇理解,一些宗教人士认为寒武纪大爆发是神创论的证据:进化论(自然选择和基因突变)解释不了寒武纪大爆发和动物高级分类单元的起源,这些动物在寒武纪的爆发性出现来源于智慧设计(intelligent design)。

其实寒武纪大爆发并没有挑战生物进化论,而是进化论的捍卫者。如前所述,自埃迪卡拉纪出现后生动物化石记录(约6亿年前),到澄江生物群(约5.2亿年前)中许多现生后生动物门类的出现,时间跨度约8千万年;即使从寒武纪之处的5.41亿年算起,跨度也有2千多万年(图6-9),而且其间不同时段相继出现了不同的动物门,还有许多已灭绝的疑难动物化石,这绝不是智慧设计所言的同时出现。科学家所说的"突然"出现其实是相对于漫长的46亿年地质历史而言的。寒武纪几乎所有动物门都在寒武纪早期出现,绝不意味着这些动物祖先不是演化而来的,更不意味着它们之后没有发生演化。神创论者在介绍寒武纪大爆发时,试图给人这种印象:几乎所有的动物都是同一时间出现的,以后只有灭绝而没有演化。如前所述,埃迪卡拉纪至寒武纪早期世界各地的化石记录显示,其实完全不是这么回事。寒武纪大爆发持续了约2千万年,这在38亿年的生物演化史上当然是短暂的,但对于神创论者来说,却是长得不可思议。此外,几乎所有动物门在寒武纪地层中快速出现,只是对于门一级的高级动物分类单元而言,并不是说几乎所有物种在那时候都已出现。事实上,寒武纪之后动物一直在持续演化,有些动物在灭绝,而不同的地质历史时期,又相继出现了一些新的物种,人类则出现得更晚些,直到第四纪才出现。

寒武纪大爆发是一个深奥的科学问题,科学家通过不懈努力终将揭开这个科学谜题。寒武纪大爆发与智慧设计无关。

拓展阅读

陈均远，周桂琴，朱茂炎，等，1996. 澄江生物群：寒武纪大爆发的见证 [M]. 台中：台湾自然科学博物馆.

陈均远，2004. 动物世界的黎明 [M]. 南京：江苏科学技术出版社.

胡世学，朱茂炎，罗慧麟，等，2013. 关山生物群 [M]. 昆明：云南科技出版社.

李国祥，Steiner M，钱逸，等，2006. 华南寒武纪早期骨骼动物的爆发性辐射 [M]//戎嘉余. 生物的起源、辐射与多样性演变：华夏化石记录的启示. 北京：科学出版社：41-57.

钱逸，1999. 中国小壳化石分类学与生物地层学 [M]. 北京：科学出版社.

张文堂，侯先光，1985. *Naraoia* 在亚洲大陆的发现 [J]. 古生物学报，26(2)：591-595.

朱茂炎，2009. 寒武纪大爆发 [M]// 沙金庚. 世纪飞跃：辉煌的中国古生物学. 北京：科学出版社：212-219.

Brasier M D, 1979. The Cambrian radiation event [M]//House M R. The Origin of Major Invertebrate Groups. New York: Academic Press: 103-159.

Briggs D E G, Erwin D H, Collier F J, 1994. The Fossils of the Burgess Shale [M]. Washington: Smithsonian Institution Press.

Callow R H T, Brasier M D, 2009. Remarkable preservation of microbial mats in Neoproterozoic siliciclastic settings: implications for Ediacaran taphonomic models [J]. Earth-Science Reviews, 96: 207-219.

Cloud P E, 1948. Some problems and patterns of evolution exemplified by fossil invertebrates [J]. Evolution, 2: 322-335.

Erwin D H, Valentine J W, 2013. The Cambrian Explosion: The Construction of Animal Biodiversity [M]. Greenwood Village: Roberts and Company Publishers.

Gould S J, 1989. Wonderful Life: The Burgess Shale and the Nature of History [M]. New York: Norton.

Hou X G, Bergström J, Aldridge R J, et al., 2004. The Cambrian Fossils of Chengjiang, China: The Flowering of Early Animal Life [M]. Oxford: Blackwell Publishers.

Shu D G, 2015. Ancestors From The Cambrian Explosion [M]. Xi'an: Northwest University Press.

Smith M P, Harper D A, 2013. Causes of the Cambrian explosion [J]. Science, 341: 1355-1356.

第七章

早古生代海洋生物演化

距今4亿－5亿年间，
地球海洋生态系统发生过两次重大演化事件：
奥陶纪生物大辐射和奥陶纪末生物大灭绝
二者均受控于当时的系列重大地质事件，
并与许多重要矿产资源的形成与储藏密切相关。

地球海洋生态系统自寒武纪生命大爆发之后,经过了数千万年的相对平稳的发展期。5亿年以来,在生物演化规律和当时环境背景演变的双重影响下,寒武纪演化动物群逐渐走向衰退,取代它的是古生代演化动物群。在整个早古生代1亿多年的时间里,古生代演化动物群经历了发生、发展和壮大的过程,其间,有代表性的重大生物事件包括奥陶纪生物大辐射和奥陶纪末大灭绝及其后的残存、复苏与再辐射。本章就重点解析这两次重大事件的来龙去脉。

第一节　奥陶纪生物大辐射

距今4.88亿—4.44亿年这段时间在地质学上被称作“奥陶纪”,在这4千多万年的时间里,地球海洋生态系统也就是当时的地球生命系统发生过一次大发展事件,即“奥陶纪生物大辐射”。

一、大辐射的基本特征

图7-1显示的是由著名的美国进化生物学家 Jack Sepkoski 提出的显生宙[①]海洋生物科[②]级分类单元多样性变化曲线。

Jack Sepkoski 教授在20世纪70年代末、80年代初把全世界已经发表的各个主要海洋生物类群的科一级分类单元按照地质时代进行统计,绘制了这样一张多样性曲线图(图7-1A),在这个基础上,他还进一步将显生宙以来的海洋动物群识别为寒武纪演化动物群、古生代演化动物群和现代演化动物群。从图7-1A的左侧,我们可以看出,在寒武纪和奥陶纪分别有一次多样性快速增加事件,奥陶纪的这一次就是奥陶纪生物大辐射。

① 传统观点认为,在约5.42亿年前,地球上还没有我们人类肉眼能够看得见的确切可靠的生命存在,因此叫“隐生宙”,从5.42亿年前一直到现在,地球上都存在宏观的生命,而且越来越多样、越来越复杂,因此叫“显生宙”。
② 科,这是生物分类的一个术语,我们知道“种”是生物分类最基本的单元,在种之上是“属”,属之上是“科”,“科”之上依次是“超科”“目”“纲”“门”等。

所谓奥陶纪生物大辐射,就是发生在奥陶纪,特别是早、中奥陶世的海洋生物多样性的快速增加事件。大辐射构建了古生代演化动物群的基本框架,而且,在海洋生态系统中实现了对以三叶虫和磷质壳腕足动物为主的寒武纪演化动物群的全面替代。奥陶纪生物大辐射事件之后,以三叶虫为主的节肢动物在海洋生态系统中的霸主地位不复存在,代之以滤食生物为主的一个全新的生态系统。

与著名的寒武纪生命大爆发相比,奥陶纪生物大辐射的特点表现在这样几个方面(图7-2)。首先,奥陶纪生物大辐射主要体现在较低级别的分类单元中(如科、属、种),分类级别越低,辐射表现得越是强烈;而寒武纪生命大爆发则主要体现为

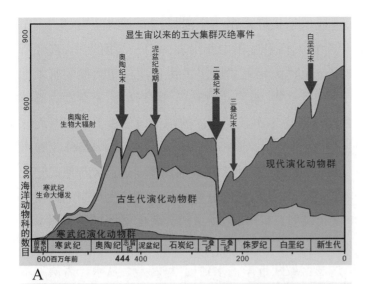

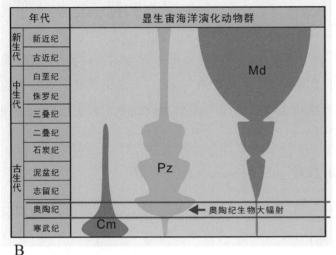

图7-1 A.显生宙以来海洋动物科级分类单元多样性曲线及据此识别的三大海洋演化动物群（据 Sepkoski, 1978, 1981）；B.显生宙三大海洋演化动物群多样性变化示意图,示奥陶纪生物大辐射及其与三大演化动物群的关系。

寒武纪生命大爆发		奥陶纪生物大辐射
门、纲级别的生物类群	分类单元级别	目、科、属等级别的类群
寒武纪演化动物群	构成	古生代演化动物群
从无到有生物形体构型	规模	多样性剧增（科一级4倍多）
浅水、底栖和内栖生态为主	生态	生态分层和群落复杂性提高

图7-2 寒武纪生命大爆发和奥陶纪生物大辐射的主要区别。

门、纲一级的生物集中爆发,造成的结果经常是一个门只有一个纲、一个目、一个科、一个属和一个种。奥陶纪生物大辐射过程中新出现的门一级的生物,迄今所知,只有苔藓动物。其次,奥陶纪生物大辐射构成了古生代演化动物群的基本框架,古生代演化动物群以钙质壳腕足动物、半索动物笔石、棘皮动物、苔藓动物等滤食生物为主,从奥陶纪开始在地球海洋生态系统中占据统治地位达2.9亿年;而寒武纪生命大爆发造就了寒武纪演化动物群,它在地球海洋生态系统中持续了整个寒武纪将近6千万年的时间。第三,奥陶纪生物大辐射的规模要远远大于寒武纪生命大爆发,大辐射之后,海洋生态系统中生物科级分类单元的数量比奥陶纪初期增长了4倍多。第四,奥陶纪生物大辐射过程中,生物量的大幅度增加导致生态空间的大大拓展,生态分层进一步加剧,群落的复杂性大大提高。可以这么说,奥陶纪生物大辐射之后,地球陆表海广泛区域从近岸浅水到远岸较深水,从水体表层到不同的水体深度再到海底表面甚至是海底软底质内部,到处都被不同生态类型的生物所占领,海洋中处处呈现出一派生机勃勃的景象!

打个比方形容一下奥陶纪生物大辐射及其对地球海洋生态系统的影响:如果将地球生命系统比作一棵树,即所谓的"生命之树",那么,寒武纪生命大爆发构建了这棵大树的主干,而奥陶纪生物大辐射通过一系列"添枝加叶"的工程使得这棵大树首次变得"枝繁叶茂"!

二、大辐射的研究现状

国际上关于奥陶纪生物大辐射的集中研究始于20世纪90年代后期,当时国际著名的奥陶系专家澳大利亚的 Barry Webby 教授牵头组织了一个国际地质对比计划项目410号,即 IGCP 410项目,目的就是在全球范围内有条件的地方开展奥陶纪生物多样化事件研究。这个项目从1997年开始,涉及全世界数十个国家的数百位科学家,经过5年的努力,取得了一系列阶段性成果,仅发表的单篇论文就有数百篇,由项目多位负责人组织编写的总结性的专著于2004年出版,按化石门类全面总结了奥陶纪生物大辐射期间这些重要生物类群的表现型式和所表现出来的规律。这个项目结束之后,国际地质科学联合会和联合国教科文组织又先后批准执行了另外两个相关项目,即 IGCP 503(2003—2009,2010)和 IGCP 591(2011—2016)项目,2016年又新批准启动了一个项目 IGCP 653,到2021年结束。

纵观最近20年,国际上对于奥陶纪生物大辐射的研究存在以下这样明显的特点:

(1)就大的趋势而言,在前10年,国际同行主要是在世界上许多有条件的地方深入研究大辐射的起始时限、表现型式和规律等,后来,慢慢转向探索大辐射的背景和控制机制,即试图弄清楚大辐射的来龙去脉!就所开展的研究和所取得的成果而言,国际同行的研究往往是将已经发表的成果进行简单的统计,而很少考虑所引用资料的可靠性,特别是在引用其他国家同行发表的成果时,几乎没有分类学的厘定作为基础。

(2)国际同行在进行资料汇总时,通常忽略掉来自中国的资料,有些国际同行甚至在论文中直接将中国标注为"未知地域",因为,在20世纪90年代特别是80年代以前,我国仅有的少量出版物多数是以中文发表的,不被西方学者所了解。

(3)国际同行多数是对大辐射的型式进行探讨,而很少针对某一个特定区域开展基于单一或多条剖面的实例研究,所探讨的大辐射的型式通常是以"期"甚至是以"世"为时间单位,一个"期"通常有6—8个百万年的时间跨度,一个"世"则有10—15个百万年的时限,较宽的时间跨度掩盖了许多重要的宏演化细节。

(4)因为缺少区域性的实例研究,国际同行还没有对不同生态类型的海洋生物的奥陶纪大辐射进行综合研究的实例。

中国学者对于奥陶纪生物大辐射有针对性的研究还是从参加国际地质对比计划项目 IGCP 410 开始的,一开始是参与并负责中国工作组的工作,后来就逐渐成为这类国际综合研究项目的联合负责人之一,共同组织和领导项目的实施。特别是最近10多年来,在国家自然科学基金委、国家科技部和中国科学院的大力支持下,国内相关专家在华南针对奥陶纪生物大辐射开展了一系列的实例研究,取得了多项原创性的新认识,为国际间深刻认识奥陶纪生物大辐射的实质做出了独特的贡献,华南也因此被国际同行公认为开展奥陶纪生物大辐射研究最理想的地区之一。

三、华南实例研究的创新性认识

那么,华南为什么会是研究奥陶纪生物大辐射最理想的地区之一呢?这与它在奥陶纪所处的特殊的古地理位置具有一定的联系。图7-3显示的是从奥陶纪早期到志留纪初期华南古板块的运移路线,从南半球中低纬度逐渐向北漂移到赤道附近,但始终在冈瓦纳古大陆边缘。放大来看华南古板块(图7-4A),当时一直存在一个台地-斜坡-盆地的古地理格局。特殊的大背景和台-坡-盆结构,造就了华南奥陶系特殊的岩相和生物相。具体是:① 多地奥陶纪的地层序列完整连续,出露好;② 不同的古地理背景(如台地、斜坡、盆地)发育有不同的岩相和生物相;③ 许多地方不同生态类型的海洋生物化石(如营漂浮生活的笔石、底栖游移生活的三叶虫、底栖固着生活的腕足动物等),常常在同一条剖面中共同产出或交互出现,这就为精确的地层划分与对比提供了可能;④ 华南的奥陶系具有近百年的研究历史,许多经典剖面已经积累了大量可供参考的地层古生物资料。

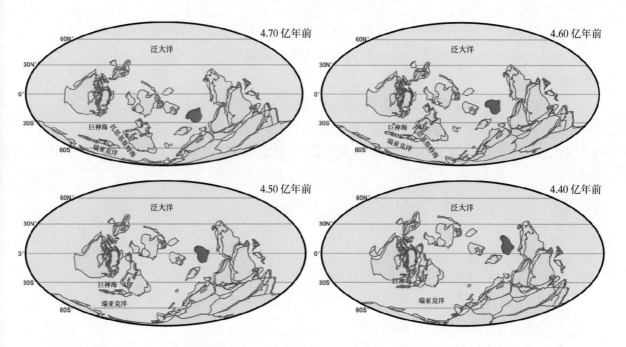

图7-3 从早奥陶世(4.7亿年前)到志留纪最早期(4.4亿年前)华南板块的古地理位置及其变迁(据Torsvik and Cocks, 2013)。

在这些积累的基础上,过去10多年时间里,中国学者针对奥陶纪生物大辐射这一科学问题在华南考察了近百条奥陶系剖面,并对其中的5条经典剖面进行了逐层观察和采集,覆盖上扬子地区的大部且包含了从近岸到远岸的不同古地理位置(图7-4B),高密度采集化石,采集可供沉积学、地球化学和微体古生物学研究的样品。为什么要进行高密度的化石和样品采集呢? 因为有关奥陶纪生物大辐射的奥秘就隐藏在这一层一层的岩石里面。

以贵州桐梓红花园的奥陶系剖面为例,近260 m厚的地层,总共进行了107个层位的详细采集,获得近万枚腕足动物化石,还有大量其他类群的化石,如笔石、三叶虫、双壳类、苔藓虫等。在高密度化石采集和精细室内研究的基础上,科学家们实现了对研究剖面的精确的生物地层划分,识别出一系列的笔石带,每一个笔石带大致相当于1—2个百万年的时限。在5条剖面都完成了这样的工作之后,再以笔石带为单位,把发现的化石资料汇总到一张图上。图7-5显示的是华南早、中奥陶世腕足动物分笔石带的多样性变化曲线,图中清楚地显示,华南奥陶纪腕足动物的大辐射从奥陶纪一开始就已经起步,而且分类单元越低辐射的强度越大,多样性在早奥陶世中后期约4.76亿年前达到第一次峰值,即大辐射的第一次高潮。这第一次高潮比国际同行总结全球腕足动物化石资料得出的全球趋势早了6—8个百万年的时间! 这是腕足动物的情况。

作为当时海洋生态系统中另一类代表类群的三叶虫,在华南的奥陶纪大辐射是怎么表现的呢？经过多年努力,科学家发现华南奥陶纪的三叶虫多样性演变在奥陶纪一开始还出现过短暂的下降,之后才逐渐增加,到约4.57亿年前的晚奥陶世早期达到多样性的首次峰值(图7-10),比腕足动物的第一次辐射高潮晚了将近2千万年的时间！

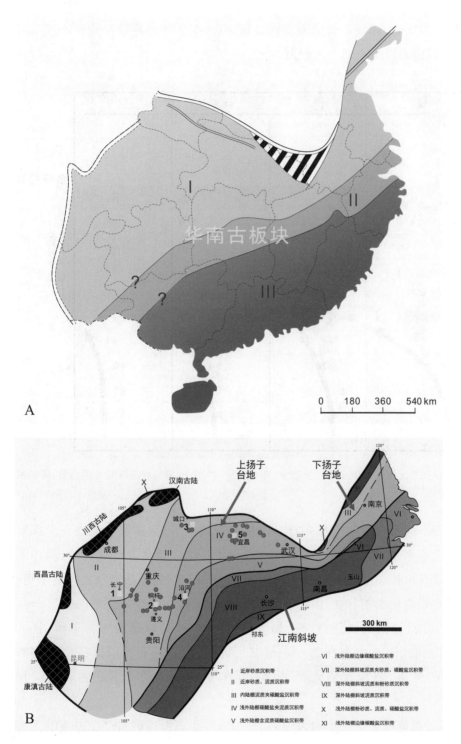

图7-4 A. 华南古板块的轮廓及其在奥陶纪早–中期之前所具有的台地(Ⅰ)、斜坡(Ⅱ)和盆地(Ⅲ)古地理背景。B. 华南早–中奥陶世从台地到斜坡的主要沉积相带及一些主要的奥陶系剖面点(红点显示)和5条经典剖面(黄色方块显示)的地理位置。

再看营漂浮生活的笔石动物的多样性演变,研究发现在扬子台地上和江南斜坡上其多样性演变以及丰富程度均存在很大差异。在台地上,整个奥陶纪,笔石动物的多样性基本上没有什么大的变化,只在早奥陶世出现过一次很小幅度的增加,具体时间与腕足动物的首次辐射高潮一致,但在斜坡上,笔石动物要丰富得多,而且第一次辐射高潮出现在约4.65亿年前的中奥陶世后期,这与腕足动物的全球趋势基本一致。因此,不同生态类型的海洋生物,同一类型的海洋生物处在不同的古地理背景下,都会表现出不同的大辐射型式。

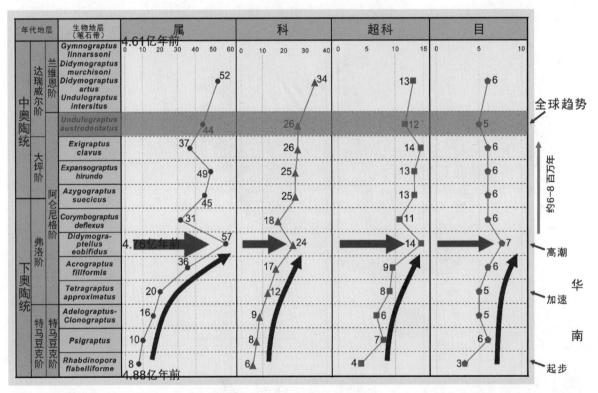

图7-5 华南奥陶纪腕足动物分类单元多样性演变曲线。图中"年代地层"的第一、第二栏是国际通用划分,第三栏是英国传统划分。

在研究了不同海洋生物简单多样性的演变规律之后,科学家们还进一步探索了当时海洋生态系统中群落结构的变化和群落类型的多样化。也就是说,海洋中主要类群的数量和种类是大大增加了,但它们的生态空间是不是也随之拓展了呢?生态类型是不是也更加多样化了呢?为了探索这些问题,科学家们还采用了一些定量分析的方法,包括主成分分析法和簇分析法等,就是以笔石带为单位(1-2个百万年的时间间隔),考察在每一个笔石带的时限内,是否可以区分出这些海洋生物不同的群落,就像我们人类早期在不同的区域生活着不同的部落这种情形。

分析显示,在华南奥陶纪生物大辐射期间,海洋生态群落确实存在占领的生态空间越来越大、群落结构越来越复杂的趋势。在简单多样性达到第一次峰值的时候,群落生态的演化并没有达到最广的生态领域,而是先在正常浅海底域出现生物数量和种类的爆发式增加,之后逐渐向近岸浅水和远岸较深水两个方向拓展其生态空间,一直到约4.72亿年前的中奥陶世才达到最广的范围。也就是说,群落生态多样性的演变这时才达到第一次峰值,比简单多样性的演变晚了约4百万年(图7-6)。这是腕足动物的情况。

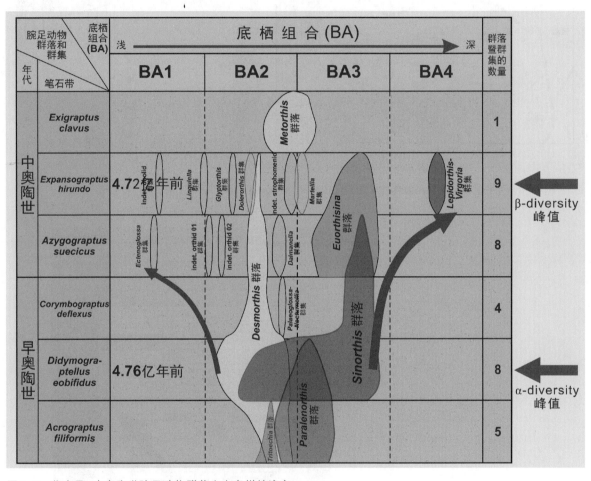

图7-6　华南早-中奥陶世腕足动物群落生态多样性演变。

笔石动物是海洋中营漂浮生活的一类无脊椎动物。研究表明,华南笔石动物的奥陶纪大辐射首先发生在较深水的江南斜坡地区,之后,一边向台地上拓展生态空间,一边迅速增加其数量和种类,直到约4.65亿年前的中奥陶世后期在华南广泛分布,并进一步扩散到世界各地。这就是由我国起源的、在全世界广泛分布的双笔石动物群,也是这个时间段全球对比的标准(图7-7)。

图7-8显示的是显生宙以来三大海洋演化动物群的生态演化模式,当时发表在美国《科学》杂志上,曾引起轰动并被世界多数国家的科学家所接受。其主要观

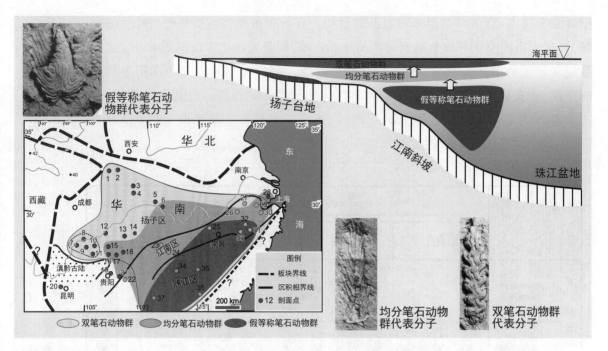

图7-7 华南奥陶纪笔石动物辐射演化的生物古地理过程(据 Zhang and Chen,2007)。

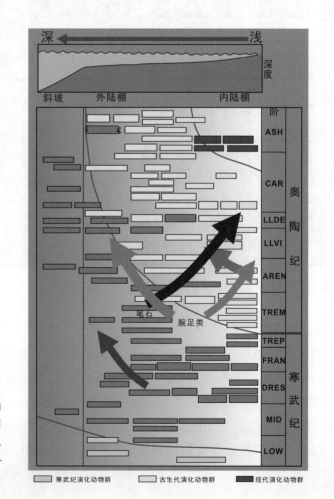

图7-8 显生宙海洋演化动物群的
生态演化模式(红色箭头),以及华南
腕足动物(粉色箭头)和笔石(深蓝色
箭头)的群落生态演变(改自 Jablons-
ki et al., 1983)。

点是:显生宙以来的三大海洋演化动物群都首先出现在近岸浅水地区,然后才逐渐向远岸较深水方向拓展生态空间,并获得更大的发展。但是,华南的实例研究证实,西方学者提出的这个权威假说并不是故事的全部,腕足动物在正常浅海地区出现第一次辐射高潮之后向更近岸浅水和更远岸较深水两个方向拓展生态领域,而笔石则是首先出现在较深水的斜坡上,然后向较浅水的台地拓展空间。因此,客观地说,华南的高精度的实例研究为国际权威假说提供了重要补充!

在这些工作的基础上,中国学者还根据国际惯例将整个奥陶纪4千多万年划分为大致等时的17个时间单元,然后逐一考察每一个时间单元里海洋生物在华南的发育情况,再进行定量分析(如簇分析和主成分分析),结果发现,在华南奥陶纪,各主要海洋无脊椎动物的宏演化实际上表现为不同动物群之间的转换,而且,更有趣的是,就腕足动物而言,奥陶纪大辐射的每一次高潮都是由一个区域性特点非常强的动物群的繁盛表现出来的。比如,第一次高潮是由中华正形贝动物群(*Sinorthis* Fauna)在正常浅海底域的繁盛表现出来的,第二次和第三次辐射高潮分别表现为华美正形贝动物群(*Saucrorthis* Fauna)和阿尔泰窗贝动物群(*Altaethyrella* Fauna)在一定区域内的繁盛。这3次高潮发生在华南不同地质历史时期,分别是早奥陶世中期、中奥陶世后期以及晚奥陶世中期,距今分别是4.76亿年、4.58亿年和4.48

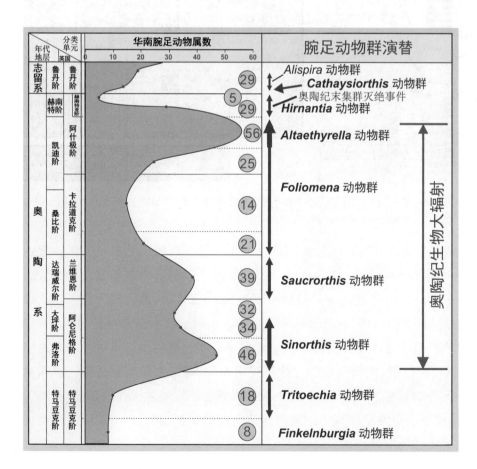

图7-9 华南奥陶纪腕足动物分类单元多样性演变暨动物群演替(据Zhan et al., 2006)。

亿年,在一定区域范围内繁盛的底栖壳相动物群(图7-9)。同样的分析方法用于华南奥陶纪的三叶虫研究,结果同样显示华南奥陶纪三叶虫的辐射演化表现为不同动物群之间的演替,总体而言,表现为 Ibex 动物群逐渐衰退,Whiterock 动物群逐步繁盛并最终全面取代 Ibex 动物群(图7-10)。Ibex 动物群是寒武纪演化动物群在奥陶纪的残余,而 Whiterock 动物群则是古生代演化动物群在奥陶纪的代表。而从古生态演变的角度看,三叶虫在华南的辐射主要得益于较深水底域的爆发式发展(图7-10)。

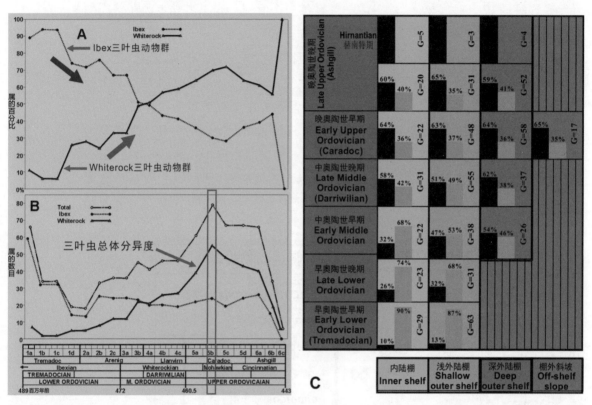

图7-10 华南奥陶纪三叶虫分类单元多样性(A,B)和古生态(C)演变及动物群演替(据周志毅等,2006)。图C中灰色方块表示 Ibex 动物群,黑色方块表示 Whiterock 动物群。

总之,华南的实例分析对国际奥陶纪生物大辐射研究做出的主要创新性贡献可以归纳为这样4个方面:① 将多样性分析精确到了以笔石带为单位,也就是说,从过去的8—10个百万年甚至更长精确到了1—2个百万年,因而使人们可以认识更多重要的宏演化细节;② 华南的奥陶纪生物大辐射要比国际总体趋势早8—10个百万年的时限;③ 分类单元多样性的演变要明显早于群落生态多样性的辐射演化,从生态演变角度看,大辐射首先发生在正常浅海地区,之后向更近岸浅水和更远岸较深水两个方向拓展生态领域,这一新认识为国际权威假说提供了重要补充;④ 辐射演化在整个奥陶纪表现为不同动物群之间的演替,而且每一次辐射高潮均由区域性很强的动物群繁盛表现出来。

四、大辐射的背景机制

关于奥陶纪生物大辐射的背景和控制机制,从2003年启动的IGCP 503项目开始,国际同行就开始关注,至今依然众说纷纭,莫衷一是。

第一种观点认为,奥陶纪生物大辐射与宇宙中的流星集中爆发有关,因为,相关科学家在世界多地发现奥陶系剖面中生物多样性出现峰值的层位与球粒陨石大量产出的层位基本相当。可惜的是,提出这种观点的科学家并没有解释流星爆发为什么会导致地球上生物多样性的快速增加。最近,以A. Lindskog为首的瑞典、丹麦等国的学者通过深入研究相同剖面中球粒陨石层位中的锆石同位素年龄,发现主要海洋生物类群多样性升高的层位至少要比球粒陨石集中爆发的层位早2百万年,他们认为奥陶纪大辐射期间生物多样性增加与球粒陨石爆发之间没有联系。

第二种观点认为,奥陶纪在一开始的时候年平均气温达到42℃之高,之后就逐渐变凉,降到28℃后保持了较长时间的相对稳定,一直到奥陶纪末才进一步降低直至冰期的出现。在最初达到28℃的层位正好对应了生物多样性相对较高的层位,因此,相关专家提出奥陶纪生物大辐射与全球变凉变冷事件有关。这一观点于2008年在美国《科学》杂志上首次发表之后立即引起轰动,世界多地的相关科学家纷纷利用各自国家的材料开展了类似研究。当初,澳大利亚的科学家提出这个观点时,采用了来自两大块体(澳大利亚和加拿大)8个不同地点的18个样品。最近,中国学者在进行相关的验证研究时,采用了华南一个板块同一条奥陶系剖面的近60个样品进行分析测试(研究精度大为提高),结果发现,奥陶纪的变凉事件并不是持续恒定的,中间经历过多次变暖的过程,每一次多样性峰值的出现恰恰与气候相对较暖的时期相对应。

第三种观点认为,奥陶纪生物大辐射与全球大规模的海侵有关,因为,沉积学、层序地层学的研究均显示,多样性出现峰值的层位正好都对应了水体较深的高水位体系域。这种推论,也得到了华南多个化石类群群落古生态分析的支持,比如,笔石、腕足类、三叶虫、苔藓动物、棘皮动物、微体浮游植物疑源类等,它们的大发展都出现在海平面相对较高的环境背景下。

第四种观点认为,奥陶纪生物大辐射与区域性甚至全球性的大规模火山喷发有关,因为,科学家在全世界多个地点发现,生物多样性较高的层位,经常会伴有较多的火山灰沉积,即斑脱岩层。但是,也有不少科学家提出了反对意见,他们认为,奥陶纪并不存在全球性的大规模火山喷发事件,而区域性的火山喷发不足以使整个地球的表面环境发生变化,更谈不上导致全球性的生物多样性快速增加事件。

在过去大约10年时间里,中国学者在华南开展了一些针对性的研究,除了进行地层古生物研究之外,还结合沉积学和地球化学进行综合分析。研究结果显示,华南奥陶纪生物大辐射的多样性峰值通常对应一定程度的碳同位素正漂移,对应了较高的海平面环境背景;另外,从奥陶系底部开始,一直到大辐射第一次高潮出现,在华南扬子区发生了一系列的地球生物学过程,比如,后生动物介壳层取代了鲕粒灰岩层,后生动物造礁取代了先前的微生物造礁,后生动物扰动构造取代了地层中的扁平砾屑灰岩,再就是以腕足动物为主的介壳层取代了以三叶虫为主的介壳层,等等(图7-11)。

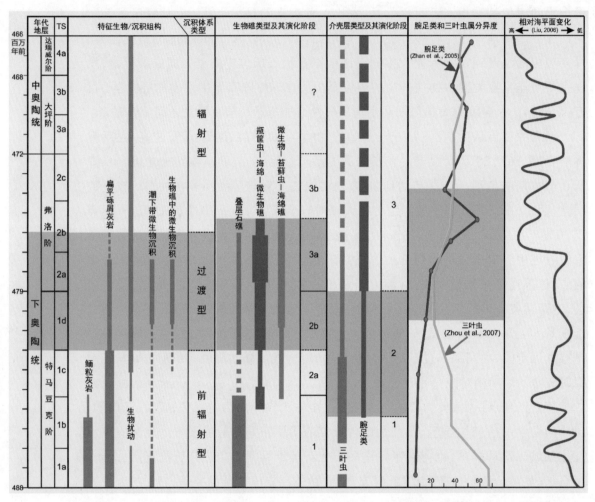

图7-11　华南奥陶纪早期在生物多样性演变出现第一次高潮之前发生的系列地球生物学过程。TS即时间段(time slices)

以上就是关于奥陶纪生物大辐射的全部内容,简单归纳一下,有这样4点需要强调:首先,奥陶纪生物大辐射发生在距今4.88亿—4.44亿年的奥陶纪,持续了数千万年的时间,其间出现过多次多样性峰值,即大辐射的高潮;其次,大辐射不仅表现为生物个体数量和分类单元数量的大幅度增加,而且表现为群落结构的高度复杂化和生态领域的极大拓展,分类单元多样性的演变要明显早于群落生态多样性的演变;第三,差异演化是奥陶纪生物大辐射的基本特征之一,这不仅表现在不同生物类群之间,还表现在不同板块之间,或者是同一板块不同古地理背景之下;第四,大辐射的发生并不伴有环境的突然变化,更没有灾难变化,而是同时受控于生物自身的演变规律和多种环境因素的逐渐变化,比如区域地质构造运动、海平面变化、古气候变化,等等。

第二节　奥陶纪末的大灭绝

在距今4.46亿—4.44亿年间(将近2百万年),地球海洋生态系统发生了自形成以来第一次大规模的集群灭绝事件,这是古生代海洋演化动物群起源与早期演化过程中的重要一环和一个关键节点。大灭绝既具有全球共性,也具有非常显著的"地方特色",是生物与环境共演化的一个典型例证。

一、大灭绝的基本特征

Jack Sepkoski 教授在20世纪70年代末、80年代初描绘出显生宙以来海洋生物科级生物多样性变化曲线时,不仅提出了三大海洋演化动物群的概念(即寒武纪海洋演化动物群、古生代海洋演化动物群和现代海洋演化动物群),还根据多样性的变化首次比较粗轮廓地识别出了显生宙以来地球生命系统发生过的5次大规模集群灭绝事件,即所谓的"Big Five"。在这5次大灭绝事件中,发生在4.46亿年前的

奥陶纪末大灭绝是这5次大灭绝中最早的一次,也是地球生命系统自形成以来遭受的第一次大规模集群灭绝事件,是古生代海洋演化动物群自形成且还在早期演化阶段的一次重大挫折(图7-1)。正是因为这样的特殊性,对奥陶纪末大灭绝的探究在国际同行间具有较高的关注度,研究历史也比较长。经过数十年的努力,科学家发现,奥陶纪末的大灭绝造成了海洋生态系统中超过60%的属级分类单元消亡,有超过80%的种级分类单元灭绝,灭绝量在5次大灭绝事件中位列第二(图7-12)!但是,

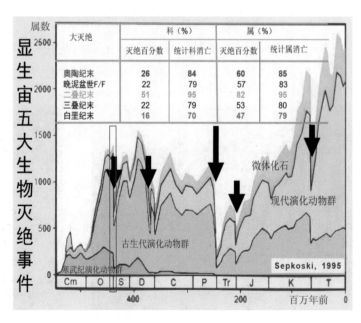

图7-12　显生宙五大集群灭绝事件(黑色箭头所示)中科和属灭绝量统计(黄冰提供)。

大灭绝在不同主要海洋生物类群中的具体表现型式以及大灭绝的诱发和主控因素等关键科学问题,在比较长的一段时间里一直是一个谜。不仅如此,最近5年,部分西方学者通过古生态学研究,提出奥陶纪末大灭绝期间生态系统所遭受的打击在5次大灭绝事件中是最轻的,有些学者甚至认为应该将奥陶纪末大灭绝从"五大灭绝"中剔除,这就使得奥陶纪末大灭绝这个谜成为了谜中之谜!

二、华南实例研究的特殊贡献

面对这样的形势,中国学者又一次在国际学术界担当了特殊角色:为奥陶纪末大灭绝正名,为深刻揭示这次大灭绝事件的实质及其来龙去脉做出了特殊贡献!这主要是缘于两个方面的原因:① 中国,特别是华南,发育有大量完整、连续且化石丰富的奥陶系–志留系界线剖面,这是先决条件;② 中国有一批乐于奉献的地层古生物学家,有针对性地开展奥陶纪末大灭绝研究数十年。那么,为什么华南会广泛发育奥陶系–志留系界线地层呢?这主要与华南在当时所处的特殊古地理位置有关。在晚奥陶世,华南板块处在南半球较低纬度甚至接近赤道的位置上,并逐渐向北漂移,到了志留纪初期,华南已经跨越赤道,处于北半球较低纬度的位置,但仍然位于冈瓦纳超级大陆的边缘附近(图7-3)。受频繁、剧烈的区域地质构造活动以及火山活动的影响,在奥陶系–志留系界线地层中还发育有十几层甚至是数十层火山凝灰岩的沉积,即斑脱岩层(图7-13),这为科学家开展精确的地质年代学研究并进行高精度区域乃至洲际地层对比提供了可能。在过去半个多世纪的时间里,以中国科学院南京地质古生物研究所的科学家为主的中国学者在华南针对奥陶纪末大灭绝这一主题开展了一系列深入细致的实例研究,详细测量了40余条奥陶系–志留系界线剖面,获取了各主要门类化石标本数万枚以及大量沉积学和地球化学、地质年代学样品。在室内精深的系统古生物学研究的基础上,首次实现了奥陶系–

图7-13 A. 湖北宜昌分乡界岭奥陶系–志留系界线剖面;B. A图虚线框的放大,显示五峰组笔石页岩与多层厚度不等的斑脱岩层互层。

志留系界线附近地层高精度的生物地层划分,所测得的绝对年龄也已精确到了十万年级甚至是万年级,从地层的发育情况以及生物地层、岩石地层、年代地层、化学地层等综合研究看,中国学者对于奥陶纪末大灭绝的研究所达到的深度(特别是精度)在国际上绝无仅有!在华南40余条连续完整的奥陶系–志留系界线剖面精深的系统古生物学研究和精细的生物地层学划分的基础上,利用定量地层学方法,得到华南各主要化石类群奥陶系–志留系界线附近的复合标准序列,在这个序列中,各主要生物类群都清楚地显示:奥陶纪末大灭绝表现为两幕式特征,而且,发生在4.46亿年前后的第一幕为主幕(如笔石,图7-14)。

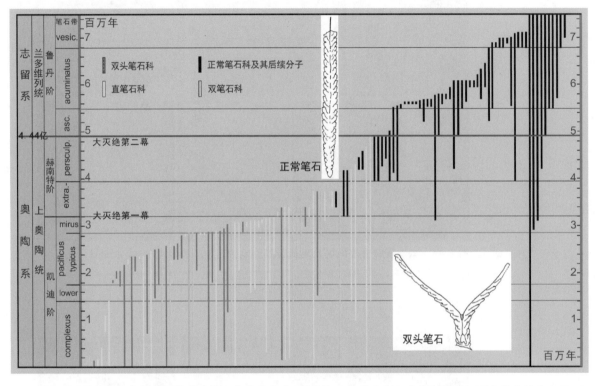

图7-14 华南奥陶系–志留系界线附近笔石复合标准序列(综合了40余条剖面的详细资料),图中将穿越奥陶系–志留系界线的若干笔石种的地层延限精确到了10万年级,可清楚地识别出奥陶纪晚期两幕式灭绝。

下面,以浙西和赣东北为例,深入剖析奥陶纪晚期到志留纪初华南的海陆变迁以及与之相对应的地层和动物群发育情况及其演变。在约4.48亿年前后,浙西、赣东存在一个比较狭小的台–坡–盆古地理格局,即浙赣台地、浙西斜坡和浙皖盆地。浙皖盆地是一个典型的内陆盆地,即华南板块内部的一个沉积盆地。在这些不同的古地理背景下沉积的地层分别是下镇组、长坞组和于潜组,在台地边缘还发育有点状分布的生物礁沉积——三衢山组。在浙赣台地上广泛发育了一个典型的正常浅海底栖壳相动物群,即阿尔泰窗贝腕足动物群(图7-15),与此同时,在较深水的浙西斜坡上则发育了一个个体普遍很小、数量不怎么丰富的叶月贝腕足动物群

（图7-16），这是该动物群在世界范围内已知最高的层位之一。过了大约1百万年时间，即晚奥陶世凯迪末期，研究区的古地理格局发生了变化，在华夏地块的快速抬升、扩大以及全球冰川事件逐渐达到高潮而造成海平面大幅度下降的双重影响下，原先较深水的浙西斜坡已不复存在，发育了巨厚的较浅水的碎屑岩沉积，即长坞组上部。在这个巨厚的碎屑岩地层中，个别层位产有非常丰富的以腕足动物为主的底栖壳相动物群，反映的是较浅水底域环境。这说明沉积速率曾经出现过非

图7-15　华南浙赣交界地区晚奥陶世凯迪晚期阿尔泰窗贝动物群（*Altaethyrella* Fauna）的代表分子。A. *Antizygospira liquanensis*；B. *Altaethyrella zhejiangensis*；C. *Plectorthis tanshiensis*；D. *Mimella zhejiangensis*；E. *Sowerbyella sinensis*；F. *Strophomena* sp.。比例尺为4 mm（标明者除外）。

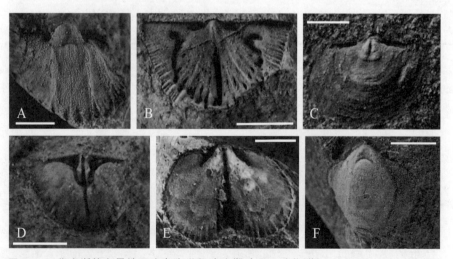

图7-16　华南浙赣交界地区晚奥陶世凯迪晚期叶月贝动物群（*Foliomena* Fauna）的代表分子。A. *Dedzetina* sp.；B. *Kassinella shiyangensis*；C. *Foliomena folium*；D. *Skenidioides* sp.；E. *Epitomyonia jiangshanensis*；F. *Cyclospira* sp.。比例尺为1 mm。

常短暂的减缓,因而,底栖生物群落能够得以繁衍并被保存下来,但只在极个别地点才出现。再过1百万年时间,即距今4.46亿—4.45亿年间(晚奥陶世赫南特早、中期),研究区的古地理格局再次变化,华夏古陆已经拓展到研究区的一部分,海域在研究区的范围进一步缩小,因为充足的陆源供应,接受沉积的地点还是沉积了较厚的以碎屑岩为主的地层(文昌组下部),地层中几乎不产任何化石。但是,就在这个时间段,华南扬子区的大范围内发育了一套厚度在几厘米到几米的壳相地层(以观音桥组为代表),岩性在不同地点从碎屑岩到碳酸盐岩都有,化石以非常丰富的腕足动物为主,伴有三叶虫、苔藓动物、海百合茎、介形虫等,腕足动物就是著名的赫南特贝动物群(图7-17)。经过国内专家数十年的潜心研究,已经证实,华南的赫南特贝动物群是国际上发育最好、地质延限最长、最丰富、多样性最高、群落分化最强烈、研究程度最高的。最近几年,根据学科交叉研究,还发现赫南特贝动物群最发育(多样性最高)的层位正好对应了海平面最低、地层中碳同位素正漂达到最大的层位。

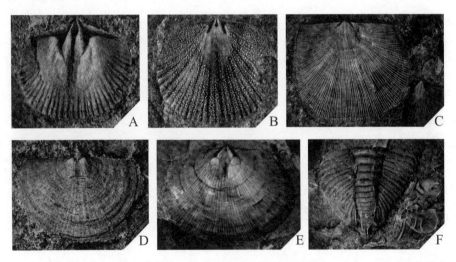

图7-17　湖北宜昌王家湾晚奥陶世赫南特期赫南特贝动物群(*Hirnantia* Fauna)的代表分子。A. *Kinnella kielanae*,宽3.82 mm;B. *Dalmanella testudinaria*,宽6.24 mm;C. *Eostropheodonta parvicostellata*,宽25.83 mm;D. *Paromalomena polonica*,宽6.30 mm;E. *Hirnantia sagittifera*,宽23.10 mm;F. *Dalmanitina* (*Songxites*) sp.,宽8.51 mm。

在距今4.45亿—4.44亿年这个1百万年的时间里,也就是奥陶纪最后一个百万年里,因为华夏古陆的进一步扩大,浙西、赣东的海域范围继续缩小,华夏古陆与原先的"怀玉山地"在局部已经连成一片,只有很小范围还存在海相沉积,且多以浅水环境为主。但是,在杭州余杭附近的奥陶纪末期地层中专家们发现了一个以腕足动物为主,化石个体普遍很小(绝大多数在3—5 mm之间),属种多样性中等的底栖壳相动物组合,称之为 *Leangella-Dalmanitina* 群集(图7-18),经过综合群落古生态分析,认为这是一个较深水底域的底栖动物群代表。这一动物群的发现,至少可以说明:① 浙西、赣东在奥陶纪末期存在从浅斜坡向深斜坡过渡的底域环境;② 奥陶纪末的赫南特贝动物群与志留纪最早期的壳相动物群之间存在重要连环;③ 较深水底域很可能是奥陶纪末大灭绝事件第二幕之后生物幸存的一个避难所。这一论断还需要更多的实例研究加以佐证,目前,研究工作仍在继续。

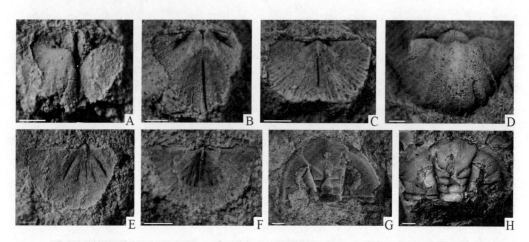

图7-18 杭州余杭奥陶纪末 *Leangella-Dalmanitina* 群集的代表分子。A. *Skenidioides* sp.; B. *Epitomyonia* sp.; C. *Aegiromena planissima*; D. *Leangella* cf. *scissa*; E. *Anisopleurella* sp.; F. *Eoplectodonta* sp.; G, H. *Dalmanitina* (*Songxites*) cf. *wuningensis*。比例尺为0.5 mm。

时间继续推进,到了志留纪最早期的4.44亿-4.43亿年前,浙赣交界地区的局限海域继续缩小,海水大范围变浅,与全球海平面上升形成相反的趋势,但是由于区域地质构造运动的进一步挤压,研究区局部地区或地点快速下沉,海水加深。在区域和全球两种因素的共同作用下,研究区多个地点发育了分异度和丰度都异常高的底栖壳相动物群,即华夏正形贝动物群(图7-19)。这一动物群以腕足动物为主,伴有较多的介形虫、棘皮动物海百合、双壳类、笔石、三叶虫、珊瑚等,化石个体从1-2 mm到大于20 mm的都有,多数物种的个体大小曲线呈现正态分布,说明这是一个正常保存的底栖壳相动物群,其分异度已经接近大灭绝第一幕发生之前的水平。

纵观浙赣交界地区在奥陶纪-志留纪过渡期不到5百万年的时间里,在区域地质构造运动和全球气候变化双重影响下,发生了一系列岩相与生物相、海洋动物群与区域性底域环境之间的共演化的事件。从沉积速率看,在大灭绝发生之前,研究区相当稳定,在超过1千万年的时间里沉积的地层厚度(砚瓦山组)大致在50-60 m,但在大灭绝期间及之后不到2百万年的时间内,形成的地层厚度超过2 000 m(图7-20),环境的快速且巨大的波动伴随有海洋底栖动物群的频繁更替。就底栖壳相动物而言,大灭绝第一幕之前的阿尔泰窗贝动物群(较浅水域)和叶月贝动物群(较深水底域)被赫南特贝动物群替代,后者又在一个非常短暂的时间内被一个较深水底域繁衍的 *Leangella-Dalmanitina* 群集所替代。之后,这一地区

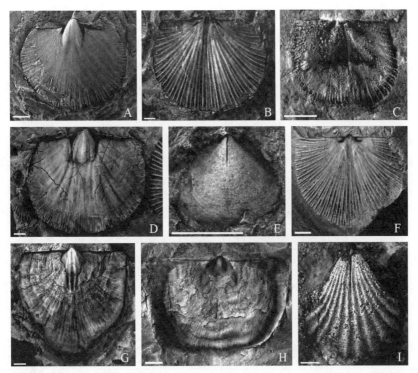

图 7-19 浙西、赣东北志留纪兰多维列世鲁丹早期华夏正形贝动物群
（*Cathaysiorthis* Fauna）的代表分子。A. *Levenea qianbeiensis*；B. *Cathaysiorthis yushanensis*；C. *Epitomyonia* cf. *amplissima*；D. *Glyptorthis wenchangensis*；E. *Brevilamnulella thebesiensis*；F. *Coolinia* cf. *dalmani*；G. *Katastrophomena scotica*；H. *Leptaena rugosa*；I. *Rostricellula* sp。比例尺为 2 mm。

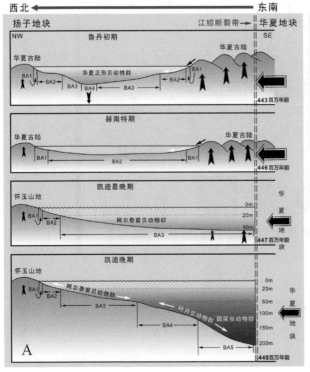

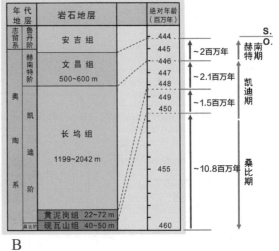

图 7-20 华南板块浙西、赣东北在奥陶纪-志留纪过渡期的古地理变迁（A）及与之相协调的岩相变化（B）。

的海洋底栖生物迅速复苏,形成了分布相对广泛的华夏正形贝动物群(图7-21)。这是一个典型的区域性动物群,目前已知产出在华南古板块的东南部(浙赣交界地区)、扬子台地的北缘(河南淅川地区)和上扬子台地南缘(贵州湄潭地区)。从宏观的角度看,奥陶纪–志留纪交界期的动物多样性演变表现为不同海洋底栖动物群随环境的高频波动而发生的整体演替。而研究区的正常浅海底域,虽然范围一直在变化,但其中的生态系统在多数情况下保持着生机勃勃的景象,除了奥陶纪最末期(当时只在极个别的较深水底域才发育了很局限的且较贫乏的壳相动物群集)。从分类单元的数量看,确实存在较大幅度的突然变化,特别是较低级别的分类单元(如科、属和种),表现更加强烈。另外,统计还显示,在奥陶纪末大灭绝的前后,底栖壳相动物群的分类单元多样性还表现为非常明显的镜像效应。必须指出的是,大灭绝之后的残存、复苏直至再辐射,虽然多样性基本恢复到了大灭绝之前的水平,但绝不是简单的重复,其具体的分类组成以及群落结构等均发生了本质的变化。

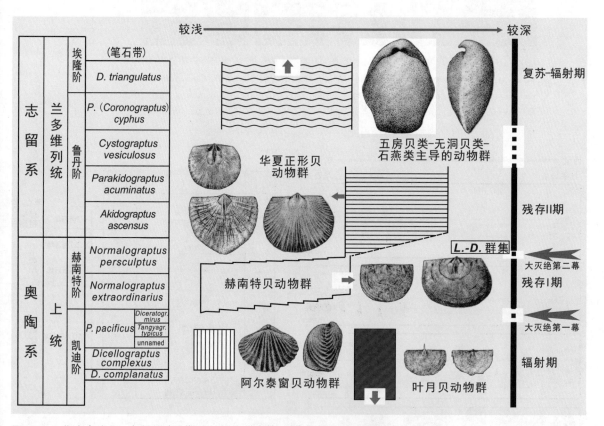

图7-21 华南奥陶纪–志留纪过渡期腕足动物群演替:对奥陶纪末大灭绝新的诠释。

华南数十条剖面的精细研究表明,营漂浮生活的笔石动物在奥陶纪末大灭绝前后也表现出类似的宏演化型式,即两幕式灭绝及其后的残存与复苏也表现为不同动物群之间的演替:大灭绝前双笔石–双头笔石–直笔石动物群在华南板块广大区域极度繁盛,第一幕灭绝之后就被正常笔石动物群替代(图7-14,图7-22);而进入志留纪后,后者又迅速被单笔石动物群全面替代,单笔石动物群是古生代笔石动物群在志留纪的代表。同样的,营底栖游移生活的节肢动物三叶虫在奥陶纪末大灭绝前后的表现型式也是由动物群之间的演替体现出的第一幕和第二幕,具体就是:大灭绝之前南京三瘤虫动物群(*Nankinolithus* Fauna)在整个华南特别是扬子台地区和江南斜坡区广泛发育,丰富且多样,大灭绝第一幕之后就被小达尔曼虫动物群(*Dalmanitina* Fauna)取代,该动物群与赫南特贝腕足动物群生活在同一海洋底域环境中,在局部地区甚至相当丰富且在数量上超过共生的腕足动物。尽管如此,随着环境的快速变迁,它还是被分异度稍高、个体更加丰富的小牛场虫动物群(*Niuchangella* Fauna)替代了,后者是存在于华南贵州北部在奥陶纪末大灭绝之后残存期较浅水底域典型的三叶虫动物群。上述3种不同生态类型的海洋生物的多样性演变清晰地表明:① 奥陶纪末的大灭绝表现为明显的两幕式,且第一幕为主幕;② 大灭绝在各宏演化阶段表现为不同动物群之间的演替,正常浅海底域的生态系统从未遭受过任何重大打击,更不用说什么毁灭性打击了;③ 大灭绝前后多样性的变化表现为明显的镜像效应,但是,多样性水平的恢复绝不是简单的重复,动物群的性质发生了根本改变。

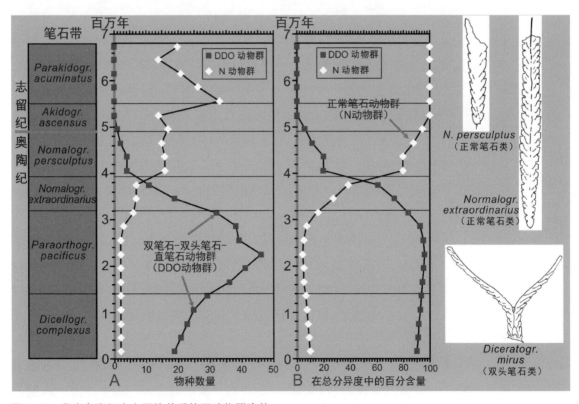

图7-22 华南奥陶纪末大灭绝前后笔石动物群演替。

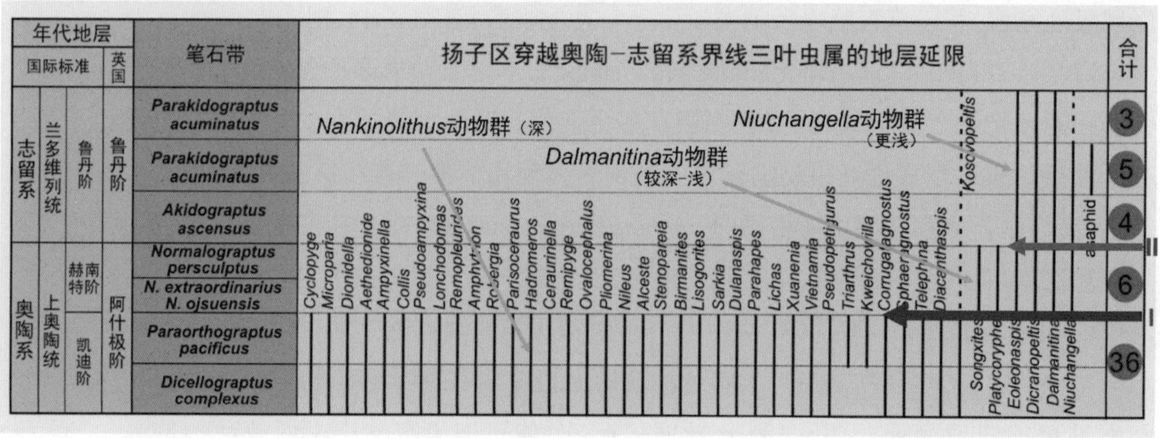

图7-23　华南奥陶纪末大灭绝前后三叶虫动物群演替。Ⅰ. 大灭绝第一幕；Ⅱ. 大灭绝第二幕。

三、大灭绝的背景机制

在显生宙以来的五大集群灭绝事件中，奥陶纪末的大灭绝事件是唯一一个背景机制在国际学术界不存在重大争议的。目前，国内外专家比较一致地认为，奥陶纪末的生物大灭绝事件与奥陶纪末的冰川事件有关，即冰川的形成造成了全球海平面快速、大幅度下降，大量海洋生物在很短的时间里丧失了原有的生活环境，还来不及适应新的生活环境或者来不及迁移就遭到了灭顶之灾，这就是大灭绝的第一幕。大量生物的快速消失（甚至灭绝）使部分近岸浅水或较浅水区域出现了短暂的生态真空，给一类适宜较凉甚至较冷环境的海洋生物，即腕足动物赫南特贝动物群、三叶虫小达尔曼虫动物群和笔石正常笔石动物群等，提供了发生和发展的机遇，并在全球迅速广布。冰川高潮持续了约1百万年的时间就因全球升温而快速消融，造成全球海平面快速、大幅度上升，使适宜较凉甚至较冷水的动物群大规模地集群灭绝，即大灭绝的第二幕，取代它们的是在更广范围内分布的单笔石动物群或是那些仅在个别地点（地区）发育的区域性很强的底栖壳相动物群，如华夏正形贝腕足动物群和小牛场虫三叶虫动物群。研究认为，奥陶纪时的地球只单极有冰，当时的地球南极，即今天的北非大范围地区。尽管是单极有冰，但冰盖的面积和规模（总体积）却是现今南、北两极冰盖总和的6倍还多，达到1.5亿 km^3 还多（现今地球两极冰盖的总体积大约是2 450万 km^3），如此大规模的冰盖，导致全球海平面快速下降百米以上也就不奇怪了，其快速消融使全球海平面又在短时间内上升百余米也是可以理解的。

关于奥陶纪末的大灭绝事件，有一个非常重要的现象需要特别指出，通过比较大灭绝前、中、后分别发育的腕足动物群的详细分类组成，我们发现，穿越大灭绝并继续繁盛的往往是那些动物群中的"濒危类群"。这些濒危类群在大灭绝前、大灭

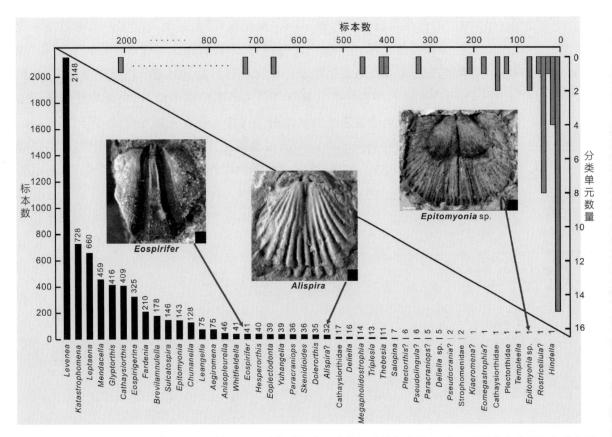

图7-24　华南浙西、赣东北志留纪初华夏正形贝动物群各腕足动物组分的标本数，图中显示那些在志留纪复苏与再辐射过程中起重要作用的"少数分子"和"极少数分子"（如 *Eospirifer*, *Alispira*, *Epitomyonia*）（据Rong et al., 2013）。

绝中和大灭绝后的动物群中通常只是所谓的"弱势群体"，个体小，数量少，比如，腕足动物始石燕（*Eospirifer*），在大灭绝前的阿尔泰窗贝动物群和叶月贝动物群中就已出现；但在大灭绝中的赫南特贝动物群和残存期的华夏正形贝动物群中只是个别分子（近万枚标本的采集量才发现数枚或数十枚该属标本）；再经过一段时间的演化发展，到志留纪兰多维列世埃隆晚期再次辐射时，始石燕属已经演化发展出了多个物种，数量也在各个动物群中占据优势。这种情况与现代亚马孙盆地中正在灭绝的植物类群迥然不同：有专家统计了亚马孙流域的16 000余种植物，其中的227种占据了绝对优势，数量超过了整个森林总量的一半，而大量的只在某1—2个特定地点生存的"极个别分子"几乎每天都在消亡，这些"少数派"成了真正的"弱势群体"。因此，我们说从今天的实例不一定能够反推出过去的故事，"将今论古"这个古语应该重新审视，使用时必须慎之又慎！

总之，地球海洋生态系统发展到距今5亿—4亿年的奥陶纪–志留纪时，发生了重大转折：由三叶虫为主的节肢动物"称霸"的寒武纪演化动物群逐渐演变为以滤食生物为主的古生代演化动物群,整个"交权仪式"是在奥陶纪生物大辐射过程中完成的,但是其间的过程并不是一帆风顺的,大辐射经过多次多样性"低谷"和"峰值"。奥陶纪末的大灭绝是古生代演化动物群自形成并经过一段早期演化之后,经历的一次比较密集的环境动荡及其与之相适应的动物群调整,大灭绝是由环境的突然变化引起的,但地球生态系统从未遭受过任何重大灾难性变化,完全不同于二叠纪末、白垩纪末的大灭绝事件。经历过奥陶纪大辐射的起源与早期发展和奥陶纪末大灭绝的高频调整,古生代海洋演化动物群逐步走向了成熟、稳定,从而主导地球海洋生态系统达2亿多年时间,直至距今2.52亿年的二叠纪末。

拓展阅读

戎嘉余,方宗杰,2004.生物大灭绝与复苏:来自华南古生代和三叠纪的证据[M].合肥:中国科学技术大学出版社.

戎嘉余,方宗杰,周忠和,等,2006.生物的起源、辐射与多样性演变:华夏化石记录的启示[M].北京:科学出版社.

戎嘉余,黄冰,2014.生物大灭绝研究三十年[J].中国科学 地球科学,44,1-28.

詹仁斌,靳吉锁,刘建波,2013.奥陶纪生物大辐射研究:回顾与展望[J].科学通报,58(33):3357-3371.

Harper D A T, 2006. The Ordovician biodiversification: Setting an agenda for marine life [J]. Palaeogeography Palaeoclimatology Palaeoecology, 232: 148−166.

Harper D A T, Zhan R B, Jin J S, 2015. The great Ordovician biodiversification event: Reviewing two decades of research on diversity's big bang illustrated by mainly brachiopod data [J]. Palaeoworld, 24: 75−85.

McGhee G R, Clapham M E, Sheehan P M, 2013. A new ecological-severity ranking of major Phanerozoic biodiversity crises [J]. Palaeogeography Palaeoclimatology Palaeoecology, 370: 260−270.

Miller A I, Mao S G, 1998. Scales of diversification and the Ordovician radiation [M]// McKinney M L, Drake J A. Biodiversity Dynamics: Turnovers of Populations, Taxa and Communities [M]. New York: Columbia University Press: 288−310.

Rong J Y, Harper D A T, 1988. A global synthesis of the latest Ordovician Hirnantian brachiopod faunas [J]. Transactions of Royal Society of Edinburgh-Earth Sciences, 79: 383−402.

Sepkoski J J Jr, 1981. A factor analytic description of the Phanerozoic marine fossil record [J]. Paleobiology, 7: 36−53.

Webby B D, Paris F, Droser M L, et al., 2004. The Great Ordovician Biodiversification Event [M]. New York: Columbia University Press.

Zhan R B, Jin J S, 2014. Early-Middle Ordovician brachiopod dispersal patterns in South China [J]. Integrative Zoology, 9: 121−140.

Zhou Z Y, Yuan W W, Zhou Z Q, 2007. Patterns, processes and likely causes of the Ordovician trilobite radiation in South China [J]. Geological Journal, 42: 297−31.

第八章

早期陆生植物起源和演化

在诞生之后长达34亿年前的漫长岁月里，

海洋似乎是生命的唯一家园，

陆地上一片荒凉，毫无生机。

然而，至少在大约4.5亿年前，

植物吹响了向陆地进军的号角，

随着维管植物的出现，

陆地上发生了天翻地覆的变化。

生物离开海洋到陆地生存并占据不同陆地生态系统,这是一个巨大的生物演化变革事件。植物是占据陆地生态的先行者,在占据和改善陆地生态后,改善陆地环境和提供生存依赖,才有后来的动物登陆,直至演化到现今陆地生态系统和人类。早期陆生植物起源和演化研究为认识地球陆地生态变化过程提供证据,但仍存在有待深入探索的诸多问题和难点,众多科学谜团待破解。

本章关注早期陆生植物起源和演化研究中的科学问题及其研究现状,重点综述植物登陆演变进程及其化石实证和科学解译。

第一节　早期陆生植物类型

陆生植物(land plants)是陆地上生存植物的统称。早期陆生植物包含5类:

(1) 地衣植物(lichens):地衣是由真菌和绿藻或蓝细菌高度结合而成的,具有稳定形态和特殊结构,对陆地环境的改造起着一定的作用。

(2) 线形植物(nematophytes):线形植物属于真菌类植物,一度在地球陆地上生存,形成高大植物体,并占据陆地植物的霸主地位。线形植物只是植物占据陆地生态中的一个旁支(插曲),是一类地球生物演化历史中早已灭绝的类群。

(3) 隐孢植物(cryptophytes):又称陆生非维管植物或似苔藓植物。隐孢植物可靠的、最早的化石记录出现在中奥陶世早期,是陆地环境改造的先驱。该类植物曾是地球陆地生态系统的主导类群,成为早期陆地生态系统的主力生产者,并能生活在各种不同陆地气候环境中,在泥盆纪末基本消失。

(4) 苔藓植物(bryophytes):在现代陆地生态系统中,苔藓植物是一类不太重要的植物。苔藓植物何时开始出现? 由于苔藓植物的个体很小,体内又没有维管组织,保存为化石的概率很小。苔藓植物的最早化石发现于晚泥盆世,而角苔类最早化石发现于白垩纪。到目前为止,在早期陆生植物研究的地质时段中(奥陶纪至中泥盆世),并未有这类植物化石的确信报道。

(5) 陆生维管植物(land vascular plants):陆生维管植物的植物体内具有由木质部和韧皮部组成的输导组织,木质部将水分和无机矿物从根向上运输到叶,而韧皮部将光合作用产生的有机物运送到植物体的各个部分。陆生维管植物是蕨类植物(pteridophytes)、裸子植物(gymnosperms)和被子植物(angiosperms)的统称。

在早期陆生植物起源和演化研究中,主要涉及线形植物、隐孢植物和早期陆生维管植物。早期陆生维管植物主要以蕨类植物为主,涉及早期种子植物。

第二节　科学意义和科学问题

　　生物演化和环境密切相关,陆生植物的出现和繁衍直接影响地球陆地生态环境的变迁。

　　依据地球化学研究结果,显生宙大气中二氧化碳相对浓度的变化得以被揭示(Berner and Kothavala,2001)。大气中二氧化碳相对浓度变化曲线(图8-1)显示:在4.70亿年前后(早奥陶世末),大气中二氧化碳的浓度达到最高值;距今4.70亿－4.00亿年期间(中奥陶世到泥盆纪早期),是一个大幅度下降过程;距今4.00亿－3.85亿年期间(早泥盆世到中泥盆世早期),是一个稳定阶段;距今3.85亿－3.40亿年期间(中泥盆世晚期到早石炭世),是一个近乎直线下降过程。什么导致了大气二氧化碳相对浓度的下降? 这是一直备受关注的科学问题。尽管导致下降过程的因素可能很多,但是,需要特别关注的是,距今4.70亿－3.40亿年期间,地球生物圈发生了一个巨大的生物演化事件:植物成功登陆→占据不同陆地生态系统→早期森林出现和繁盛。由于陆生植物与大气中二氧化碳和氧气含量密切相关,其出现、繁盛并占据陆地不同生态系统(森林出现)完全可能导致地球大气中二氧化碳和氧气浓度发生变化。

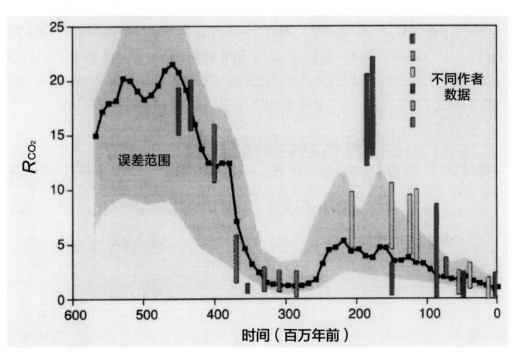

图8-1　显生宙以来地球大气中R_{CO_2}变化曲线(来自 Berner and Kothavala, 2001)。

土壤风化程度和通过牙形刺测得的古温度显示:在奥陶纪早、中期,温度有一个明显的下降过程(包括海洋和陆地)。在陆地上,年平均温度下降了 $4-5\,℃$ (Nardin et al.,2011),这是一个相当大的降温幅度。什么原因导致了这次温度的下降?为此,出现了各种推论或假说。有一种假说引起了高度重视,即早期陆生植物使奥陶纪地球降温(Lenton et al.,2012)。真是如此吗?这需要由早期陆生植物起源和演化的研究来提供确实的答案。

早期陆生植物起源和演化的研究意义主要体现在:

第一,地球主要有两大生态系统,即海和陆。从地球生物演化来看,早期生物主要生活在海洋系统中,在陆地生态系统中生物不发育或十分脆弱。生物离开海洋到陆地生存,这是一个巨大变革事件。随着生物登陆,一方面生物在占据不同陆地生态域,同时也在不停地改造陆地生态环境。在生物登陆的过程中,植物是占据陆地生态的先行者,只有植物占据了陆地、改善了陆地生态环境,才能为动物登陆提供生存环境和依赖。开展早期陆生植物起源和演化的研究,能为认识地球陆地生态演变提供证据,从而更清楚地认识地球陆地生态的演变。

第二,从生物进化来说,生物离开水体到陆地上生存,在生物进化中是一个创举。这个进化创举的前锋是植物。充分地认识早期陆生植物的起源和演化,能更清楚地解读这次生物进化创举。

陆生植物成功登陆并占据不同陆地生态域的意义,在于既为植物界进一步发展开辟道路,也为动物界进化提供食物资源,同时大大改善和优化了自然环境,最终导致现今的陆地生态系统的建立和完善。陆生植物成功登陆是古植物学研究中的千古之谜(Edwards,1997;王怿,2010)。破译这个千古之谜涉及的主要问题有:何种植物率先登陆?何时登陆?导致陆生植物登陆的主导因素是什么?登陆后植物是如何发展并占据不同陆地生态的?现今植被形成的演变过程是怎样的?

第三节　植物登陆过程

根据早期陆生植物总体变化,植物占领陆地的进程可分为4个阶段:前奏、序幕、插曲和高潮(王怿,2010)。

前奏:主要发生在6亿年前,陆地上最早出现的植物是地衣。地衣是地球上分布较广泛的先驱生物类型之一,但由于自身比较脆弱,多难保存为化石,故其化石相当稀少。目前世界上最早的地衣化石来自中国贵州瓮安,发现于陡山沱期磷矿石层中。该地衣化石的发现将其地质记录提前了约2亿年,表明早在6亿年前真菌已经与光合自养生物形成共生关系,预示着在有胚植物登陆前,地衣可能已经对地表岩石圈进行了改造,并成为陆地生态系统建立的先行者。但是,这并不是真正意义上的植物登陆,只是植物开始登陆之旅的前奏。

序幕:至少在中奥陶世早期到泥盆纪,地球陆地上生存一类似现代苔藓植物的隐孢植物,它改造着地球陆地环境。但是,这类植物在泥盆纪末消失。它是植物占据地球陆地生态的前锋。(详见第四节)

插曲:发生于志留纪晚期到泥盆纪期间,在地球陆地生态系统中,出现了一种高大的类似现代真菌类的植物——线形植物。但是,线形植物只是植物占据地球陆地生态中的一个插曲,未影响到早期陆生维管植物占据地球陆地生态的进程。(详见第五节)

高潮:至少始于奥陶纪晚期,陆生维管植物开始出现,并不断演化,占据了地球上不同的陆地生态域,形成了不同的植物类型,随后出现早期森林,植被不断更替,直至形成现今植被。这是植物登陆的主力军,其成功登陆并占据不同陆地生态域,是植物登陆的高潮。(详见第六节)

第四节　序幕:隐孢植物

至少在中奥陶世早期至泥盆纪,当时在地球陆地上生存的一类现今已灭绝的植物被称为隐孢植物。隐孢植物由英国 Edwards 等(2014)提出,又称为陆生非维管植物,或似苔藓植物。

隐孢植物最早的、确信的化石记录是在中奥陶世早期。隐孢植物是陆地环境改造的先驱,曾是地球陆地生态系统的主导类群,成为早期陆地生态系统的主力生产者。在晚奥陶世至志留纪,隐孢植物生活在从热带到寒带的陆地生态中。在泥盆纪末,隐孢植物基本消失,成为一类生物演化中的灭绝类群。

隐孢植物个体十分小,高度仅为毫米级,最多多达厘米级,是一种产生隐孢子的植物。有关这类植物的形态特征仍然是个谜。证明这类植物存在的化石是隐孢子(图8-2)。隐孢子是通过化学溶解方法从岩石中获得的一种十分细小的化石,直径一般为 20－60 μm,其特征与现代蕨类植物孢子囊中的孢子类比,具有分化明显的接触区,但不具射线特征,通常为四分体、二分体及单分体,其

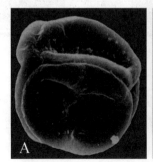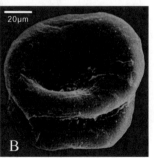

图8-2　隐孢子化石。A. 四分体;B. 二分体。

母体植物被认为与苔藓植物相关。

　　隐孢植物世界广布,不受气候带的影响。在我国不同时期和不同地区均有分布。我国新疆塔里木盆地晚奥陶世地层中产有大量隐孢子,样品来自塔里木油田的科探井中。在隐孢子组合中,有四分体和二分体。新疆塔里木隐孢子研究表明:在陆源地区,存在着隐孢植物,且不止一种,存在多种,并形成植被。我国云南墨江地区志留纪早期产有大量隐孢子(Wang and Zhang,2010),以四分体和单分体为主,缺二分体,其组合相对比较单调,与世界上同期组合相似。通过隐孢子组合对比,可以认为:全球许多陆块基本上相连或相邻。在志留纪晚期,全球隐孢子特征基本趋同,我国四川广元地区产有世界同期广泛分布的隐孢子组合,类型十分多,不同类型均有出现,这表明:到志留纪晚期,隐孢植物在地球陆地上已经相当繁盛。

　　隐孢植物个体细小,总体特征仍待探明。就这么一类植物能使地球温度降低吗? 不妨去看一些研究结果:在中奥陶世早期,隐孢植物孢子囊产有大量隐孢子,有约1万个个体;到晚奥陶世,孢子囊中有约7 000个个体(Wellman et al.,2003;图8-3)。由此可以得知:尽管隐孢植物个体小,但其孢子囊孢子产量是非常巨大的。如若每个隐孢子萌发为一个植物体,一个隐孢植物个体在一个生长期内就能繁衍出大量新一代植物体;就这样不断繁衍,从而形成巨量植物个体。这些植物个体吸收大气中大量的有机碳,对地球陆地表面环境进行改造,势必对陆地环境变化产生巨大作用。同时,隐孢植物具有很强的生存能力,能在不同气候环境中生存,十分有利于这类植物在地球陆地近水地域大量繁盛。如此,隐孢植物完全具备改变地球陆地生态的能力,其繁盛完全可以导致地球陆地温度下降,并改变大气中二氧化碳和氧气的浓度。

图8-3　奥陶纪晚期隐孢植物孢子囊碎片(A)和原位隐孢子(B)(来自Wellman et al.,2003)。

　　尽管隐孢植物曾经一度影响了地球陆地生态环境,但是,在泥盆纪末,这类植物基本消失,其原因有待进一步探明。总体分析可知,这可能与陆地维管植物大发展密切相关。隐孢植物在与陆生维管植物竞争陆地生境生存权的过程中,由于自身适应陆地环境能力有限,成为了生存竞争的失败者。

第五节　插曲：线形植物

线形植物，又称织丝植物，是一个复杂的陆地植物类群，仅有化石记录，时间从志留纪晚期到泥盆纪，化石可保存为叶片体，也可保存为茎。其茎由管状结构和菌丝组成。从现代植物学角度看，与这类植物可以类比的是以蘑菇为代表的一类植物，因此疑是真菌类植物。

最早的线形植物化石是在加拿大魁北克地区早泥盆世地层中发现的。第一块标本在1843年采到，于1857年和1859年正式发表。该植物被定名为原杉（*Prototaxites*），其名称体现了这类植物个体比较大，其大小达到了现代杉树级别。

有关这类植物的大小，多数化石证据显示（Huber，2001）：植物高度至少8.8 m，直径至少1.25 m。相对于当时陆地上植物十分稀少和低矮而言，这是一个庞然大物。随着进一步获得的化石发现，线形植物大小远超出人们的认识。在美国纽约州早泥盆世发现的标本显示：植物长8.83 m，基部直径为34 cm，上部为21 cm，估计植物体的整个高度在10 m以上。目前，世界上发现的最大线形植物化石产自沙特阿拉伯早泥盆世地层中（图8-4A），保存的植物茎化石长达5.3 m，基部直径达到了1.37 m，上部为1.02 m。如按照直径和长的相关性估计，线形植物高度达到20 m上下，是当时陆地生物中的"摩天大厦"。

仅从线形植物的植物体大小来看，它已经达到了现代森林中植物体大小的要求。由此可以认为：在早泥盆世，地球上曾一度出现了以低等植物为主的植被，并在局部构成森林。但是，由线形植物构成的森林并没有对地球陆地生态环境产生多大的影响，只是构型上类似森林，但功能上并未达到现代森林的水平，是一种低能型的"早期森林"。

科学家构想了早泥盆世植被景观图（图8-4B），线形植

图8-4　线性植物保存的最大茎干化石（A）和复原图（B）（来自Hueber，2001）。

物占据植被上层，下层发育了大量细小植物。尽管下层植物细小，在植被中只是个配角，但在其后发展的过程中，它们是地球陆地上的主导植物，属于早期陆生维管植物。

如此巨大的线形植物不是突然产生的，其发展经历了一个较为漫长的过程。在志留纪晚期，我国南方大部地区的陆地上生长有线形植物（王怿等，2010），其植物体形态简单，直径较小，在10 cm以下。如此看来，线形植物的早期类群的个体不大，基本特征并没有发生多大的变化，唯一的变化是植物体变大，发生了高度的特化。归属线形植物的叶片状化石在世界多个产地的志留纪晚期地层中均有发现，由此可以证明，线形植物曾一度广泛分布于地球陆地生态中，可能在陆地上占据了霸主的地位。那又为何在随后的发展过程中灭绝了呢？

线形植物茎横断面与现代树的断面貌相似，有一圈一圈的结构（图8-5A），这是年轮吗？通过显微镜观察到，这一圈一圈的结构是由光壁管和薄壁细胞组成的，与现代植物年轮结构完全不同，并非年轮，它是植物生长形成的一圈圈的结构。光壁管管壁光滑，如果进行水分和养分的输导，就好似往光滑管子里倒水，"哗"一下，水就到下面去了；要想水沿光壁管由下向上走，那就难了；光壁管的管壁没有加厚，对植物体的支撑能力有限。从线形植物叶片状化石可见，这类植物的表面有很多孔（图8-5B）。这些孔可以交换水分和空气，但仅仅只是交换，它们不能控制自己本身水分的蒸发和气体交流，是适应陆地生存形成的特征，但并不能完全适应陆地环境。线形植物的特征不能完全适应陆地环境，尽管沿着个体增大的方向特化发展，一度在局部地区可以形成"早期森林"，但是，正是特大的身躯，其结构与陆地环境生存所需结构不匹配，在后期发展中便永久地消失了。

图8-5　线性植物茎横切面（A；来自Hueber，2001）和类表皮细胞（B；来自王怿等，2010）。

线形植物是植物登陆和占据陆地生态系统演化中的一个过客，它的存在只是植物登陆过程中的一个插曲。

第六节　高潮：早期陆生维管植物

一、植物长期陆地生存的必备条件

植物要在陆地上长期生存须具备哪些条件？有关植物陆地生存的必备条件，自20世纪以来，就存在诸多争议。目前，公认的有以下3个条件（Banks，1975）。

1. 维管束（图8-6）

对维管束，我们在日常生活中均有接触，也就是木头，主要来自植物的茎和枝。现代植物茎断面中，有一圈一圈的结构，这是年轮，代表季节变化或者气温变化。

植物需要离开地面，向上生长，就必须有一个支撑系统，同时要将根系从土壤中吸收的水和养分输送到植物的不同部位。这个支撑系统非常重要，其主体是维管束。

在化石中，植物维管束有很多保存形态。植物维管束由有机碳组成，埋葬到岩

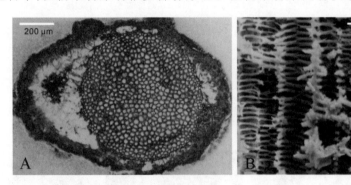

图8-6　陆生维管植物的输导和支撑组织。A. 原生中柱；B. 网纹管胞。

石中，在高温和高压作用下，炭质消溶，并在早期保存过程中被矿物所替代，使化石中保存了维管束的结构和特征。将这些植物化石拿到实验室中，对它们进行包埋和切片，放在显微镜下观察，就能得知植物的维管束的结构。

植物维管束呈现柱状结构，由许多管状细胞组成，称为**管胞**。管胞的细胞壁上具有不同类型的加厚，有的是环状加厚，有的加厚成网纹，有的壁上具有纹孔，类型多样。维管束由不同管胞组成，形成不同形状，代表了不同植物，指示了不同地质年代。

2. 角质层和气孔（图8-7）

将现生植物叶子对光一照，或将叶子表层撕下，叶子表面有一层非常薄的、发白的膜，上面有很多一个个的小点，这些小点就是**气孔**，这层膜就是**角质层**。对植物来说，气孔和角质层是至关重要的，气孔用于呼吸，角质层可防止水分蒸发，这些是植物在陆地上长期生存所必需的。

气孔和角质层可以在化石中保存下来吗？答案是肯定的。图8-7A所示是早泥盆世的植物化石的角质层和气孔。气孔和角质层之所以能被保存下来,主要是因为角质层抗高温和高压,不易被破坏。早泥盆世的植物气孔结构相对比较简单,石炭纪的就相对比较复杂(图8-7B)。

气孔的形态、密度与环境密切相关,特别与大气中二氧化碳和氧气含量变化密

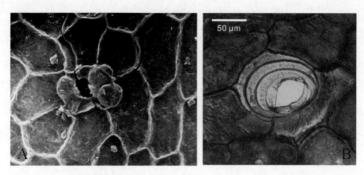

图8-7 陆生维管植物的角质层和气孔。A. 早泥盆世;B. 石炭纪。

切相关,气孔的变化为描述地质时期大气中二氧化碳相对浓度的变化提供了直接证据,对于陆地生态环境演变的研究发挥着重要作用。

3. 孢子/种子(图8-8)

如果植物要在陆地上长期生存,必须具备离开水体繁衍后代的能力。只有这样,植物才能长期占据陆地生态系统。

早期陆生维管植物繁衍后代的器官是孢子,产自孢子囊(图8-8A)。现代蕨类

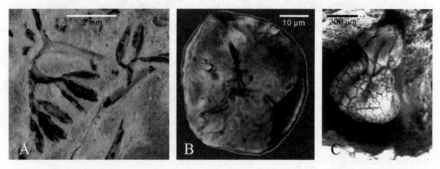

图8-8 陆生维管植物的繁殖器官。A. 早泥盆世孢子囊;B. 志留纪晚期小孢子;
C. 晚泥盆世大孢子。

植物叶子的背面长有一团一团的结构,这就是孢子囊,里面有大量孢子,而裸子植物和被子植物繁衍后代的则是种子。

早期陆生维管植物的孢子有小孢子(图8-8B)和大孢子(图8-8C)之分,大、小孢子怎么区分呢？根据大小,有个鉴定的边界值,在100个μm以上的是大孢子,100个μm以下的是小孢子。在后期演化中,大孢子可演化为种子。

在早期陆生维管植物中,大、小孢子可同时出现在孢子囊中;孢子囊可以在一

个枝上生长形成一个类似现代麦穗一样的结构,称为**孢子囊穗**。不同植物繁衍后代的结构不尽相同,是区分不同植物类型最重要的标志。

综上所述,植物在陆地上生存的3个必备条件是:起输导和支撑的**维管束**;防止和调节水分蒸发、进行呼吸和光合作用的**角质层和气孔**;繁衍后代的**孢子/种子**。植物只有具备了这3个条件才能在陆地上长期生存下去。

二、目前已知的陆生维管植物起源的最早化石证据

早期陆生维管植物的最早化石证据来自微体化石(Steenmans et al.,2009),主要是三缝孢,时间为奥陶纪晚期。材料来自中东石油勘探中的钻井岩芯,对样品进行一系列实验室酸处理后,获得了大量不同类型的三缝孢。这些孢子指示了陆生维管植物的存在,是目前最早的早期陆生维管植物出现的证据,说明在奥陶纪晚期地球陆地上已经出现了现代植物的祖先类群——早期陆生维管植物。

早期陆生维管植物有何特征? 目前世界上公认的最早的早期陆生维管植物的化石是库逊蕨(图8-9;Edwards and Feehan,1980),时间为志留纪温洛克晚期,产地是爱尔兰。库逊蕨属于现代植物的祖先类群,植物体细小,枝二歧分叉多次,顶端着生圆状体——孢子囊。根据对志留纪晚期和泥盆纪早期库逊蕨的研究发现,其枝上有角质层和气孔,孢子囊中产有大量小孢子,枝中具维管束,由环纹管胞组成,是一种原始类型。库逊蕨属于肯定的早期陆生维管植物,是一种在陆地上长期生存的植物。

图8-9 最早陆生维管植物代表分子——库逊蕨(*Cooksonia*)(A)及其复原图(B)。

三、早期陆生维管植物主要类群

在志留纪到泥盆纪早期,早期陆生维管植物有4个主要类群。

1. 瑞尼蕨植物（rhyniophytes）

已绝灭的早期陆生维管植物,分布于志留纪温洛克晚期到泥盆纪,代表植物为瑞尼蕨（*Rhynia*）和库逊蕨（*Cooksonia*）。植物茎轴简单,多次二歧分叉,孢子囊枝顶生(图8-10A)。该类植物属于最原始的早期陆生维管植物。

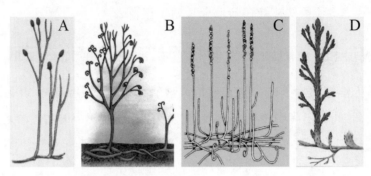

图8-10 早期陆生维管植物主要类群。A. 瑞尼蕨植物;B. 裸蕨植物;C. 工蕨植物;D. 石松植物。

2. 裸蕨植物（psilophytes）

已绝灭的早期陆生维管植物,分布于早泥盆世至晚泥盆世早期,代表植物为裸蕨（*Psilophyton*）。植物体由枝轴系统组成(图8-10B),茎呈假单轴分枝,侧枝二歧式分叉,光滑或具刺;中柱为原生中柱;孢子囊长椭圆形,具柄,成对着生于生殖枝顶端;孢子囊数目因种而异,有的多达64枚;侧枝在产生了孢子囊之后,前端往往下垂,孢子囊成熟时沿两对面纵裂。真蕨植物和前裸子植物可能起源于裸蕨植物。

3. 工蕨植物（zosterophyllophytes）

已绝灭的早期陆生维管植物,分布于晚志留世至早泥盆世,代表植物为工蕨（*Zosterophyllum*）。植物体矮小,簇状丛生(图8-10C),H形或K形分枝,表面光滑,孢子囊穗位于直立枝的顶端,孢子囊侧生。工蕨植物在孢子囊聚成穗状、开裂的方式上与石松植物接近,可能经星木发展成石松植物。

4. 石松植物（lycophytes）

这是一种原始的蕨类植物(图8-10D),主要特征为:植物体具小型叶,孢子囊着生于叶的上表面或是叶腋处(近轴部位)。石松植物最早起源于志留纪晚期;到了泥盆纪,开始出现了多种多样的类型,草本的、木本的、异孢的等;到了石炭纪和二叠纪极为繁盛,高大木本类型成为了森林的主要成员,是成煤主要植物类型;到了中生代末期,石松类开始走向衰弱;在现今,石松植物只有大约5属,且多分布在炎热潮湿的地区。

四、早期陆生维管植物的群落演变

根据早期陆生维管植物的特征,其植物群落可以分为雏形、发展和爆发3个阶段。

1. 雏形阶段

时间从志留纪中、晚期至早泥盆世初期。陆生维管植物多生长在离水很近的区域,组成比较单一,高度比较矮,大约在 5 cm。这时的植物可以密密麻麻地生长,植被主要是维持自身的发育和生长,力求稳定地占据陆地生态域,为此后的大发展做准备。

这个阶段的植物在地球陆地上具有一定的分布范围(Wang,2010)。在加拿大北极圈志留纪晚期地层中发现了陆生维管植物群,那时就已经出现了不同的植物类型:枝上长出几个孢子囊;枝条侧生长一个孢子囊;孢子囊整个结合在一起,形成穗——孢子囊穗。由此可见,陆地上植物有多种类型,形态多样,构成了早期的陆生维管植物群。在我国新疆北部志留纪最晚期地层中产出了大量早期陆生维管植物化石,通过近20年的野外工作和化石采集工作,确定了这个植物群的特征。在这个植物群中,早期陆生维管植物的主要类型已经出现:瑞尼蕨类,茎二次分叉,顶端着生孢子囊,孢子囊上面有很多刺;工蕨植物早期分子,孢子囊侧生,枝系呈K形或H形状分叉;裸蕨植物早期分子,具有分叉多次的枝系,顶端长有孢子囊。根据各类植物的个体大小可以判断,不同植物生长到不同高度,具有生态空间不同分布。尽管植物个体细小,但它们构成了完整的陆地植物生态系统。

由此看来,在志留纪中、晚期至早泥盆世初期,地球表面陆地生态中已经开始出现植被,植物个体十分细小,尽管对地球环境具有一定影响,但其影响力度有限。

2. 发展阶段

在早泥盆世,植物基本分布在近水地区,出现了不同的植物类型,在世界各地广布。该时期最为重要的植物群是产自我国云南省文山古木坡松冲村的坡松冲植物群,被誉为植物界的"澄江动物群"。

坡松冲植物群由28属37种植物组成,是世界上同期植物群中最丰富的,同时,植物化石保存得十分精美(Hao and Xue,2013)。岩石是灰色,标本为黄色,保存有植物碳片,并有细微结构。

该植物群的重要科学意义主要表现为:① 在现代植物中,很多植物均发育有叶子,而在早期陆生维管植物中无叶。现代植物叶子的祖先类群是何时出现的?在该植物群中,发现了始叶蕨(图8-11),顾名思义,是原始具有叶的一种植物。这是地球上最古老的大型叶,叶由扁化枝系组成,其内部特征与现代叶十分相似。这种植物可视为现代植物的祖先类群。② 植物体形态多样。总体看上去,这些植物都比较简单,但是也有复杂的类型。③ 植物体繁殖后代的结构非常复杂。正如图8-12所示,绿色是枝或叶片,橙色是孢子囊;枝上可着生许多孢子囊,密密麻麻聚合在一起;枝简单地一分为二,顶端着生一个孢子囊。这些化石表明当时的生殖结构呈现多样化和多元化,这是植物适应环境的结果;在后续的演化过程中,沿着各自演化方向发展,形成不同的植物类型。云南植物群中出现了许多植物的原始祖先类群。

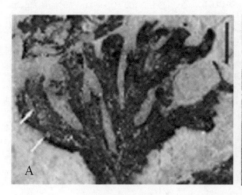

图8-11 我国云南早泥盆世始叶蕨(*Eophyllophyton*)(来自 Hao and Xue,2013)。A. 叶片化石(比例尺为1mm);B. 植物复原图。

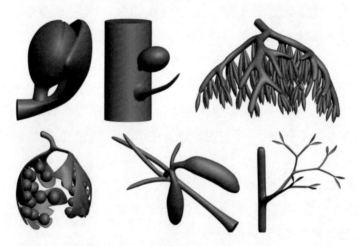

图8-12 我国云南早泥盆世坡松冲植物群中不同类型的生殖结构(部分)(来自 Hao and Xue, 2013)。

根据世界上同时期植物的研究,早泥盆世是一个陆生维管植物的大发展时期。

3. 爆发阶段

爆发阶段时间为中、晚泥盆世。从总体上看,植物可占据地球陆地生态系统中的不同生态域。从植物体大小看,植物从厘米级发展到10 m以上级的大树,出现了早期森林。从植物类群多样性看,现代植物中除被子植物外的所有植物类群早期类型均已出现,最重要的是种子植物的出现。这里重点论述该阶段发生的两个重要的植物事件:森林的出现和种子起源。

(1)森林的出现

作为森林,最重要的是要有树,正是无树不成林。森林出现的一个重要条件就是要有高大乔木,也就是高大的树。在早期森林研究中,如何界定树呢?

构成森林的植物必须是乔本植物,高至少4 m,胸径至少7.62 cm。只有这样的植物才具备构成森林的基本条件。

在植物化石研究中,整个植物体被完整地保存为化石是十分罕见的,绝大多数只保存了植物体的一部分。利用植物茎直径来确定植物体高度,是一个可行的、具有科学依据的方法。经统计学分析,茎直径与高度有一定的相关性。中、晚泥盆世,在地球陆地上,一些植物茎直径已经超过了界定树的要求,达到了10 cm以上,其高度至少5 m以上,有些可以达到20 m,甚至达到30 m。从植物体形态特征上分析,从大气中二氧化碳相对浓度变化趋势(几乎直线下降的趋势)看,在中、晚泥盆世,地球陆地生态系统中可能出现了早期森林。

当然只有一棵树,并不能成为森林,只能认为具有了形成森林的植物。要确定早期森林,还需要特定的地质条件:生长时的森林植物被原位保存下来,使研究者能构建出森林面貌。原位保存,就是保存了植物活着时候的位置,没有经过后期的变动。原位保存的植物化石十分珍贵,对植物分布、总体特征等的研究十分重要。

目前保存得最为理想并被广泛认可的早期森林,其化石产自美国纽约州吉尔博阿河边采石场。这是世界上最早的森林,时间为中泥盆世晚期。

1875年,吉尔博阿河边采石场在开采中泥盆世的一套砂岩。岩石爆破后,工人发现了大型树桩;在其后的开采过程中,更是发现了数百个大型树桩。这些树桩只保存了外形,内部被砂岩充填。当时,为了运走这些树桩,由于其太巨大和太重,竟然使用了起重设备(图8-13A)。这些树桩部分留在原地,部分保存在美国纽约自然博物馆的吉尔博阿森林专门收藏馆中。

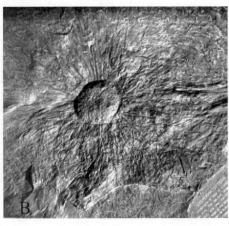

图8-13 美国纽约吉尔博阿中泥盆世晚期最早森林。A. 树桩化石;B. 树桩留下的根座(来自 Driese et al.,1997)。

图8-13A所示是其中一个树桩,下部膨大,膨大的部分接近植物的根部,在河边采石场地区,有大量这样原位保存的大型植物。图3-13B所示是其中一个根座在岩石表面的状况,中间圆为植物体向上生长的部位,四周放射状的细枝为根系,

能将植物体固定在砂泥中,是原位保存。1924年和1927年分别发表的吉尔博阿河边采石场的研究成果认为它是最古老的森林,构成森林的植物是枝蕨(Cladoxylopsid)植物,一种早已灭绝的早期蕨类植物。

随后,河边采石场关闭,可供研究材料来源受限,研究露头有限。1997年,在只有有限露头的情况下,Driese等(1997)对这个古老森林进行了复原性研究。通过对大约25 m²层面露头的调查,发现了8棵原位生长的树,从而推测这些植物为枝蕨植物,并根据根部印痕的直径大小,对这个古老森林进行了恢复。这个森林由同一植物组成,有高有矮,呈现出森林局部景观。但是,这一个森林复原是局部的,并不能反映其总体特征;同时,确定所长的植物来自比利时类似植物的研究结果,在河边采石场这个地区构成森林的植物真的就是如此吗?

在2010年,Stein等系统研究了采自河边采石场地区保存茎、树冠的植物化石(Stein et al.,2007)。纽约自然博物馆标本保存室地面上排放着植物标本,可以看到植物茎干化石排成3排(图8-14A),总长度达6−7 m,指示这棵植物的高度达6−7 m。这棵植物具有一个直立茎(图8-14B),自下而上从粗到细,茎顶端聚集许多细小枝条,形成树冠。从植物总体特征上看,与现代的棕榈树相似,枝系和繁殖后代器官长在植物体顶端。根据2010年的研究,对吉尔博阿河边采石场地区早期森林中的主构植物的树形有了清楚的认识,认为其属于枝蕨植物中的始孢蕨。

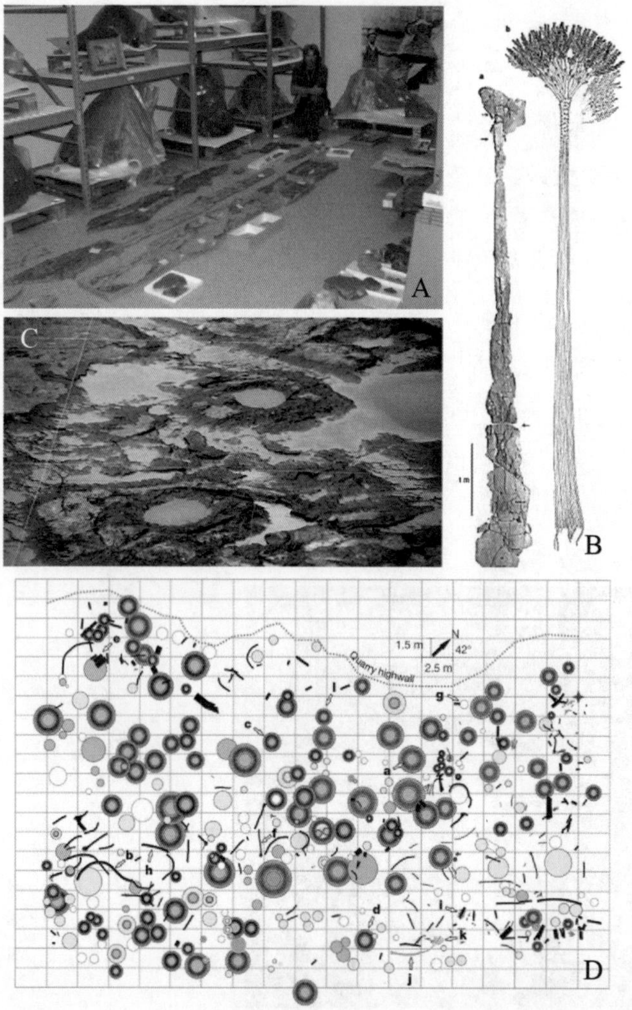

吉尔博阿河边采石场

图8-14 美国纽约吉尔博阿中泥盆世晚期最早森林。A. 采集的植物化石;B. 森林植物始孢蕨(*Eospermatopteris*)的复原(来自Stein et al., 2007);C. 2个树根座(2012年);D. 森林植物分布图(来自Stein et al., 2012),圆圈示枝蕨植物根座,黑色示前裸子植物,灰色示石松植物。

地区早期森林只由一种植物组成吗？会有其他植物吗？如果有,它们是什么？要回答这些问题,需要开展大面积层面分析和统计研究。在2010年春,吉尔博阿河边采石场的回填工程启动,采石场的砂坝被炸去,放光积蓄在采石场中的水,采石场最底部层面暴露出来,图8-14C所示是层面上的两个根座,地球上最古森林再现于世。但是,几周后,采石场被岩石重新填满。目前,这个最早期森林已被封存在地下。在这期间,美、英科学家开展了大量野外调查工作,采到了至少30个植物树桩,在1 200 m²的层面上开展了植物采集和样方统计工作(Stein et al.,2012)。在这1 200 m²层面上,发现了多达200棵树留下的痕迹。正如图8-14D所示,不同的圆圈指示根座的位置,圆圈大小代表植物直径的大小,不同类型圆圈指示根部结构的不同;这些圆圈指示的植物是枝蕨类植物,最高达6-7 m,有些植物体相对比较低矮;还发现有其他植物类型,有石松植物(灰色枝)和一种前裸子植物——无脉蕨植物(aneurophytes;黑色枝)。由此看来,吉尔博阿河边采石场的最早期森林由至少三大类植物组成:高大的枝蕨类植物、共生的石松类植物和前裸子植物中的无脉蕨植物。那么在这个森林中,这些植物各自发挥了什么作用?

高大和数量最多的枝蕨类植物是这个森林的主体。经研究发现,它生长极快,很快就达到最高层,控制着整个森林。与枝蕨类植物可以形成竞争的是前裸子植物中的无脉蕨植物,这种植物具有次生木质部,属于真正的乔木植物,在与枝蕨类植物在森林统治位置的竞争中处于劣势,但是,因具有次生木质部,能够富集大量有机碳,它对地球大气中二氧化碳变化的贡献最大。在这方面,枝蕨类植物就差多了,这类植物生长十分快,茎中空,对于有机碳的富集作用就小。那时石松植物只是森林中的一个配角。

随后,在晚泥盆世,森林和至少能构成森林的植物,在世界各地开始大量出现。构成森林的植物主要是前裸子植物、石松植物和枝蕨类植物(早期真蕨植物)等。

前裸子植物是当时最高大的植物(图8-15),代表植物为古羊齿/美木,高度可达30 m,并在全世界广泛分布。如果条件许可,这种植物完全可以构成早期森林。如此看来,在晚泥盆世,地球陆地上已经出现了大范围分布的早期森林。

石松植物同样也可以构成森林,化石证据来自挪威斯瓦尔巴德群岛(Berry and Marshall,2015),时间为晚泥盆世早期。在那里发现具有上下联系分布的3个森林,这些森林由乔本石松植物构成。

我国具有形成早期森林的条件和可能吗？在华南、新疆等地,在晚泥盆世,出现了形成早期森林的常见植物,如大型乔木石松植物,前裸子植物粗的茎干化石,类似枝蕨类植物的茎直径可以达到80 cm,推测这个植物的高度在10 m以上(Xu et al.,2017),也就是说,我国具备了构成森林所需的植物体。但是,要真正确认森林的存在,有没有能保存早期森林特征的化石是十分重要的。目前,只能认为在晚泥盆世,我国可能已经出现了早期森林,但是,需要进一步的证据。

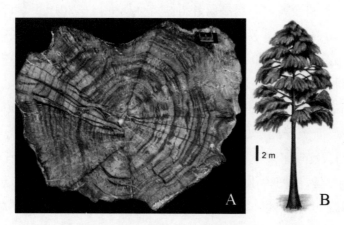

图 8-15　晚泥盆世最高大植物——前裸子植物。A. 美木(*Callixylon*)茎的横断面;B. 植物体复原(高达 30 m)(古羊齿, *Archaeopteris*)。

（2）种子起源

种子是种子植物的繁殖器官,对延续物种起着重要作用。种子与人类生活关系密切,除日常生活必需的粮、油、棉外,一些药、调味品、饮料均来自种子,许多种子能食用,是餐桌上的美味佳肴。种子是何时出现的?

最早具有种子特征的化石产自东格陵兰岛中泥盆世晚期地层中(Marshall and Hemsley, 2003),化石是通过酸处理后获得的,来自一个分散保存的孢子囊中。在这个孢子囊中,下部具有一个种子-大孢子,上部具有许多四分体小孢子,种子-大孢子具有一个柄与孢子囊的柄相连(图 8-16)。这个孢子囊具有两性特征,其中的

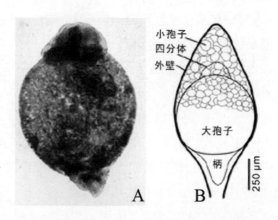

图 8-16　东格陵兰中泥盆世晚期具有种子的化石(来自 Marshall and Hemsley, 2003)。A. 具有种子-大孢子和小孢子的孢子囊;B. 线条复原图。

种子-大孢子具有种子的某些特征。这样一个结构的发现,预示着种子可能在中泥盆世晚期就已经出现。早期种子植物属于裸子植物范畴,也就是说,裸子植物可能在中泥盆世晚期就已经出现了。

真正最早的种子植物化石出现在晚泥盆世,大多化石主要产自欧美地区。近

年,我国在早期种子植物的研究上也取得了一系列研究进展。

对我国浙江晚泥盆世地层中大量化石的研究中,主要是对种子、营养部分和内部解剖特征进行了系统研究,为早期种子研究提供了翔实的范例。饰籽(*Cosmosperma polyloba*)是中国乃至东亚地区最早的种子植物化石(Wang et al., 2014),也是目前世界上泥盆纪晚期最为完整的早期种子植物,不但具有含种子的壳斗,而且具有聚合囊,同时保存了营养部分,其研究极大地推动了国际古植物学界有关种子起源和早期演化的研究。

需要指出的是,有关种子植物早期演化的研究目前只是处于一个起步阶段,仍有大量需要解决的科学问题需要探明。

到中、晚泥盆世,植物完成了登陆和占据陆地生态系统的过程,经历了大约2亿年,出现了诸多有趣的事件。有关早期陆生植物起源和演化诸多节点的真实面貌仍是谜团,有待今后各国学者不懈努力。

拓展阅读

王怿, 2010. 陆生植物登陆之谜 [M]// "10000个科学难题"地球科学编委会. 10000
个科学难题: 地球科学卷. 北京: 科学出版社:182–185.

王怿, 戎嘉余, 徐洪河, 等, 2010. 湖南张家界地区志留纪晚期地层新见兼论对小
溪组的厘定 [J]. 地层学杂志,34:113–126.

Banks H P, 1975. Reclassification of Psilophyta [J]. Taxon, 24: 401–413.

Berner R A, Kothavala Z, 2001. GEOCARB Ⅲ: A revised model of atmospheric
CO_2 over Phanerozoic time [J]. American Journal of Sciences, 301: 182–204.

Berry C M, Marshall J E A, 2015. Lycopsid forests in the early Late Devonian pa-
leoequatorial zone of Svalbard [J]. Geology, 43(12): 1043–1046.

Driese S G, Mora C I, Elick J M, 1997. Morphology and taphonomy of root and
stump casts of the earliest trees (Middle to Late Devonian), Pennsylvania and
New York, USA [J]. Palaios, 12(6): 524–537.

Edwards D, 2007. Charting diversity in early land plants: Some challenges for the
next millennium [M]//Iwatsuki K, Raven P H. Evolution and Diversification of
Land Plants. Tokyo: Springer-Verlag: 3–26.

Edwards D, Feehan J, 1980. Records of Cooksonia-type sporangia from late Wen-
lock strata in Ireland [J]. Nature, 287: 41–41.

Edwards D, Morris J L, Richardson J B, et al., 2014. Cryptospores and crypto-
phytes reveal hidden diversity in early land floras [J]. New Phytologist, 202
(1): 50–78.

Hao S G, Xue J H, 2013. The early Devonian Posongchong flora of Yunnan: A
contribution to an understanding of the evolution and early diversification of vas-
cular plants [M]. Beijing: Science Press.

Hueber F M, 2001. Rotted wood-alga–fungus: the history and life of *Prototax-
ites* Dawson 1859 [J]. Review of Palaeobotany and Palynology, 116(1–2): 123–
158.

Lenton T M, Crouch M, Johnson M, et al., 2012. First plants cooled the Ordovi-
cian [J]. Nature Geoscience, 5(2): 86–89.

Marshall J E A, Hemsley A R, 2003. A Mid Devonian seed-megaspore from East
Greenland and the origin of the seed plants [J]. Palaeontology, 46(4): 647–670.

Nardin E, Godderis Y, Donnadieu Y, et al., 2011. Modeling the early Paleozoic
long-term climatic trend [J]. GSA Bulletin, 123(5): 1181–1192.

Steemans P, Hérissé A L, Melvin J, et al., 2009. Origin and radiation of the
earliest vascular land plants [J]. Science, 324: 353.

Stein W E, Berry C M, Hernick L V, et al., 2012. Surprisingly complex community discovered in the mid-Devonian fossil forest at Giloba [J]. Nature, 483: 78–81

Stein W E, Mannolini F, Hernick L V, et al., 2007. Giant cladoxylopsid trees resolve the enigma of the Earth's earliest forest stumps at Gilboa [J]. Nature, 446:904–907.

Wang Y, 2010. Diversity of late pridoli flora from northern Xinjiang, China [J]. Journal of Earth Science, 21(21): 58–60.

Wang Y, Zhang Y D, 2010. Llandovery sporomorphs and graptolites from the Manbo Formation, the Mojiang County, Yunnan, China [J]. Proceedings of the Royal Society B., 277: 267–275.

Wang D M, Liu L, Meng M C, et al., 2014. *Cosmosperma polyloba* gen. et sp. nov., a seed plant from the Upper Devonian of South China [J]. Naturwissenschaften, 101(8): 615–622.

Wellman C H, Osterloff P L, Mohiuddin U, 2003. Fragments of the earliest land plants [J]. Nature, 425: 282–285.

Xu H H, Berry C M, Stein W E, et al., 2017. Unique growth strategy in the Earth's first trees revealed in silicified fossil trunks from China [J]. PNAS. 114(45): 12009–12014

第九章

脊椎动物起源与登陆

脊椎动物的近亲长得像什么？
鱼类"生命之树"是怎样形成的？
登陆鱼群的发源地在何方？
鱼类又是如何登上陆地的？
本章讲述的是化石记录所勾勒出来的
早期脊椎动物的演化故事。

脊椎动物,顾名思义,就是具有脊椎骨的动物,包括鱼类、两栖类、爬行类、鸟类与哺乳类。脊椎动物具有以下主要特征(图9-1):① 头部显著分化,有更完善的脑和感觉器官,亦称有头类(Craniata);② 身体背侧具有脊索,少数类群脊索终身存在,大部分类群脊索仅存在于胚胎期,成年后被脊柱所代替;③ 骨骼发达,可区分为头骨、脊柱和附肢骨等;④ 咽腔侧壁上有成对鳃裂,鳃裂外围无围鳃腔;⑤ 心脏腹位,闭管型循环系统;⑥ 肾脏有专司排泄的输尿导管;⑦ 雌雄异体,有性生殖。

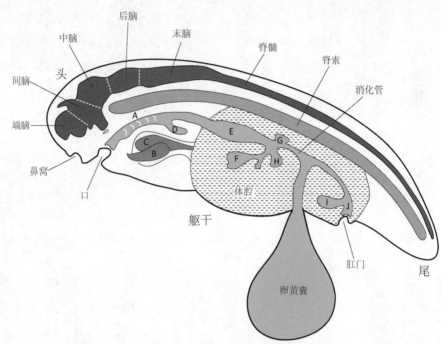

图9-1 脊椎动物胚胎的矢切面(改自 Kent,1978)。A. 位于第2和第3鳃裂间的第3鳃弓;B,C. 心室和心房;D. 发育出鱼鳔或四足动物肺的憩室;E. 胃;F. 肝胆芽;G. 腹胰芽;H. 背胰芽;I. 四足动物的膀胱;J. 泄殖腔。口与咽为一薄的口板分隔,肛门与泄殖腔为泄殖腔膜分隔。

现生脊椎动物近6万种,就物种多样性而言,水中的鱼类与陆地上的四足动物不分伯仲。脊椎动物分布广泛,它们留踪荒漠、翱翔高空、畅游深海,遍及地球上各个角落。它们形态各异,成体大小悬殊。世界上已知最小的脊椎动物是发现于印尼热带雨林中的一种鲤科鱼,最小的雌性成体长仅7.9 mm,而最小的一种蜂鸟体重还不到2 g。形成鲜明对比的是,当今地球上最大的脊椎动物蓝鲸长达30余米,重达150 t。然而,这些现生种类呈现的不过是漫长生命演化史一个时间断面上的场景,不计其数的脊椎动物早已淹没于5亿多年的历史长河之中。化石将告诉我们,脊椎动物源自何方,鱼类又是如何登上陆地的。

第一节 脊椎动物近亲与无颌类

从一个更宽的视角看,脊椎动物只是"生命之树"上的一个细小的分支。分子生物学的研究进展已揭示出了生命之树的三域(细菌域、古生菌域、真核生物域)六界(细菌界、古细菌界、原生生物界、真菌界、植物界、动物界)系统。

　　动物界或后生动物(Metazoa)分为侧生动物(Parazoa)和真后生动物(Eumetazoa)。侧生动物包括海绵动物、扁盘动物和中生动物,组织分化程度低。脊椎动物为真后生动物,组织分化程度高。真后生动物按照其身体对称方式分为辐射对称动物(Radiata)和两侧对称动物(Bilateria)。辐射对称动物包括刺胞动物和栉水母动物。脊椎动物属于两侧对称动物。两侧对称动物按其体腔的有无及真假,分为3类:无体腔动物(Acoelomata)、假体腔动物(Pseudocoelomata)和真体腔动物(Eucoelomata)。脊椎动物为真体腔动物。真体腔动物按照原肠孔(blastoporus)的发展分为原口动物(Protostomia)和后口动物(Deuterostomia)。原口动物包括节肢动物、软体动物和环节动物等,后口动物包括棘皮动物、半索动物和脊索动物(图9-2)。脊椎动物为脊索动物的一个支系。

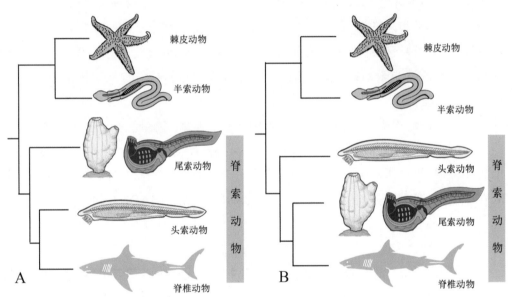

图9-2　后口动物的系统发育(改自Janvier,1996)。A.头索动物构成脊椎动物最近的姐妹群;B.尾索动物构成脊椎动物最近的姐妹群。

一、脊椎动物近亲

　　脊椎动物是脊索动物门(Chordata)的三个亚门之一,另外两个亚门是尾索动物亚门(Urochordata)和头索动物亚门(Cephalochordata),合称原索动物(Protochordates)。脊索动物门由德国生物学家海克尔于1874年建立,具有以下裔征:① 身体背部具一条富有弹性且不分节的脊索,低等种类的脊索终生保留或仅见于幼体,而多数高等种类只在胚胎期具脊索,成体时由分节的脊柱所取代;② 具背神经管,位于脊索或脊柱的上方;③ 具咽鳃裂,位于消化道前端的两侧,司呼吸作用,水生的脊索动物终生保留鳃裂,而陆生的脊索动物仅见于胚胎期或幼体阶段(如蝌蚪)。

头索动物亚门,又称无头类(Acraniata),代表动物为文昌鱼。文昌鱼身体似鱼,但无真正的头,终身都有一条纵贯全身的脊索,背侧有神经管,咽部有多条鳃裂,无真正的心脏,只有一条能跳动的腹血管。头索动物的化石记录包括加拿大寒武纪第三世布尔吉斯页岩动物群中的皮卡鱼(*Pikaia*)。尾索动物亚门,又称被囊类(Tunicata),代表动物为海鞘,因这个类群的身体均包裹在一个由外套膜分泌而来的胶质或近似植物纤维成分的被囊外鞘内,因此而得名。海鞘在外观上与海绵动物非常相像,但是海鞘具两个较大的、相距不远的开口,位置较高的是入水孔,下面的是出水孔。海鞘在幼体时期尾部具脊索和神经管,成体时脊索消失,神经管则变为神经节。

以柱头虫为代表的半索动物(Hemichordata)曾被归入脊索动物门。后来发现,柱头虫的口索并不是脊索的同源结构,很可能是一种内分泌器官。半索动物包括肠鳃类、羽鳃类和笔石类,其中后两者在管穴中生活。在寒武纪布尔吉斯页岩动物群中发现的一种奇特的蠕虫生物线鳃虫(*Spartobranchus*),被认为是迄今所知最早的肠鳃类化石。半索动物与棘皮动物构成姐妹群,它们是与脊索动物亲缘关系最近的无脊椎动物。

探讨脊椎动物的起源,可以简化为厘清尾索动物、头索动物与脊椎动物 3 个亚门之间的相互关系。头索动物成体的形体构型比任何尾索动物更接近脊椎动物,比如,与海鞘的成体相比,文昌鱼的成体有分节的肌肉、原肾和肛后尾,肠中的内柱与脊椎动物的甲状腺同源。另外,基于 18S rRNA 和 18S rDNA 的分子系统学研究,也支持头索动物和脊椎动物的关系最近。因此,长期以来,文昌鱼一直被看作是与脊椎动物最接近的无脊椎动物(图 9-2A)。

近年来,随着模式生物全基因组序列测序的完成和比较基因组学的兴起,越来越多的证据却支持尾索动物与脊椎动物的关系最近(图 9-2B)。文昌鱼的传统地位由此受到挑战,人们开始重新思考脊椎动物起源的问题。

二、脊椎动物起源假说

新的系统发育分析结果复活了 1928 年由英国生物学家 N. Garstang 提出的脊椎动物起源的幼态演化假说(图 9-3)。该假说认为,脊索动物的祖先可能更像现代尾索动物成体,具有鳃裂,营底栖固着生活。这种动物随后出现了一个具脊索、背神经管和肛后尾的,类似自由游泳蝌蚪的幼体阶段,称为"蝌蚪幼体"阶段,接着,这个幼体又出现了在变态为成体之前就可以生殖,从而完成生命周期的幼态成熟

(paedogenesis)现象。这样,在脊索动物原始祖先的生命周期中就有可能淘汰掉营固着生活的成体阶段,变成我们较为熟悉的脊索动物形态。这个理想祖先可能在早期演化出一个侧支,即头索动物,如文昌鱼,而主干则进一步向两个方向发展,一是经过变态,成体营底栖固着生活,以鳃裂作为取食和呼吸器官,如海鞘;另一方向是发生幼态成熟,即幼体期延长并适应新的生活环境,最终丢弃原先的成体阶段不再变态,进而发展出新的一类动物,即具有脊索、背神经管和鳃裂的,自由运动的早期无颌类,如寒武纪的昆明鱼和海口鱼,之后又进一步分化为甲胄鱼类和有颌类(Garstang,1928)。因此,该假说认为海鞘更接近于原始无颌脊椎动物的祖先,是脊椎动物最近的姐妹群。

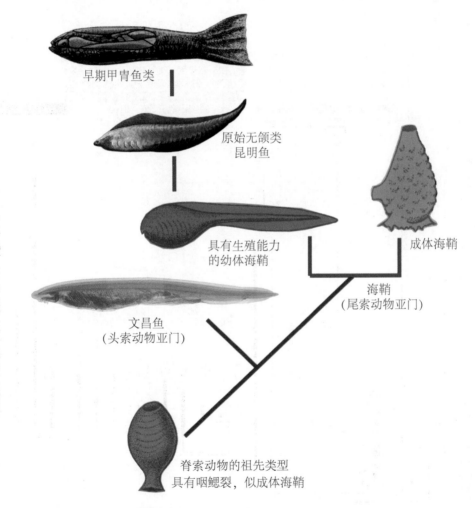

早期甲胄鱼类

原始无颌类
昆明鱼

具有生殖能力
的幼体海鞘

成体海鞘

海鞘
(尾索动物亚门)

文昌鱼
(头索动物亚门)

脊索动物的祖先类型
具有咽鳃裂,似成体海鞘

图9-3 脊椎动物的起源假说(改自Long,2011)。

关于幼态成熟现象在现代的尾索动物尾海鞘纲的生命周期中可以明显地看到,尾海鞘纲动物已失去固着阶段,具繁殖能力,这一点可作为"幼体"性早熟的实例,并可视为脊索动物早期演化的活样板。很多动物学家认为营固着生活、以滤食为生的半索动物门的羽鳃纲是尾索动物祖先的模型。羽鳃纲动物具纤毛带的触手腕，它们利用触手腕滤过方式取食多于用鳃裂滤过方式取食。但此纲中某些种类在咽部具鳃裂，或许咽鳃裂这种结构是一种更有效的取食方式，从而替代了触手腕滤食方式。

三、昆明鱼类与圆口类

最早出现的脊椎动物是无颌类，它们还没有演化出颌骨，嘴巴没有咬合功能，也没有真正的牙齿，只能营滤食或寄生生活。无颌类包括圆口纲（Cyclostomata）、甲胄鱼纲（Ostracodermi）以及脊椎动物的一些干群，如昆明鱼类，已有至少5.2亿年的演化历史（图9-4）。

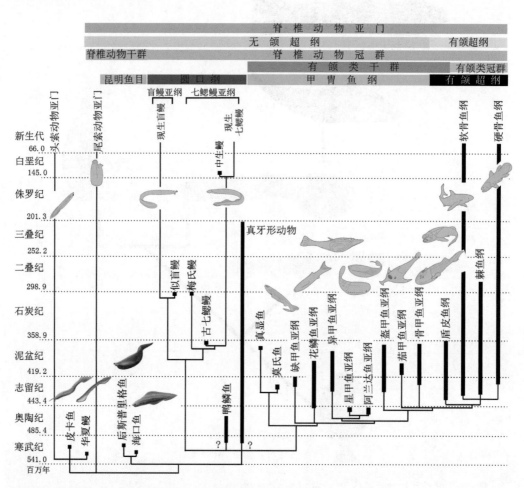

图9-4 无颌类在地史时期的分布（引自盖志琨、朱敏，2017）。

在云南昆明海口的寒武系下寒武统中发现的昆明鱼（*Myllokunmingia*）、海口鱼（*Haikouichthys*）和钟健鱼（*Zhongjianichthys*），是目前所知最古老的脊椎动物，它们共同组成了昆明鱼类。这些5.2亿多年前的鱼形动物体呈纺锤形，长不足30

mm;鱼体裸露,无鳞片或外骨骼覆盖;具备嗅觉、视觉和听觉器官的头部已经形成,咽部具有约7对鳃囊;作为雏形脊椎成分的弓片也已出现;发育有背鳍和成对的腹侧鳍褶;躯干肛后部分短而不具尾鳍。昆明鱼类被视为脊椎动物的干群,填补了原索动物和脊椎动物冠群之间的形态鸿沟。昆明鱼类的发现,表明脊椎动物和原索动物在寒武纪第二世前就已分道扬镳,这一分异时间与校正后的分子钟预测的时间越来越接近。

圆口纲是脊椎动物中唯一现存的无颌类,有120多种,占现生脊椎动物物种数的0.2%都不到。圆口纲包括盲鳗亚纲和七鳃鳗亚纲两大类群。对于圆口纲是否是一个单系类群,长期以来一直存在很大争议。一种观点认为,与盲鳗比较,七鳃鳗与有颌类具有更近的亲缘关系。20世纪90年代流行起来的分子系统学使得生物学家可以从分子生物学的数据来验证基于形态数据的分类假说。让人意外的是,几乎所有的分子生物学数据都支持盲鳗和七鳃鳗组成一个单系类群,即圆口纲。

圆口类全身裸露没有硬组织,只有在特异环境下才能保存软体化石。盲鳗只发现有3个化石属,最早的化石记录可追溯到约3亿年前石炭纪莫斯科期的似盲鳗(*Myxinikela*)。七鳃鳗有6个化石属,南非古七鳃鳗(*Priscomyzon*)的发现将解剖学上现代七鳃鳗的最早化石记录向前推至晚泥盆世,这说明七鳃鳗有着非常古老的起源。中国发现的圆口类化石种类只有中生鳗(*Mesomyzon*)一个属,代表了七鳃鳗类向淡水生活环境入侵的最早记录。

四、甲胄鱼类

无颌类虽在现生脊椎动物中占极小的物种比例,但是化石发现表明这一类群在地史时期也曾一度繁盛并且构成当时脊椎动物的主体,这些"戴盔披甲"的无颌类统称甲胄鱼类(图9-5)。甲胄鱼类虽然可能在寒武纪晚期就已经出现,但一直到奥陶纪末期,这些当时最有前途的脊椎动物却并未得到发展,整个奥陶纪的海洋仍然是无脊椎动物的天下。到了奥陶纪末期,由于赫南特大冰期的影响,地球生物圈经历了寒武纪大爆发以来的第一次生物大灭绝,导致了无脊椎动物的大量灭绝,古生代海洋出现了广阔的生态空位。熬过了大冰期的甲胄鱼类终于在志留-泥盆纪时期迎来辐射式发展,演化出以下几大类群:异甲鱼亚纲(Heterostraci)、缺甲鱼亚纲(Anaspida)、花鳞鱼亚纲(Thelodonti)、茄甲鱼亚纲(Pituriaspida)、骨甲鱼亚纲(Osteostraci)及盔甲鱼亚纲(Galeaspida)。此时开始进入全盛的甲胄鱼类时代,其中异甲鱼类辐射演化出300多种,骨甲鱼类200多种,盔甲鱼类也有近100种。

这些"戴盔披甲"的鱼类体型大小不一,小的体长几厘米,大的几十厘米。外表形态差异也很大:异甲鱼类身体呈纺锤形,口周围有扇形排列的口片,或许可以用来刮取食物;骨甲鱼类头甲呈马蹄形,有成对胸鳍,头甲上具特殊的侧区,可能用于容纳发电器官或与侧线相连的感觉器官。生活方式多种多样,多数种类在海底营底栖生活,靠滤食海底有机物为生。

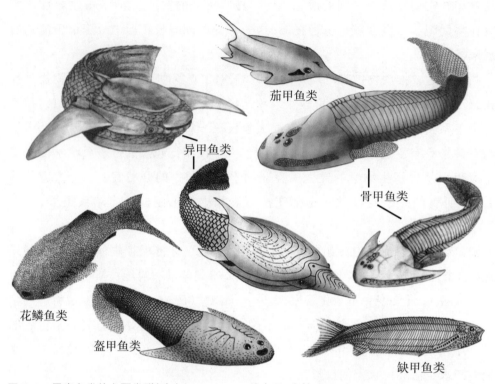

图 9-5　甲胄鱼类的主要类群(改自Long, 2011;盖志琨、朱敏, 2017)。

异甲鱼类和骨甲鱼类经常一起保存,主要分布于北半球,见于欧洲、北美及西伯利亚地区;缺甲鱼类主要分布于欧洲和北美的晚志留世和早泥盆世地层中;南半球的甲胄鱼类只有在澳大利亚发现的茄甲鱼类,属种较少;盔甲鱼类主要发现于中国南方、西北地区和越南北部,是地方色彩非常浓厚的一个类群,其保存精美的脑颅化石为认识脑与血管的早期演化提供了重要资料(图9-6)。甲胄鱼类在经过志留纪晚期和泥盆纪早期的繁盛后,从泥盆纪中期开始衰落,到泥盆纪末期便全部灭绝。甲胄鱼类的灭绝与有颌脊椎动物的崛起有着很大的关系。

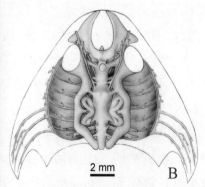

图 9-6　盔甲鱼类脑颅形态。A. 包阳都匀鱼(*Duyunolepis paoyangensis*)脑颅标本;B. 浙江曙鱼(*Shuyu zhejiangensis*)脑颅复原(B引自Gai et al., 2011)。

五、颌起源

颌的起源是脊椎动物演化史上一次革命性的演化事件,深刻影响了脊椎动物的演化方向。分子生物学、发育生物学和比较胚胎学的系列进展促成了颌演化异位理论的提出。通过对比现生无颌类七鳃鳗和有颌类胚胎的发育过程、基因调控模式,发现无颌类的神经脊细胞由于受到位于头顶中央的鼻垂体复合体的阻挡,而无法像有颌类那样发育成颌和颅桁。因此,颌的发育首先需要无颌类脑颅特征重新组合,其中最重要的就是位于头顶中央的鼻垂体复合体分裂为3块彼此独立的基板。因此颌的起源是在上皮-外胚层间质细胞相互作用中,由于口腔发育调控基因的异位表达导致的一次演化上的创新。这一基于发育生物学建立的理论模型只能通过发现过渡类型的无颌类化石来证实。

曙鱼(*Shuyu*)是在浙江4.35亿年前的志留纪地层中发现的一种盔甲鱼(图9-6B)。比较解剖学研究显示,盔甲鱼的脑颅结构已经发生了关键的重组,成对鼻囊位于口鼻腔的两侧,垂体管向前延伸,并开口于口腔,与七鳃鳗和骨甲鱼类的鼻垂体复合体完全不同,而与有颌类的非常相似。这提供了鼻垂体复合体在无颌类中分裂的最早的化石证据,代表了在颌演化过程中的一个非常关键的中间环节,即阻碍外胚层间质细胞向前生长的障碍已经不复存在,从而佐证了颌演化的异位理论。盔甲鱼类可能已经具有了有颌类特有的颅桁衍生构造(譬如眶鼻间隔、筛骨板),进一步揭示出脊椎动物头骨在颌起源之前重组的过程,提供了现生有颌脊椎动物的特征组合是在颌起源之前逐步获得的新证据。

第二节　有颌类的崛起

颌的出现使脊椎动物由被动的滤食生活方式转向主动的捕食生活方式,大大提高了脊椎动物的取食与适应能力。自此以后,有颌脊椎动物或有颌类迅速向更广阔的生态位辐射,演化出包括我们人类在内的各大类群,构成了现生脊椎动物物种数的99.8%。

在泥盆纪的"鱼类时代",有颌类分化出了四大类群,即戴盔披甲的盾皮鱼类、身上长了很多棘刺的棘鱼类以及软骨鱼类和硬骨鱼类,其中前两个类群分别于泥盆纪末和早二叠世末灭绝。志留纪和早泥盆世期间,有颌类的快速辐射演化直接促成了泥盆纪鱼类的登陆。

一、盾皮鱼类

盾皮鱼类是最原始的有颌脊椎动物。它们的头与躯干的前段一般都披有大块膜质骨板组成的"甲胄";头甲与躯甲之间通常有一个颈关节。盾皮鱼类各类群的形体大小及特征相差十分悬殊:大者可长达9 m以上,小者长仅几厘米;有生活在淡水中的类群,也有生活在海洋环境中的种类。过去认为,盾皮鱼类作为一个单系或自然类群,在泥盆纪末已完全灭绝,是由"从鱼到人"演化主干上早早偏离出去的旁支。最新系统发育分析结果表明,盾皮鱼类是一个并系类群(图9-7),是通向有颌类冠群(crown-group gnathostomes)或现代有颌类(modern gnathostomes)的一系列支系的集合。换句话说,盾皮鱼类并没有完全灭绝,它的一支衍生出了软骨鱼类和硬骨鱼类的最近共同祖先。盾皮鱼类的各大支系因此位列"从鱼到人"演化主干之上,成为理解有颌类冠群特征是如何逐步获得的关键。

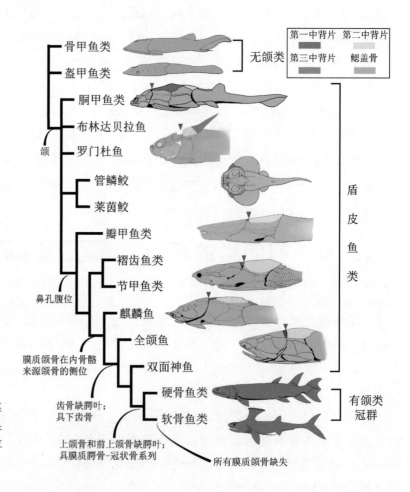

图9-7 盾皮鱼类的系统发育关系。三角箭头指示颈关节的位置(改自Zhu et al., 2016)。

盾皮鱼类有近400个属,主要包括以下几个类群:胴甲鱼类(antiarchs)、棘胸鱼类(acanthothoracids)、萌鳐鱼类(rhenanids)、褶齿鱼类(ptyctodonts)、瓣甲鱼类

（petalichthyids）、节甲鱼类（arthrodires）和全颌盾皮鱼类（maxillate placoderms）。节甲鱼类是盾皮鱼类中多样性最高的类群，有大约200个属。北美晚泥盆世的邓氏鱼（*Dunkleosteus*）是节甲鱼类的明星代表，是泥盆纪海洋中最大的掠食者。生物力学研究表明，一条体长6 m的邓氏鱼的上下颌在闭合时所产生的咬合力，在颌前端估计大于4 400 N，足以咬碎泥盆纪任何带盔甲的动物。

胴甲鱼类可能是最原始的盾皮鱼类。它们作为适应底栖生活的类群，在志留纪至泥盆纪海洋和淡水中也获得很大的发展，数量十分巨大，其多样性仅次于节甲鱼类。胴甲类最典型的特征是它们的胸鳍被完全包裹在外骨骼中，并通过复杂的构造与躯甲相关连并活动。云南鱼类是最原始的胴甲鱼类群，仅发现于我国与越南的志留纪−早泥盆世地层中，具有重要的古生物地理意义。

在云南曲靖晚志留世地层中发现的全颌鱼（*Entelognathus*）和麒麟鱼（*Qilinyu*）代表了一类全新的盾皮鱼类类群——全颌盾皮鱼类（图9-8）。全颌盾皮鱼身体大多数地方与其他盾皮鱼类基本相同，却具有确定无疑的硬骨鱼模式的上下颌骨，这一发现成为联结盾皮鱼类与硬骨鱼类这两大类群的关键证据，有力地支持了盾皮鱼类为通向有颌类冠群一系列支系集合的假说，为理解现代有颌类的最近共同祖先提供了一个重要参照。

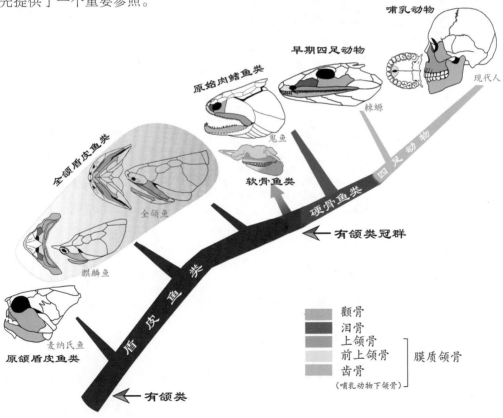

图9-8　脊椎动物膜质颌骨的演化（Brian Choo提供骨骼清绘图）。

二、棘鱼类与软骨鱼类

棘鱼类因其背鳍、胸鳍、腹鳍和臀鳍的前端有硬棘而得名(图9-9A)。除此之外,它们既类似硬骨鱼类,也兼有许多原始软骨鱼类的特征。晚奥陶世和早志留世的棘鱼化石记录主要是分散保存的棘刺和鳞片,它们是否属于真正的棘鱼类尚有待更多证据证明。可靠的棘鱼类证据于中志留世出现,但始终没有真正发展起来。泥盆纪时棘鱼类达到其演化的顶峰,之后逐渐衰落直至早二叠世末灭绝。学术界对于棘鱼类的系统分类位置长期存有争议。全颌盾皮鱼类的发现与研究促使了对有颌脊椎动物四大类群关系的再度审视,现普遍认为,棘鱼类是软骨鱼类的干群成员,它们代表了软骨鱼类的祖先类型。

软骨鱼类的内骨骼全系软骨;卵通常是在体内受精;鳃裂均有分离开来的鳃孔,唯全头类有一皮膜覆盖所有4对鳃裂;皮肤表面覆以楯鳞;除了部分类群具有棘刺外,身体表面没有大块的膜质外骨骼。晚奥陶世和早志留世的软骨鱼化石记录仍有疑问,原因是化石主要是一些分散保存的棘刺和鳞片。确定的较完整软骨鱼化石记录则可以追溯到早泥盆世。美国

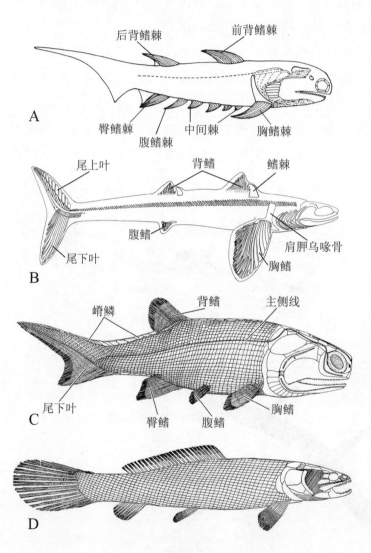

图9-9　棘鱼类、软骨鱼类和辐鳍鱼类化石代表(引自Moy-Thomas and Miles,1971)。A. 早泥盆世棘鱼类栅棘鱼(*Climatius*);B. 晚泥盆世软骨鱼类裂口鲨(*Cladoselache*);C. 晚泥盆世辐鳍鱼类莫氏鱼(*Moythomasia*);D. 晚侏罗世辐鳍鱼类中华弓鳍鱼(*Sinamia*)。

晚泥盆世克利夫兰页岩中发现的裂口鲨可作为早期鲨类的代表(图9-9B)。裂口鲨体形与现代鲨鱼相差不大,有两背鳍,歪型尾,但上、下叶颇对称,似正型尾;牙齿具高耸的中尖及两侧低矮而对称的一或两侧尖。二叠纪-三叠纪的旋齿鲨类是一个奇特的灭绝类群,其牙齿在颌的左、右两块颌骨接合处向下向内卷曲成环圈状,生长方式非常特殊。现生软骨鱼类只有1 000余种,分为板鳃亚纲(Elasmobranchii)和全头亚纲(Holocephali)。

三、硬骨鱼类起源与辐鳍鱼类演化

在现生脊椎动物中,硬骨鱼纲(Osteichthyes)或硬骨脊椎动物的物种数约占98％。传统定义的硬骨鱼类仅限于硬骨脊椎动物的鱼形成员,它们是当今地球水域中最成功的动物,广泛适应于地球上的所有水域,从小的溪流、河、湖、池塘直到海洋中各种深度的水体。其类型之复杂、种类之繁多可为脊椎动物之魁首。其特点是:骨骼高度骨化;鳃裂被鳃盖骨掩盖,不单独外露;喷水孔缩小,甚至消失;大多数有鳔,少数有肺;大多数是舌接式的头骨;原始的类群为歪型尾,进步的类群为正型尾。约4.2亿年前,硬骨鱼纲沿两个方向分化(图9-10),一支是辐鳍鱼亚纲(Actinopterygii),另一支是肉鳍鱼亚纲(Sarcopterygii)。

辐鳍鱼类构成了鱼类自身演化道路上的主干,冠群成员可分为3个次亚纲:多鳍鱼次亚纲(Cladistia)、软骨硬鳞鱼次亚纲(Chondrostei)和新鳍鱼次亚纲(Neopterygii)。

早泥盆世早期的弥曼鱼(*Meemannia*)是迄今所知最早的辐鳍鱼,属于辐鳍鱼类的干群成员。在泥盆纪"鱼类时代",辐鳍鱼类皆为干群成员,如中泥盆世的鳕鳞鱼(*Cheirolepis*)、晚泥盆世的莫氏鱼(图9-9C),几乎处于一个停滞演化的阶段,这与呈现辐射演化的肉鳍鱼类形成了鲜明对比。泥盆纪之后,盾皮鱼类已经灭绝,肉鳍鱼类与棘鱼类走向衰落,辐鳍鱼类才在地球水域中取得成功。

软骨硬鳞鱼类是辐鳍鱼类冠群的原始类型,其内骨骼主要是软骨,体表一般披有菱形的厚重鳞片,现生代表有鲟鱼(*Acipenser*)。我国鲟形鱼类化石非常丰富,早期代表包括早白垩世热河生物群中的北票鲟(*Peipiaosteus*)、燕鲟(*Yanosteus*)和原白鲟(*Protopsephurus*)等。

根据演化阶段,新鳍鱼类可分为全骨鱼类(holosteans)和真骨鱼类(teleosts)。多数观点认为,全骨鱼类是一个并系类群,包括了新鳍鱼次亚纲中真骨鱼类之外的所有鱼类,其体表虽然仍披有菱形硬鳞,但体内已有不少软骨骨化,头部骨骼,尤其是上下颌和颊部骨骼,发生了巨大的结构变化,尾鳍一般是半歪型尾,有的已是正型尾,喷水孔消失,现生代表有弓鳍鱼和雀鳝。在华南、华北上侏罗统中发现的中华弓鳍鱼可作为该类群的代表(图9-9D)。

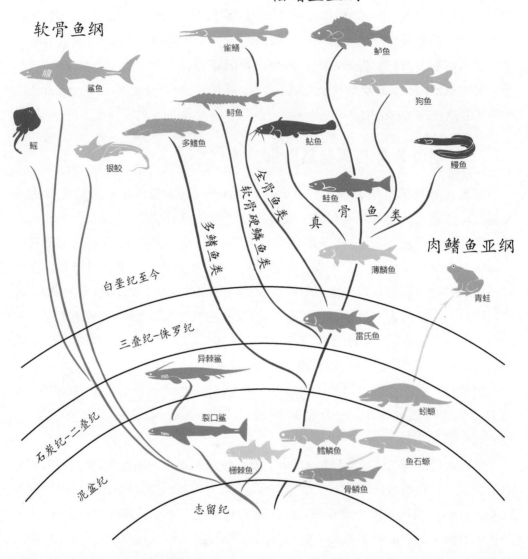

图 9-10　有颌类冠群的演化(改自 Colbert,1955)。现生有颌类(包括软骨鱼纲和硬骨鱼纲)的最近共同祖先及其所有后裔构成了有颌类冠群,亦称现代有颌类(modern gnathostomes)。硬骨鱼纲包括辐鳍鱼亚纲和肉鳍鱼亚纲,后者又包括空棘鱼类、肺鱼类和四足动物。

　　真骨鱼类的主要特征是头骨骨化,舌接式,脊椎骨完全骨化,鳞片为骨鳞,正型尾。真骨鱼类从晚侏罗世起逐渐取代全骨鱼类,于新生代演化辐射,并成为水域的真正征服者。真骨鱼类包括494科,其中灭绝的有69科,现生的425科。在现生真骨鱼类中,以鲱形目、鲤形目、鲑形目、鳕形目、鲈形目和鲽形目最具经济价值。华北晚侏罗世至白垩纪的真骨鱼类化石相当丰富,归入骨舌鱼目的狼鳍鱼(*Lycoptera*)是著名的代表。我国南方古近系中常见的洞庭鳜(*Tungtingichthys*)隶属鲈形目。

第三节　肉鳍鱼类登陆

　　与四足动物亲缘关系最近的鱼类是肉鳍鱼类,现生种类只有4属8种,分属空棘鱼类和肺鱼类(图9-11)。这些登陆鱼群的胸鳍与腹鳍里面的内骨骼只有一个主轴与肩带或腰带相关连,与四足动物的四肢一脉相承。四足动物是由肉鳍鱼类衍生而来,因此,肉鳍鱼亚纲(Sarcopterygii)或肉鳍鱼全群(total-group sarcopterygians)除了这些生活在水中的鱼类外,还应包括成功登陆的四足动物。肉鳍鱼类处于从鱼到人的演化主干上,其起源与早期演化因此备受学术界与公众的关注。中国是早期肉鳍鱼类化石最丰富的地区(图9-12),肉鳍鱼干群成员以及冠群主要分支的最早化石记录也皆来自志留纪-泥盆纪时期的华南板块,分布地区包括云南、广西以及越南北部,指示中国南方4亿多年前的古海洋是登陆鱼群(肉鳍鱼类)的发源地与早期分化中心(图9-13)。

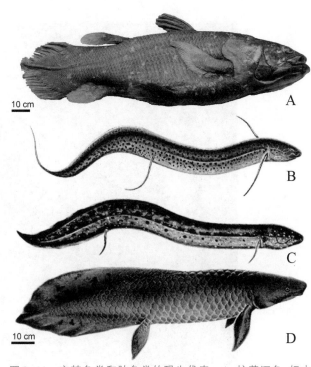

图9-11　空棘鱼类和肺鱼类的现生代表。A. 拉蒂迈鱼,标本保存在中国古动物馆;B. 南美肺鱼;C. 非洲肺鱼;D. 澳洲肺鱼。

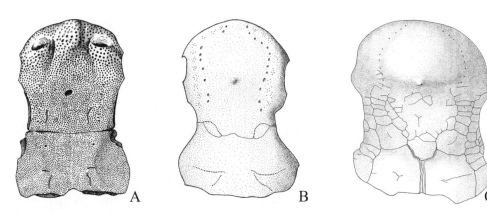

图9-12　早期肉鳍鱼类化石(引自Chang, 1982,1995;Yu, 1998)。A. 晚志留世-早泥盆世的斑鳞鱼(*Psarolepis*);B. 早泥盆世的杨氏鱼(*Youngolepis*);C. 早泥盆世的奇异鱼(*Diabolepis*)。

以斑鳞鱼（*Psarolepis*）和鬼鱼（*Guiyu*）为代表的肉鳍鱼干群成员仅发现于我国南方与越南北部的晚志留世–早泥盆世地层中（Zhu et al.，1999，2009）。它们不但具有肉鳍鱼类的一些典型特征，如脑颅分成前后两部分、外骨骼发育孔–管系统等，还具有辐鳍鱼类的某些特征，如颊部的骨骼结构，而这些辐鳍鱼特征有可能代表了硬骨鱼类的祖先特征。

图9-13　早泥盆世早期斑鳞鱼生态复原图（Brian Choo提供）。

一、空棘鱼类

在现生脊椎动物中，空棘鱼和肺鱼与四足动物关系最密切，接近陆生脊椎动物的水中鱼形祖先。1839年，"古鱼类学之父"阿加西根据化石建立了空棘鱼属（图9-14A）。其后百年中大约有80个化石种在欧美大陆和非洲被发现，时代从中泥盆世一直到晚白垩世都有。但之后，空棘鱼类的化石似乎就难觅踪迹了，因此一度以为该类已经与恐龙一同灭绝。除少数例外，空棘鱼类的体型，尤其是鱼鳍与鱼尾的形态与相对位置，在其演化历史中几乎没有太大的变化。正是这种演化上的保守，帮助史密斯很快鉴定出活化石拉蒂迈鱼（*Latimeria*；图9-11A）。空棘鱼类的化石

记录现在可以追溯到
4.1亿年前的早泥盆世
布拉格期。

　　1938 年 12 月 22
日,第一条拉蒂迈鱼
在南非东伦敦海港被
意外发现。在这之
前,空棘鱼类只有化
石记录。拉蒂迈鱼肥
硕肉质的腹鳍和胸鳍
很容易让人联想到陆
生脊椎动物的四肢,
它称得上是世界上最
稀有、最富有传奇色
彩的鱼类,曾引发国
际间争夺研究权与所
有 权 的 长 年 纷 争 。

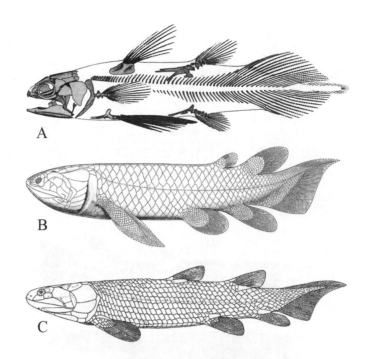

图 9-14　空棘鱼类、肺鱼形类与四足形类化石代表(引自 Jarvik,
1980)。A. 晚二叠世空棘鱼(*Coelacanthus*);B. 晚泥盆世肺鱼形类
全褶鱼(*Holoptychius*);C. 中泥盆世四足形类骨鳞鱼(*Osteolepis*)。

1952年,第二条拉蒂迈鱼在非洲科摩罗群岛再次现身。此后,上百尾拉蒂迈鱼陆续
在科摩罗群岛 70-400 m 深的水域中被捕获,并成为世界各地自然史类博物馆的
明星展品。1997年,在印尼海域发现了拉蒂迈鱼同属的另一个物种,拉蒂迈鱼的地
理分布成为新的需要解答的谜团。

二、肺鱼形类

　　现生肺鱼有 3 属 6 种,都分布在南半球,主要特征是牙齿特化为扇形齿板。肺
鱼除了鳃之外,还有能够呼吸的肺状器官。某些种还可以躲在土壤中由黏液丝结
成的茧状物中度过较长的干旱期。第一种现生肺鱼南美肺鱼(*Lepidosiren
paradox*)是1836年在南美发现的(图9-11B),1837年被正式描述并被分类成为一
种四足动物。1839年,非洲肺鱼的第一个种(*Protopterus annectens*)被正式描述,所
依据的标本是1835年在冈比亚河下游采集的。此后直到1900年,又有3种非洲肺
鱼被描述(图9-11C)。澳洲肺鱼(*Neoceratus forsteri*;图9-11D)1870年才被发现
并描述。在3个现生肺鱼属中,南美肺鱼与非洲肺鱼的亲缘关系要更近些。海克尔
是第一位将肺鱼置于演化树的学者,在他的树中,肺鱼的位置靠近两栖类。肺鱼的
发现使得科学家们再一次认真思索鱼类与四足动物的亲缘关系。

　　在云南曲靖早泥盆世地层中发现的奇异鱼(图9-12C)是肺鱼类最原始、最古

老的代表,与现代肺鱼一样,口中有特殊的扇形齿板。肺鱼形类还包括一些与肺鱼演化关系密切但并不具有肺鱼典型特征的化石种类,如杨氏鱼(图9-12B)、孔鳞鱼(*Porolepis*)、全褶鱼(图9-14B)等。

三、四足形类

包括人类在内,所有陆地脊椎动物(四足动物)的最近共同祖先都可以追溯到在3.7亿年前尝试登陆的一支肉鳍鱼类。这支肉鳍鱼类总称四足形类或四足动物全群(total-group tetrapods)。除陆地脊椎动物外,四足动物全群还包括许多生活在水中的鱼形成员(图9-15A,B),其中最古老的代表是发现于我国云南早泥盆世地层中的东生鱼(*Tungsenia*)和肯氏鱼(*Kenichthys*)。四足形类的鱼形成员在泥盆纪和石炭纪非常繁盛,牢牢占据着浅水大型捕食者的生态位。泥盆纪晚期的希望螈类(elpistostegids;图9-15B),如在加拿大北极地区发现的提克塔利克鱼(*Tiktaalik*),形态已经与最早的四足动物非常接近。

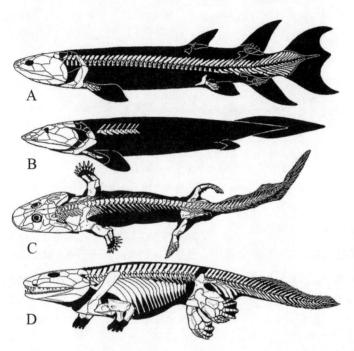

图9-15 三列鳍鱼类、希望螈类和早期四足动物骨骼对比(引自Coates,2001)。A. 三列鳍鱼类真掌鳍鱼(*Eusthenopteron*);B. 希望螈类潘氏鱼(*Panderichthys*);C. 早期四足动物棘螈(*Acanthostega*);D. 早期四足动物鱼石螈(*Ichthyostega*)。

在肯氏鱼和希望螈类之间的庞杂四足形类成员可归入根齿鱼类(rhizodonts)和骨鳞鱼类(osteolepiforms)两个分支。根齿鱼类是一群神秘的大型掠食性鱼类,最大的根齿鱼体长可达7 m,被称为"石炭纪水怪"。早在200多年前,在苏格兰爱丁堡附近的石炭纪煤系地层中就发现了属于根齿鱼类的巨大牙齿,最初曾被当成鳄鱼的牙齿。一些著名的早期古生物学家,如提出"恐龙"这一术语的理查德·欧文、"达尔文的斗犬"赫胥黎和"古鱼类学之父"阿加西等人,都曾研究过根齿鱼类,并曾就此有过激烈的论战。20世纪,由于根齿鱼类偶鳍骨骼排列方式和结构上与四足动物很相似,学术界曾认为根齿鱼类很接近鱼类登陆的节点。不过,根齿鱼类这一四足动物"近亲"地位在过去的20多年里被骨鳞鱼类（图9-14C）所取代。骨鳞鱼类中的三列鳍鱼类（tristichopterids），如著名的真掌鳍鱼（*Eusthenopteron*），在许多方面与希望螈类相似，因而三列鳍鱼类被认为最为接近希望螈类和四足动物，而根齿鱼类则处于四足形类更原始的位置。

在我国宁夏晚泥盆世地层中发现的鸿鱼（*Hongyu*）兼具根齿鱼类、希望螈类和四足动物的特征，复活了根齿鱼类在鱼类登陆进程中所处的"近亲"地位，同时指示了泥盆纪的根齿鱼类和骨鳞鱼类在向陆生生活拓展的过程中发生过显著的平行演化，这些分属不同类群的大型浅水捕食鱼类都曾各自尝试过向陆地拓展，但最终只有一支取得了成功。

四、鱼类登陆

3.7亿年前的晚泥盆世，在海洋或河湖中繁衍生息、演化了1亿多年的古鱼类终于步履蹒跚地爬上了陆地。最早的陆生脊椎动物是以鱼石螈为代表的泥盆纪四足动物，虽然它们对水的依赖性仍然很强，需要在水中繁殖后代，但已有了能够支撑身体的前、后四肢，以及四肢上的指（趾）骨。指（趾）骨是四足动物最重要的一个鉴别特征，没有指（趾）骨的四足形类，我们仍称之为鱼类。鱼类登陆是"从鱼到人"这一数亿年生物演化中极为关键的一步，它为生物的发展开拓了一个全新的生态空间，并从早期四足动物逐渐演化出爬行动物、鸟类和包括人类在内的哺乳动物。

1929年，在东格陵兰岛晚泥盆世地层中发现的鱼石螈（图9-15D）是见证鱼类登陆过程的最著名化石，一经发现就在学术界与公众中引起了极大的反响，并被昵称为"四足鱼"。鱼石螈体长60—70 cm，有7个脚趾，前后肢已经可以拖着笨拙的身体在陆地上爬行，有一条鱼尾巴，上面还长着鳍条骨。在很长一段时间，鱼石螈被认为是最早登陆的脊椎动物，也是泥盆纪四足动物的唯一代表。1952年，与鱼石螈共生的棘螈（图9-15C）被描述，但此时格陵兰仍然是泥盆纪四足动物的唯一产地。1977年，在澳大利亚发现了一件被认为是泥盆纪四足动物下颌的标本。此后，更多泥盆纪四足动物骨骼化石陆续在俄罗斯、苏格兰、拉脱维亚、比利时、美国和中国等地被发现，指示早期四足动物有一个快速扩散并获得全球分布的过程。2010年，在波兰3.9亿年前海相地层中发现的一批足迹化石被认为是四足动物留下的印迹，可能提供了四足动物的一个最早化石记录，但学术界目前对这些足迹是由哪类动物所留下的仍有争议。

脊椎动物从水生到陆生是生命史的一次飞跃。最早的四足类要适应新的环境需要解决一些新的问题，如从水中获得氧气（鳃呼吸）变为从空气中获得氧气（肺呼吸），克服地球重力的影响，摄食方式与感觉系统的转变等（Benton，2015）。化石记录表明，脊椎动物从水到陆不是一蹴而就的，新结构的形成和完善是鱼类成功登陆的前提。在生命史中，肺实际上是一个很早就演化出来的器官，鱼鳔就是肺的同源器官,辐鳍鱼类中的多鳍鱼就已能通过原始肺来辅助呼吸。然而,在水中呼吸转变为在空气中呼吸,还得依赖内鼻孔的出现。鱼类在头的两侧各有两个鼻孔,前面的是进水孔,后面的是出水孔,里面与嗅囊相通,但与口腔或咽腔没有任何联系。换句话说,鱼类的"鼻子"只有嗅觉功能,而没有呼吸功能。四足动物只有一对外鼻孔,不过在鼻腔内部,还有一对开孔,成为鼻腔与咽腔之间的通道,这就是内鼻孔。内鼻孔的出现,使外面的空气能顺利地进入肺,保证了动物对氧气的需求。当口闭合或取食时,鼻子就成为四足动物呼吸的唯一通道。内鼻孔在四足形类中才开始出现,化石证据表明,在我国云南发现的肯氏鱼正处于从外鼻孔向内鼻孔过渡的阶段。肯氏鱼的颌弓虽然仍由上颌骨和前上颌骨组成,但前后并不相接,中间有个间隙,这就是肯氏鱼后外鼻孔或原始内鼻孔的位置。这意味着,在肉鳍鱼类演化中,存在着一个上颌骨和前上颌骨裂开又重新相接的过程,这为鼻孔的"漂移"提供了通道。骨鳞鱼类与希望螈类虽然还不是真正的四足动物,但已有真正的内鼻孔。

鱼类在水中游泳,重力基本上被水中的浮力所抵消。而在陆地上,四足动物需要通过四肢来支撑身体,身体的骨架以及所有体内器官必须在结构上有所改变以适应向下的地球重力。鱼类的脊柱主要适应游泳中的侧向伸展与弯曲,而四足动物的脊柱以及围绕脊柱的肌肉必须发生变化,以防止身体在四肢间下垂。四足动物与鱼类在运动方式上截然不同,四足动物必须通过四肢的往复移动形成步伐来驱动身体向前。在鱼类登上陆地之前,一些适应陆地运动方式的解剖结构的改变已经发生。尽管与四足类的行走还有细节上的区别,肉鳍鱼类成对的鳍已经具备特化的内骨骼与肌肉,可以在水底进行简单的"行走"。指(趾)骨是四足动物出现的一个标志。泥盆纪四足动物演化出6—8个指(趾)头,图拉螈6个,鱼石螈7个,而棘螈(图9–15C)则有多达8个指(趾)头。泥盆纪之后,四足类才固定到了5个指(趾)头。为了有效地支撑身体,肩带和腰带是登陆进程中改变幅度比较大的部分。从三列鳍鱼类经希望螈类到早期四足类,我们可以看到肩胛乌喙骨变得更为壮实,前肢支撑力显著增强;肩带从头骨分离,身体的运动不再与头部直接关联,动物在摄取食物时也不必扭动整个身体;骨盆扩大并通过髂骨和荐肋与脊柱紧密相连。

由于声波在空气中的振动比在水中微弱得多,四足动物需要通过鼓膜和听小骨等中耳构造将声音放大并传导入内耳。在现生两栖类和爬行类中,与听力有关的主要骨骼是镫骨,是由鱼类的舌颌骨演化而来的。舌颌骨原本是舌弓的一部分,在鱼类中,舌颌骨一端控制鳃盖的活动,或参与颌的悬挂,另一端则靠在脑颅上包围着内耳的听囊侧壁上。在早期四足动物中,舌颌骨一端与鳃盖脱离,另一端由前庭窗进入脑颅与内耳接触,成为镫骨。不过这些最初出现的镫骨还十分粗壮,推测其声音传导功能还很弱,尚无法听到高频声音。

既然鱼类登陆要面对重重的生存难题,那么它们为什么要迈出这重要的一步呢？经典的理论认为,鱼类演化出登陆的能力是为了逃离干涸中的水塘,去寻找新的水中栖息场所。泥盆纪是欧美大陆经历季节性干旱的时期,淡水鱼类也许经常遭遇水体的干涸。陆上行走的能力可以获得更好的水中生活环境。新的解释认为,随着植物与无脊椎动物的登陆,陆上或水边出现了丰富的尚未开发的食物来源和生态位,鱼类登陆是为了逃离水中的生存竞争,探索新的生态机遇。实际上,最早出现的泥盆纪四足动物主要还是生活在水中。当四足动物在石炭纪原始陆地森林中出没的时候,脊椎动物的登陆过程才基本完成。在此后的3亿多年间,陆地为植物、无脊椎动物和脊椎动物提供了新的演化舞台。

拓展阅读

本顿，2017. 古脊椎动物学 [M]. 董为，译. 4版. 北京：科学出版社.

盖志琨，朱敏，2017. 无颌类演化史与中国化石记录 [M]. 上海：上海科学技术出版社.

朱敏，等. 2015. 中国古脊椎动物志：第1卷 鱼类：第1册 无颌类：总第1册 [M]. 北京：科学出版社.

Benton M J, 2015. Vertebrate Palaeontology [M]. 4th ed. Oxford: Wiley Blackwell.

Chang M M, 1982. The Braincase of *Youngolepis*, a Lower Devonian Crossopterygian from Yunnan, South-western China [M]. Stockholm: University of Stockholm, Department of Geology.

Chang M M, 1995. *Diabolepis* and its bearing on the relationships between porolepiforms and dipnoans [J]. Bulletin du Muséum national d'Histoire naturelle, Paris 4e sér, Section C, 17: 235–268.

Coates M I, 2001. The Origin of Tetrapods [M]//Briggs D E G, Crowther P R. Palaeobiology Ⅱ. Oxford: Blackwell Science: 74–79.

Colbert E H, 1955. Evolution of the Vertebrates [M]. 2nd ed. New York: John Wiley & Sons, Inc.

Gai Z K, Donoghue P C, Zhu M, et al., 2011. Fossil jawless fish from China foreshadows early jawed vertebrate anatomy [J]. Nature, 476: 324–327.

Garstang W, 1928. The morphology of the Tunicata, and its bearings on the phylogeny of the Chordata [J]. Quarterly Journal of Microscopical Science, 72: 51–187.

Halstead L B, 1979. Internal anatomy of the polybranchiaspids (Agnatha, Galeaspida) [J]. Nature, 282: 833–836.

Janvier P, 1996. Early Vertebrates [M]. Oxford: Clarendon Press.

Jarvik E, 1980. Basic Structure and Evolution of Vertebrates: Vol. 1 [M]. London: Academic Press.

Kent G C, 1978. Comparative Anatomy of the Vertebrates [M]. Saint Louis: The C V Mosby Co.

Long J A. 2011. The Rise of Fishes: 500 Million Years of Evolution [M]. 2nd ed. Baltimore: The John Hopkins University Press.

Moy-Thomas J A, Miles R S, 1971. Palaeozoic Fishes [M]. London: Chapman and Hall.

Yu X B, 1998. A new porolepiform-like fish, *Psarolepis romeri* gen. et sp. nov. (Sarcopterygii, Osteichthyes) from the Lower Devonian of Yunnan, China [J].

 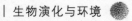

Journal of Vertebrate Paleontology, 18: 261–274.

Zhu M, Ahlberg P E, Pan Z H, et al., 2016. A Silurian maxillate placoderm illuminates jaw evolution [J]. Science, 354: 334–336.

Zhu M, Yu X B, Janvier P, 1999. A primitive fossil fish sheds light on the origin of bony fishes [J]. Nature, 397: 607–610.

Zhu M, Zhao W J, Jia L T, et al., 2009. The oldest articulated osteichthyan reveals mosaic gnathostome characters [J]. Nature, 458: 469–474.

第十章

晚古生代植物群及其典型案例

——中国"植物庞贝"简介

盘古大陆，
承载了地球史上最茂密的森林
和最广泛的煤炭沉积；
在这个没有被子植物的世界，
地球植被面貌究竟如何？
瞥一眼"植物庞贝"即可略知一二……

自维管植物登上陆地之后,各陆生植物如裸蕨类、石松类、有节类、真蕨类、前裸子植物、种子蕨类、苏铁类、银杏类和松柏类等,都陆续出现并迅速演化。晚古生代(距今4.19亿—2.52亿年)形成了地球历史上最茂盛的植被,同时也是最重要的成煤时期。当时陆地分布最大的特点表现为联合古陆的形成,以及古特提斯洋当中有一系列岛屿。冈瓦纳大陆冰川的广泛发育、频繁的构造运动引起了古地理变迁,许多地槽隆起成为山脉,陆相沉积广泛发育,又引起明显的气候分带和生物群分异。晚古生代地球植被明显地被划分为分别位于北温带和南温带的安加拉植物群(Angara Flora)和冈瓦纳植物群(Gondwana Flora),以及分别分布于热带、亚热带的华夏植物群(Cathaysia Flora)和欧美植物群(Euramerica Flora)等四大植物地理区(图10-1)。

冈瓦纳植物群,又名舌羊齿植物群,具有独特的舌羊齿属(*Glossopteris*)和恒河羊齿属(*Gangamopteris*),以及重要分子匙叶属(*Noeggerathiopsis*)和裂鞘叶属(*Schizoneura*)。植物群组成缺少北半球同期植物群中丰富的鳞木目、芦木类和许多大型羽状复叶的真蕨、种子蕨植物,属于气温较低的大陆环境下的植物群。

欧美植物群,最典型和茂盛的代表植物为楔叶纲的楔叶属、鳞木目、真蕨纲(特别是树蕨)和种子蕨纲等;裸子植物木材普遍缺乏年轮,属于热带或亚热带气候条件下的植物群。

安加拉植物群,含有不少欧美植物群中的主要纲目和一些相同的属,但包含的种不一样,如楔叶、鳞木、栉羊齿、美羊齿等属,没有华夏植物群的特有属种;它还有一些在外形上和冈瓦纳植物群很相似的植物,如匙叶、裂鞘叶等属的种。其独特的植物包括安加拉羊齿(*Angaropteridium*)、匙羊齿(*Zamiopteris*)、掌羊齿(*Iniopteris*)、异脉羊齿(*Comia*)和一些奇特的鳞木类植物。它主要是处于温带湿润气候条件下的植被。

华夏植物群,自1870年李希霍芬发现华夏植物群的首要代表类群——大羽羊齿植物起,其研究历史已有140多年。尽管石炭纪东亚植物群的气候和生态环境与欧美基本相似,但华夏区已有相当的标志类群或地方种存在,主要有:① 大羽羊齿类(gigantopterids);② 织羊齿类(emplectopterids);③ 瓣轮叶类(lobatannularians);④ 齿叶类(tingialeans);⑤ 束羊齿类(fascipterids);⑥ 贝叶属(*Conchophyllum*);⑦ 带羊齿类地方种(taeniopterids endemic spp.);⑧ 东方型鳞木类(oriental lepidophytes)。

华夏植物群的演化主要分为早、中、晚3个时期,晚石炭世逐渐形成,二叠纪逐渐繁荣,晚二叠世早期达到鼎盛,晚二叠世晚期开始衰减。由于受气候分异、构造运动、洋流作用、古地理环境、地外事件及植物演化一些综合因素的影响,华夏植物群在二叠纪末期大规模集群灭绝事件中未能幸免。

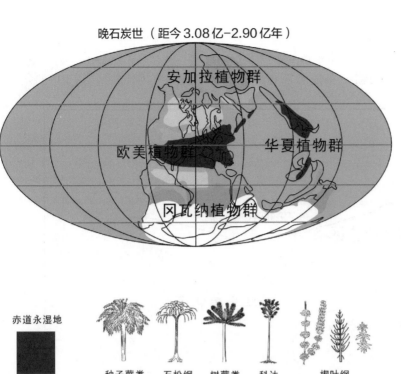

晚石炭世（距今3.08亿-2.90亿年）

安加拉植物群

欧美植物群

华夏植物群

冈瓦纳植物群

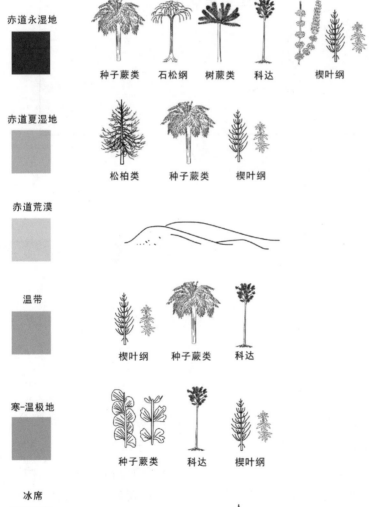

赤道永湿地

种子蕨类　石松纲　树蕨类　科达　楔叶纲

赤道夏湿地

松柏类　种子蕨类　楔叶纲

赤道荒漠

温带

楔叶纲　种子蕨类　科达

寒-温极地

种子蕨类　科达　楔叶纲

冰席

图10-1　晚古生代的古地理图及植被分带和植物地理区系（改自Willis and McElwain，2002）。

中国是世界上唯一兼具晚古生代四大植物地理区系的国家,其北部天山-兴安岭一线以北为安加拉植物地理区,西藏南部、云南西部为冈瓦纳植物地理区,新疆塔里木为欧美植物地理区,其他大部分地区都属于华夏植物地理区(图10-2)。

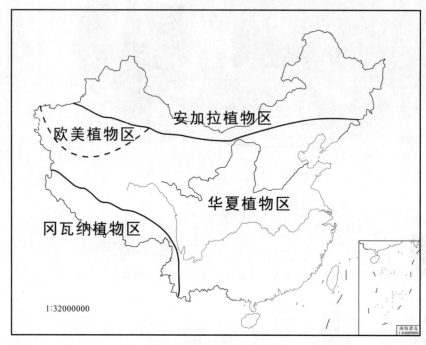

图10-2　中国晚古生代植物地理区系划分(李星学等,1995)。

第一节　晚古生代植物各分类群

晚古生代植物群是以真蕨和种子蕨植物为主导的植物群,包括孢子植物石松类、有节类、蕨类和前裸子植物,以及种子植物的种子蕨类、苏铁类、银杏类、松柏类等(图10-3)。

1. 石松类植物

草本或乔木状,茎枝二歧式或二歧单轴式分枝,星状原生中柱或管状中柱,木质部外始式。单叶,小,单脉,螺旋排列,叶舌有或无。孢子囊腋生或腹生,构成孢子囊穗,孢子同型或异型(具大、小两种孢子)。该门类植物包括镰木目、原始鳞木目、石松目、鳞木目、肋木目、水韭目和卷柏目,始现于早泥盆世,繁盛于石炭纪、二叠纪。现存的石松类植物仅有石松属(*Lycopodium*)、卷柏属(*Selaginella*)和水韭属(*Isoetes*)等5属,计有千余种,都是草本植物。在中泥盆世其木本类型已广泛分布,石炭纪至早二叠世(距今3.59亿-2.72亿年)最为繁盛,某些类群为高大的乔木,与当时同样繁盛的楔叶类植物和真蕨类植物一起,在植物界占统治地位。当时乔木型的石松类(如鳞木、封印木)、楔叶类(如芦木)、真蕨(如树蕨)和早期松柏类(如科达)共同繁衍在北半球热带、亚热带沼泽地区,成为主要的造煤植物。自晚二叠世始,木本型植物开始逐渐衰退并最终消亡殆尽,仅少数分布不广的草本型繁衍至今。

图10-3 简示晚古生代植物各类群。A. 石松类;B. 有节类;C. 蕨类;D. 前裸子植物;E. 种子蕨类;F. 苏铁类;G. 银杏类;H. 松柏类。

2. 有节类植物

草本、攀爬或乔木,茎单轴式分枝,分为节和节间,节间上有纵沟和纵脊,原生中柱或具节真中柱。单叶,小,轮状排列。孢子囊具柄,轮生聚成孢子囊穗,孢子同型或偶异型。该门类植物包括歧叶目、楔叶目和木贼目,始现于早泥盆世,繁盛于石炭纪至二叠纪,其中木贼目木贼属(*Equisetum*)延续至今。

歧叶目十分少见,且仅有一种,即晚泥盆世*Pseudobornia ursina*,15—20 m高,基部最大直径60 cm,单轴式分枝。一级分枝长达3 m,直径10 cm,二级分枝为交互对生,仅末级枝上长叶,每轮4枚着生于二次分叉的叶柄上。

楔叶目体型相对较小,高度小于1 m,林下层,从泥盆纪到二叠纪均有,三叠纪时仅零星分布,叶片楔形,原生中柱,次生组织仅在少数属种内出现,繁殖器官聚合成球果状,孢子同型。

木贼目包括芦木科(Calamitaceae)、木贼科(Equisetaceae)、安加拉植物群的切尔诺夫科(Tchernoviaceae)和冈瓦纳植物群的冈瓦纳穗(Gondwanostachyaceae)。它们共同的特点是,茎干沟肋明显,枝叶成轮生长,叶片仅有一条叶脉或叶脉不显,地下茎着生大量不定根。

3. 蕨类植物

草本(多数为根状茎)、攀爬或树蕨类,原生中柱、管状中柱或网状中柱,不具次生组织。叶为蕨叶(即羽状复叶),具柄和分裂的羽片,螺旋排列。孢子囊着生于实羽片,聚集为聚合囊或囊群。该门类植物包括厚囊蕨纲、原始薄囊蕨纲和薄囊蕨纲,始现于中泥盆世,石炭纪至二叠纪发展,中生代繁盛,并延续至今。

厚囊蕨亚纲包括瓶尔小草目(Ophioglossales)和莲座蕨目(Marattiales)。孢子囊壁厚,由几层细胞组成,无柄,是较为原始的孢子囊类型。由于孢子囊由多个细胞形成,所以体型较大,孢子数量较多。组成囊群的单个孢子囊,相互可分离可连合,连合的称聚合囊。孢子囊无环带和囊群盖。

原始薄囊蕨纲又称紫萁亚纲(Osmundae),下仅有紫萁目,自晚白垩世开始出现,现存3属。孢子囊由一群细胞或一个细胞发育而来,具短柄,孢子囊顶端的细胞加厚形成盾形环带,配子体为心形的叶状体。

薄囊蕨亚纲包括真蕨目(Filicales)、萍目(Marsileales)和槐叶苹目(Salviniales)。孢子囊由一个细胞发育而成,孢子囊壁薄,环带形态多样。有的有薄膜状囊盖,通常不具囊盖的类型较原始,如里白科(Gleicheniaceae)。配子体心形叶状体,腹面着生突出的精子器和颈卵器。多为孢子同型,水生种类可以水为介质传播小孢子,呈孢子异型。

古生代常见的莲座蕨目(Marattiales)简介如下。莲座蕨目最早出现在石炭纪。现代莲座蕨目仅生长在热带地区,茎干短且不分枝,复杂网状中柱;幼叶拳卷,叶轴基部有一对肉质托叶;根部含有丰富的黏液;叶轴、羽轴在同一平面上,叶脉为羽状脉;多层细胞的厚壁孢子囊呈聚合囊,着生在叶片的远轴面上,无环带,孢子同型。古生代叶部化石类群以栉羊齿(*Pecopteris*)为代表,蕨叶为多次羽状复叶。根据聚合囊的特征,又可分为星囊蕨(*Asterotheca*)、尖囊蕨(*Acitheca*)和皱囊蕨(*Ptychocarpus*)。除叶部化石外,石炭纪至二叠纪的地层中还有莲座蕨目的茎干化石标本,称为辉木属(*Psaronius*)。

4. 前裸子植物

灌木或乔木状,假单轴分支,原生、具髓原生或真式中柱,具蕨类植物孢子囊(同孢或异孢)的生殖叶,却着生具裸子植物结构次生木质部的茎。前裸子植物分为无脉树目、古羊齿目、原始髓木目。无脉树目灌木型,具双向形成层,网状纤维束外皮层相互连通,使茎干具弹性,稳固却难以进行加粗生长。侧枝螺旋状排列,生殖枝先二分叉再羽状分枝,孢子囊着生于小枝上。古羊齿目是晚泥盆世森林中真正的木本树蕨,高达10−30 m,北半球常见。枝叶为扁平分枝系统,由枝状全裂叶、深裂叶、浅裂叶,演化至具扇状叶脉的近全缘叶片。羽状繁殖枝,可育叶细长线形,其近轴面上着生异型或同型孢子囊。茎干化石曾被命名为美木属(*Callixylon*)。次生木质部发达,具缘纹孔聚集。多级分枝,树冠衰老或侧枝受损后,茎干上可生长出新侧枝,形成并保持巨大树冠形态。原始髓木目茎中央椭圆形髓腔两侧对生内始式初生木质部,次生木质部管胞梯形具缘纹孔或多列圆形具缘纹孔,有的可见胼胝体充填,双向形成层。营养器官未知,生殖枝两次二分叉,孢子囊拉长形。

此外,瓢叶目是东亚晚古生代植物群的常见植物,枝条羽叶状,叶瓢状或卵形,2行或4行斜生于枝上,放射状脉或平行脉。孢子叶发育为果穗,其基部不同程度地融合,形成1/4盘状、半盘状或盘状,腹面(罕见背面)着生孢子囊。整体形态不明。最新的研究揭示该目某些分子茎干发育有次生木质部,因此很可能属于前裸子植物。该目内齿叶属(*Tingia*)、拟齿叶属(*Paratingia*)和贝叶属(*Conchophyllum*)是华夏植物群的特色植物。

5. 种子蕨植物

一类已经灭绝的裸子植物,灌木、藤本、树蕨型或小型乔木状。种子蕨因明显的似蕨类的叶子(图10-4)和具有原始类型的种子而得名。叶子一般为大型羽状复叶与脉序,与地质历史时期不同小羽片形态的真蕨一致,如楔羊齿、脉羊齿、座延羊齿等。叶轴可分叉可不分叉,与苏铁目叶的表皮类似,都角质化,气孔结构都是单唇式。原生中柱、管状中柱或多体中柱,髓大而次生木质部薄。多为内始式的初生木质部,管胞径向壁上的具缘纹孔和较宽的中心髓部使植物的疏导能力增强,次生木质部多为疏木型。胚珠和花粉囊着生在可育叶片上,胚珠外包裹一层离生珠被,珠被外层为杯状的壳斗。花粉从珠孔进入胚珠中,在珠心中发育成具有花粉管的雄配子体,雌配子体发育成具有颈卵器的细胞,经受精作用后形成具有胚的成熟种子。

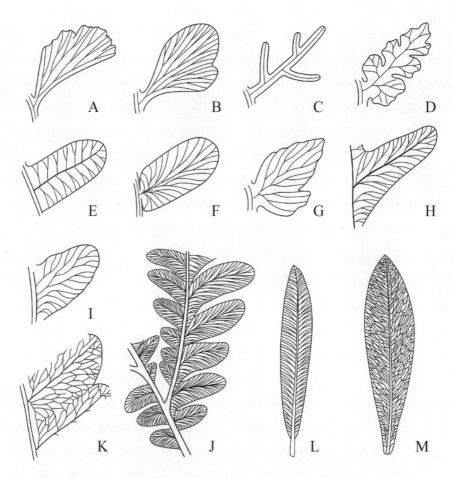

图10-4 蕨形叶的类型(引自《中国古生代植物》,1974)。A. 扇羊齿属;B. 楔叶羊齿属;C. 须羊齿属;D. 楔羊齿属;E. 栉羊齿属;F. 脉羊齿属;G. 畸羊齿属;H. 座延羊齿属;I. 齿羊齿属;J. 美羊齿属;K. 单网羊齿属;L. 带羊齿属;M. 舌羊齿属。

植物体、蕨叶和茎的特征及种子形态、着生方式等均比较明了的种子蕨包括:① 芦茎羊齿目 Calamopityales(晚泥盆世至早石炭世);② 皱羊齿目 Lyginopteridales(石炭纪);③ 髓木目 Medullosales(石炭纪至二叠纪);④ 华丽美木目 Callistophytales(晚石炭世);⑤ 舌羊齿目 Glossopteridales(二叠纪至三叠纪);⑥ 盾籽目 Peltaspermales(晚石炭世至三叠纪);⑦ 盔籽目 Corystospermales(三叠纪);⑧ 开通目 Caytoniales(三叠纪至白垩纪)。种子蕨植物是裸子植物演化中重要的一环。晚古生代各类种子蕨植物简介如下:

芦茎羊齿目 为种子蕨的原始类型,植物体全部形态不明,主要依据茎和叶柄的构造特征建立,而后发现相应的蕨叶和生殖器官。常见的几个属包括狭轴羊齿(Stenomylon,茎)、芦茎羊齿(Calamopitys,茎)、琴籽(Lyrasperma,种子)、二歧羊齿

（*Diplotmema*，蕨叶）、三裂羊齿（*Triphyllopteris*）。

皱羊齿目　是种子蕨中相对较小的一个类群，基本可以恢复植物体外貌。一般认为是藤本、灌木或依生型。代表植物为皱羊齿（*Lyginopteris*，茎），叶部化石主要为楔羊齿（*Sphenopteris*）型或栉羊齿型。叶为大型扁平蕨叶，以 2/5 叶序排列于茎，叶柄（*Lyginorachis*）二歧分叉。蕨叶上螺旋状着生胚珠（*Lagenostoma*）和花粉囊（*Feraxotheca*，*Crossotheca*，*Telangium*）。胚珠小，由珠心和珠被构成，外具壳斗。雄性器官花粉囊则多个聚合于小孢子叶的下表面。茎为真式中柱，中央为髓，内具薄壁细胞和不规则的厚壁细胞，代表了由芦茎羊齿目的原始实心中柱开始进化，以薄壁组织数量明显增加为特征向真式中柱逐渐演化的阶段。

髓木目　是种子蕨中多样性最高的类群，生活型主要为高可达 10 m 的树蕨状或者攀爬藤本。叶部化石主要为齿羊齿（*Odontopteris*）型、脉羊齿（*Neuropteris*）型以及座延羊齿（*Alethopteris*）型，羽叶基部常二分叉，有时具圆异叶。保存为压型化石的种子称为三棱籽属（*Trigonocarpus*），最常见的保存了结构的化石种子是厚壳籽属（*Pachytesta*）。胚珠大，由胚珠和珠被构成，表面常具纵脊条纹。珠被包含外种皮（sarcotesta）、硬种皮（sclerotesta）和内种皮（endotesta）三层结构。花粉囊也很大，复杂者融合为钟型，产前花粉（prepollen）。髓木目最为与众不同的特征是中柱有一至多个维管组织裂片。最初被认为是多体中柱，现在有研究提出这些维管裂片是单体中柱高度分裂的结果。每个裂片的横切面椭圆形至带形。初生木质部中含有大量薄壁组织，初生维管裂片外围是厚度不一的次生木质部。横切面除裂片和次生木质部外，外围由薄壁组织和分泌细胞填充，最外部为周皮。随着个体生长，次生木质部和次生韧皮部总量增加，具有叶基的皮层脱落，内皮层成为茎的最外层组织。叶柄横切面内有大量分散的维管组织，薄壁细胞构成外围的基本组织。髓木目为种子蕨植物从原生中柱到部分多裂的真式中柱的演化提供了证据。

华丽木目　类群相对较小，最早依据煤核中的茎干解剖命名。叶为 2—3 次羽状复叶，胚珠和花粉囊都着生于小羽片下表面。花粉囊具花粉管，花粉粒具单气囊。华丽木属（*Callistophyton*）既用来描述茎干解剖形态，也代表整体植物。这是一种小型灌木状的攀援植物。植物体有一主轴，主轴产生分枝，分枝部位均有鳞片状的腋芽，每一分枝都成 2—4 次羽状复叶，叶序开度为 2/5，幼叶拳卷。小羽片楔羊齿型，叶片全缘、浅裂或多裂，与之有关的营养形态属有畸羊齿（*Mariopteris*）和栉羊齿等。茎上节部着生不定根。茎干为真式中柱，髓部略具棱角，原生木质部有中始式和外始式，管胞环纹或螺纹，后生木质部管胞网状或具缘纹孔。初生木质部外围是很宽的次生木质部，疏木型。

盾籽目　主要为灌木类型植物，石炭纪就已出现，穿越二叠纪–三叠纪界线，在中生代依然常见。叶为 2—3 次羽状复叶，具间小羽片（intercalary pinnules）。胚珠着生于盾状大孢子叶下表面并围绕中央的柄（奥图籽属 *Autunia* 和盾籽属 *Peltaspermum*）。花粉囊基部融合，花粉粒具双气囊。晚古生代盾籽目下营养器官为美羊齿属（*Callipteris* Brongniart），2—3次羽状复叶，叶轴呈现不同程度的二歧合轴式分枝。间小羽片与正常小羽片同形，羽片的形态多样，栉羊齿型、楔羊齿型或座延羊齿型，也有线形。叶片深裂或全缘，乳突在表皮上十分常见。

舌羊齿目　是二叠纪冈瓦纳大陆的常见分子，乔木状季节性落叶植物，可生活在纬度较高的地区，适应偏冷的气候环境，在不同气候条件下的成煤沼泽中也可生存。茎具次生木质部，髓射线窄。以大型单叶，舌形或匙形，叶片全缘，具明显中脉或不发育，侧脉多次分叉联结形成多边形的单网眼为最重要的鉴定特征。舌羊齿目下有多个形态属，其中最为常见的是具明显中脉的舌羊齿属（*Glossopteris*）和中脉不发育的恒河羊齿属（*Gangamopteris*）。雄性繁殖器官一般着生在顶端近三角形的可育叶片上，在叶片近中脉或叶柄位置伸出两个长梗，长梗顶端簇生或轮生数十个花粉囊，双气囊型花粉。雌性繁殖器官与雄性繁殖器官外形类似，在可育叶片中脉基部或叶柄处伸出一个或多个花梗，花梗顶部着生胚珠，胚珠外包裹壳斗。不同雌性繁殖器官属之间胚珠的着生方式和数量有所不同。

此外，大羽羊齿目和髻籽羊齿科（Nystroemiaceae）是基于中国华夏植物群的研究确立的两组植物，特简介如下。

大羽羊齿目分类位置未定，可能属种子蕨植物或者孢子植物。大型羽状复叶或单叶，羽片叶或叶倒卵形、歪心形或长椭圆形，边缘全缘、波状或锯齿状。中脉粗，羽状侧脉分为1—2级，细脉为羽状脉或二歧分叉形成单网脉。有的2或3级侧脉组成大网眼，细脉单轴式分叉易结网而组成重网脉。部分植物网眼内具盲脉或腺点，中脉上常有邻脉伸出。大羽羊齿类植物的脉序与进化的双子叶被子植物叶的脉序极为相似，而且也被证实具有被子植物中广泛存在的导管分子以及化合物齐墩果烷（oleanane）。

已知的大羽羊齿类植物至少包括22个属，多以叶部形态命名。较为常见的有华夏羊齿（*Cathaysiopteris*），羽片仅具一级羽状侧脉，细脉呈羽状，并具直的缝脉；准大羽羊齿（*Gigantopteridium*），羽片仅具一级羽状侧脉，细脉分叉数次不等，常具缝脉，并有邻脉直接自中脉伸出；福建羊齿（*Fujianopteris*），羽片仅具一级羽状侧脉，细脉等二歧或合轴二歧式分叉，不具点痕，常具缝脉和伴网眼；蔡耶羊齿（*Zeilleropteris*），羽片具双重缝脉；单网羊齿（*Gigantonoclea*），1—3级羽状侧脉，细脉结成单网脉，是这类中最繁盛的属；单网羊齿囊（*Gigantotheca*），小孢子囊由一系列聚合囊组成，位于中脉的两侧边；单网羊齿籽（*Gigantonomia*），种子椭圆形，有的呈两列状，着生在小羽片背面一级侧脉的末端，有的种子很可能分散地着生于一级侧脉上；大羽羊齿（*Gigantopteris*），羽状侧脉2—3级，细脉单轴式分枝组成重网脉，为本类最先进的代表。大羽羊齿类主要分布于华夏植物地理区的二叠纪,包括东亚的中国、朝鲜、日本,东南亚的印度尼西亚、马来西亚,中东的土耳其、亚美尼亚、约旦,其他还发现于北美的美国、墨西哥以及南美的委内瑞拉等地。

二叠纪中具高级脉序(3级脉序及以上)且围合形成网眼的植物一般都直接归入大羽羊齿类,因此该类群比较庞杂,可能并不属于一个单系类群。其雄性生殖器官的形态、着生位置显示了它与真蕨植物合囊蕨科在演化上有一定的亲缘关系;雌性生殖器官(种子)在结构上比二叠纪早期的种子蕨植物织羊齿(*Emplectopteris*)更为先进,而最新研究表明该类群的出现甚至比织羊齿还早;大羽羊齿属营养叶具重网脉的特征与双子叶被子植物叶的特征极为相似,可能体现其对当时气候的一种适应;茎干解剖还发现该类群植物具导管分子,而导管分子仅存在于裸子植物买麻藤纲、大部分的被子植物以及极少量的现生蕨类植物中。可以说,大羽羊齿类是二叠纪高度特化的类群,但其各部分器官进化的不均匀性表明它们在演化进程中可塑性较差,因此大部分在二叠纪末就已消失,并没有由它直接演化出被子植物。当然,大羽羊齿类最可能是双子叶植物远祖的近族。

髻籽羊齿科为分类位置不明确的一类种子植物。最早由瑞典古植物学家T. G. Halle 在我国山西晚二叠世早期地层中发现。着生种子的结构不规则地分裂成细柄状,顶端着生体积较小的种子,数量多。这种种子具有双角,状似发髻,故此得名。它的繁殖器官被命名为髻籽羊齿属(*Nystroemia*),叶部器官为掌蕨属(*Chiropteris*),叶片具细长的柄,网状叶脉。目前将髻籽羊齿科植物以雌性繁殖器官区分鉴定出两个种,即 *Nystroemia shouyangensis* 和 *Nystroemia reniformis*。前者可育枝上的胚珠器官构成花序状,可育枝腋生于叶性器官的柄的基部;后者叶性器官与胚珠器官均着生在末级短枝上,胚珠器官的主轴裂成两个或两个以上的羽枝,近轴面大量着生两侧对称的种子。此外,*Nystroemia uniseriata* 是依据雄性繁殖器官确立的另一个种。

这类植物的胚珠器官表现出较为原始的种子特征,即数量多而个体小的水生种子蕨种子;羽片排列方式与古羊齿目、皱羊齿目等早期种子植物的羽片排列方式更为相似;具长柄的叶和复杂的网状脉又是中生代裸子植物中的常见特征,是植物体较为先进的表现。

值得指出的是,在实际研究过程中,绝大多数情况下种子蕨植物的标本都是分散保存的蕨形叶,能够进行整体植物重建的毕竟很少。因此,更有必要关注和熟悉各类蕨形叶的形态特征(图10-4)及它们可能的亲缘关系和时代分布(表10-1)。

表 10-1　种子蕨植物常见的蕨叶形态概述(引自杨关秀等,1994)

类　别	特　征	代　表　属	时　代
1. Triphyllopterids 三裂羊齿类	小羽片基部收缩,扇状脉	*Cardiopteridium* 准心羊齿 *Triphyllopteris* 三裂羊齿	D_3-P,以 C_1 最盛 种子蕨
2. Sphenopterids 楔羊齿类	小羽片一般小,边缘分裂,基部收缩,羽状脉纤弱	*Sphenopteris* 楔羊齿 *Rhodeopteridium* 针羊齿	D_3-M_z,$C-P$ 最盛,种子蕨, 蕨类
3. Pecopterids 栉羊齿类	小羽片两边平行,顶端钝圆,基部全部附着于羽轴,羽状脉,少数不裂成小羽片	*Pecopteris* 栉羊齿 *Fascipteris* 束羊齿 *Cladophlebis* 枝脉蕨	$C-P$,M_z 绝大部分为真蕨, 少数属种子蕨
4. Neuropterids 脉羊齿类	小羽片基部收缩成心形,以一点附着于轴,羽状脉,单网脉中脉不达顶端即消散	*Neuropteris* 脉羊齿 *Linopteris* 网羊齿 *Neuropteridium* 羽羊齿	C_1-P_2,C_2 最盛, 种子蕨门髓木目 $P_1^2-T_1$
5. Alethopterids 座延羊齿类	小羽片形状似栉羊齿,但基部多少下延,有邻脉,羽状脉或单网脉	*Alethopteris* 座延羊齿 *Lonchopteris* 矛羊齿 *Protoblechnum* 原乌毛蕨	C_2-P_1,种子蕨门 髓木目,真蕨
6. Odontopterids 齿羊齿类	小羽片基部下延,全缘或具裂齿,扇状脉,叶轴二歧分叉	*Odontopteris* 齿羊齿	C_2-P,可能为种 子蕨
7. Callipterids 美羊齿类	小羽片栉羊齿型、楔羊齿型或座延羊齿型,具间小羽片,羽状脉或单网脉	*Callipteris* 美羊齿 *Callipterdidium* 准美羊齿 *Emplectopteridium* 准织羊齿	C_2-P,P_1 最盛, 种子蕨
8. Mariopterids 畸羊齿类	叶轴常二歧分叉,羽片基部下行的小羽片成两瓣状。小羽片形态变化大,栉羊齿型、楔羊齿型等	*Mariopteris* 畸羊齿	C_2-P,C_2 最盛, 种子蕨
9. Gigantopterids 大羽羊齿类	叶或小羽片大,第三次或第四次脉结成单网或重网,少数羽状脉	*Emplectopteris* 织羊齿 *Gigantonoclea* 单网羊齿 *Gigantopteris* 大羽羊齿 *Cathayisopteris* 华夏羊齿	$P-T_1$,P 最盛,可 能为种子蕨或蕨类
10. Taeniopterids 带羊齿类	单叶,少数一次羽状,带形,中脉粗,侧脉与中脉夹角大	*Taeniopteris* 带羊齿 *Lesleya* 斜脉叶	$P-K$,种子蕨或 苏铁
11. Glossopterids 舌羊齿类	单叶,具中脉或无,侧脉结成简单网	*Glossopteris* 舌羊齿 *Gangamopteris* 恒河羊齿	P 最盛,延至 T,J? 种子蕨

6. 苏铁类植物

树蕨状,内始式真中柱,髓与皮层较为发育,而次生木质部稀疏,为疏木型,一般为平行脉的1次羽状复叶,雌雄异株。该门类植物包括单唇型气孔器的苏铁纲及复唇型气孔器的本内苏铁纲。最新研究表明其始现于早二叠世,中生代极为繁盛并延续至今。近年来研究发现其孢子叶由带羊齿型全缘叶向掌状分裂叶发展,推测其可能起源于种子蕨。

7. 银杏类植物

乔木状,内始式真中柱,髓与皮层薄,次生木质部发育为密木型。具长短枝,叶为具长柄的扇状二分裂单叶(分叉1次或多次),单唇型气孔器,雌雄异株。该门类植物包括银杏目和茨康目,始现于早二叠世,中生代极繁盛并残存至今(如活化石银杏)。

8. 松柏类植物

灌木或乔木,内始式真中柱,髓、皮层及次生木质部都较为发育,为密木型。叶为针状或线形,雌雄同株或异株,种子具翅。该门类植物包括科达纲和松柏纲,始现于晚泥盆世,石炭纪至二叠纪的科达纲是重要的成煤植物,中生代松柏纲极为繁盛并延续至今。

第二节 晚古生代植物群研究的现实意义

地球表面大面积覆盖冰川的时期称为冰期,而冰期之间相对温暖的时期称为间冰期。在地质历史中全球至少出现过4次大冰期:最早的大冰期出现在前寒武纪,称为雪球地球;之后为晚奥陶世冰期;再后一次出现于石炭-二叠纪,沼泽森林极为茂盛,是地质历史中重要的成煤时期;最近一次则为第四纪大冰期,现今正处于该次大冰期的间冰期。在这4次大冰期中,在后两次地球上才有了海陆动植物大量发育,因此石炭-二叠纪大冰期相对更适合于与第四纪大冰期开展对比研究。具体来说,与日俱增的温室效应将直接影响全球气候分带及其分界范围,国家战略上涉及农、林、牧等各个方面。因此,探求现代地球植被可能发生的调整趋势是人类社会最为关注的课题之一。研究表明,石炭-二叠纪大冰期期间及其后的程度不等的温室效应对植被的生态效应,对于研究现代温室效应对植被的影响,比地史时期任何其他时段的类似事件都具有可比性。研究晚古生代植被对石炭-二叠纪大冰期期间及其后发生的温室效应的响应模式,对探讨现代陆地生态系统中植被对温室效应所发生的适应性演变,具有重要的启示意义(王军和刘陆军,2009)。

第三节 中国的"植物庞贝"
——晚古生代华夏植物群的代表

古植物在保存为化石的过程中,先后经历了搬运、堆积、埋藏和石化等过程。由于植物的易脱落性,大部分化石都保存为零散的碎片,如单独的根、茎、叶或繁殖器官。在古植物学研究中,叶部形态学、孢粉学和茎干解剖学都发展成为相对独立的学科,而古植物学中一项重要的任务就是如何将这些分离的器官连接在一起复原完整的植株。另外,受保存条件所限,人们以往所看到的地球历史上的远古森林复原图都存在巨大的时空误差,一般只能将很长一段时间及很宽广地域范围内的植物都拼凑在一起进行复原图绘制。这并非实际复原,而是所谓的概念性复原,实际上可能是从未真正存在过的。例如,一幅华北早二叠世成煤沼泽森林复原图(图10-5A),一方面它的复原是把科学家发现于华北各地的早二叠世的成煤植物作为该森林的植物类群,放置于构想出的一个成煤沼泽环境。因此在空间上,复原图内的植物是随机的、人为地摆放的,这是其空间误差。另一方面,就时间尺度而言,早二叠世跨度上千万年。由于陆相地层的研究对比精度所限,人们只能把大致是该时代的植物收集到一起进行复原图制作。而其中有的植物必然仅仅存在于早二叠世早期,例如前一百万年;而也有的可能仅仅存在于早二叠世晚期,例如最后一百万年。这样,实际上从来没有在地球上同时存在过的植物类群就被复原在同一幅图内,这就是时间误差。对远古森林的实际复原依赖于原位埋藏化石森林的发现。

近年来,在内蒙古乌达煤田发现了一处约3亿年前被火山喷发所埋藏的成煤沼泽森林,其保存方式与庞贝城颇为相似,可以说是地球生物界的一个"植物庞贝"。该森林面貌主要由石松类、有节类、蕨类、种子蕨类、瓢叶目、苏铁类及科达等七大植物类群组成(图10-5B,C;图10-6—图10-10)。保存类型多样的化石不仅极为精美,扫描电镜下便可观察到细胞结构甚至细胞核,而且相当完整,多兼具茎干、叶及繁殖器官,非常有利于整体植株的复原。更为重要的是,"植物庞贝"的复原避免了上述时空误差,因为其保存方式类似于公元79年意大利维苏威火山喷发封存了附近的庞贝城一样。空间上,植物个体被天空中落下的火山灰埋藏,保存在原地,未被搬运;而时间上,为一次火山喷发所持续的时间,可能为几个小时或者几天,也许更长时间,但总之是一次喷发的事件过程,确保了所有植物是同时生活在该区域的。相关研究采用类似于现代考古的埋藏学方法,实现了世界上迄今为止对地史时期陆地景观最大面积的植被实际复原研究,成功绘制了远古森林的实际复原图(图10-5B,C)。

图 10-5 晚古生代远古森林复原图。A. 概念复原图：华北早二叠世植物群；B,C."植物庞贝"，根据野外产出状况的实景复原。

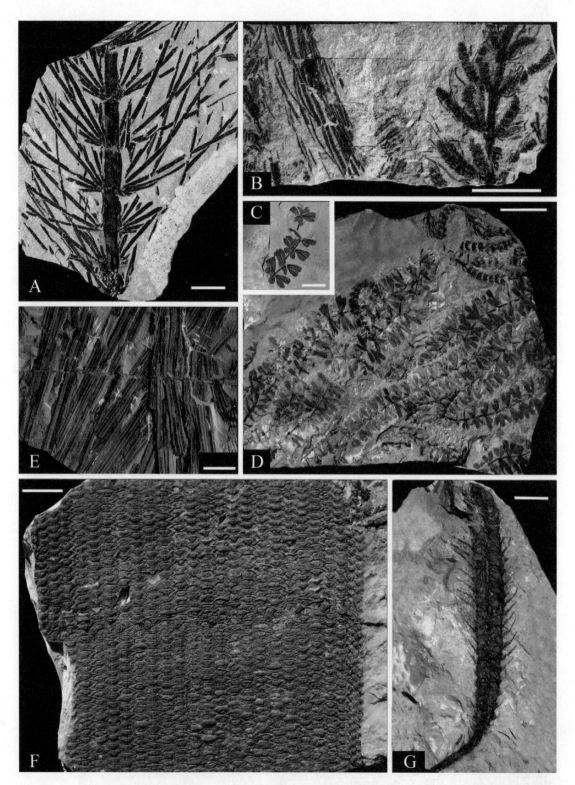

图 10-6 "植物庞贝"中的有节类和石松类：长星叶 Asterophyllites longifolius（A）及其孢子囊穗古芦穗 Paleostachya（B）；椭圆楔叶 Sphenophyllum oblongifolius（C）及其孢子囊穗（D）；鱼鳞封印木（比较种）Sigillaria cf. ichthyolepis 的叶（E）、茎干（F）及其孢子囊穗（G）。比例尺：A，C，D，F，G 为 2 cm；B，E 为 1 cm。

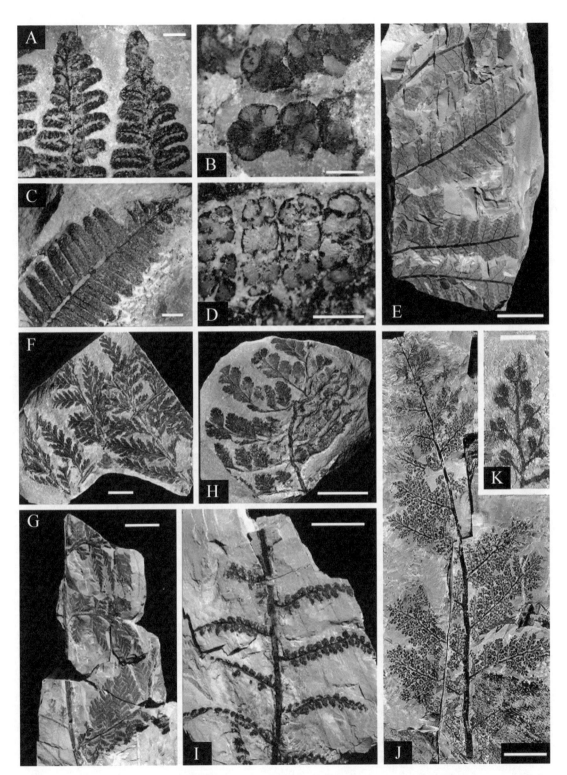

图10-7 "植物庞贝"中的蕨类植物（Ⅰ）。A,B. 具有星囊蕨 *Asterotheca* 型的栉羊齿 *Pecopteris* sp. 羽片；C,D. 具有始莲座蕨 *Eoangiopteris* 型的简脉栉羊齿 *Pecopteris hemitelioides*；E,J, K. 高腾楔羊齿（稀囊蕨）*Sphenopteris* (*Oligocarpia*) *gothanii*；F,G. 纤弱楔羊齿（比较种）*Sphenopteris* cf. *tenuis*；H. 楔羊齿（未定种1）*Sphenopteris* sp. 1；I. 楔羊齿（未定种2）*Sphenopteris* sp. 2，其末次羽片基部发育钩状变态叶，表明它可能具有攀援习性。比例尺：A,C 为 2 mm；B,D 为 500 μm；E—J 为 1 cm；K 为 1 mm。

图 10-8 "植物庞贝"中的蕨类植物（Ⅱ）。A. 长舌栉羊齿（比较种）*Pecopteris* cf. *candolleana*；B. 镶边栉羊齿 *Pecopteris*（*Nemejcopteris*）*feminaeformis*；C. 东方栉羊齿 *Pecopteris orientalis*；D. 栉羊齿（未定种）*Pecopteris* sp.；E. 厚脉栉羊齿 *Pecopteris lativenosa*；F. 小羽栉羊齿 *Pecopteris arborescens*。比例尺：A—E 为 2 cm；F 为 3 cm。

图10-9　"植物庞贝"中的瓢叶类植物。A—D. 联合齿叶 *Tingia unita*：A. 具有 1 次羽状复叶和孢子囊穗着生的树冠，B. 单独保存的孢子囊穗，C. 仅见大叶出露，D. 大小叶都出露；E—H. 乌达拟齿叶 *Paratingia wudensis*：E. 具有 1 次羽状复叶和孢子囊穗着生的树冠，F. 仅见大叶出露，G. 小叶经修理标本后也出露，H. 着生于同一茎干的一簇羽叶；I,J. 拟齿叶（未定种）*Paratingia* sp.：I. 具有 1 次羽状复叶和孢子囊穗着生的树冠，J. 大小叶都出露的一枝羽叶。比例尺：A 和 H 为 3 cm；B—D 为 1 cm；E—J 为 2 cm。

图10-10 "植物庞贝"中的原始松柏类和原始苏铁类植物。A,B. 科达 *Cordaites* sp.：A. 簇生的叶片，B. 雌性繁殖器官；C. 侧羽叶 *Pterophyllum* sp.；D. 一团翅籽 *Samaropsis* 型种子；E. 带羊齿型 *Taeniopteris* 叶片。比例尺：A,C－E 为 2 cm；B 为 1 cm。

"植物庞贝"群落结构保存完美,人们能够鉴定森林的组成类群、树木密度、分层结构、生态梯度等等,从而进行精确的古植物学及古生态学研究,检测现代生态学的相关法则是否在3亿年前既已存在。在深入的系统分类学工作和实际复原的基础上,研究人员对该早二叠世成煤沼泽植被生态系统开展了群落生态学研究。根据乌达煤田露天开采煤层的进展,近年来先后在煤田的北部及中南部进行了总面积逾3 000 m²的现场样方埋藏学生态调查和抢救性研究。初步探明了该成煤沼泽森林是一个以封印木和科达为建群种的群落:北部以封印木为主导物种,南部以科达为主导,它们构成森林植被的高层。中层植被在南北两侧都以树蕨类为主,瓢叶目植物次之;但瓢叶目在北侧更为丰富,且在南北两侧物种不同;有节类星叶(*Asterophyllites*)主要分布于中北部,而楔叶(*Sphenophyllum*)则少见而南北各处均匀分布;原始苏铁植物带羊齿(*Taeniopteris*)及一些蕨类植物如镶边栉羊齿*Pecopteris*(*Nemejcopteris*)*feminaeformis*等遍布整个沼泽。攀援植物和附生植物以蕨类、种子蕨和石松类为代表。

从个体发育状态来看,不同类群的发育状态各不相同,表明各类群的繁殖季节也不统一。树状莲座蕨作为植物群落的主导类群,有的已经发育了孢子囊,如栉羊齿类小羽栉羊齿*Pecopteris arborescens*,长舌栉羊齿(比较种)*P. cf. candolleana*,密羽栉羊齿*P. densifolia*和厚脉栉羊齿*P. lativenosa*等;而其他一些种,如东方栉羊齿*Pecopteris orientalis*,镰刀栉羊齿*P. anderssonii*,太原栉羊齿*P. taiyuanensis*等仅见裸羽片。草本蕨类如*Pecopteris*(*Nemejcopteris*)*feminaeformis*,普遍发育了实羽片;*Sphenopteris*部分发育了实羽片,而枝脉蕨*Cladophlebis*未见实羽片发育。石松类植物鱼鳞封印木(比较种)*Sigillaria* cf. *ichthyolepis*的孢子囊穗很常见,有节类芦木*Calamites-Asterophyllites*和*Sphenophyllum*都发育有孢子囊穗。瓢叶类植物*Tingia*和*Paratingia*大部分也都发育有孢子囊穗,且异孢特征明显。裸子植物原始苏铁类基本发育成熟,其种子已经长大,可达1.5 cm × 2 cm;而原始松柏类植物*Cordaites*则可能尚未成熟,尽管其雌性球果已经发育并初具雏形,但大小较同时期常见的球果明显偏小,一般仅2 cm×15 cm。种子蕨植物显然处于其繁殖周期的早期,大多数可能为种子蕨的植物如*Alethopteris*都未发现其种子,仅在Sphenopterid型的羽叶上见到有个体很小的种子发育。显然,由于成煤沼泽环境下的植被生长所需的土壤养分和光照等生态因子的限制,整个植被是无法同时进入繁殖周期的。换言之,不同类群个体发育和繁殖季节的镶嵌性正有利于保证各自在繁殖季节的营养和能源供应而使群落整体生生不息。

此外,由于"植物庞贝"植物群生存于上述晚古生代冰期的冰室-温室过渡时期,是探讨植被生态系统对温室效应之响应难得的基础材料和地质资源,对"植物庞贝"的群落生态学研究也因此具有比较强的现实意义,对于探讨现代植物生态系统在温室效应背景下的演变趋势具有重要的参考价值。

晚古生代是地球历史上十分特殊的一个时段:联合古陆的形成,规模最大的冰期,超长的生物稳定发展期和紧随其后的影响最为深远的生物大灭绝,地史时期首次出现显著的动、植物地理分区等等,都代表了当时的特殊地质背景。与此密切相关,晚古生代植物群代表了地史时期最茂盛的植被,并促成了地史时期最大规模的聚煤作用。从植物群演化的视角来看,晚古生代植物代表了蕨类植物演化的高潮,并孕育了裸子植物的起源和早期演化。而值得一提的是,我国是华夏植物群的摇篮,更是世界上唯一发育了晚古生代四大植物群的国家。对地球晚古生代植物及相关的地质古生物学领域的探讨,如生物与环境的协同演化等科学问题,我国晚古生代植物群的参与是必不可少的。内蒙古乌达煤田早二叠世成煤沼泽植物群——中国"植物庞贝",代表了植物化石最好的保存方式——特异埋藏,不仅植物个体保存完整,且有内部结构,更重要的是植被群落的结构也得以保留,使得古植物学家能够用现代植物学和生态学方法对其分类学和群落生态学开展研究。中国"植物庞贝"无疑是探索晚古生代植物群的一个重要窗口!

拓展阅读

中国科学院南京地质古生物研究所，中国科学院植物研究所，1974. 中国古生代植物 [M]. 北京：科学出版社.

李星学，周志炎，蔡重阳，等，1995. 中国地质时期植物群 [M]. 广州：广东科学技术出版社.

杨关秀，陈芬，黄其胜，1994. 古植物学 [M]. 北京：地质出版社.

李星学，姚兆奇，1983. 东亚石炭纪和二叠纪植物地理分区 [M]//古生物学基础理论丛书编委会. 中国古生物地理区系. 北京：科学出版社.

李星学，1963. 华北月门沟群植物化石 [J]. 中国古生物志，总号第148册，新甲种.

斯行健，1989. 内蒙古清水河及山西河曲晚古生代植物群 [J]. 中国古生物志，新甲种.

王军，刘陆军，2009. 浅析晚古生代植物群及其生态系统研究的现实意义 [M]//沙金庚. 世纪飞跃：辉煌的中国古生物学. 北京：科学出版社：328−333.

Halle T G, 1927. Palaeozoic plants from central Shansi [J]. Palaeontologica Sinica, Series A, 2 (1).

Taylor T N, Taylor E D, Krings M, 2009. Paleobotany: The Biology and Evolution of Fossil Plants [M]. Elsevier: Academic Press.

Wang J, Pfefferkorn H W, Zhang Y, et al., 2012. Permian vegetational Pompeii from Inner Mongolia and its implications for landscape paleoecology and paleobiogeography of Cathaysia [J]. Proceedings of the National Academy of Sciences, 109 (13): 4927−4932.

Wang J, 2010. Late Paleozoic macrofloral assemblages from Weibei Coalfield with reference to vegetational change through the Late Paleozoic Ice-age in the North China Block [J]. International Journal of Coal Geology, 83: 292−317.

第十一章

二叠纪末生物大灭绝

生命曾经遭受多次濒临灭亡的危机，
给予我们深刻的教训。
人类对地球环境所带来的前所未有的改变
是否会触发新一轮的生物大灭绝、
造成新的生命转折？
目前还难以判断，但可以肯定，
如果这种趋势长期保持下去，
那么地球生物圈进入新的危机将在所难免。

生物大灭绝是指在相对比较短的时间内地球生物大量消亡甚至毁灭的一种灾变事件。由于事关地球整个生物圈的存亡，因而，备受各国科学家和广大民众的高度关注。早在20世纪80年代开始，科学家们已经认识到地质历史时期的生物多样性并不是一帆风顺地呈逐渐增加的趋势。在寒武纪早期和奥陶纪分别发生了寒武纪大爆发和奥陶纪生物辐射事件，导致当时地球生物多样性快速增加。嗣后，在整个显生宙的历史中发生了至少5次生物大灭绝事件(Sepkoski，1981)，这些事件曾经导致当时的地球生物多样性明显减少，对整个生物圈产生了重大影响。从此，有关生物大灭绝及其原因的研究成为地学领域最为热门的研究之一。

第一节　什么是二叠纪末生物大灭绝

二叠纪末生物大灭绝是指发生在二叠纪末期(也是古生代末)的一次生物灾难事件，这次事件发生在大约2.52亿年前，是地质历史时期所发生的5次生物大灭绝中最具灾难性的一次，地球环境一度回复到与前寒武纪末期相类似的原始状态，随后生物经历了长达5百万年的萧条期，直到中三叠世初才得以恢复。近年来，二叠纪末大灭绝的发生机制和型式引起了科学界和民众的广泛关注。对于二叠纪末大灭绝的认识早在1860年就已形成，并认为生物在古-中生代之交有明显的更替。后经统计分析发现，这次事件曾经造成当时海洋中约95%和陆地上约75%的物种灭绝。由于20世纪90年代对化石的统计分析采用了较为粗略的时间框架，导致认为二叠纪末生物大灭绝开始于瓜德鲁普世末(中二叠世末)、结束于三叠纪初(图11-1；Sepkoski，1981)。近年来基于高精度年代地层的多项统计分析表明，Sepkoski(1981)所指的二叠纪末生物大灭绝由两次事件组成：第一次发生在瓜德鲁普世末期(大约2.6亿年前)，被称为前乐平世灭绝事件或瓜德鲁普世末生物灭绝事件(Jin，1993)，这次生物灭绝事件与我国著名的峨眉山玄武岩喷发的时间上基本一致；另一次发生在二叠纪最末期(长兴期末期，约2.52亿年前；Jin et al.，2000)，以二叠系-三叠系全球界线层型剖面即浙江长兴剖面为参照，这次事件发生在剖面的25层上下，灭绝速度快，影响范围遍及全球，涉及几乎所有的生物门类，具有很大的破坏性。当前多数文献中所述的二叠纪末生物大灭绝事件是指发生在二叠纪-三叠纪之交的生物灭绝事件(Burgess et al.，2014；Shen et al.，2011；图11-1)。

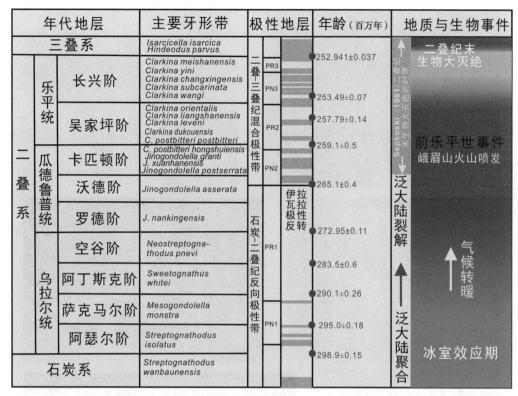

图11-1 二叠纪综合年代地层系统和地质生物事件。

第二节 二叠纪末生物大灭绝造成哪些生物灭绝

一、海洋生物

二叠纪末生物大灭绝造成古生代繁盛的海洋动物群中许多类群灭绝或者大幅减少,其灭绝幅度是显生宙以来最为严重的一次,在目和科一级上反应尤为明显,海洋生物科一级的灭绝率可达52%。古生代海洋营底栖生活的许多类群,如䗴、三叶虫、棘皮动物门的海蕾纲、四射珊瑚、横板珊瑚等均遭受灭顶之灾,从此销声匿迹(Erwin,2006)。古生代晚期最繁盛的腕足动物中,长身贝目、扭月贝目、石燕贝目和直形贝目等均灭绝。双壳类中二叠纪的大部分分子灭绝,灭绝率高达90%以上,此后被以 *Claraia*,*Eumorphotis*,*Unionites* 等为代表的三叠纪双壳动物群所替代(方宗杰,2004),这些双壳类动物群往往保存种类丰富,但分异度很低,是大灭绝期间及其以后的机会泛滥种。牙形类则由以 *Clarkina* 占绝对优势的居群转入以 *Hindeodus* 和 *Neospathodus* 占优势的居群(图11-2)。

图 11-2　二叠纪末生物大灭绝事件中灭绝的代表性生物类群。A. 长身贝类(腕足动物)；B. 四射珊瑚；C. 䗴；D. 三叶虫；E. 海蕾类；F. 大羽羊齿；G. 二齿兽。

二、陆地生物

陆地生态系统几乎在同时遭受到重大打击,超过2/3的陆生两栖动物、蜥形纲、兽孔目的科在这次事件中灭绝。大型的草食性动物遭受重创,二叠纪晚期占主导地位的二齿兽(*Dicynodon*)动物群被以大量水龙兽(*Lystrosaurus*)为特征的脊椎动物群替代(Ward et al.,2005)。陆生植物也发生了巨大变化,许多二叠纪繁盛的科达树(裸子植物)与舌羊齿(种子蕨)在二叠纪末突然衰退,在二叠纪–三叠纪交界之后,在华南地区以大羽羊齿(*Gigantopteris*)为代表的热带雨林植物群基本消失(Shen et al.,2011),冈瓦纳大陆上与其相当的舌羊齿(*Glossopoteris*)植物群亦消亡,原本占优势的裸子植物在大灭绝期间及以后被那些能够适应干旱环境的石松类和松柏类植物所取代。由此,生物界进入了一个全新的时代——中生代(图11-2)。

第三节　二叠纪末生物大灭绝发生和持续的时间

研究地质历史时期的生物演化和地质事件依赖于高精度的、统一的年代地层系统(时间框架)。我国华南拥有独一无二的、完整的乐平世地层记录,经过国际乐平统工作组20余年的努力,二叠纪晚期的年代地层划分精度大为提高,建立了高精度的牙形化石分带,二叠系的划分方案从原来的传统二分(分为上二叠统和下二叠统)改为三分(自下而上分别为乌拉尔统、瓜德鲁普统和乐平统),其中上二叠统乐平统是采用我国华南地区的标准而建立的,且已被正式纳入国际地质年代表。乐平统包含了两个阶,即下部的吴家坪阶和上部的长兴阶,这两个阶底界的全球界线层型分别建立在广西来宾蓬莱滩剖面和浙江长兴煤山剖面,于2005年被国际地球科学联合会和国际地层委员会批准。这两枚"金钉子"与三叠系底界工作组建立的二叠–三叠系界线的"金钉子"一起对乐平统的上、下以及中间界线做出了精确的划分和定义,其中乐平统底界以牙形类化石 *Clarkina postbitteri postbitteri* 的首现为标志,长兴阶底界以 *Clarkina wangi* 的首现为标志,二叠–三叠系界线以 *Hindeodus parvus* 的首现为标志。根据牙形类生物地层,二叠纪末生物大灭绝开始于长兴阶顶部的 *Clarkina meishanensis* 带,经历了 *Hindedodus praeparvus* 和 *Hindeodus parvus* 带,结束于 *Isarcicella isarsica* 带(图11-1)。

除了多门类详细的生物地层层序,华南乐平统中含有几十层火山灰,这些火山灰层为高精度的U-Pb同位素年龄测定提供了独一无二的条件。我国浙江长兴煤山、广元上寺、广西来宾和合山,以及贵州威宁的陆相二叠-三叠系剖面等的火山灰层已经由全球多家实验室测定(Burgess et al., 2014;Shen et al., 2011),其精度越来越高。根据Burgess等(2014)发表的最新年龄值,煤山剖面生物大灭绝的层位即第25层的年龄值为(251.941±0.037)百万年,结束的层位即第28层的年龄值为(251.880±0.031)百万年,整个生物大灭绝经历的时间大约为6万年(图11-3)。此外,长兴组底界之上约7 m的火山灰层测得的年龄值为(253.49±0.07)百万年(Shen et al.,2011),据此推测长兴阶的持续时间约为2.24百万年。根据对峨眉山玄武岩的测定,乐平统底界的年龄值为259.1百万年(Shen et al., 2010)。由此看来,Sepkoski(1981)所指的二叠纪末生物大灭绝事件持续时间长达7.2百万年以上,而高精度的生物地层和同位素测年则彻底改变了对二叠纪末生物大灭绝性质和时间的认识(图11-1)。

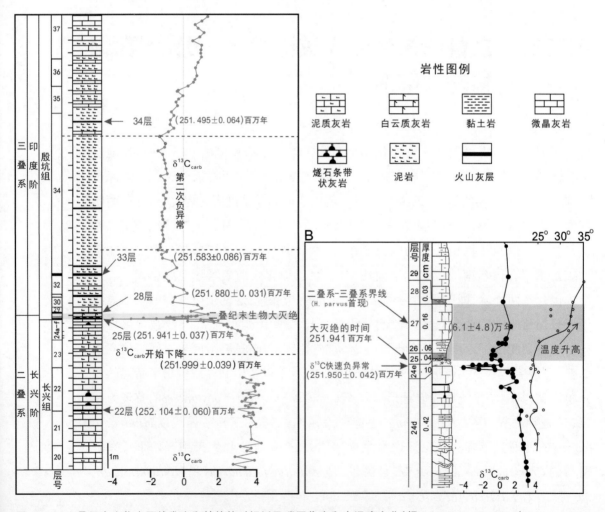

图11-3　二叠纪末生物大灭绝发生和持续的时间以及碳同位素和古温度变化(据Burgess et al., 2014)。

第四节　二叠纪末生物大灭绝的型式

生物大灭绝的型式多种多样(图11-4),是破解生物大灭绝原因的关键。二叠纪末几乎所有生物门类都遭到重创,其中包括大量高级类别的生物群整体消亡,但精细的研究表明,不同门类在不同剖面上表现出来的灭绝型式有所不同,必须经过系统统计分析才能得出真正的生物灭绝型式。

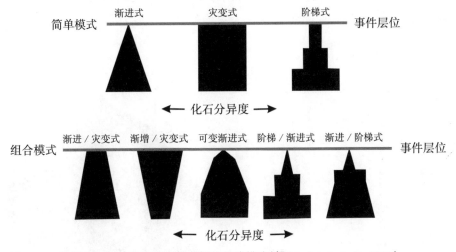

图11-4　根据化石记录建立的不同类型的灭绝模式(据MacLeod et al., 1997)。

研究生物大灭绝模式的基本方法,是通过野外测量剖面来划分出不同的岩石层(或者米数单元),然后采集各门类化石,对其鉴定后确定每一个化石分类单元的延限,再分析生物大灭绝的模式。然而,此过程中容易出现一种误解,即根据化石在不同层位消失的数量进行化石统计,如果在某一层位化石大量消失就认为这是一个灭绝层位,因此,在一个剖面上往往会看到在不同层面上有多个灭绝面的阶梯状模式(图11-4)。产生这一误解的主要原因在于:① 没有考虑化石记录的不完整性。我们知道世界上曾经存在的生物只有非常少的一部分被保存为化石,而古生物学家能够采集到的化石更是保存下来的化石中的冰山一角,因此,化石记录是不完整的(图11-5)。② 化石记录经常因岩相变化而被截切成突变模式:由于剖面所在地区沉积环境的变化(例如,由海相转为陆相沉积或者由灰岩相转为碎屑岩相等)而导致该区域生物组成发生变化,原先非常繁盛的生物由于环境不适应而消失或者迁移,化石记录体现出来的模式只能反映研究剖面的化石分布模式,并不代表生物群在大的区域乃至全球范围内的灭绝,这是一种灭绝的假象,需要根据不同剖面相互印证和统计分析,才能得出比较可靠的结论(图11-6)。③ 层与层之间存在沉积间断,即地层缺失会造成生物突然灭绝的假象:几乎所有不同岩性的层与层之间都存在或长或短的间断,由于地层的缺失(也就是在剖面上代表某一段时间的沉积记录缺失)会形成生物在同一个层面上消失的现象,即突变或者阶梯状模式,使这些生物的真实灭绝面都不相同(图11-6)。④ 任何一种生物从发源到广泛分布都需要迁移时间,长短取决于物种的迁移速度,化石延限比较长的物种往往在不同地区出现或者消亡的时间差别较大。总的来说,这些因岩相变化、沉积间断、采集不足而导致物种开始出现的位置滞后和最后出现的化石位置提前的现象,就是所谓的"模糊效应(Signor-Lipps效应)"。在灭绝事件的研究中,这往往会造成生物的突变灭绝在地层中表现为逐渐减少的现象,反之,渐变灭绝则表现为突变灭绝的现象(图11-6)。根据单一剖面研究生物大灭绝模式的方法往往难以有效地规避上述存在的问题(王玥等,2001)。

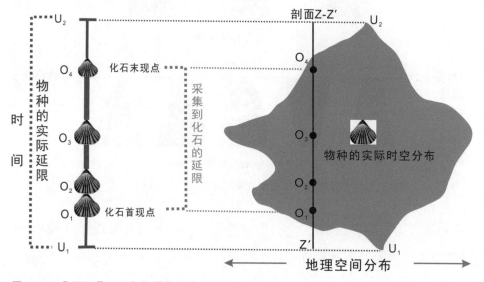

图 11-5　化石记录延限与物种的真实延限的差别(改自 Strauss and Sadler,1989)。

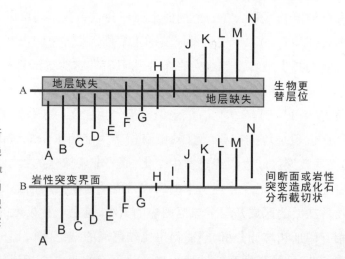

图 11-6　沉积间断所造成的生物突变灭绝假象(据 MacLeod et al.,1997)。A.物种的原始分布;B.由于沉积记录的缺失造成的突变模式。

目前还没有哪一种研究方法能够完全消除由于化石记录的不完整而造成的假象和偏差，要识别这种偏差，需要研究更多的剖面，比较不同剖面上生物类群的灭绝层位和模式。采用统计学的方法可以在一定程度上减小这种偏差来推断大灭绝的最大可能范围，如置信区间（confidence interval）判别法[见王玥等（2001）的论文]。

运用生物分类单元延限置信区间的计算法，针对地层中生物变化的截切面来区分渐变灭绝及突变灭绝事件，可定量地分析区域性地层剖面中生物分类单元延限的不完整性。Strauss 和 Sadler（1989）将化石的产出层位与生物延限的不协调形象地比拟为"断简"（a broken stick），并推定，如果以化石层位在所研究的地层范围内随机分布为前提条件，则化石出现的层位数与化石的延限成比例，即在剖面发现某一化石的记录次数越多，其延限就越可靠。所谓置信区间就是根据现有的化石记录，对观察到的每一类分类单元的延限都以统计学概率法赋以一定的延长值，目的是减小因化石记录的不完整所造成的延限观察值与真实值之间的偏差，所赋予的延长值都有相应的可信度，与发现的化石记录次数有关[见王玥等（2001）论文]。

经过20余年研究，浙江长兴煤山地区二叠系–三叠系剖面在岩石地层、古生物地层、事件地层、年代地层及同位素地层等方面取得了丰硕的成果。根据化石记录，煤山地区P／T界线附近有329个物种，其中280个在二叠纪末不同的层位上消失，生物灭绝率达85％。置信区间分析的结果表明二叠纪末生物大灭绝在煤山剖面251.28百万－251.45百万年之间的概率为94.2％（图11-7；Jin et al., 2000）。

置信区间分析只能针对单个剖面的灭绝模式预测其可能的时间范围，而对于多剖面的数据不适用。因此，在统一的时间框架下建立一个数据库进行优化分析也是消除单一剖面所产生的偏差的一种方法，目前比较常用的是约束最优化法[constrained optimization（CONOP9）]（Strauss and Sadler, 1989）。这种方法需要把不同剖面的化石和地层测量数据事先输入数据库，然后进行计算机分析。CONOP虽然是基于图形对比的原理，但在方法上采用在多维空间内一次性复合所有剖面，自动找寻到问题的最优解。通过CONOP方法对华南及冈瓦纳北缘地区10多条剖面的化石数据分析表明，二叠纪末大灭绝是一次灾难性的快速事件，从而在区域上验证了大灭绝的灾变模式（Wang et al., 2014）。

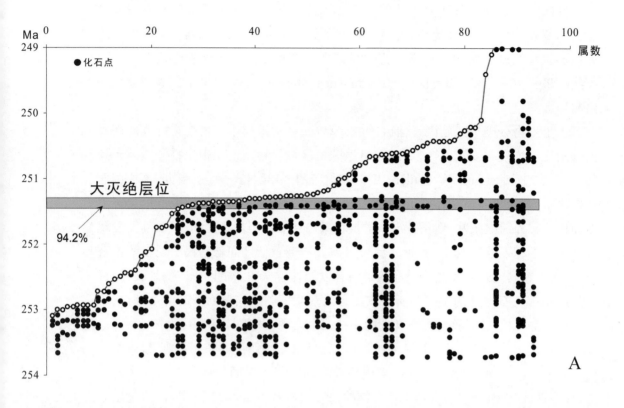

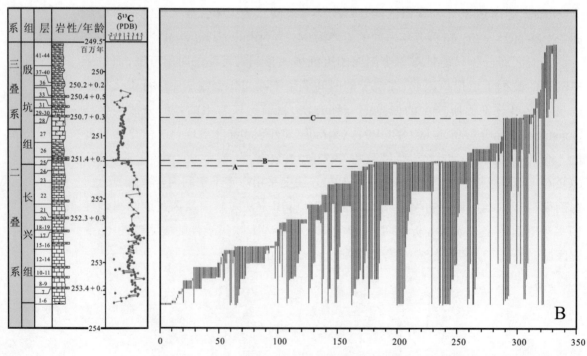

图 11-7 浙江长兴煤山剖面化石记录与生物大灭绝模式（据 Jin et al.，2000；王玥等，2001）。A. 根据置信区间预测的生物大灭绝时间范围，具 94.2% 的可信度；B. 经过置信区间分析后建立的煤山生物大灭绝模式。

第五节 二叠纪末生物大灭绝的原因

二叠纪末生物大灭绝的原因长期以来是一个争论的热点,但已经公认为是由于全球性环境突变造成的,因此,在缺乏统计的前提下,所有根据化石记录所获得的单剖面灭绝模式均需纳入全球变化中去考虑,需要不同剖面不同化石门类的相互检验。古生物学、同位素地球化学、地球生物学等研究提供了大量环境恶化的证据。目前,与泛大陆裂解有关的大规模火山喷发是最为流行的解释之一。已有研究表明,二叠纪末生物大灭绝层位存在大量地球化学指标异常,指示全球环境快速恶化,其中碳同位素值($\delta^{13}C_{carb}$)从大灭绝前大约60万年开始逐渐降低2‰~3‰,在大灭绝开始层位有一个突然的约5‰的快速降低(图11-3),这次碳同位素异常在全球范围内均有表现。有机碳同位素值($\delta^{13}C_{org}$)在海陆相剖面均相应地有一次明显的降低(约5‰),时间略晚于$\delta^{13}C_{carb}$的降低,在华南地区陆相剖面位于二叠系-三叠系过渡期的卡以头组的中部。在海相地层中大灭绝层位还存在硫同位素值($\delta^{34}S$)的异常,指示大量绿硫细菌存在的生物标志化合物异常、微生物岩的大规模出现和大量蓝细菌的出现以及频繁野火事件的发生等(图11-8)。与此同时,牙形

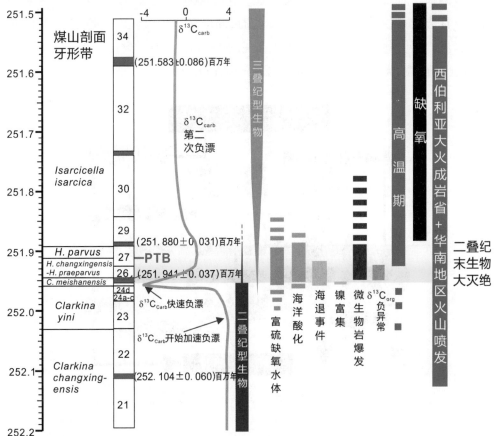

图11-8 二叠纪末生物大灭绝与地球化学指标所指示的环境恶化标志之间的时间关系。

类磷酸盐和腕足类壳氧同位素研究表明,二叠纪末或者在大灭绝的层位存在古温度6−8℃的快速升高以及海洋酸化等现象(图11-3)。近年来,越来越多的研究证据表明,二叠纪末生物大灭绝与当时大规模火山作用造成的环境剧变关系密切,西伯利亚大规模玄武岩喷发很可能是导致这次大灭绝的主因(Burgess and Bowring,2015)。这种解释以往面临的最大问题是西伯利亚大火成岩省形成的时间晚于生物大灭绝的时间,但最新的同位素测年表明,西伯利亚大火成岩省的形成时间与华南地区的大规模生物灭绝的时间是完全重叠的,并且早在大灭绝前已经开始(Burgess and Bowring,2015;Burgess et al.,2014),火山喷发导致大量埋藏在内陆盆地和大陆架沉积物中的甲烷等温室气体释放,造成当时温度快速升高、海洋酸化以及环境缺氧事件的发生等(图11-9)。古生物学方面的证据主要包括大量底栖喜氧的生物在长兴期末灭绝,其中包括四射珊瑚类、䗴类、三叶虫类等。大灭绝期间残留的生物是那些对环境压力能耐度比较高的生物类型,其中包括腕足类中的*Lingula*,双壳类中的*Claraia*等,它们往往在早三叠世的地层中非常丰富,但分异度极低。另外,在二叠纪末大灭绝期间生物个体明显趋于小型化,被称为小型化效应(Lilliput Effect),这也被认为是环境压力所致。海水缺氧方面的证据来自在事件层位中黄铁矿高度富集以及对黄铁矿的硫同位素分析的结果,后者表明其比值与现代具有较强滞流环境的黑海相类似等。富含大量硫化氢的缺氧海水环境已经被最近的生物标志化合物研究所证实。与此同时,陆地环境的气候明显趋于干旱化,造成野火频发,致使规模较大的森林快速消亡,森林植被的消失致使地表土壤失去保护,造成土壤崩溃,大量陆源物质随河流进入海洋(图11-9)。

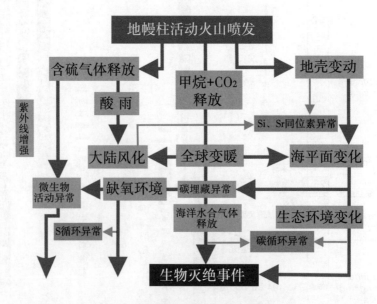

图11-9 火山作用对地表环境的影响与生物灭绝的关系。

拓展阅读

方宗杰，2004. 华南二叠纪双壳类动物群灭绝型式的探讨 [M]//戎嘉余，方宗杰.
生物大灭绝与复苏. 合肥：中国科学技术大学出版社：571-646.

王玥，曹长群，金玉玕，2001. 浙江长兴煤山二叠纪末大灭绝化石记录的置信区间
分析 [J]. 古生物学报，40：244-251.

Burgess S D, Bowring S A, 2015. High-precision geochronology confirms volumi-
nous magmatism before, during, and after Earth's most severe extinction [J].
Science Advances, 1: 1-14.

Burgess S D, Bowring S A, Shen S Z, 2014. High-precision timeline for Earth's
most severe extinction [J]. Proceedings of the National Academy of Sciences,
111: 3316-3321.

Jin Y G, 1993. Pre-Lopingian benthos crisis, Comptes Rendus XⅡ ICC-P, Buenos
Aires: 269-278.

Jin Y G, Wang Y, Wang W, et al., 2000. Pattern of marine mass extinction near
the Permian-Triassic boundary in South China [J]. Science, 289: 432-436.

Macleod N, Rawson P F, Forey P L, et al., 1997. The Cretaceous-Tertiary biotic
transition [J]. Journal of the Geological Society of London, 154: 265-292.

Sepkoski J J Jr, 1981. A factor analytic description of the Phanerozoic marine
record [J]. Paleobiology 7: 35-53.

Shen S Z, Crowley J L, Wang Y, et al., 2011. Calibrating the end-Permian mass
extinction [J]. Science, 334: 1367-1372.

Shen S Z, Henderson C M, Bowring S A, et al., 2010. High-resolution Lopingian
(Late Permian) timescale of South China [J]. Geological Journal, 45: 122-134.

Strauss D J, Sadler P M, 1989. Classical confidence intervals and Bayesian proba-
bility estimates for ends of local taxon ranges [J]. Mathmetical Geology, 21: 411-
427.

Wang Y, Sadler P M, Shen S Z, et al., 2014. Quantifying the process and abrupt-
ness of the end-Permian mass extinction [J]. Paleobiology, 40(1): 113-129.

Ward P D, Botha J, Buick R, et al., 2005. Abrupt and gradual extinction among
Late Permian land vertebrates in the Karoo Basin, South Africa [J]. Science,
307: 709-714.

第十二章

早期被子植物化石
及其对被子植物起源的启示

被子植物，

世上最为多彩的、

人类一天都离不开的植物。

它们的起源扑朔迷离，

无数植物学先哲百思不得其解。

破解谜团的钥匙何在？

不在聪明的脑袋里，

一直就藏在化石里。

被子植物是我们人类赖以生存的环境的重要组成部分,它们为我们提供了几乎所有的可再生的资源和材料。被子植物是目前世界上最为多样化的植物类群,至少有30万种。被子植物之所以这么繁盛,很大程度上和它们的生殖器官和生存策略密切相关。通俗地说,被子植物区别于它们的裸子植物兄弟的重要特征,是它们具有后者所没有的花朵(图12-1)。被子植物是种子植物的子集。被子植物和裸子植物一起统称为种子植物(图12-2)。顾名思义,被子植物的种子是被包裹起来的,裸子植物的种子是裸露的。但是这种说法在严格的意义上并不符合植物学实际。从植物学角度讲,除了花以外,还有很多特征可以辅助区分被子植物和裸子植物,例如,结网的叶脉、木质部维管束中的导管、双受精现象、具有柱状层的花粉壁、草本习性等。这些特征成就了被子植物在当今世界中的成功地位,使得它们在从高山到海洋、从赤道到极区的几乎各个生态系统占据了一席之地。

图12-1 绚丽多彩、式样各异的花朵。

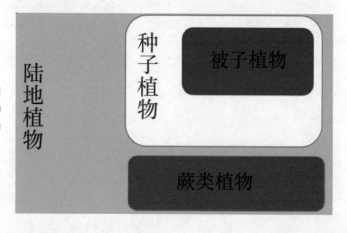

图12-2 植物类群之间的关系。被子植物是种子植物的子集,种子植物是陆地植物的子集。

有意思的是,对于这么重要的类群,人们对其起源、早期演化历史却知之甚少。为了解开这个长期困扰植物学家的难题,古植物学家不懈努力。历史上出现过很多关于被子植物起源和演化的理论和学说,但是这些植物学理论和植物学实际之间的距离并没有因为时间的推移和科学的发展而有丝毫减小的迹象。恰恰相反,随着人们对植物的认识不断加深,前人提出的被子植物演化理论的谬误和弊端变得愈来愈明显。弥合这条理论和实践之间的鸿沟成为全球很多植物学家梦寐以求的目标。达到这个目标的一个有效手段就是通过化石植物的研究来弄清早期被子植物的历史。因此被子植物的化石,尤其是早期化石,是打开所有迷宫的钥匙。我国和德国产出的侏罗纪被子植物化石在其他地区缺乏白垩纪以前被子植物化石记录的情况下变得尤为突出和重要。本章将简要介绍这方面的最新进展,并希冀能够引发和促进相关研究的进展。

第一节　什么是被子植物

一、被子植物的判别标准

尽管被子植物是人们最常见的、最为关心的、研究投入最多的植物类群,但是在使用相同的名词"被子植物"的时候,在不同的植物学家那里往往暗含着不同的意思,这是因为不同的人对于这同一个名词有着不同的定义和标准。这种观念上的差异在研究现代被子植物的时候不会引起太大的争议,但是到了研究被子植物化石的时候,一定会引起不同学者之间的争执,每一个人都认为自己是正确的,别人应该按照自己的意见来改正。这至少部分地解释了为什么围绕早期被子植物的研究总是争议不断。为了便于讨论、减少争议,有必要首先统一和明确(至少在本书中的)被子植物的判断标准。

从字面意思来讲,"被子植物"就是指种子被包裹的植物。这也是最初人们区分被子植物和裸子植物的依据。但是现在,植物学实践挑战了这个定义。一方面,有些被子植物的种子是暴露的,另一方面,个别松柏类(裸子植物)的种子是被包裹在成熟的球果中的。因此,"被子"这个特征已不足以区分被子植物和裸子植物了。根据前人的研究,受粉方式是区分被子植物和裸子植物的重要特征,即被子植物在受粉时花粉是落在柱头上并通过花粉管把精子运送到珠孔来完成受精过程的,而裸子植物中花粉是可以直接到达胚珠的珠孔的(Tomlinson and Takaso,2002)。因此实质上,一个能够保证被子植物身份的判断标准是受粉时胚珠是被包裹着的。能够达到这个标准的都无一例外是被子植物。下面我们将用这个特征在化石世界里确定被子植物。

二、被子植物花的结构

被子植物的花是多种多样的。典型的被子植物的花一般包括四轮器官,即花萼、花瓣、雄蕊、雌蕊(图12-3;Eames,1961)。前二者是不育的器官,后二者承担了大部分的生殖功能。雄蕊一般由多个单元组成,每个单元包括花丝和花药两部分。花药一般由4个花粉囊组成。花药的形状、数量、排列、空间关系及与花丝之间的关系共同定义了各种各样的花药。雌蕊的构成比较复杂,雌蕊的基本单位通常被人们叫作心皮。心皮的基本功能就是在被子植物受粉前完成对其胚珠的包裹。心皮一般由胎座(长胚珠的枝)和子房壁共同组成,此二者的大小、空间关系、参与胚珠包裹的程度,以及心皮之间的空间关系和愈合程度,决定了雌蕊的形态和功能。在外观上,按照从上到下的顺序,一个典型的心皮包括柱头、花柱和子房。柱头是用来接收花粉的部分,而子房是包裹胚珠的部分。在花期,来自雄蕊的花粉借助动物、风力或者其他因素的力量到达花的柱头上,开始萌发、产生花粉管;花粉管穿过花柱的组织,把两枚精子输送到子房中的胚珠的尖端(珠孔);在这里两枚精子分别与卵和极核发生融合,分别形成二倍体的合子和三倍体的胚乳。这个过程在植物学中叫作双受精现象。

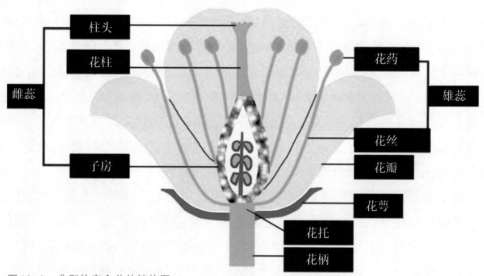

图12-3 典型的完全花的结构图。

如果一个花四轮器官俱全,那么这个花就叫作完全花或者两性花。如果雄蕊或者雌蕊有一个缺失,那么这个花就叫作不完全花或者单性花。

三、被子植物系统学简史

历史上,早期的植物学与宗教有着"剪不断、理还乱"的关系。最初人们认为,每一个物种都是上帝为人类创造的,彼此之间没有任何关系。经过上千年的努力,人们对植物的认识越来越深入。达尔文进化论发表以来,进化论的思想被引入植物学中,人们开始认为所有的植物之间或多或少都有着某种联系。植物系统学就是试图记述这种关系的学问。19世纪出现了许多不同的被子植物系统,其中比较著名的包括假花学说(Pseudanthium Theory;Engler and Prantl,1898)和真花学说(Euanthium Theory;Arber and Parkin,1907)。

1. 假花学说

按照假花学说,人们把被子植物编排成恩格勒系统(Engler and Prantl,1898),并认为,莱荑花序类是最原始的类群,被子植物的花等同于裸子植物的球果,雄蕊和雌蕊分别来源于裸子植物极端退化的雄花和雌花,雄花的苞片变成花被,雌花的苞片变成心皮,雄花的小苞片消失后形成一个雄蕊,雌花小苞片消失后形成基生的胚珠。被子植物的最近姊妹群是裸子植物的麻黄类。

2. 真花学说

与假花学说相对应的是真花学说,其踪迹至少可以追溯到Bessey于1897年的表述(Bessey,1897)。20世纪初Arber和Parkin借力于本内苏铁植物化石的新发现,提出了关于被子植物起源的假说,为真花学说在与假花学说的竞争中拔得头筹(Arber and Parkin,1907)。在两种学说的论战中,真花学说占据了优势,也常常被当作真理写进教科书。这个学说认为,被子植物的花是由本内苏铁植物两性孢子叶球演化而来的,其孢子叶球上的苞片变成了花被,小孢子叶变成了雄蕊,两侧长胚珠的大孢子叶经过对折形成具有边缘胎座的对折心皮,其孢子叶球轴通过缩短变成了花轴,现代被子植物中的木兰类是被子植物最原始的类群,其主要特征是高大木本植物,具全缘叶,羽状脉,叶脉结网,花大,两性,花器官多数,螺旋排列于伸长的花轴上,心皮对折,无明显的花柱,具边缘胎座和倒生胚珠(图12-4)。

在植物系统学中,这种状态一直持续至20世纪80年代。虽然其间不乏质疑之声,但是这些质疑往往被以各种理由忽略或粉饰过去了。分支分类学的广泛应用促进了植物系统学的发展,但是分支分类中的性状编码大多都是在真花学说划定的圈子内打转转,这项新技术的应用并没有从根本上改变被子植物系统学的理论根基,因此所谓的进步和变化对于真正解决植物系统学问题而言,只是扬汤止沸,而不能切中要害。到了20世纪90年代,分子系统学崭露头角,人们开始用DNA序列来分析植物之间的谱系关系,使得人们可以从一个新的视角来观察这个问题。1999年仇寅龙等人通过分析DNA序列之间的近似度,认为以无油樟为代表的ANITA族是被子植物最接近原始状态的类群,为到今天还盛行的APG系统奠定了基础(Qiu et al.,1999)。现在主流的植物系统学思想认为,被子植物中最原始的类群是以无油樟为代表的ANITA族,其特征是:木本植物,叶具羽状脉,叶脉结网,花小,功能上单性,花器官5数,轮状排列,无明显伸长的花轴,心皮瓶状,无明显花柱,具悬生直立胚珠。

图12-4　木兰的花(A)与假想的被子植物花的祖先(B)(复制自 Arberx and Parkin,1907)。

回顾历史,不难发现,真花学说及其衍生学说(包括现在的 APG 系统)百余年来为植物系统学的发展做出了重要贡献。但是,成也萧何,败也萧何。真花学说也是造成今天被子植物起源和植物系统学研究困境的主要原因。无论是在传统理论所推崇的木兰类中还是在 APG 系统所推崇的无油樟中,心皮的同源性问题,即被子植物雌蕊在裸子植物中的同源器官,一直是无解之谜。真花学说和假花学说的共同缺点是缺乏化石证据的支持,同时也都缺乏科学理论所具有的预测性。因此化石证据的检验和支持变成了筛选植物系统学新理论的重要指标。

被子植物在晚白垩世所呈现的多样性已经很高了。这种现象迷惑了当年的达尔文,基于当时的化石证据,达尔文认为被子植物是突然大量出现的,构成了他所谓的"讨厌之谜"。近年来的古植物学研究表明,国际上广泛接受的被子植物记录已经远远早于达尔文时代的记录,早白垩世的被子植物化石已经不再是什么稀罕之物了,而且早白垩世义县组的被子植物化石已经呈现出了一定的分异度。这种情况一方面暗示被子植物应当有更遥远的演化历史(至少延伸到侏罗纪),另一方面在探讨被子植物起源时白垩纪化石的价值就大大缩水了。这一切使得侏罗纪的被子植物化石成为揭开被子植物起源之谜的关键证据。下面介绍几个侏罗纪的被子植物化石并浅析它们的演化意义。

第二节　侏罗纪的被子植物

1. 施氏果（*Schmeissneria*）

施氏果是目前唯一的跨洲出现的（欧洲和亚洲都有发现的）侏罗纪被子植物化石（图12-5）。它出现于中侏罗世的中国和早侏罗世的德国。最早意识到施氏果是被子植物的记录出现于2007年。2007年，王鑫和同事报道了我国辽西中侏罗世海房沟组的中华施氏果（*Schmeissneria sinensis*）的花序（Wang et al., 2007）。该化石采集于20世纪80年代末，由于种种原因当时没有被人们辨认出来。施氏果中成对

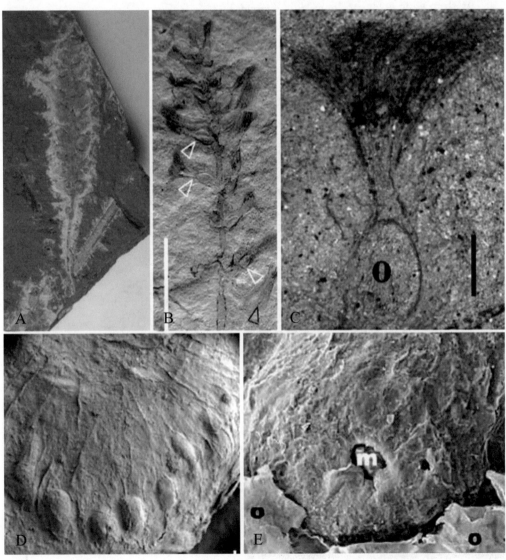

图12-5　施氏果。A. 中华施氏果；B—E. 小穗施氏果的花序（B）、带毛的花（C）、包含多个种子的果实（D）和带有珠孔的种子或胚珠（E）（复制自王鑫等，2007；王鑫，2010）。

的花通过一个共同的柄着生在一个纤细的花序轴上,每一朵花具有可能由3个花被片组成的花被,其中包围着一个具有两个腔室的子房,虽然未见胚珠但是其留在子房壁上的印痕清晰可见。2010年,王鑫研究了德国南部早侏罗世的小穗施氏果(*Schmeissneria microstachys*;Wang,2010)。德国的化石材料丰富,并且保存了与施氏果直接相连的各种器官。新的研究不仅确认了2007年关于中华施氏果结构方面的结论,而且提供了施氏果在中国化石材料中没法看到的信息,包括枝、叶、短枝、正在开花的花序和花、果序、包裹在果实里的种子。这些相互连接的器官的特征和组合,加深了人们对于施氏果这个目前世界上最早的被子植物的认识,同时强烈指示被子植物的历史很可能延伸到更加古老的三叠纪。

2. 中华星学花(*Xingxueanthus sinensis*)

中华星学花和中华施氏果一样,产自我国辽西葫芦岛市的中侏罗世地层(图12-6)。目前的材料仅限于它的花序——一个炭化的类似菜莫花序的雌性生殖器

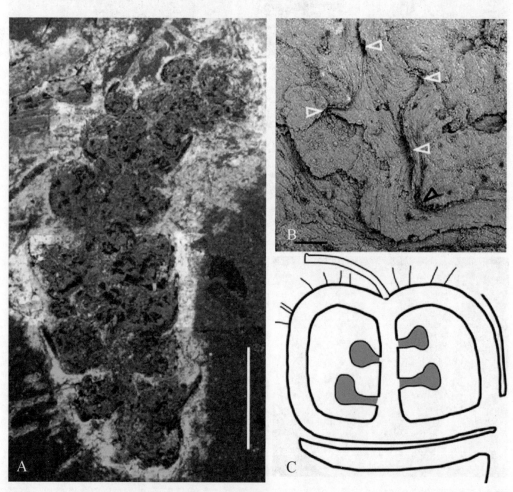

图12-6 中华星学花的花序(A)、子房中中柱上着生的多个胚珠(B,白色箭头)、子房的纵切面示意图(C)(复制自王鑫和王士俊,2010)。

官。该花序包括大约20朵螺旋着生的雌花,每一个雌花着生于一个苞片的腋部,子房的顶部具有一个短的花柱,子房的内部中央具有一个纵向的轴,其上螺旋排列着多枚胚珠(Wang and Wang,2010)。中华星学花的最大特征,也是它最有意义的特征,是它的胚珠着生方式类似现代被子植物中的特立中央胎座,胚珠是长在一个中轴的侧面。而按照传统的理论,特立中央胎座是很先进的特征,不应该也不可能在侏罗纪出现。特立中央胎座在侏罗纪的出现显然出乎传统理论的拥护者的预料,为探讨被子植物胎座的性质和来源提供了重要的依据。

3. 潘氏真花(*Euanthus panii*)

潘氏真花与中华施氏果、中华星学花一样都来自辽西中侏罗世地层(图12-7)。潘氏真花发表于2015年,与后二者相同的是,它们产自同一时代、同一地点、同一层

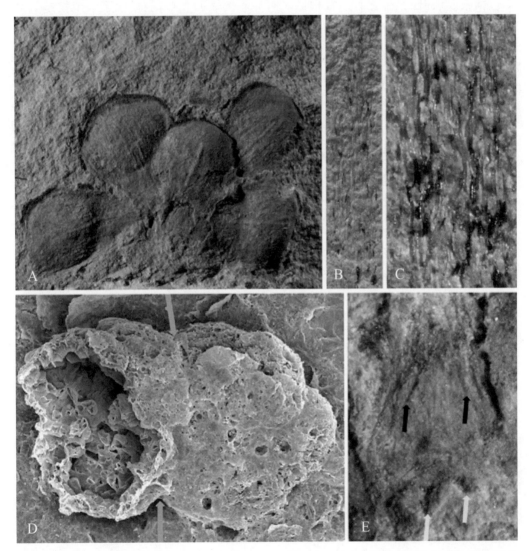

图12-7　潘氏真花的花(A)、花柱(B)、花柱上的毛(C)、两个药室融合的花药(D)、子房里的胚珠(黄色箭头)和中空的花柱道内壁(E,黑色箭头)(e)(复制自刘仲健和王鑫,2016a)。

位(Liu and Wang,2016a)。与后二者不同的是,潘氏真花是植物学意义上的完全花,具有典型的花的四轮器官:花萼、花瓣、雄蕊和雌蕊。其花药是被子植物典型的四药室花药,在其中看到了原位花粉的踪迹。在子房中可以看到胚珠,与其相连的花柱至少在基部是中空的。花柱上遍布纤毛,可能与其收集花粉的功能有关系。这是人们首次在侏罗纪看到被子植物的完全花,使潘氏真花成为当之无愧的侏罗纪被子植物,因此潘氏真花的发现在某种程度上对被子植物起源的研究具有里程碑式的意义。对于传统理论来说,潘氏真花构成了难以应对又难以回避的挑战。

4. 渤大侏罗草(*Juraherba bodae*)

渤大侏罗草产自我国内蒙古道虎沟村的中侏罗世地层(图12-8)。渤大侏罗草虽然全长只有38 mm,但却是一个整株保存的植物化石(Han et al.,2016)。该植物包括根、茎、叶、果等器官。其根部具有完整的表面和根毛,排除了该植物是从某种植物上断落下来的短枝的可能性。其叶片具有一个中脉和光滑的边缘,有迹象表明这些叶子是通过居间生长来长成的。至少有4枚果实是直接和渤大侏罗草相连的,这些果实是肉质的,其中胚珠和种子的踪迹表明了其被子植物属性。肉质果实和叶片上昆虫咬噬的痕迹表明,被子植物和动物的互动早在中侏罗世就已经存在了。渤大侏罗草的出现再次确证了被子植物的侏罗纪历史。

5. 道虎沟雨含果(*Yuhania daohugouensis*)

道虎沟雨含果和渤大侏罗草一样产自我国内蒙古道虎沟村的中侏罗世地层。道虎沟雨含果包括枝、叶以及相连的花序、果序(Liu and Wang,2016b)。道虎沟雨含果最为有意思的是,和大部分的已知被子植物不同,其胚珠是着生于成为子房壁的叶性器官的背面(远轴面)而不是腹面(近轴面)。在被子植物中是首次发现这种空间组合的,表明至少在侏罗纪被子植物曾经试图开发这种从未被其他植物利用的心皮组成架构。虽然这种努力没有成功,但是如果未来在现代被子植物中发现类似的结构将不再令人惊奇。

除了上述侏罗纪的被子植物外,发现于我国早白垩世的梁氏朝阳序(Duan,1998)、辽宁古果(图12-9;Sun et al.,1998)、中华古果(Sun et al.,2002)、始花古果(Ji et al.,2004)、十字中华果(Leng and Friis,2003,2006)、迪拉丽花(Wang and Zheng,2009)等等都为人们认识早期被子植物做出了重要的贡献。古果的一个重要的特征是它的心皮可能是轮生的,其胚珠着生在心皮的背面而不是腹面(图12-9)。这些对于人们正确解读被子植物心皮的同源性具有重要意义。此后南美、西欧、北美的被子植物化石相继出现,使得百年前困惑着达尔文的谜团烟消云散。

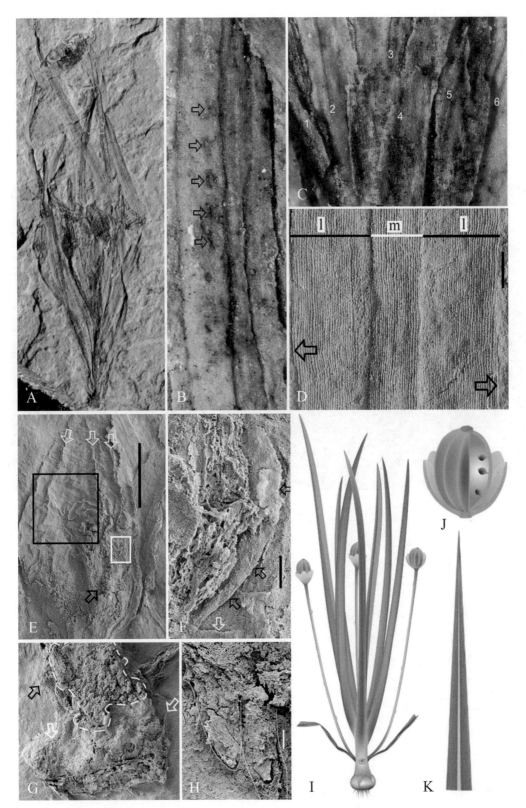

图12-8 渤大侏罗草的植株(A)、被昆虫咬噬的叶片(B)、螺旋排列的叶子(C)、具光滑边缘和中脉的叶片(D)、肉质的果实(E)、果实中胚珠(F)、具有完整表面的根(G)、根毛(H)、复原的植株(I)、果实(J)、叶片顶端(K)(复制自韩刚等,2016)。

那么,被子植物在侏罗纪之前有没有踪迹呢? 2013 年 Hochuli 和 Feist-Burkhardt 报道了三叠纪与被子植物难于区分的花粉,这个发现和上面侏罗纪化石材料不谋而合。但是这些花粉的母体植物现在还是未知的,相关的证据并没有完全说服所有的古植物学家。因此这些结论还需要进一步地完善和确证,为了稳妥起见,此处暂时不做介绍,感兴趣的同学可以参考相关文献。应当承认,未来这方面的进展是可以期待的。

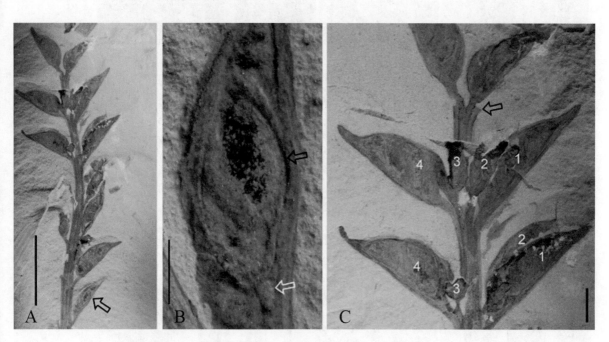

图 12-9 辽宁古果的雌蕊(A)、着生于背脉上的胚珠(B)、轮生的心皮(C)(复制自王鑫和郑晓廷,2012)。

应该说,对于辽宁葫芦岛上三角城子村的侏罗纪化石植物群的研究还不完善,但是在其中发现的 3 个完全互不相关的被子植物属种(潘氏真花、中华星学花、中华施氏果),至少说明被子植物在中侏罗世已经达到了一定的丰度和多样性。假若流行的被子植物单系说是对的话,那么被子植物的共同祖先无疑应当出现在更早的时间。这个结论得到了德国早侏罗世出现的施氏果、瑞士出现的三叠纪疑似被子植物花粉"不约而同"的支持。而分子钟的估算和系统分析也表明,被子植物起源在三叠纪甚至更早。

第三节　解读被子植物雌蕊

在解决被子植物起源时间之后,被子植物起源研究中的最具挑战性的问题即"心皮"的同源性。被子植物起源研究的关键问题,就是揭示在被子植物的裸子植物祖先中,裸露的胚珠是如何最终被包裹起来的。

传统的真花学说认为,在被子植物的祖先类型中胚珠是长在一个叶性器官(大孢子叶)的边缘上的。这个理论听起来合理,而且信众广泛,但是在过去百年中,古植物学家一直没有找到支持这个假想的所谓大孢子叶,而且最近的研究表明,苏铁"大孢子叶"的叶状形态是外力压迫所致的假象,其本质还是一个长胚珠的枝。传统理论已经到了山穷水尽、无路可走的地步了。

对于现代裸子植物生殖器官的研究表明,裸子植物中胚珠都是长在一个枝性器官的上面,而这个枝性器官是长在叶腋中的(除苏铁类外)。如果这个长胚珠的枝性器官被其下的叶性器官包裹,即可形成所谓的心皮(图12-10)。这样一来,"心皮"就是由两种性质不同的器官共同组成的复合器官,而非一个叶性器官组成的简单器官。这种理论为在传统理论中比较先进的基生胎座和特立中央胎座提供了更加简明的解释:它们的胚珠着生于花轴的顶端,被近顶端轮生的叶性器官所包裹。这个理论得到了解剖学、发育学和基因学等多学科证据的支持。首先,胎座维管束的构成是周韧式的,类似枝的(而非叶的)维管束;其次,心皮最初是由两个原基发展而来的,一个形成胎座,另一个形成子房壁;最后,上述的两个原基是由不同的基因组合来控制其发育过程的,分别对应于控制枝顶端和叶发育的基因组合。

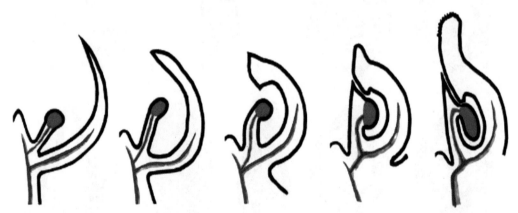

图12-10　从左到右显示裸子植物中裸露的胚珠转化到被子植物(无油樟)中被包裹的胚珠的过程(复制自王鑫等,2015)。

根据这些证据,传统意义上的"心皮"应当拆分成胎座和子房壁两个部件。按照二者之间的空间关系可以形成两种不同类型的雌蕊。第一种类型,胎座位于子房壁的腋部。这种情形下,子房壁从下面、侧面甚至上面完成对于胚珠的包裹

（图 12-11A）。当胎座发育充分并参与柱头的形成,胎座与子房壁之间缝隙最终可以形成一个横向的裂缝,就可以得到类似无油樟中的瓶状心皮(图 12-11G)。当胎座与子房壁的中脉愈合时,可以形成类似古果中具有片状胎座的心皮(图 12-9B)。当螺旋排列的心皮变成轮生且每个心皮内的胚珠数目减少到 1 时,可以形成类似环蕊科或者八角科的雌蕊(图 12-11C,D)。第二种类型,胚珠着生于花轴的顶端,由周围、近顶端生的叶性器官来共同完成对其的包裹,就会形成基生胎座或者特立中央胎座(图 12-11E,F)。当这样的胚珠的长珠柄与一侧的子房壁愈合就会形成类似侧生、顶生胎座的情形(图 12-11I－K)。当顶生分叉的胎座被与之相间的叶性器官封闭起来,就形成十字花科中具有侧膜胎座的雌蕊(图 12-11L)。当花轴顶端发生凹陷,原来的特立中央胎座就会形成一系列具有类似侧膜胎座的雌蕊(图 12-11H,M)。在具有特立中央胎座的类型中,如果子房壁边缘上表皮毛发育充分并完全分割子房腔,最终可能形成常见的中轴胎座。如果这些表皮毛不能完全分割子房腔,就可能形成底部多室、上部单室的雌蕊。

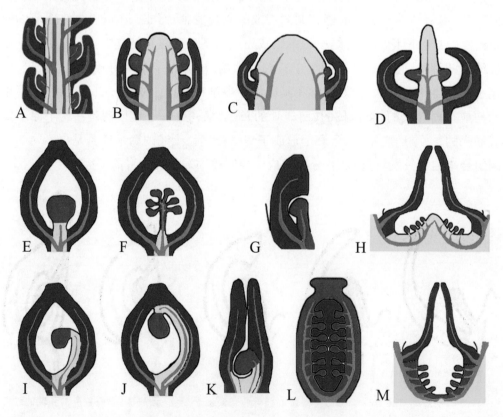

图 12-11 被子植物中各式各样的雌蕊构成(复制自王鑫等,2015)。

传统意义上的"心皮"是由不可育的子房壁和可育的胎座(长胚珠的枝)共同组成的复合器官。这两个组分在时空上的组合造就了被子植物中雌蕊的多样性。这个假说一方面可以实现对被子植物高度多样化的雌蕊进行统一的解释，另一方面填平了裸子植物和被子植物之间的鸿沟。尽管其祖先类型仍然是巨大的谜团，但是可以确认的被子植物的历史至少可以追溯到侏罗纪。这个结论既得到了古植物学证据的直接支持，也得到了分子钟和其他植物系统学分析的支持。未来在三叠纪寻找被子植物或者裸子植物与被子植物之间的过渡类型，将是最令人激动的古生物学科研前沿之一。

拓展阅读

王鑫，刘仲健，刘文哲，等，2015. 突破当代植物系统学的困境[J]. 科技导报，33（22）：97-105.

Arber E A N, Parkin J, 1907. On the origin of angiosperms [J]. Journal of the Linnean Society of London, Botany, 38(263): 29-80.

Bessey C E, 1897. Phylogeny and taxonomy of the angiosperms [J]. Botanical Gazette, 24(3): 145-178.

Duan S, 1998. The oldest angiosperm: a tricarpous female reproductive fossil from western Liaoning Province, NE China [J]. Science in China D, 41(1): 14-20.

Eames A J. 1961. Morphology of the Angiosperms [M]. New York: McGraw-Hill Book Company, Inc.

Engler A, Prantl K, 1898. Die natuerlichen Pflanzenfamilien, III Leipizig: Verlag von Wilhelm Engelmann.

Han G, Liu Z-J, Liu X, et al., 2016. A whole plant herbaceous angiosperm from the Middle Jurassic of China [J]. Acta Geologica Sinica, 90(1): 19-29.

Hochuli P A, Feist-Burkhardt S. 2013. Angiosperm-like pollen and *Afropollis* from the Middle Triassic (Anisian) of the Germanic Basin (Northern Switzerland) [J]. Frontiers in Plant Science, 4: 344.

Ji Q, Li H, Bowe M, et al., 2004. Early Cretaceous *Archaefructus eoflora* sp. nov. with bisexual flowers from Beipiao, Western Liaoning, China [J]. Acta Geologica Sinica, 78(4): 883-896.

Leng Q, Friis E M, 2003. *Sinocarpus decussatus* gen. et sp. nov., a new angiosperm with basally syncarpous fruits from the Yixian Formation of Northeast China [J]. Plant Systematics and Evolution, 241: 77-88.

Leng Q, Friis E M, 2006. Angiosperm leaves associated with *Sinocarpus* infructescences from the Yixian Formation (mid-Early Cretaceous) of NE China [J]. Plant Systematics and Evolution, 262(3—4): 173-187.

Liu Z-J, Wang X, 2016a. A perfect flower from the Jurassic of China [J]. Historical Biology, 28(5): 707-719.

Liu Z-J, Wang X, 2016b. *Yuhania*: A unique angiosperm from the Middle Jurassic of Inner Mongolia, China [J]. Historical Biology, 29(4): 431-441.

Qiu Y-L, Lee J, Bernasconi-Quadroni F, et al., 1999. The earliest angiosperms: evidence from mitochondrial, plastid and nuclear genomes [J]. Nature, 402 (6760): 404-407.

Sun G, Dilcher D L, Zheng S, et al., 1998. In search of the first flower: a Jurassic angiosperm, *Archaefructus*, from Northeast China [J]. Science, 282:1692-1695.

Sun G, Ji Q, Dilcher D L, et al., 2002. Archaefructaceae, a new basal angiosperm family [J]. Science, 296: 899-904.

Tomlinson P B, Takaso T, 2002. Seed cone structure in conifers in relation to development and pollination: a biological approach [J]. Canadian Journal of Botany, 80 (12): 1250-1273.

Wang X, 2010. *Schmeissneria*: An angiosperm from the Early Jurassic [J]. Journal of Systematics and Evolution, 48(5): 226-235.

Wang X, Duan S, Geng B, et al, 2007. *Schmeissneria*: A missing link to angiosperms? [J]. BMC Evolutionary Biology, 7: 14.

Wang X, Wang S, 2010. *Xingxueanthus*: an enigmatic Jurassic seed plant and its implications for the origin of angiospermy [J]. Acta Geologica Sinica, 84(1): 47-55.

Wang X, Zheng S, 2009. The earliest normal flower from Liaoning Province, China [J]. Journal of Integrative Plant Biology, 51(8): 800-811.

Wang X, Zhang X T, 2012. Reconsideration on two characters of early angiosperm *Archaefructus* [J]. Palaeoworld, 21(3-4): 193-201.

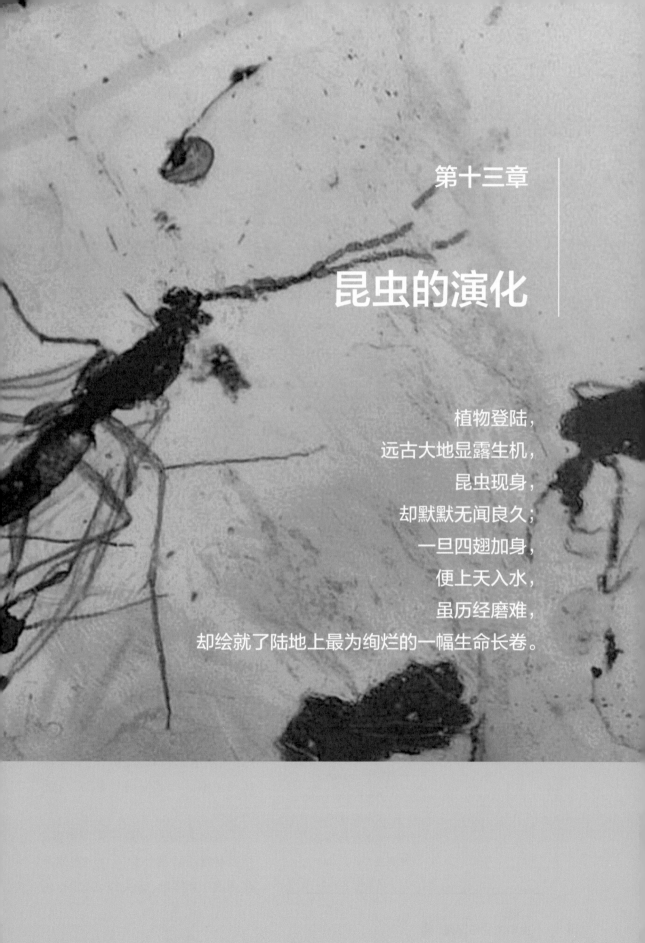

第十三章

昆虫的演化

植物登陆，
远古大地显露生机，
昆虫现身，
却默默无闻良久；
一旦四翅加身，
便上天入水，
虽历经磨难，
却绘就了陆地上最为绚烂的一幅生命长卷。

昆虫是地球上种类最多的生物,也是数量最多的动物。昆虫是无脊椎动物中唯一能够飞翔的类群,有些昆虫还能够生活在水中,它们是真正的水、陆、空"三栖明星"。正是因为昆虫具有强大的生存能力、丰富的种类和巨大的数量,使得它们的踪迹几乎遍布世界每一个角落。

昆虫无疑是地球上演化最为成功的生物之一。它们具有漫长的演化历史(超过4亿年)、极其丰富的物种数量(已经描述的超过100万种)和巨大的生物量;它们不仅对环境具有强大的适应能力,对陆地生态系统也产生了重要影响。

丰富多彩的昆虫世界和它们的演化过程吸引了众多昆虫学家、古昆虫学家和相关学科学者的关注,正是他们不懈的努力为我们打开了了解昆虫演化的一个个窗口。本章以昆虫及其重要类群的起源、地质时期昆虫面貌和昆虫重要演化事件为主线,介绍昆虫的演化过程。

第一节　昆虫基础知识介绍

由于昆虫极其复杂、多样,在切入正题之前,有必要对昆虫的基础知识做一简要的介绍。

表13-1　昆虫纲在动物界的分类位置

动物界 Animalia
　真后生动物亚界 Eumetazoa
　　两侧对称动物 Bilateria
　　　蜕皮动物总门 Ecdysozoa
　　　　节肢动物门 Arthropoda
　　　　　三叶虫亚门 Trilobitomorpha
　　　　　螯肢亚门 Chelicerata
　　　　　多足亚门 Myriapoda
　　　　　甲壳亚门 Crustacea
　　　　　六足亚门 Hexapoda
　　　　　　内颚类 Entognatha
　　　　　　　弹尾纲 Collembola
　　　　　　　双尾纲 Diplura
　　　　　　　原尾纲 Protura
　　　　　　外颚类 Ectognatha
　　　　　　　昆虫纲 Insecta

一、昆虫的基本特征

昆虫在分类学上归入昆虫纲,隶属于节肢动物门六足亚门(表13-1)。节肢动物门包括三叶虫亚门(包括所有的三叶虫)、螯肢亚门(如蜘蛛、蝎子)、多足亚门(如马陆、蜈蚣)、甲壳亚门(如螃蟹、虾)和六足亚门。六足亚门包括内颚类和外颚类,前者包括弹尾纲(弹尾虫)、双尾纲(双尾虫)和原尾纲,后者仅包括昆虫纲。六足亚门也称"广义的昆虫纲"。

昆虫身体由一系列体节组成,并具有几丁质的外骨骼。这些体节聚合成3个体段,即头部、胸部和腹部,其中胸部由前胸、中胸和后胸3个体节组成。成虫通常具有2对翅和3对足,翅分别着生于中胸和后胸,每个胸节各长有1对足;头部着生1对触角,通常具有1对复眼和数个单眼(图13-1)。有些原始的昆虫成虫没有翅(如衣鱼),有些进步的类型翅蜕化(如苍蝇后翅

图13-1　昆虫身体结构示意图(以胡蜂为例)。

蜕化成平衡棒)或完全消失(如蚂蚁中的工蚁)。

二、昆虫的变态

变态(metamorphosis)是昆虫的一个重要生物学特征,是指昆虫从卵开始,经过一系列显著的生理变化一直到成虫期的过程,主要分为如下几个类型:

1. 表变态(epimorphosis)

幼体与成虫形态相似,随着不断地生长、蜕皮,个体增大,性器官逐渐成熟,触角和尾须节数逐渐增加。见于无翅昆虫石蛃目和衣鱼目。

2. 不完全变态(incomplete metamorphosis)

昆虫一生经过卵(egg)、若虫(nymph)[或稚虫(naiad或nymph);幼体阶段]和成虫(adult或imago)3个阶段。见于有翅昆虫。可以分为如下几种亚类型:

(1)原变态(prometamorphosis):仅见于蜉蝣目(蜉蝣),由稚虫变为成虫要经过亚成虫(subimago)期。亚成虫与成虫外形相似,性发育成熟,翅已展开,多呈静止状态。这个时期较短,经过一次蜕皮变为成虫。

(2)渐变态(paurometamorphosis):若虫与成虫形态相似,只是翅发育不完全、生殖器官未发育成熟,经过几次脱皮,渐渐成长为成虫,如直翅目(蝗虫、螽斯、蟋蟀、蝼蛄等)。

(3)半变态(hemimetabolism或hemimetably):成虫陆生,而稚虫则生活于水中,稚虫与成虫的呼吸器官和取食器官差异都较大,如蜻蜓目(蜻蜓、豆娘)。

(4)过渐变态(hyperpaurometamorphosis):由幼体转变为成虫需要经过一个不食、不大活动的类似蛹的虫龄,特称为"拟蛹(subpupa)",如缨翅目(蓟马)。

3. 完全变态(complete metamorphosis或holometabolism)

昆虫一生经过卵、幼虫(larva)、蛹(pupa)和成虫4个阶段。幼虫与成虫在外部形态及生活习性上有很大差异,在幼虫老熟蜕皮化蛹时,幼虫形态消失,而蛹期形态与成虫基本接近,如鳞翅目(蛾、蝴蝶)、鞘翅目(甲虫)。

三、丰富多彩的昆虫世界

昆虫纲不仅是节肢动物门,也是整个动物界分异度最高的一个纲,已描述的种类超过100万种,占已知动物种类的3/4、所有已知生物种类的1/2。昆虫学家估计现生昆虫的种类实际在500万—1 000万种,占地球上所有动物种类的90%以上。昆虫的适应性非常强,几乎遍及整个地球,即使在海洋里(如海虱)和环境恶劣的南、北极(如南极蠓)也能见到它们的踪迹。多数昆虫生活于陆地上,而有些昆虫部分生活或终生生活在水中,被称为水生昆虫(如蜉蝣、蜻蜓),超过12目3万多种。

热带雨林的昆虫种类最为丰富,亚马孙地区所有动物种类的90%都是昆虫,据统计,1平方英里(2.59 km²)生活的昆虫超过5万种。

四、昆虫与人类的关系

昆虫与人类的关系极为密切,对人类健康和经济生活有直接影响的重要害虫就有1万多种,如疟蚊能够传染疟疾,锯谷盗侵害贮粮。同时,许多昆虫也为人类提供各种帮助:有些昆虫是人类的食物,含有丰富的蛋白质和多种人体所需要的微量元素,如龙虱、蚱蝉;部分昆虫的产物能够满足人类的生活需要,如蚕丝、蜂蜜;有些昆虫可以用于生物防治,如寄生蜂、瓢虫;部分水生昆虫可作淡水鱼类的饲料,如摇蚊幼虫、蜉蝣;有些昆虫是中医常用的药材,如九香虫、土鳖虫;从有些昆虫中还可以提取重要的化学成分,如从蝇类中提取的特异蛋白质具有抗癌作用,用于西药制作。

五、昆虫的分类系统

昆虫纲隶属于六足亚门,该总纲还包括原尾纲、弹尾纲和双尾纲(表13—1)。六足亚门与其他节肢动物的演化关系还有争议,传统上认为其与多足亚门或甲壳亚门关系最为密切,最近的分子生物学研究表明六足亚门与甲壳亚门的一支构成姊妹群。现生昆虫纲一般分为30目:石蛃目、衣鱼目、蜉蝣目、蜻蜓目、襀翅目、蜚蠊目、等翅目、螳螂目、蛩蠊目、螳䗛目、革翅目、直翅目、竹节虫目、纺足目、缺翅目、啮目、虱目、缨翅目、半翅目、鞘翅目、广翅目、蛇蛉目、脉翅目、膜翅目、毛翅目、鳞翅目、长翅目、蚤目、双翅目和捻翅目。其中石蛃目和衣鱼目为无翅类(Apterygota),其余各目属有翅类(Pterygota)。昆虫纲中物种数量最多的4个目依次为鞘翅目、鳞翅目、膜翅目和双翅目,其中鞘翅目占整个昆虫纲的近40%。另外,昆虫纲还包括至少12个绝灭目:古网翅目、巨古翅目、复翅目、透翅目、古蜻蜓目、原蜻蜓目、波拉虫目、原直翅目、华脉目、巨翅目、小翅目和舌鞘目。详细的分类系统见表13-2。

表13-2　昆虫纲分类系统及主要特征

分类系统	分类单元特征		
单髁亚纲 Monocondylia	上颚单关节(后关节)；无翅；表变态		
石蛃目 Archaeognatha	现生		
双髁亚纲 Dicondylia	上颚两个关节；无翅或有翅；变态类型多样		
衣鱼目 Zygentoma	现生；无翅；表变态		
有翅类 Pterygota	有翅；不完全变态或完全变态		
古翅下纲 Palaeoptera	不完全变态		
蜉蝣目 Ephemeroptera		不	现生
古网翅目 Palaeodictyoptera		完	绝灭
巨古翅目 Megasecoptera		全	绝灭
复翅目 Dicliptera		变	绝灭
透翅目 Diaphanopterodea		态	绝灭
古蜻蜓目 Geroptera			绝灭
原蜻蜓目 Protodonata			绝灭
蜻蜓目 Odonata			现生
新翅下纲 Neoptera	不完全变态或完全变态		
波拉虫目 Paoliida			绝灭
原直翅目 Protorthoptera			绝灭
革翅目 Dermaptera			现生
蛩蠊目 Grylloblattodea			现生
螳䗛目 Mantophasmatodea			现生
襀翅目 Plecoptera		不	现生
纺足目 Embioptera		完	现生
缺翅目 Zoraptera		全	现生
竹节虫目 Phasmatodea		变	现生
华脉目 Caloneuroptera		态	绝灭
巨翅目 Titanoptera			绝灭
直翅目 Orthoptera			现生
螳螂目 Mantodea			现生
蜚蠊目 Blattaria			现生
等翅目 Isoptera			现生
啮目 Psocoptera			现生
虱目 Phthiraptera			现生
缨翅目 Thysanoptera			现生
半翅目 Hemiptera			现生
小翅目 Miomoptera		？[①]	绝灭
舌鞘目 Glosselytrodea			绝灭
鞘翅目 Coleoptera			现生
蛇蛉目 Raphidioptera			现生
广翅目 Megaloptera			现生
脉翅目 Neuroptera		完	现生
膜翅目 Hymenoptera		全	现生
长翅目 Mecoptera		变	现生
蚤目 Siphonaptera		态	现生
捻翅目 Strepsiptera			现生
双翅目 Diptera			现生
毛翅目 Trichoptera			现生
鳞翅目 Lepidoptera			现生

① 这两个目为绝灭类群，变态类型存在争议，为完全变态或不完全变态。

第二节　昆虫及其重要类群的起源

一、昆虫的起源

广义昆虫,即六足亚门的起源主要有3种假说:多足亚门起源说、甲壳亚门起源说和三叶虫亚门起源说。分子生物学研究结果显示,六足亚门的祖先属于甲壳类动物,而该亚门中的昆虫纲与双尾纲构成姊妹群,即昆虫纲与双尾纲具有共同的祖先(Misof et al.,2014)。

最早的昆虫化石记录发现于泥盆纪(Devonian Period;距今4.19亿－3.59亿年)地层,但只在两个产地找到少量昆虫化石。其中,苏格兰泥盆纪早期的莱尼燧石(Rhynie Chert;距今4.11亿－4.08亿年)产有赫斯特莱尼虫(*Rhyniognatha hirsti* Tillyard)。该化石仅保存了头部,但其具有一对双髁式上颚,因此被认为是一种昆虫。据此推断,最早的昆虫可能出现于志留纪(Silurian Period)晚期(距今4.30亿－4.20亿年)(Engel and Grimaldi,2004),而分子生物学证据表明昆虫起源于更早的奥陶纪(Ordovician Period)早期(约4.79亿年前)(Misof et al.,2014)。第二个产地位于加拿大魁北克省的加斯佩(Gaspe),在泥盆纪早期(距今4.07亿－3.93亿年)地层中发现了石蛃目昆虫的碎片。

另外,在2012年曾报道在比利时那慕尔省Strud化石产地发现了泥盆纪晚期(距今3.72亿－3.59亿年)的一个直翅类昆虫幼虫化石。但因标本保存较差,其归属存在很大争议,目前学术界更多地认为该化石并不属于昆虫纲。因此晚泥盆世(距今3.83亿－3.59亿年)至今未有确切的昆虫化石记录。

泥盆纪是晚古生代最早的一个地质时代,在志留纪之后和石炭纪之前,跨越6 000余万年。这些昆虫化石产地在泥盆纪均位于赤道附近(Rasnitsyn and Quicke,2002)。

二、飞向天空——有翅昆虫的起源

翅的出现,不但使昆虫扩展了生活空间,也使昆虫遇到危险时,可以迅速逃避;同时也使昆虫扩大了生活范围,避免近亲繁殖,进而增加了遗传变异性。昆虫是无脊椎动物中唯一具有飞翔能力的类群,也是最早征服天空的生物,比能够飞翔的脊椎动物的出现早得多。有翅昆虫至少在石炭纪(Carboniferous Period)中期(约3.30亿年前)就已出现,有可能在更早的泥盆纪早期(距今4.11亿－4.08亿年)就已飞翔在天空中,这比最早能够飞翔的脊椎动物翼龙出现的时间至少要早1亿年。翼龙的最早记录为三叠纪(Triassic Period)晚期(约2.20亿年前),鸟类直到侏罗纪

(Jurassic Period)晚期(约1.50亿年前)或更晚才占领天空,哺乳动物中的蝙蝠直到始新世(Eocene Epoch)早期(约5 250万年前)才出现(张海春等,2015)。

1. 翅的来源

昆虫飞翔能力的获得,长期以来都是人们关注的热点问题之一,因此关于昆虫翅的起源假说很多,如气管鳃起源说(tracheal gill theory)、侧背板叶起源说(paranotal lobe theory)、鳃板起源说(gill-plate theory)、鳍源说(fin theory)、气门瓣起源说、针突起源说(Stylus theory)、侧板起源说(Pleuron theory)。这些假说只有第一和第二种比较流行,其他的假说无可靠的证据支持。

气管鳃起源说认为,昆虫的祖先为水生,用气管鳃呼吸,类似现生蜉蝣的稚虫。当水生昆虫演化为陆生时,其胸部的鳃叶演变为用以飞翔的翅。这种假说得到一些证据的支持,但存在一些致命的缺陷:昆虫的基部类群都是陆生的,因此有翅昆虫的祖先也应该是陆生的;化石证据表明,水生昆虫比陆生昆虫的出现至少晚1亿年;鳃与翅的结构差异明显,它们不具有同源性(Grimaldi and Engel,2005)。

侧背板叶起源说认为,侧背板叶由胸部背板向两侧扩展而成,最初用于对身体两侧和附肢的保护,逐渐增大的侧背板叶使昆虫获得了滑翔能力;最终,在侧背板叶基部形成关节,使昆虫在从高处(高大植物的枝条上)降落时,可以控制在空气中的运动,这样原始的翅就形成了。这个假说得到了很多证据的支持。在古生代晚期的一些昆虫前胸节,确实存在侧背板叶并具"翅脉",宛如缩小的翅,但其基部并无关节;而中、后胸的翅基部具关节(图13-2)。这些昆虫有时被称为"六翅昆虫"。现生昆虫中,衣鱼具有明显的侧背板叶,在从高处落下时能够用以控制它们的下降。

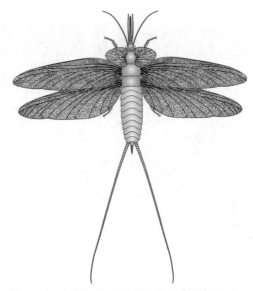

图13-2 产自法国石炭纪晚期的古网翅目昆虫 *Stenodictya lobata* 的复原图。

2. 翅的起源时间

昆虫翅的起源不晚于石炭纪(距今3.59亿-2.99亿年)晚期(距今3.23亿-2.99亿年),但由于化石记录极少,还不足以推断昆虫飞行的演化过程。

Schram曾报道的产于苏格兰石炭纪早期的"昆虫翅",实际上是甲壳类动物化石。最早的有翅昆虫记录为石炭纪中期(距今3.30亿-3.23亿年)的2种昆虫,分别属于古网翅目(Palaeodictyoptera)和古直翅类(Archaeorthoptera)(Brauckmann and

Schneider,1996；Prokop et al.，2005)。

这些化石的发现，说明石炭纪中期的有翅昆虫和翅的类型已经呈现出多样化，因此昆虫翅的起源明显更早，一般被认为起源于泥盆纪或石炭纪早期。

前面提到，苏格兰泥盆纪早期的莱尼燧石产有赫斯特莱尼虫，该化石具有有翅昆虫的明显特征：上颚短粗，近三角形，具双关节上颚(Engel and Grimaldi，2004)。如果确证该化石为有翅昆虫，那么昆虫翅的最早化石记录可以前推约8 000万年，这与分子生物学推断的昆虫获得飞行能力的时间(约4.06亿年前)恰好吻合。

三、新翅类昆虫的起源

有翅昆虫根据翅能否折叠分为2个类群：古翅下纲和新翅下纲(表13-2)。古翅类昆虫的翅只能上下扇动，翅面与身体的长轴近垂直，并且保留有较多的原始特征(如蜻蜓；图13-3A)；而新翅类昆虫的翅在静止时可以折叠并覆盖在身体的背面，翅面近平行于腹部(如蝉；图13-3B)。

昆虫的翅是单一起源的，也就是说有翅昆虫具有共同的祖先。有翅昆虫主要

图13-3　静止休息状态的蜻蜓(A)和蝉(B)。

分为四大分支：蜉蝣目、古网翅总目具有吸喙的一大类绝灭的昆虫)、蜻蜓总目(Odonatoptera；包括绝灭的古蜻蜓目和原蜻蜓目，以及现生的蜻蜓目)和新翅下纲(其他有翅昆虫)，前3个大类都属于古翅下纲(Grimaldi and Engel，2005)。

可折叠的翅使昆虫能够更好地适应环境,特别是在有限的空间里,这些昆虫也可以自由生活,如树皮下、土壤中、植物落叶中,甚至水中。这一特征的出现使昆虫能够占领更多的生态位,进而促使多样性极大地提高。

最早的新翅类昆虫化石记录为捷克石炭纪密西西比亚纪最晚期(距今3.30亿－3.23亿年)地层中的古直翅类昆虫翅的碎片(Prokop et al., 2005)。到石炭纪晚期,新翅类昆虫的类型略有增加,到二叠纪进入辐射期。

四、全变态昆虫的起源

全变态昆虫(Holometabola)是指具有完全变态特征的昆虫,包括现生的鞘翅目、蛇蛉目、广翅目、脉翅目、膜翅目、长翅目、蚤目、捻翅目、双翅目、毛翅目和鳞翅目,绝灭的小翅目和舌鞘目可能也属于全变态昆虫(表13-2)。全变态昆虫是昆虫纲中最为成功的一类,在现生昆虫中约占所有种类的85%(Grimaldi and Engel, 2005)。

昆虫完全变态与不完全变态的区别在于,前者在幼虫阶段无翅而后者具有翅芽;前者在幼虫与成虫之间有一个基本静止不动的蛹期,而后者无此阶段。全变态昆虫的翅在身体内部发育完成,因此也称为内翅类昆虫(Endopterygota)。

昆虫系统发育重建表明全变态昆虫是单系的,也就是说全变态昆虫具有共同的祖先,它们是同源的。全变态昆虫的起源涉及一系列问题,但最为重要的问题是幼虫是如何演化的。关于这一过程有两个假说对其进行了推测:① 全变态昆虫的幼虫和不完全变态昆虫的若虫处于类似的生活史阶段,而蛹是从幼虫到成虫的一个过渡类型;② 全变态昆虫的幼虫是不完全变态昆虫预若虫(pronymph)的延长发育。预若虫是指昆虫从卵孵化以后到一龄若虫之间的类型,这种类型持续时间很短,通常处于静止状态、不取食。第二个假说得到了很多证据的支持。

全变态昆虫被认为在石炭纪晚期(距今3.23亿－2.99亿年)开始出现在地球上,但缺乏足够的证据。产于美国石炭纪晚期地层中的一种节肢动物化石(Srokalava sp.),长有8对足,曾被认为是全变态昆虫的幼虫。但后来受到一些专家的质疑,认为可能属于多足亚门(Grimaldi and Engel, 2005)。另外,石炭纪树蕨上的一些动物取食痕迹最初被认为是全变态昆虫造成的,也受到诸多质疑,很可能是由螨虫形成的(Grimaldi and Engel, 2005)。

从已有的化石资料来看,全变态昆虫在更晚的二叠纪(Permian Period;距今2.99亿－2.52亿年)呈现出一定的多样化,但直到中生代,它们才开始进入繁盛期。

第三节　地质时期昆虫面貌和重要演化事件 ▋

一、石炭纪

石炭纪是地质历史上的一个重要时期,在泥盆纪之后和二叠纪之前,跨越6 000万年左右。石炭纪分为早、晚两个时段,早期也被称为密西西比亚纪(Mississippian Subperiod;距今3.59亿－3.23亿年),晚期被称为宾夕法尼亚亚纪(Pennsylvanian Subperiod;距今3.23亿－2.99亿年)。石炭纪晚期,地球上的陆地逐渐连为一体形成"O"形的泛大陆(Pangaea),被泛大洋(Panthalassa)所包围。石炭纪陆地上植物繁茂,以高大的蕨类为主,陆生脊椎动物以两栖类为主,而无脊椎动物主要为节肢动物。石炭纪早期温暖、湿润,而中、晚期气候变得干冷,这直接导致石炭纪雨林的崩溃。

密西西比亚纪的昆虫化石记录非常有限,可靠的昆虫化石为产自德国比特费尔德(Bitterfeld)的密西西比亚纪晚期(距今3.30亿－3.23亿年)地层中的 *Delitzschala bitterfeldensis* Brauckmann and Schneider,归入已经灭绝的古网翅目,是有翅昆虫的最早可靠记录之一(Brauckmann and Schneider,1996)。这种昆虫翅展(昆虫前翅向左右伸开平展,前翅的后缘成一直线,这时左右两翅顶角之间的距离)只有2.5 cm,表面具有不规则的彩色斑点。古昆虫学家推测这种昆虫生活于树冠上,吸食植物的汁液(Rasnitsyn and Quicke, 2002);翅面上的色斑是一种隐蔽色,有助于躲避其他动物的猎食。另外,在捷克摩拉维亚(Moravia)的同期地层中发现了一种古直翅类昆虫(Archaeorthoptera)的翅的碎片(Prokop et al., 2005)。

到了宾夕法尼亚亚纪,昆虫分异度明显增加,以有翅昆虫为主。这些有翅昆虫都属原始的灭绝类群(Rasnitsyn and Quicke,2002; Grimaldi and Engel, 2005)。

石炭纪发现的昆虫化石至少归入15个目(Rasnitsyn and Quicke, 2002),如石蛃目、衣鱼目、古蜻蜓目、原蜻蜓目、透翅目、华翅目,以及古网翅类和网翅类的几个绝灭目。这些类群中,除无翅昆虫石蛃目和衣鱼目存活到现在以外,其他都归入有翅昆虫中的绝灭目。石炭纪的昆虫分布范围也明显扩大,除南极洲以外的各大陆都有发现,但主要分布于现在的西欧和北美地区,它们在石炭纪连为一体并处于赤道地区(Rasnitsyn and Quicke, 2002; 张海春等,2015)。

二、二叠纪

二叠纪是古生代最后一个纪,跨越近4 700万年,海陆分布格局与石炭纪晚期类似。二叠纪早期,地球继承了石炭纪晚期的气候特点,仍处于冰期;到中期,冰川逐渐退缩,气候变暖,大陆内部变得干燥;在晚期,气候虽然在暖和冷之间不断轮换,但陆地总体上处于比较干旱的环境。

二叠纪早期的陆生植物与石炭纪的面貌接近,但在中期以后逐渐被种子蕨和早期松柏类所代替。陆生脊椎动物以原始的爬行动物为主。

在二叠纪,昆虫遍布所有大陆,分异度也明显提高,至少有11个目在此间首次出现,包括一些现生目(Rasnitsyn and Quicke,2002;张海春等,2015),如蜉蝣目、蜻蜓目、襀翅目、蜚蠊目、直翅目、半翅目、鞘翅目、脉翅目。

宾夕法尼亚亚纪和二叠纪的昆虫化石分布范围与面貌类似,有翅昆虫不少于27个目,其中9个目仅生存于古生代,还有不少于3个目在中生代灭绝(Rasnitsyn and Quicke,2002)。石炭纪中期到二叠纪末大灭绝之前,为昆虫演化的晚古生代阶段(Late Paleozoic stage)。此时植物界处于古植代(泥盆纪至早二叠世),以蕨类植物为主。

三、巨型昆虫的出现

石炭纪晚期至二叠纪早期(距今3.2亿－2.7亿年)出现了一些巨型昆虫,体型远大于现生昆虫,如古网翅目昆虫的翅展最大可达43 cm;石炭纪晚期的原始蜉蝣类翅展最大可达45 cm;产自美国二叠纪早期地层中的二叠拟巨脉蜓(*Meganeuropsis permiana* Carpenter)翅展达71 cm,是世界上已知的最大昆虫(Rasnitsyn and Quicke,2002;张海春等,2013),它在分类学上属于已灭绝的原蜻蜓目巨脉蜓科(Meganeuridae)。

在这一时期的前后,昆虫的体型都没有如此巨大。地质历史中昆虫体型的这种巨大变化,一种观点认为与地质历史上大气含氧量的变化相关,即古生代晚期大气含氧量的剧增促使巨型昆虫的出现,之后氧含量的锐减使昆虫的体型明显变小。据推算,石炭纪晚期至二叠纪早期大气中的氧分压曾高达27－35 kPa(Berner and Canfield,1989;Bergman et al.,2004;Berner,2009;图13-4),远高于现在的21 kPa。另外一种观点则认为晚古生代能够飞翔的脊椎动物尚未出现,昆虫缺少空中天敌,因此能够自由生长而成为"空中巨无霸";但随着翼龙、鸟类和蝙蝠的陆续出现,飞行并不灵活的巨型昆虫因受到飞行灵活、更加强壮的天敌的压制而灭绝。晚古生代近地面生活的昆虫中没有比较大的类型,很可能就是因为地面生活着大型的捕食者,如大型两栖类、早期爬行类和大型蝎子,它们对昆虫的体型大小起到了控制作用。最近对现生昆虫的实验证明,多数昆虫在缺氧情况下,体型变小,部分昆虫在高氧条件下体型变大。因此有理由认为晚古生代的高氧事件至少是造成"巨型昆虫"出现的主要因素之一。而竞争者和捕食者(翼龙、鸟类和蝙蝠)的出现,对昆虫的体型大小无疑起到重要的控制作用(张海春等,2013)。

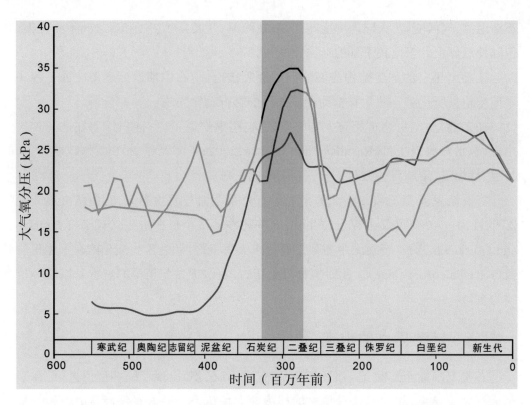

图 13-4　显生宙各种大气氧分压变化模型,显示石炭纪晚期至二叠纪早期大气中的氧分压曾高达
27－35 kPa。红线为 Bergman 等(2004)的 COPSE 模型,蓝线为 Berner(2009)的 GEOCARBSULF 模型,绿线为 Berner 和 Canfield(1989)的模型(引自张海春等, 2015)。

四、三叠纪

随着古生代的结束,地球历史进入中生代。从老到新,中生代包括三叠纪、侏罗纪和白垩纪(Cretaceous Period)。在二叠纪末生物大灭绝事件之后一直到早白垩世末期的生物灭绝事件之前,昆虫处于平稳的渐进演化阶段,在属以上水平越来越接近现代昆虫的面貌,被称为昆虫演化的中生代阶段(Mesozoic stage)。大约同期(晚二叠世至早白垩世)的植物界以裸子植物为主,被称为中植代。

三叠纪(距今2.52亿－2.01亿年)是中生代的第一个纪,跨越近5 100万年。在此期间,地球上海陆分布格局与二叠纪基本一致。三叠纪是温室气候时期,全球气候梯度很低,没有凉寒气候带,即使在极地地区也未发育冰盖;同时存在"巨型季风(megamonsoon)",导致泛大陆的绝大部分地区每年交替出现漫长的旱季与短暂但降雨丰沛的湿季。泛大陆以沙漠扩展和变暖占主导,以强烈的季节性干旱为特征,温暖潮湿的暖温带转移到了高纬度地区。

三叠纪被称为"现代生态系统的黎明(Dawn of Modern Ecosystems)"(Sues and Fraser,2010)。早三叠世的昆虫化石记录极少,明显是受到了二叠纪末期生物灭绝事件的影响,而中、晚三叠世昆虫分异度和丰度都非常高。三叠纪昆虫以现生目为主,灭绝的目明显减少,同时一些现生科也首次出现。三叠纪-侏罗纪之交,昆虫并没有像陆生脊椎动物一样发生明显的灭绝事件。三叠纪昆虫的分布范围与二叠纪类似,分布于除南极洲以外的所有大陆。三叠纪是昆虫演化史上最重要的阶段之一,许多重要的分类群,如双翅目、半翅目的异翅亚目(Heteroptera)和蚜类、蜚蠊目中蠊科(Mesoblattidae)出现,并迅速遍及全球(张海春等,2015)。这一时期昆虫的演化可以分为如下几个阶段(Shcherbakov,2008):

(1) 早三叠世残存期(距今2.52亿—2.47亿年;持续约500万年):昆虫分异度和丰度低,主要由二叠纪残存分子组成;出现了少量现生科和直翅目蝗类。

(2) 早期繁盛阶段(距今2.47亿—2.32亿年;持续约1 500万年):三叠纪特有类群进入全盛时期,同时大量中-新生代的目、亚目和总科首次出现,包括双翅目、蜉蝣目Euplectopera亚目、直翅目原螽总科、半翅目蚜总科和蜡类、鞘翅目长扁甲科、双翅目沼大蚊科、褶蚊总科和短角亚目、膜翅目及其长节蜂科、革翅目蟪螋亚目、长翅目的蚊蝎蛉科。

(3) 晚中生代昆虫类群崛起阶段(距今2.32亿—2.09亿年;持续约2 300万年):许多三叠纪特有昆虫类群消失,侏罗纪至白垩纪几个关键类群出现了一些现生科,包括鞘翅目隐翅虫科和半翅目负子蝽科、潜水蝽科、仰泳蝽科;出现了最早的缨翅目代表。

(4) 三叠纪末期(距今2.09亿—2.01亿年;持续约800万年):与侏罗纪早期昆虫组合难以区分;出现了一些现生科,如半翅目螽蝉科、粗蝽科,双翅目摇蚊科,并出现了现生属,如鞘翅目长扁甲科的眼甲属(*Omma*)。

五、侏罗纪

侏罗纪(距今约2.01亿—1.45亿年)是中生代第二个纪,跨越5 600万年左右。进入侏罗纪,泛大陆开始分裂为北方的劳亚古陆(Laurasia)和南方的冈瓦纳古陆(Gondwana),形成了更长的海岸线,陆地气候变得湿润。侏罗纪是爬行动物时代,陆地上恐龙繁盛,并在末期出现了原始的鸟类。

这一时期,虽然昆虫的许多现生科甚至亚科以及少量现生属开始出现,但昆虫总体面貌仍然以中生代的灭绝类群为主,而二叠纪的分子在此时已不复存在。现生昆虫中一些重要目,如双翅目进入辐射期;膜翅目虽然在三叠纪末期出现,但直到侏罗纪才进入第一次大辐射,广腰亚目分异度极高,细腰亚目也非常繁盛,寄生性类群大量出现;鳞翅目中原始的蛾类出现,但分异度很低(张海春等,2015)。

六、白垩纪

白垩纪(距今1.45亿－0.66亿年)是中生代最后一个纪,长达7 900万年左右。其间,劳亚古陆和冈瓦纳古陆进一步分裂,形成了类似于现在的大陆分布格局,但它们的位置与现在不同。白垩纪最早期延续了侏罗纪末期变冷的气候趋势,但在其后温度再次升高,白垩纪总体上属于温室气候时期。陆地上裸子植物继续繁盛,但在白垩纪早期出现了被子植物并在晚期进入辐射,替代裸子植物成为植物界的主体。

白垩纪分为早白垩世(距今1.45亿－1.005亿年;跨越4 450万年左右)和晚白垩世(距今1.005亿－0.66亿年前;跨越3 450万年左右)。早白垩世的昆虫面貌继承了晚侏罗世的特点,但分异度更高。此间,绝大部分目都是现生目,超过50%的科为现生科,全变态类昆虫进入大辐射期(Rasnitsyn and Quicke,2002; Grimaldi and Engel,2005; 张海春等,2015)。

在早－晚白垩世之交,昆虫面貌发生了一次明显的变化,使晚白垩世的昆虫面貌与新生代(Cenozoic Era; 6 600万年前至今)的更为接近;而白垩纪－古近纪之交的生物大灭绝事件对昆虫产生的影响远小于这次变化。晚白垩世和新生代可以称为昆虫的新生代阶段(Cenozoic stage; Rasnitsyn and Quicke,2002),对应于植物界的新植代(以被子植物为主)。

晚白垩世的昆虫显然受到了早、晚白垩世之交灭绝事件的影响,分异度(属级和种级)明显降低。

七、访花昆虫的出现

传粉是种子植物(包括裸子植物和被子植物)的雄配子体(花粉)转送到雌性繁殖器官(柱头)表面的过程。昆虫是重要的传粉媒介,这类昆虫被称为访花昆虫或传粉昆虫。它们通常取食花蜜,有时也取食花粉,为此通常演化出特殊的口器(如长喙或延长的舌)。当今世界上,85%的被子植物都是利用昆虫来传粉的,传粉昆虫与被子植物之间形成了协同演化关系,这种关系促进了昆虫和被子植物的极度繁荣。

在被子植物出现之前,为裸子植物传粉的昆虫就已出现。化石记录显示,在二叠纪一些原始的新翅类昆虫内脏中保存有裸子植物的花粉,说明这些昆虫在取食花粉的同时,也为这些植物授粉,这是最早的昆虫传粉记录(Rasnitsyn and Quicke,2002)。类似的证据还有一些,如侏罗纪的蝎蛉(长翅目)为裸子植物传粉(Ren et al.,2009)。

被子植物传粉昆虫的最早记录出现在白垩纪早期(约1.25亿年前),在我国辽宁西部发现的一些网翅虻科(双翅目)化石具有长喙。它们的现生代表取食被子植物的花蜜,据此推断这些昆虫化石也是访花昆虫,并为被子植物传粉(Ren,1998)。在与这些昆虫共同保存的植物化石中,古植物学家发现了几种早期被子植物,也证明了这种推断的可靠性。另外,古植物学家发现约1.2亿年前的被子植物已经具备了花瓣和花萼等结构,可以吸引喜花昆虫,利于花粉的传播。

八、昆虫社会性的起源与演化

绝大多数昆虫都是独居性的,而有些昆虫却为集群生活,表现出一定的社会性。在这些集群生活的昆虫中,有些昆虫具有育幼行为(母体抚育后代,图13-5;如:Cai et al.,2014;Wang et al.,2015),或者仅仅是同一世代的昆虫在一起生活,

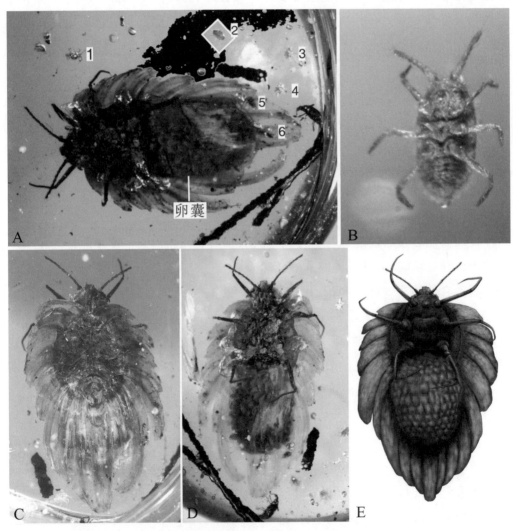

图13-5　白垩纪中期(约1亿年前)缅甸琥珀中保存的介壳虫(半翅目)(王博提供)。A.雌性成虫(腹视)的尾部带有膨大的卵囊,卵囊中保存有约60枚已孵化卵壳和未孵化的卵,在卵囊下部和身体外侧保存有6个新孵化出的一龄幼虫(数字1—6指示);B.一龄幼虫;C.雌性成虫(背视);D.雌性成虫(腹视);E.雌性成虫复原图。

是最初级的社会性,被称为亚社会性(subsociality)。亚社会性存在于很多昆虫当中,如鞘翅目、纺足目、革翅目、半翅目和缺翅目等。略微复杂的是关系密切的同一世代生活在同一巢穴中,但母体仅抚育各自的后代,称为集群行为(communal behavior)。更进一步的是这些同一世代的昆虫产生了分工,部分雌性个体负责繁殖,其他的个体抚育后代或采集食物等,被称为半社会性(semisociality)。最为复杂的是真社会性(eusociality):除了具备半社会性的所有特征外,还有不同世代共存的现象。

社会性是昆虫在演化过程中对环境的一种适应,社会性昆虫在与其他昆虫的生存竞争中占有明显的优势,并占领了各种陆地生态系统,尤其是在热带森林中成为最为重要的角色之一。我们通常所讲的社会性昆虫是指具有高级社会性(半社会性和真社会性)行为的昆虫,包括我们常见的白蚁(等翅目)、蚂蚁(膜翅目)、蜜蜂(膜翅目)、胡蜂(膜翅目)、部分蓟马类群(缨翅目)和一些蚜虫(半翅目)。

真社会性在早白垩世(约1.4亿年前)首次出现于白蚁的祖先类群,在白垩纪中期(距今1.2亿—1.15亿年)出现于蚂蚁的祖先类群。但在始新世(距今约5 600—3 390万年)之前,这两个类群的分布和分异度都非常有限,在陆地生态系统中处于无关紧要的地位,这可能与它们在这一阶段修筑比较小的蚁巢有关。从始新世开始,白蚁和蚂蚁的生物量和多样性进入爆发性增长阶段,这可能与它们中的一些类群(如白蚁科,蚁科中的蚁亚科、臭蚁亚科、行军蚁亚科)开始修筑巨大的蚁巢有关(Grimaldi and Engel,2005)。

真社会性的蜜蜂最早出现于约1亿年前,但直到始新世它们才在地理分布和多样性上达到顶峰(Grimaldi and Engel,2005)。

真社会性的胡蜂科(Vespidae)昆虫也称黄蜂、马蜂,它们最早出现于白垩纪中期,与蚂蚁的起源时间接近(Grimaldi and Engel,2005)。

在蓟马的不同类群中,既有独居性的类型,也存在各种社会性的类型,对蓟马社会性的演化所知甚少。真社会性的蚜虫种类有限,它们的演化也不太清楚。真社会性的蓟马和蚜虫的起源可能要比白蚁、蚂蚁、蜜蜂和胡蜂要晚。

九、古近纪

新生代(Cenozoic Era)包括古近纪(Paleogene Period)、新近纪(Neogene Period)和第四纪(Quaternary Period)。这一时期,各大板块逐渐运动到它们现在的位置。经历了白垩纪末的绝灭事件之后,恐龙和翼龙绝灭,而哺乳动物开始进入繁盛期,因此新生代也被称为"哺乳动物时代"。

古近纪(距今6 600万—2 303万年)是新生代第一个纪,跨越4 297万年,气候由中生代晚期的湿热开始变得干冷,但被周期性的温暖时段所打断。古近纪进一步分为古新世(Paleocene)、始新世(Eocene)和渐新世(Oligocene)。

古新世(距今6 600万—5 600万年)的昆虫化石记录非常少,因此这一时期的昆虫面貌不太清楚。

始新世(距今5 600万—3 390万年)昆虫分异度迅速提高(图13-6,图13-7),在始新世晚期接近现在昆虫的水平,这与如下类群进入辐射期密切相关:半翅目中的蜡蝉次目和臭虫次目,植食性甲虫(鞘翅目天牛科、叶甲科和象甲科),鳞翅目双孔

图13-6 始新世早期(约5 000万年前)抚顺琥珀中的代表性植物和昆虫化石(引自 Wang et al., 2014)。A.水杉枝叶;B.蚜虫群;C.摇蚊(双翅目摇蚊科),其中一对正在交配;D.蓟马(缨翅目管蓟马科);E.蚂蚁(膜翅目蚁科);F.柄腹柄翅小蜂(膜翅目柄腹柄翅小蜂科);G.捻翅虫(捻翅目);H.树虱(啮虫目中啮科)。比例尺:A—C,H为2 mm;D—G为0.5 mm。

次目(所有蝴蝶和大部分蛾类),双翅目有缝组(大部分蝇类),膜翅目蜜蜂科、蚁科,等翅目白蚁科,可能还包括蚤目、虱目(Grimaldi and Engel,2005)。这与始新世全球几乎都处于热带的气候环境以及被子植物的极度繁荣相关。

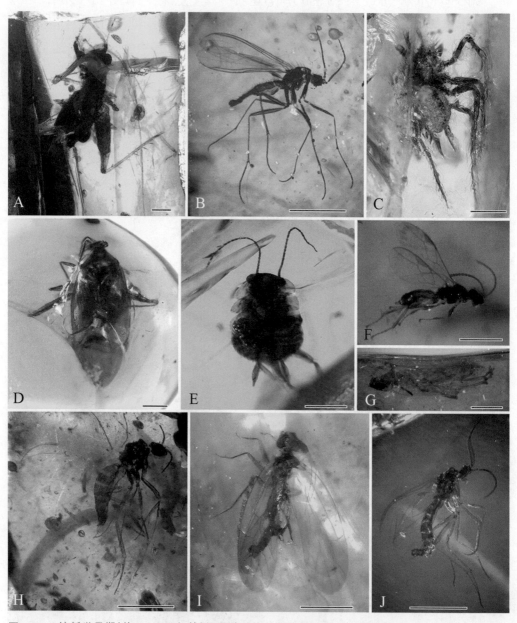

图13-7 始新世早期(约5 000万年前)抚顺琥珀中的代表性节肢动物化石(引自Wang et al.,2014)。A.蟋蟀(直翅目蟋蟀科);B.眼蕈蚊(双翅目眼蕈蚊科);C.蜘蛛幼虫;D.扁蝽(半翅目扁蝽科);E.蜚蠊若虫(蜚蠊目);F.茧蜂(膜翅目茧蜂科);G.叶蝉(半翅目叶蝉科);H.蕈蚊(双翅目蕈蚊科);I.树虱(啮目跳啮科);J.眼蕈蚊(双翅目眼蕈蚊科)。比例尺为1 mm。

渐新世(距今3 390万-2 303万年)延续1 087万年。从始新世末期到渐新世早期,昆虫的分异度(属、种级)明显下降,可能与此时气候的变冷有关。在渐新世,现代热带森林系统建立,草原出现,昆虫也开始呈现出现代面貌。此时,原来生活在北半球高纬度地区的热带昆虫类群退缩到赤道附近(Grimaldi and Engel,2005)。

十、新近纪和第四纪

新近纪(距今2303万－258万年)是新生代第二个纪,跨越2045万年,进一步分为中新世(Miocene Epoch;距今2303万－533万年)和上新世(Pliocene Epoch;距今533万－258万年)。第四纪(距今258万年至今)是新生代最后一个纪,分为更新世(Pleistocene;距今258万－1.17万年)和全新世(Holocene Epoch;距今1.17万年至今)。进入中新世晚期,冰川开始大面积发育,并从上新世开始出现极地冰盖。

新近纪开始,昆虫面貌与其现代的面貌日趋一致。

第四节　昆虫的多样性演变

昆虫是现代陆地生态系统最重要的组成部分之一,具有超过4亿年的演化历史。在漫长的演化过程中,昆虫不断适应环境,历经环境巨变,却生生不息,成为现在地球上最为繁盛的生物之一。

昆虫在演化过程中,至少经历了地球生命史中5次大灭绝中的4次,即晚泥盆世F-F大灭绝、二叠纪末大灭绝、三叠纪末大灭绝和白垩纪末大灭绝。这些灭绝事件使许多生物从地球上消失,也使很多生物从此一蹶不振。而昆虫是唯一经历如此多的磨难而最终成为地球上最为繁盛的动物类群。

六足亚门中昆虫纲与双尾纲的关系最为密切,它们具有共同的祖先。昆虫在距今4.79亿－4.11亿年起源于陆地环境,最早出现的昆虫为无翅类型,但最迟在约3.3亿年前(可能早至4.11亿年前),昆虫演化出翅膀,成为地球上最早能够飞翔的动物。这些早期昆虫的翅不能折叠,被称为古翅类昆虫。在距今3.3亿－3.2亿年,出现具有能够折叠翅膀的昆虫——新翅类昆虫。在石炭纪晚期–二叠纪早期(距今3.2亿－2.7亿年)出现了一些巨型昆虫,成为"空中巨无霸",这可能与当时大气中氧含量高、缺少能飞翔的捕食者和竞争者有关。从二叠纪开始(约2.99亿年前),现生昆虫的一些目开始出现;从三叠纪开始(约2.52亿年前),现生的科开始出现;在白垩纪早–中期(距今1.4亿－1.0亿年),真社会性昆虫的主要类群(白蚁、蚂蚁、蜜蜂和胡蜂)陆续起源;约1.25亿年前,被子植物的传粉昆虫出现;从古近纪渐新世开始(约3390万年前),现代昆虫面貌开始形成(图13-8)。昆虫的演化大体上可以划分为3个阶段:① 起源和早期演化阶段,从奥陶纪早期开始一直到二叠纪结束。其中石炭纪中期到二叠纪末大灭绝之前,也被称为"昆虫的晚古生代阶段",此时植物界处于古植代(泥盆纪至早二叠世),也称蕨类植物时代。② 中期演化阶段。三叠纪至早白垩世,也被称为"昆虫的中生代阶段",大体对应于植物演化的中植代(晚二叠世至早白垩世;裸子植物时代)。③ 晚期演化阶段。晚白垩世至现在,也被称为"昆虫的新生代阶段",对应于新植代(被子植物时代)。

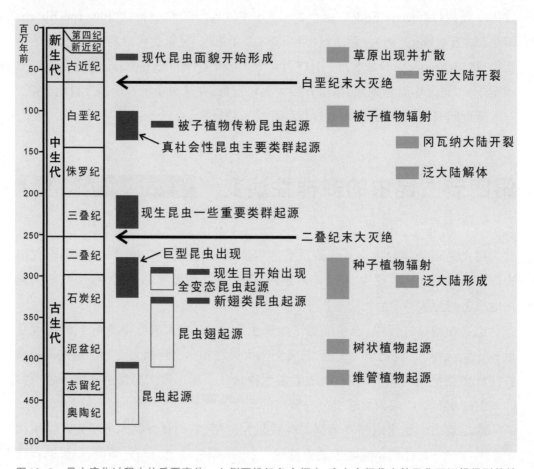

图 13-8　昆虫演化过程中的重要事件。左侧两排红色方框中,实心方框代表基于化石证据得到的结论,空心方框代表推测的结论。

　　地质历史上,昆虫的分异度(多样性)总体上处于上升趋势,但这种趋势并不是一条非常规则的曲线。重大地质事件、古地理变迁、气候变化和其他陆地生物(特别是植物)的兴衰,对这条曲线都有着或大或小的影响。从昆虫科级多样性(family-level diversity)的变化(图 13-9)中可以看到,在二叠纪晚期昆虫多样性明显升高,但在二叠纪-三叠纪之交,多样性明显下降,这显然是受到了二叠纪末期大灭绝事件的影响。这一灭绝事件中,古网翅总目、华脉目、小翅目、舌鞘目、原蜻蜓目,以及与现生目相关的一些原始支系都消失了,从此昆虫开始进入中期演化阶段。从三叠纪到古近纪中期,昆虫多样性处于平稳上升阶段。三叠纪末,昆虫并没有像陆生脊椎动物一样发生明显的灭绝事件,科的数量仅略有减少。多样性曲线在晚侏罗世有一个比较明显的突起,被认为是人为因素造成的假象,可能与哈萨克斯坦晚侏罗世卡拉套昆虫群的发现与详细研究有关(Grimaldi and Engel,2005)。白垩纪中期昆虫的属、种明显减少,但在科一级没有发生明显的变化,而昆虫群的组成却明显不同:大量取食裸子植物的昆虫被取食被子植物的昆虫所取代。显然白垩纪中期发生了昆虫群的更替,与植物界发生的以裸子植物为主转变为以被子植物为主这一事件密切相关。白垩纪末大灭绝使很多生物遭受灭顶之灾(如恐龙、翼龙),但对昆虫的高级类群(科及以上分类阶元)没有造成明显的影响,昆虫能够通过滞育[①](diapause)应对不良环境可能是这类生物逃过这一劫难的重要原因之一(Whalley,1988)。始新世昆虫分异度迅速提高,并在始新世晚期接近现在昆虫的水平。

① 滞育是指昆虫受环境条件的诱导所产生的静止状态的一种类型。它常发生于一定的发育阶段,比较稳定,不仅表现为形态发生的停顿和生理活动的降低,而且一经开始必须渡过一定阶段或经某种生理变化后才能结束。

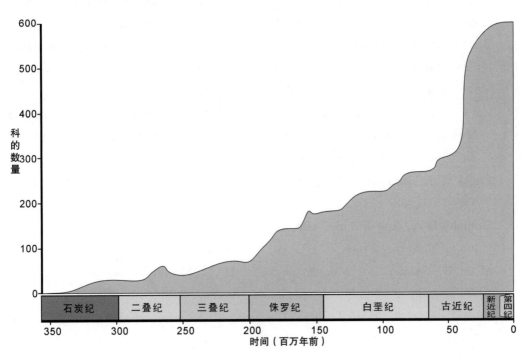

图 13-9 昆虫科的数量随时间呈稳定增加趋势(根据公开发表资料汇总)。

昆虫的演化是一个复杂的过程,目前我们对这一过程的了解还非常有限。随着更多化石的发现与研究的推进,相信我们对这一演化过程的了解会越来越清晰。

拓展阅读

张海春, 王博, 方艳, 2015. 中国北方中-新生代昆虫化石 [M]. 上海: 上海科学技术出版社.

张海春, 郑大燃, 王博, 等, 2013. 中国已知最大的蜻蜓: 内蒙古侏罗纪的赵氏修复螅蜓 (*Hsiufua chaoi* Zhang et Wang, gen. et sp. nov.) [J]. 科学通报, 58: 1340-1345.

Bergman N M, Lenton T M, Watson A J, 2004. COPSE: A new model of biogeochemical cycling over Phanaerozoic time [J]. American Journal of Science, 304: 397-437.

Berner R A, 2009. Phanerozoic atmospheric oxygen: New results using the GEOCARBSULF model [J]. American Journal of Science, 309: 603-609.

Berner R A, Canfield D E, 1989. A new model for atmospheric oxygen over Phanerozoic time [J]. American Journal of Science, 289: 333-361.

Brauckmann C, Schneider J, 1996. Ein unter-karbonisches Insekt aus dem Raum Bitterfeld/Delitzsch (Pterygota, Arnsbergium, Deutschland) [J]. Neues Jahrbuch für Geologie und Paläontologie Monatshefte, (1): 17-30.

Cai C Y, Thayer M K, Engel M S, et al., 2014. Early origin of parental care in Mesozoic carrion beetles [J]. Proceedings of the National Academy of Sciences of the United States of America, 111(39): 14170-14174.

Engel M S, Grimaldi D A, 2004. New light shed on the oldest insect [J]. Nature, 427(6975): 627-630.

Grimaldi D A, Engel M S, 2005. Evolution of the Insects [M]. Cambridge: Cambridge University Press.

Misof B, Shanlin Liu, Meusemann K, et al., 2014. Phylogenomics resolves the timing and pattern of insect evolution [J]. Science, 346(6210): 763-767.

Prokop J, Nel A, Hoch I, 2005. Discovery of the oldest known Pterygota in the Lower Carboniferous of the Upper Silesian Basin in the Czech Republic (Insecta: Archaeorthoptera) [J]. Geobios, 38: 383-387.

Rasnitsyn A P, Quicke D L J, 2002. History of Insects [M]. Dordrecht: Kluwer Academic Publishers.

Ren D, 1998. Flower-associated Brachycera flies as fossil evidence for Jurassic angiosperm origins [J]. Science, 280: 85-88.

Ren D, Labandeira C C, Santiago-Blay J A, et al., 2009. A probable pollination mode before angiosperms: Eurasian, long-proboscid scorpionflies [J]. Science, 326: 840-847.

Shcherbakov D, 2008. Insect recovery after the Permian/Triassic crisis [J]. Alavesia, 2: 125-131.

Sues H D, Fraser N C, 2010. Triassic Life on Land: The Great Transition [M]. New York: Columbia University Press.

Wang B, Rust J, Engel M S, et al., 2014. A Diverse Paleobiota in Early Eocene Fushun Amber from China [J]. Current Biology, 24: 1606-1610.

Wang B, Xia F Y, Wappler T, et al., 2015. Brood care in a 100-million-year-old scale insect [J]. eLife, 4: e05447.

Whalley P E S, 1988. Insect evolution during the extinction of the Dinosauria [J]. Entomologica Generalis, 13: 119-124.

第十四章

恐龙的演化

演化出地球上体型最大的陆地动物，
完成了从陆地向天空的转化，
遭遇了谜一样的大灭绝，
这就是发生在恐龙家族中的一些神奇故事。

传统意义上的恐龙是指生存于中生代时期的一类陆地爬行动物,它们的足迹遍布所有大陆,生存时间从2.4亿多年前一直到6 600万年前;它们体型大小不一,体重从几百克到近百吨,体表差异巨大,从全身覆盖鳞片或者甲板到体披羽毛,两足或者四足直立行走,食性多样,从植食、杂食到肉食。现代分类学一般完全依据亲缘关系来定义生物类群,恐龙类(Dinosauria)的一个常见定义是:恐怖三角龙(*Triceratops horridus*)、卡内基梁龙(*Diplodocus carnegii*)与家麻雀(*Passer domesticus*)的最近共同祖先及其所有后裔。这就是说,在生物演化树上先找到恐怖三角龙、卡内基梁龙和家麻雀,然后分别沿着它们所在的分枝向树根方向追溯,找到它们最近的共同祖先,那么以这个最近共同祖先为根的整个分支上的所有动物都是恐龙。因此,严格意义上的恐龙包括鸟类,也就是说今天的地球上,依然有着上万种恐龙和我们人类同在,但本章节只涉及传统意义上的恐龙,即中生代的非鸟恐龙(不包括鸟类的其他恐龙)。

第一节　恐龙的起源和早期分化

中生代包括三叠纪(距今2.52亿－2.01亿年)、侏罗纪(距今2.01亿－1.45亿年)和白垩纪(距今1.45亿－6 600万年),是非鸟恐龙生活的时期。从三叠纪末期到白垩纪末期,恐龙是地球陆地上的统治性动物类群,地位类似今天地球上的哺乳动物。这一类群是如何起源的? 它们是如何击败竞争对手成为统治性类群的? 回答这些问题,需要回到三叠纪,去了解这一时期地球生命的演化。

一、恐龙的起源

约2.52亿年前,地球上发生了生命演化历史中最大的一次生物灭绝事件。在这次大灭绝之后,陆地生物的面貌焕然一新,出现了许多全新而且"现代"的生物类群,如现在依然生活在地球上的滑体两栖类(蛙类、蝾螈及其近亲)、龟鳖类、鳞龙类(蜥蜴及其近亲)、哺乳动物和主龙类(图14-1)。其中的主龙类迎来了大发展时期,占据了当时地球生态系统的统治地位。现生的主龙类(Archosauria)包括鳄类(Crocodylia)和鸟类(Aves),它们分别属于主龙类的两大支系:镶嵌踝类(Crurotarsi)和鸟跖类(Avemetatarsalia)。鸟跖类也有两个分支:一支是曾经称霸天空的翼龙型类(Pterosauromorpha),另一支就是本章的主人公——恐龙型类(Dinosauromorpha)。

恐龙型类在三叠纪早期出现,最早化石记录出现在约2.45亿年前。原始的恐龙型类更多见于三叠纪中晚期,它们一般只有小狗般大小,数量很少,较著名的代表有兔蜥(*Lagerpeton*)、马拉鳄龙(*Marasuchus*)和西里龙(*Silesaurus*)。真正的恐龙(即恐龙类)的理论起源时间约为2.45亿年前,甚至更早一些,不过,已知最早的化石证据时代稍晚一些,确切证据是阿根廷的约2.30亿年前形成的恐龙骨骼化石,稍有争议的证据是坦桑尼亚的约2.45亿年前的尼亚萨龙(*Nyasasaurus*)化石。

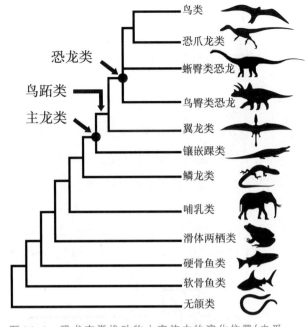

图14-1　恐龙在脊椎动物大家族中的演化位置(史爱娟绘)。

　　恐龙起源不久就开始快速分化,恐龙的3个主要分支,即兽脚类、蜥脚型类和鸟臀类,都出现了。尽管如此,此时的恐龙家族并未成为地球陆地生态系统的统治类群,同时期的其他脊椎动物类群,尤其是现代鳄类所属的镶嵌踝类动物,非常繁盛,是恐龙有力的竞争对手。恐龙真正成为陆地主宰者,还要到三叠纪末期。那么,恐龙为什么会成功取代其他动物类群,成为陆地主宰者呢?

　　传统观点认为,恐龙之所以成为在陆地上占据统治地位的动物,是因为它们拥有比同时期其他动物更发达的大脑以及更强的运动能力。但是后来的研究表明,与早期恐龙同时期的一些陆生四足动物的身体结构与恐龙相似,运动能力并不比恐龙差。现在一般认为,恐龙的成功既归功于其高效的身体结构,也得益于一个难得的发展机遇:稍早于2.01亿年前,地球上发生了一次生物灭绝事件,泛大陆分裂过程中产生的岩浆和火山喷发事件导致环境巨变,使恐龙的主要竞争对手镶嵌踝类走向衰退,恐龙迅速填补了这次灭绝事件后空出的生态位,分化出形态各异、食性多样的种类,成为陆地动物中占据绝对优势的类群。

二、恐龙的早期分化

　　三叠纪,地球所有大陆都连接在一起,形成了一块超级大陆——泛大陆,围绕它的是泛大洋。大陆的中心由于远离海洋而非常干燥,可能被大片沙漠覆盖,但其边缘的气候则温暖而湿润,适合恐龙和其他生物的生存。这个时期的恐龙已经分化出兽脚类、蜥脚型类和鸟臀类3个主要类群。其中,兽脚类和蜥脚型类被认为享有更近的亲缘关系,组成一个家族,叫做蜥臀类恐龙,对应于鸟臀类恐龙(图14-2)。

不过,兽脚类、蜥脚型类和鸟臀类这3个恐龙主要类群的早期成员差别并不明显,还没有演化出各自类群的典型特征,其原因常常被归于泛大陆有利于动物的迁徙和交流,难以形成差别。这种相似性带来了一些问题,比如,导致有关一些早期恐龙的演化位置的争议。当然,导致恐龙演化位置争议性的另一个原因是:多数早期恐龙只有零散发现,很少有完整化石,因此有关它们演化位置的信息量很少。这些不确定性最近甚至引发了一些有关恐龙早期分化的全新观点:基于早期鸟臀类恐龙和兽脚类恐龙之间的许多相似特征,有研究认为,兽脚类和鸟臀类实际上共享更近的亲缘关系,传统上将恐龙家族划分为鸟臀类和蜥臀类的方案是错误的。当然,想知道哪棵恐龙演化树更可信,这显然还需要做更多的研究工作,其中最重要的工作是找到更多更完整的早期恐龙化石。

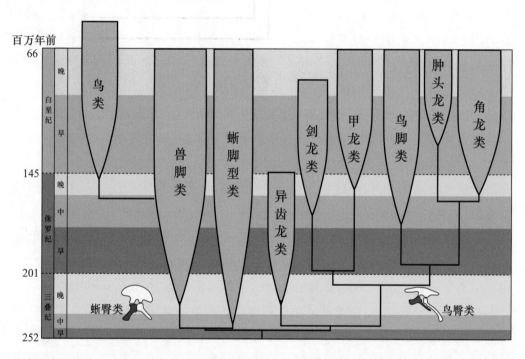

图14-2 恐龙家族一般被划分为鸟臀类和蜥臀类恐龙两大支系,最醒目的差别在于它们的臀部结构,但有新观点认为,蜥臀类中的兽脚类实际上属于鸟臀类这一支系,到底孰是孰非,显然还需要进行更多的研究。

总体而言,三叠纪恐龙的体型相对较小,没有太多特化现象。这时的兽脚类恐龙一般体长2－3 m,是轻盈善跑的猎食者,著名代表有北美三叠纪晚期的腔骨龙(*Coelophysis*)。蜥脚型类恐龙则是植食性动物,这一类群的早期代表始盗龙体长约1 m,两足行走;其他三叠纪的蜥脚型类恐龙(多数曾经被称为"原蜥脚类")体型明显变大,多两足行走,一些种类四足行走,体型更大。鸟臀类恐龙在三叠纪的主要代表是异齿龙科(Heterodontosauridae),它们都是小型的两足行走的植食性恐龙;生存于约 2.30 亿年前的皮萨诺龙(*Pisanosaurus*)是已知最古老的鸟臀类恐龙,有人认为它也属于异齿龙科,它是一种两足的植食性恐龙,体长约 1 m。

第二节 恐龙的繁盛:多样性和大型化

三叠纪末期,恐龙已经成为地球陆地生态系统的统治性类群,到了侏罗纪和白垩纪,它们更是进入了演化高峰期。不论是在物种的多样性上,还是在形态的多样性上,恐龙家族都呈现持续性增加的情形,其他脊椎动物类群在侏罗纪和白垩纪陆地生态系统中则成为了配角。恐龙多样性增加既有自身因素,也有环境因素,尤其重要的是大陆分裂带来的影响(图 14-3)。

三叠纪晚期,泛大陆已经开始分裂。到了侏罗纪中期,泛大陆分裂为南、北两块超级大陆。北方大陆称为劳亚古陆,包括北美洲、亚洲和欧洲,其中欧洲由于海平面较高而变成了一系列岛屿;南方大陆称为冈瓦纳古陆,包括南美洲、非洲、澳大利亚、南极洲和印度。这两块超级大陆之间被新的海洋所分隔。大块陆地碎裂成较小的陆地和海岛,使得陆地气候更加湿润,恐龙因此而更加繁盛。在白垩纪,劳亚古陆和冈瓦纳古陆进一步分裂。到了白垩纪末期,大陆的分布格局已经与现代有些相似:澳大利亚几乎与南极洲完全分离;非洲和南美洲也完全分离,非洲西北部形成了一个岛屿,马达加斯加从非洲的东海岸分离开;印度也与南极洲分离,向亚洲漂移过去;北美洲则被西部内陆海道分成了东、西两

三叠纪

侏罗纪

白垩纪

图 14-3 在三叠纪、侏罗纪和白垩纪,地球的大陆格局一直在变化。

个部分。在白垩纪,全球气温都高,波动范围比三叠纪和侏罗纪更大。在这个不断变化和更加多样的世界里,恐龙在体型大小、运动方式、取食行为,尤其是外表形态方面,出现了多样性的变化,物种多样性持续增加,在白垩纪晚期更是到达了演化的顶峰。

在恐龙繁盛期,最受关注的现象之一就是恐龙的大型化,对于大型化的研究甚至促成了柯普法则(Cope's rule)的提出。这一法则认为,生物在其演化历史中倾向于体型变大,驱动力是大体型的选择优势。许多恐龙类群确实都呈现出大型化的现象,并演化出巨型代表,包括地球历史中的最大陆地动物,大型化成为恐龙夺取中生代陆地统治地位的最重要因素。

一、鸟臀类恐龙的繁盛:多样性和大型化

鸟臀类是恐龙家族的一个主要类群,其名称来源于和现代鸟类相似的臀部特征:臀部一个叫作耻骨的骨块延伸方向和另一个叫作坐骨的骨块一样,都向后腹方延伸。鸟臀类恐龙主要包括身披骨甲的甲龙类(Ankylosauria)、有剑板的剑龙类(Stegosauria)、有3个向前伸的脚趾的鸟脚类(Ornithopoda)、头顶明显增厚并长有棘刺的肿头龙类(Pachycephalosauria)和长有犄角和颈盾的角龙类(Ceratopsia)。鸟臀类是植食性动物,在演化历史中,它们呈现出消化系统和其他器官系统对植食习性愈加适应的趋向,尤其是对植被类型变化的适应性现象。在此过程中,鸟臀类恐龙的多样性持续增加,在不同时期出现了大型乃至巨型代表。

已知最早的鸟脚类恐龙出现在约1.7亿年前,它们体长1 m左右,两足行走,牙齿数量少,牙齿形态相对简单。到侏罗纪晚期,一些鸟脚类恐龙体型开始变大,像弯龙(*Camptosaurus*)的身长可达5 m。鸟脚类恐龙在白垩纪得到了大发展,不仅出现了体型巨大的种类,身体结构也出现了一系列变化。白垩纪早期的兰州龙(*Lanzhousaurus*)单个牙齿的宽度就有7.5 cm;白垩纪晚期的山东龙(*Shantungosaurus*)体长为15—19 m,体重估计为10—23 t。巨型鸟脚类恐龙(鸭嘴龙类)一般四足行走,这是对体型增大的适应。它们同时在其他方面也发生了明显变化。比如,鸭嘴龙类具有高度特化的嘴部结构,能够以一种未见于现生动物的方式咀嚼植物;它们的牙齿数量惊人,最多可到2 000多颗,多个牙齿位于同一牙槽中。一般认为这些变化和白垩纪植被变化(如被子植物开始兴起)有关,这有助于这些大型植食者更有效地获取食物和营养,但也有研究否认存在鸭嘴龙类和被子植物共演化的关系。

角龙类呈现出和鸟脚类恐龙相似的演化过程,但也有不同之处。已知最早的角龙类是生存于约1.6亿前的隐龙(*Yinlong*),体长1 m多,两足行走(图14-4);一直到约1亿年前,角龙类还保持着小体型和两足行走的姿态;随后,角龙体型变大,并成为四足行走的动物;到白垩纪晚期,出现大型角龙类,像三角龙的最大头长能达到2.5 m,体重能到12 t。类似于鸟脚类恐龙,角龙类的一支在其演化过程中,也出现牙齿形态复杂化现象,比如每颗牙齿出现两个齿根,牙齿数目大量增加,一个齿槽中有多个牙齿,这可能也是对白垩纪植被变化的一种适应。

除了鸟脚类和角龙类外,其他几个鸟臀类恐龙主要类群也都呈现出大型化的现象,但相对而言,没有前者明显。在牙齿等咀嚼结构方面的变化,甲龙类、剑龙类和肿头龙类也没有鸟脚类和角龙类明显。不过,和鸟脚类与角龙类一样,这些鸟臀类主要分支也都演化出各种各样的装饰性结构,并且这些装饰性结构在演化过程中呈现出越来越复杂的倾向。鸟臀类恐龙当中最明显的装饰性结构包括鸟脚类的头棘、剑龙类的剑板、肿头龙类的棘刺和角龙的犄角。这些装饰结构在每个类群晚

期代表中尤其发达,这和鸟臀类恐龙演化在白垩纪晚期到达顶峰是相一致的。

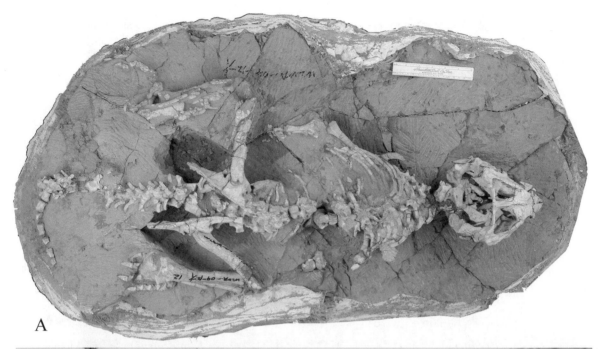

图 14-4 已知最早的角龙类——发现于我国新疆古尔班通古特沙漠中的隐龙。A. 保存在河流相沉积岩当中的隐龙骨架化石;B. 生活在 1.6 亿年前新疆准噶尔盆地的隐龙复原图(赵闯绘)。

二、蜥臀类恐龙的繁盛：多样性和大型化

蜥臀类恐龙可以划分为兽脚类和蜥脚型类两个分支。不同于鸟臀类恐龙，蜥臀类恐龙多数成员臀部的两个骨块（即耻骨和坐骨）的延伸方向分别指向身体前腹方和后腹方，与现代蜥蜴相似，蜥臀类恐龙也因此得名。不过有趣的是，鸟类并不属于鸟臀类恐龙，而是兽脚类恐龙的一个支系。

总体而言，兽脚类恐龙是一个肉食性类群，形态上体现了猎食性动物的特点，比如它们常常具有更加敏捷的身体、弯刀状的锋利牙齿及尖锐的爪子，但它们当中的许多种类却在形态、运动方式、取食行为等诸多方面出现了很大的变化，兽脚类的演化历史因此更为复杂。侏罗纪早期的兽脚类恐龙和三叠纪的兽脚类恐龙一样，都是肉食性动物，形态变化相对较小，多为中小体型，但有些属种体型已经较大，并出现复杂的装饰性结构，像身长约 7 m、头有双脊的双脊龙（*Dilophosaurus*）。到了侏罗纪中晚期，兽脚类恐龙的多样性明显提高，出现了许多新类群，既有典型肉食性种类，像体长 3 m 左右、具骨质冠的冠龙（*Guanlong*），身长 5—6 m、头部硕大、前肢短小的角鼻龙（*Ceratosaurus*），以及体长 9 m 左右的顶级猎食者异特龙（*Allosaurus*）；也有次生变成植食性动物的泥潭龙（*Limusaurus*），它体长 1 m 多，上下颌无牙，像鸟类一样具喙，胃里面有小石子（胃石）帮助它消化食物；甚至还有一些非常奇特的种类，像体长几十厘米、具皮膜翼、能滑翔的奇翼龙（*Yi qi*；图 14-5）。

到了白垩纪，兽脚类的多样性更加明显。白垩纪早期的兽脚类恐龙体型相对较小，许多种类体长 1—2 m，有些甚至体长不足 1 m，但也有体型较大的，像体长 9 m 左右的体披羽毛的羽王龙（*Yutyrannus*）。白垩纪代表超级温室气候期，气温明显高于今天的地球，因此，羽王龙这种巨型动物的羽毛应该退化，否则它会因身体过热而死亡。但羽王龙身体上有长长的羽毛，这表明白垩纪的气候可能具有剧烈的波动性，存在寒冷期（图 14-6）。从这个角度讲，羽王龙就像生活在白垩纪"冰河时期"的猛犸象，需要"羽绒服"保暖；而它的后裔，生活在温暖的白垩纪晚期的霸王龙，就像当今热带地区的大象一样，体表应该长有鳞片。

刚刚进入白垩纪晚期的时候（即约 1 亿年前之后），一些兽脚类类群相继大型化乃至巨型化。比如，这一时期生活在非洲北部的棘龙（*Spinosaurus*）体长 14—18 m，体重 7—21 t，是已知最大的肉食性恐龙。这种恐龙可能是半水生的动物，其嘴巴和牙齿与现代鳄类相似，背部有帆一样的结构，前肢有强壮的大爪，适应捕鱼（图 14-7）。稍晚时期的巨兽龙（*Giganotosaurus*）体长可达 13 m，拥有巨大的嘴巴和像切肉刀一样的牙齿，是当时南美地区的顶级猎食者。当然，最著名的巨型肉食类恐龙是生存于北美白垩纪晚期的霸王龙（*Tyrannosaurus rex*），体长 12—13 m，体重 5—18 t，咀嚼力达到惊人的 183 000—235 000 N（保守估计也达到 35 000—57 000 N）。通

图 14-5　一种能滑翔的小型兽脚类恐龙——生活于约 1.6 亿年前中国河北北部的奇翼龙 (恐龙星际提供),这种恐龙的翅膀有些类似蝙蝠或者翼龙的皮膜翼,而其他似鸟恐龙则和鸟类一样,翅膀是由粗大的飞羽形成。

图14-6　羽王龙生存于1.2亿多年前,通过分析恐龙牙齿化石当中氧同位素组成,古生物学家认为这一时期的东亚地区处在一个"冰河时期"(Brian Choo绘)。

过研究骨组织学,科学家们揭示出,霸王龙之所以比它的近亲体型更大,是因为它的快速生长期长,而且期间生长速率更快(图14-8)。不过,同时期的肉食性恐龙多数还是中小体型,包括我们熟悉的电影《侏罗纪公园》中的伶盗龙(*Velociraptor*)和它的近亲临河盗龙(*Linheraptor*,图14-9)。

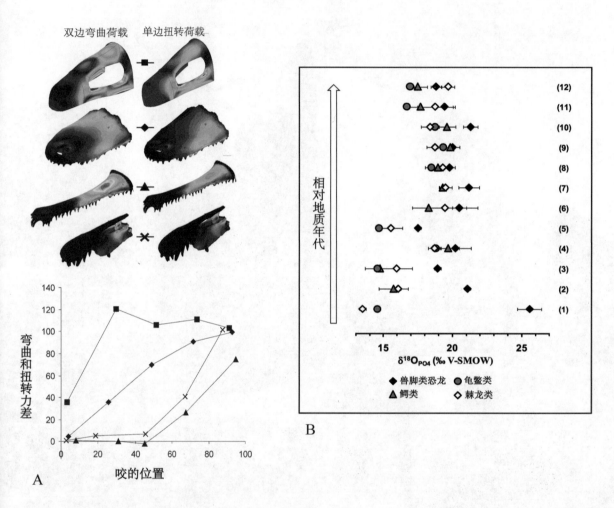

图14-7 生物学家通过多种方法,分析多方面数据,包括用工程力学的方法分析棘龙取食方式(A)和用地球化学的方法分析其生活环境(B),才确认了这种巨型恐龙原来喜欢生活在水中(改自 Emily Rayfield 和 Romain Amiot 提供的图)。

在白垩纪晚期的亚洲,还出现了一些形态奇特的巨型兽脚类恐龙:约7 000万年前的恐手龙(*Deinocheirus*)体长达到11 m,嘴巴类似鸭子,可能是杂食性动物;稍早的巨盗龙体长8 m,远远大于它在白垩纪早期的一些体长只有几十厘米的近亲,它同样像鸟一样没有牙齿,长有喙嘴;约同一时期的镰刀龙(*Therizinosaurus*)体长约10 m,一个爪子长度就近1 m,它所在的类群(即镰刀龙类)虽然也属于兽脚类恐龙,但它们头小,牙齿细小,呈叶状,脖子长,腹部宽大,呈现了明显的植食性特征。

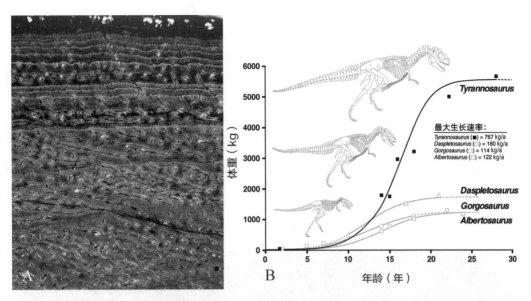

图 14-8 霸王龙骨骼化石的横切面(A)隐藏了这种恐龙生长的秘密,对比其他恐龙的生长(B),科学家发现,这些恐龙都有一个高速生长期,但霸王龙的高速生长期延续时间更长,并且在这段时期的生长速率也更快,这导致了霸王龙的巨大体型(改自 Steve Brusatte 提供的图)。

图 14-9 精美的临河盗龙头骨化石。A. 头骨化石;B. 头部复原(韩雨江绘)。

白垩纪的许多兽脚类恐龙,像镰刀龙类和一些窃蛋龙类,都以植物为食,但它们的祖先都是肉食性动物,就像今天的大熊猫一样。这成为兽脚类恐龙当中一个奇特的演化现象,其原因还有待探究。除了大型化和次生植食性现象外,兽脚类恐龙还呈现了包括小型化在内的其他一些有趣演化现象。比如一个叫做阿尔瓦雷兹龙类的兽脚类恐龙类群,它的早期代表体重有一二十千克,是肉食性动物,但其晚期代表,像西峡爪龙($Xixianykus$),体重只有约120 g。阿尔瓦雷兹龙类的晚期代表很可能以白蚁为食,甚至可能是穴居动物,它们用非常粗大的拇指挖洞和掘开蚁巢,一些种类[像临河爪龙($Linhenykus$)]手部只有一个粗大的拇指,其他手指都退化了(图14-10)。

图14-10　只有一个手指的恐龙——生活在内蒙古西部白垩纪晚期沙漠中的临河爪龙(Julius Csotonyi绘)。

蜥脚型类恐龙是恐龙家族最具代表性的类群,它们当中有地球历史中陆地生物体型最大的代表。在侏罗纪早期,这一类群就演化出较大体型和相对典型的形态,像生存于印度的科塔龙(*Kotasaurus*),体长达到约9 m,有长长的脖子和尾巴、适于吃植物的牙齿及背部大体与地面平行的站姿。从侏罗纪中晚期开始,更大的蜥脚型类恐龙出现,有些种类像今天的长颈鹿一样,能够竖起长脖子,取食高处的植物,有些种类则只能平伸长脖子,但不用移动即可取食远处的植物。侏罗纪中晚期是巨型蜥脚型类恐龙统治地球陆地的时代,出现了许多巨型代表,像体长30—34 m的梁龙(*Diplodocus*)、体长近35 m的中加马门溪龙(*Mamenchisaurus sinocanadorum*;图14-11)以及头部离地面的高度可达13 m的腕龙(*Brachiosaurus*)。双腔龙(*Amphicoelias*)是这一时期最神秘的巨型恐龙,其化石材料包括一个巨大的背部脊椎(脊椎上部的神经弓有1.5 m高)。依据这一数据,推测这种恐龙的完整骨架长度有58 m,体重约120 t。对于陆生四足动物来说,这一体型实在过于巨大,很难想象它是如何在陆地上生活的,遗憾的是化石已经丢失,无法证实数据的可靠性。

白垩纪也有一些巨型蜥脚型恐龙,比如阿根廷龙(*Argentinosaurus*)体长有30—40 m,体重有50—90 t。总体而言,白垩纪的蜥脚型类恐龙没有侏罗纪那么繁盛,种类也较少,原因之一在于白垩纪植食性的大型鸟臀类恐龙非常繁盛,成为了蜥脚型类恐龙的有力竞争对手。

图14-11 恐龙世界的长脖子冠军——发现于新疆准噶尔盆地的中加马门溪龙有一个近15 m长的脖子(赵闯绘)。

在植食性的陆地哺乳动物当中,最大的现生代表体重10 t左右,最大的灭绝物种体重可以达到20-24 t;现生最大肉食性哺乳动物体重不足1 t,最大灭绝物种体重约2 t。这些数据表明,无论是植食性恐龙,还是肉食性恐龙,它们中体型最大者都要远大于对应的陆生哺乳动物,这让恐龙巨型化现象成为了一个有趣的科学问题,吸引了许多学者的目光。一般认为,恐龙大型化乃至巨型化既和中生代环境有关,也和恐龙本身有关。从生长发育的角度看,恐龙的巨型身体是长时间高速生长的结果,其中后者更重要。也就是说,巨型恐龙从幼体变为成体的过程中,快速生长的时间长,而且生长速度极快。之所以出现这一生长现象,可能和恐龙自身的一些特征比如它们独特的消化和呼吸方式有关。具体到体型最大的蜥脚型类恐龙,有学者认为它们的一套独特特征组合,像头小、颈部长、充满身体的气囊,以及缺乏有效的物理消化能力,一起促进了蜥脚型类恐龙的巨型化。当然,恐龙的巨型化与其生存的地理位置和栖息地大小、生存环境的大气构成(如氧气含量)、温度高低以及食物构成等因素也密切相关。

第三节　鸟类起源和非鸟恐龙的灭绝

在恐龙演化历史中,大型化扮演了重要的作用,帮助恐龙成为了侏罗纪和白垩纪地球陆地生态系统的主导者,但恐龙家族的成功不仅体现在大型化方面,还体现在其他许多方面,包括小型化。从整个脊椎动物的演化历史来看,也许小型化更为重要,因为它往往伴随着许多重要生物类群的起源,比如兽脚类恐龙的小型化就导致了许多鸟类特征的出现,并最终导致了鸟类的起源。现在普遍认为,鸟类就是恐龙的一支,当今地球上10 000多种鸟类就是活着的10 000多种恐龙。从这个意义上讲,6 600万年前的恐龙灭绝事件仅仅涉及非鸟恐龙的灭绝,而鸟类这一恐龙支系则幸存下来,在6 600万年后的今天再次在地球上繁盛。

一、鸟类起源

在恐龙演化史中,最重要的事件是鸟类的起源。鸟类是脊椎动物大家族中的一个主要类群,现代鸟类和其他的脊椎动物明显不同:它们体披羽毛,发育高度特化的取食器官——鸟喙(即没有牙齿的嘴巴),具独特的两足行走姿态,它们生长发育速度极快,成熟期极短。除此之外,鸟类还展现了大量高度适应飞行的形态和生理特征:它们前肢羽化为翼,体轻,骨骼广泛愈合,骨质尾短小,胸骨和胸肌极其发达,具有稳定的高体温和高新陈代谢率,具有复杂的气囊结构,形成高效单向的呼吸系统,具有相对更大的心脏和更快的心率,以及有助于减轻体重的高效消化和排泄系统。这类高度特化的脊椎动物何时、何地出现于地球上? 它们是从哪类动物演化而来的? 羽毛和飞行等鸟类主要特征是如何演化的? 这些问题一直以来是古生物学和演化生物学领域的热点。

历史上曾出现过多种假说解释鸟类起源,其中鸟类鳄形动物起源说和鸟类"槽齿类"爬行动物起源说曾经有过一定影响。鸟类鳄形动物起源说由英国学者埃里克·沃克提出,后由美国学者莱瑞·马丁进一步发展。这一假说认为,在三叠纪,鸟类起源于一种早期鳄形动物(现代鳄鱼的祖先)。鸟类"槽齿类"爬行动物起源说由南非学者罗伯特·布鲁姆提出,他认为鸟类源自三叠纪的"槽齿类"爬行动物(也就是早期的主龙类,"槽齿类"这个分类名称现在已经废弃不用了)。现在一般认为,"槽齿类"爬行动物演化到鸟类还需要经历一系列中间阶段,它们是鸟类的远祖而不是近祖;原始鳄形动物不仅与鸟类形态差距甚大,而且还有许多特化特征。因此,这两种假说都未被学术界接受,另外一种历史悠久的假说——鸟类兽脚类恐龙起源说——最终成为了主流假说。

鸟类兽脚类恐龙起源说由英国学者托马斯·赫胥黎于1868年正式提出,但丹麦学者杰哈德·海尔曼在其于1926年出版的著名的《鸟类起源》一书中,提出恐龙和鸟类的相似性是趋同演化的结果,即它们相似的栖息环境和相似的运动方式(如两足行走)导致了它们形态相似,这令学术界逐渐放弃了鸟类兽脚类恐龙起源说。20世纪60年代末期至70年代初期,美国学者约翰·奥斯特罗姆的一系列研究重新复活了鸟类兽脚类恐龙起源说。1986年,美国学者雅克·戈捷首次系统分析了恐龙向鸟类演化的过程。自此之后,鸟类兽脚类恐龙起源说成为古生物界的主流假说。

从某种程度上讲,鸟类起源研究实际上等同于复原主要鸟类特征的演化历史。从20世纪90年代开始,来自世界各地的化石发现,为复原非鸟恐龙向鸟类的演化过程提供了大量的信息。除了化石提供的信息之外,现生鸟类重要特征的胚胎发育、分子调控机制和生理功能等方面的信息,也能帮助我们复原鸟类重要特征的演化历史。应该说,通过多学科整合的手段,使我们现在对于非鸟恐龙向鸟类转化的认识有了巨大进展,鸟类起源已经成为了研究最为系统的主要演化事件之一。现在一般认为,一些鸟类特征,像单向的呼吸方式,在三叠纪中期(约2.4亿年前)已经出现;另外一些特征,像类似于现代鸟类的高新陈代谢水平和高生长发育速度,则出现较晚,甚至在最早期鸟类当中还没有出现。鸟类特征的整个演化过程持续了很长时间,许多特征呈现了快速演化和集中出现的情况,比如约1.7亿年前,集中出现了飞羽和飞行能力等鸟类主要特征(图14-12)。

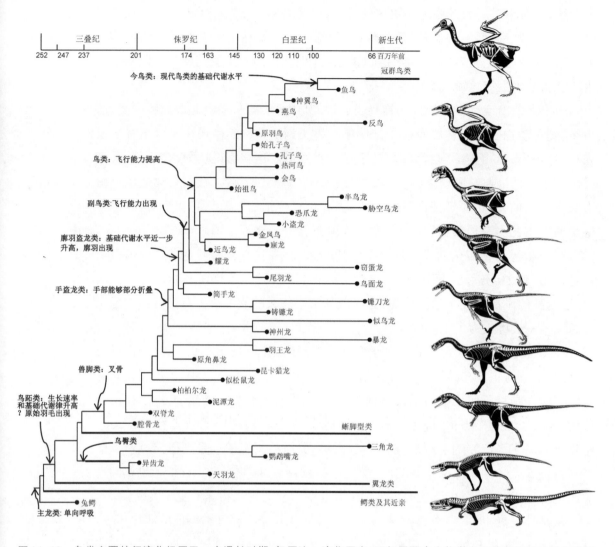

图14-12　鸟类主要特征演化经历了一个漫长时期,复原这一演化历史,不仅需要古生物学家寻找化石和通过各种手段研究化石,也需要其他领域的科学家研究相关动物的方方面面,最终整合所有数据,得到一个全面的演化历史。这是生物演化研究的一个重要趋向。

　　从骨骼演化上看,在2亿多年前的三叠纪晚期,像腔骨龙这样的原始兽脚类恐龙还保留着一些原始特征,比如有5个手指(外侧两个已高度退化),但它们像鸟类一样,骨骼中空,骨壁纤薄,S形脖子加长,背部成为水平姿势,后足用中间3个脚趾行走。到了侏罗纪,一些兽脚类恐龙的尾巴变短,身体重心前移,像鸟类一样只有3个手指。侏罗纪中晚期,一些兽脚类恐龙已经和早期鸟类非常相似了,以至于人们无法确定其中一些种类到底属于鸟类,还是属于某些似鸟的兽脚类恐龙,比如,它们的尾巴很短,前肢明显变长,前臂能够像鸟翅一样侧向拍打,并且能够半侧向折叠。

恐龙巢穴和蛋化石显示，一些似鸟恐龙繁殖行为介于现代鸟类和典型的爬行动物之间。比如，一些兽脚类恐龙既不像爬行动物一次下一窝蛋，也不像鸟类一次产一枚蛋，而是每次产两枚；一些兽脚类恐龙像鸟类一样有护巢和孵卵的习性；一些兽脚类恐龙具有介于典型爬行动物和鸟类之间的蛋窝：蛋在窝里被半覆盖着，既不同于被完全覆盖的典型爬行动物的蛋窝，也不同于完全裸露的现代鸟类的蛋窝。

一些兽脚类恐龙的蛋壳微观结构也更加接近于鸟蛋。一般来说，切开大多数爬行动物的蛋壳后观察到的显微结构是同质均匀的；换句话说，显微镜下观察到的大多数爬行动物蛋壳只有形态没有变化的一层。但鸟蛋壳微观结构出现了分化，从蛋壳外表面到内表面可以依据形态的变化划分出3层来。一些恐龙蛋壳内部结构也像鸟类蛋壳一样出现了分化：一些可以划分出2层来，另一些甚至也像鸟类一样出现了3层分化。

恐龙骨骼的微观结构也显示了和鸟类的相似性。鸟类骨骼的微观结构显示的是一种快速连续的生长方式，鳄鱼骨骼则体现出它们冷血动物的特点：间断式地缓慢生长。通过观察不同种类恐龙的骨骼切片，人们发现恐龙从总体上更接近鸟类，它们的生长速度明显快于大多数爬行动物。这种快速生长方式一般见于内温动物（即我们常说的热血动物），指示恐龙有着和现代内温动物相似的生理特征。这种推测得到了其他证据的支持。比如，发现于中国辽西的寐龙（*Mei*）化石显示，这种恐龙和鸟类一样，睡眠时会把嘴部藏于翅膀下面，用于保温（图14-13）；研究人员对坦桑尼亚和美国一些蜥脚型类恐龙牙齿的稳定同位素分析显示，这些恐龙具有稳定的体温：腕龙的体温约为38.2 ℃，而圆顶龙（*Camarasaurus*）则为35.7 ℃。

有研究显示，非鸟恐龙具有相对较小的骨细胞，据此推测非鸟恐龙和鸟类相似，基因组都很小。甚至有学者从北美

图14-13　保存类似鸟类睡眠姿态的寐龙化石及其复原图（Mick Ellison绘）。

白垩纪晚期的暴龙和鸭嘴龙骨骼化石中,通过免疫学方法,发现了化石中保存的蛋白质片段。通过对比分析,他们发现这些恐龙化石当中保存的蛋白质片段具有和鸟类相似的氨基酸序列。尽管许多学者怀疑这些研究结论的可靠性,但最近的一些研究显示,包括胶原蛋白在内的一些有机物确实能够在恐龙化石中保存下来,甚至有可能保存在约2亿年前的恐龙化石当中(图14-14)。

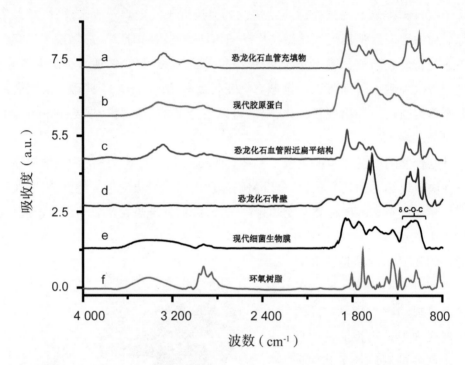

图14-14　科学家使用同步辐射技术,研究了云南禄丰的禄丰龙化石,在这种约2亿年前蜥脚型类恐龙化石当中,发现其中保存的一些物质的傅里叶转化红外光谱和现代胶原蛋白的非常相似,推断恐龙化石当中保存了胶原蛋白(改自李耀昌提供的图)。

从20世纪90年代开始,来自世界各国的化石,尤其是我国辽西及邻近地区侏罗纪和白垩纪地层中的恐龙和早期鸟类化石,为我们解答羽毛和飞行起源等重要问题提供了关键信息。天宇龙(*Tianyulong*)、中华鸟龙(*Sinosauropteryx*)[①]、近鸟龙(*Anchiornis*)和小盗龙(*Microraptor*)等许多长有羽毛的各种非鸟恐龙,为我们展示了羽毛从简单到复杂的演化过程。这个过程告诉我们,包括飞羽在内的各种羽毛在鸟类起源之前就已经出现在各种恐龙身上了。在恐龙演化过程中,不同的羽毛起着不同的作用,比如耀龙(*Epidexipteryx*)像条带一样的尾羽是用来展示的,而小盗龙四肢和尾巴上附着的飞羽羽轴两侧的羽片宽窄不同(图14-15),是用来帮助飞行的。

①*Sinosauropteryx* 的常见中文名称为"中华龙鸟",这一中文名从词意上会误导普通读者,让人以为这种动物是一种鸟类。为避免误解,作者建议将 *Sinosauropteryx* 的中文名称改为中华鸟龙。

图 14-15 白垩纪早期的"四翼恐龙"——小盗龙。小盗龙化石发现于辽宁西部白垩纪早期形成的湖相沉积岩中，这里产出了许多保存羽毛等软体组织的精美化石。A. 化石；B. 生态复原图（Brian Choo绘）。

近鸟龙和小盗龙等似鸟恐龙以及会鸟等早期鸟类后肢发育粗大的飞羽,排列方式类似翅膀上的飞羽,这指示了恐龙在向鸟类演化的过程中,经历了一个"四翼"阶段,而这一"四翼"形态很可能帮助恐龙脱离地面,飞向蓝天。这些保存羽毛的恐龙化石甚至可帮助我们科学地复原灭绝动物的颜色。在化石中保存的一种叫做黑素体的微小结构和动物体表颜色相关,能够帮助科学家复原出恐龙的体表颜色,像近鸟龙头部有着红色羽毛,四肢则有黑白相间的羽毛(图14-16),小盗龙的体表颜色则是闪烁着金属光泽的蓝黑色。

图14-16 生活在约1.6亿年前辽宁西部的"四翼恐龙"——近鸟龙,是世界上已知最早的长有真正羽毛的恐龙之一(北京自然博物馆供图)。

二、非鸟恐龙的灭绝

恐龙这一陆地的主宰者在繁盛了近1.4亿年后,在6 600万年前的生物大灭绝事件中从地球上彻底消失,这不仅引起了科学家的兴趣,也成为公众关注度最高的灭绝事件。在白垩纪末期,非鸟恐龙有很高的多样性(图14-17),没有显示出明显衰退的迹象,而且它们广泛分布于全世界,占据了各种各样的生态位,很难想象它们是怎样在短时间内全部销声匿迹的。人们做了大量的研究来解释非鸟恐龙的灭绝,提出了各种各样的假说。尽管至今仍然没有一个完满的结论,但是小行星撞击说是最可信的假说,它得到了最多证据的支持,成为目前科学界的主流假说。

小行星撞击假说最早是由阿尔瓦雷兹父子在1980年提出的,其主要证据来自白垩纪最末期地层中的一层薄薄的、富含铱元素的黏土层。铱元素在地表非常罕见,但在像小行星这样的地外物体中却很常见。这一富含铱元素的黏土层在北美和世界其他地方都有发现,表明这是一个影响巨大的全球性事件。在这层黏土中,人们除了发现铱元素的异常分布外,还找到了冲击石英,这是一种在小行星或彗星的撞击过程中产生的矿物。更重要的是,人们在墨西哥尤卡坦半岛的希克苏鲁伯附近,发现了一个平均直径约180 km的略呈椭圆形的撞击坑,其年代与白垩纪末恐龙大灭绝事件发生的时间吻合,推测造成该坑洞的小行星(陨石)直径可达10 km(图14-18)。因此大多数研究者确信,这次撞击事件可以引发大规模海啸,撞击体的碎片与再度落下的喷出物会造成全球性的火风暴,而极强的撞击波可能引发各地的地震与火山喷发。撞击事件会造成大量的高热灰尘进入大气层,长时期遮蔽阳光,妨碍植物进行光合作用,从而使食物链从底层开始瓦解,进而引起整个生态系统的崩溃。

当然,并不是所有的学者都接受小行星撞击假说。一些学者认为,白垩纪末恐龙大灭绝事件并不是在短时间内突然发生的,非鸟恐龙可能是受另外两种全球性事件的影响而消失的。一是白垩纪晚期是全球海平面大规模下降的时期,海平面在白垩纪末期下降很快,幅度也非常大,可能对陆地生态系统造成了一定影响;二是在白垩纪末期,印度的德干高原上发生了大规模且持久的热点火山喷发事件,产生的熔岩的覆盖面积达到100万 km^2,由于火山喷发也可以将大量的灰尘和有毒气体带入大气层,同时也能喷出大量的铱元素,因此被认为是造成非鸟恐龙灭绝的一个可能因素。

现在许多学者认为,非鸟恐龙的灭绝有可能是多重因素共同作用的结果,经历了一个较长过程。一项新研究甚至认为,其实在约1亿年前,恐龙家族就已经开始走下坡路了(图14-19),只不过不是特别明显而已,它们在6 600万年前的大灭绝,也许是不可避免的。

现在一般认为,如下这样一种假想的过程也许能够解释现有的资料:在白垩纪末期,海平面下降和德干火山喷发导致了环境恶化,对地球生态系统产生了重要影响,恐龙和其他生物类群开始衰落;白垩纪最末期,也就是距今6 600万年前,撞击墨西哥尤卡坦半岛的小行星给予已经恶化的地球生态系统最后一击,让大多数生物在短时间内完全消失。不过,需要指出的是,正是非鸟恐龙的大灭绝为哺乳动物的大发展提供了机会,最终使我们人类成为了地球的主宰者。

图14-17　白垩纪晚期的山东诸城恐龙动物群(赵闯绘)。这里的化石显示出白垩纪晚期恐龙家族依然非常繁盛。

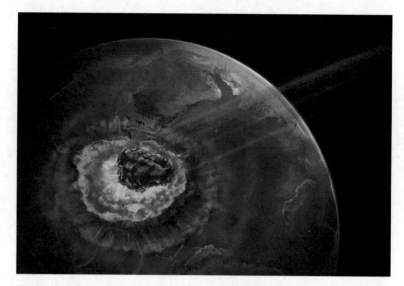

图14-18 白垩纪末期小行星撞击地球的想象图

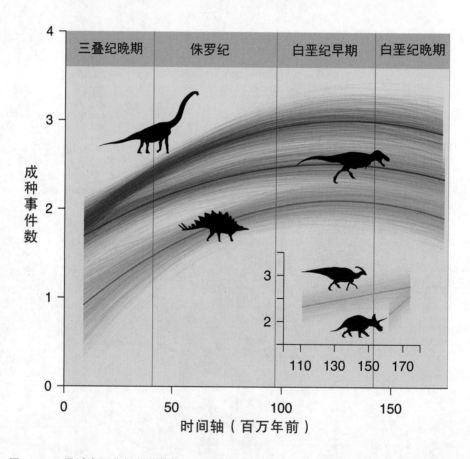

图14-19 通过全面分析各种数据,一些科学家认为,大约在1亿年前,恐龙家族物种灭绝速率已经开始超过物种形成速率,换句话说,恐龙家族在这一时期已经开始衰落了(改自Michael Benton提供的图)。

拓展阅读

阿尔瓦雷斯，2001. 霸王龙和陨星坑：天体撞击如何导致物种灭绝 [M]. 马星垣，车宝印，译. 上海：上海科技教育出版社.

Alvarez L W, Alvarez W, Asaro F, et al., 1980. Extraterrestrial cause for the Cretaceous-Tertiary extinction [J]. Science, 208: 1095−1108.

Brusatte L S, 2012. Dinosaur Paleobiology [M]. West Sussex: John Wiley & Sons, Ltd.

Carpenter K, 1999. Eggs, Nests, and Baby Dinosaurs [M]. Bloomington and Indianapolis: Indiana University Press.

Currie J P, Padian K, 1997. Encyclopedia of Dinosaurs [M]. California: Academic Press.

Holtz Jr T R, Luis V R, 2007. Dinosaurs: the most complete, up-to-date encyclopedia for dinosaur lovers of all ages: Random House Books for Young Readers.

Klein N, Remes K, Gee C T, et al., 2011. Biology of the Sauropod Dinosaurs: Understanding the Life of Giants [M]. Bloomington and Indianapolis: Indiana University Press.

Peters R H, 1986. The Ecological Implications of Body Size [M]. Cambridge: Cambridge University Press.

Pim K, 2013. The Bumper Book of Dinosaurs [M]. London: Square Peg.

Xu X, Zhou Z, Dudley R, et al., 2014. An integrative approach to understanding bird origins [J]. Science, 346(6215): 1253293.

Weishampel D, Dodson P, Osmolska H, 2004. The Dinosauria [M]. 2nd ed. Berkeley: University of California Press.

第十五章

古生物化石见证
青藏高原的隆起

"世界屋脊"青藏高原
经历了隔洋遥望的不同地块
逐步从南半球向北漂移，
横渡赤道洋，
相继与欧亚大陆相拥成陆和
整体隆升的3亿年岁月。
小小化石见证了
这一沧海桑田的神奇故事。

雄伟的青藏高原（青康高原）主要坐落于我国西南地区，其周边为喀喇昆仑山、喜马拉雅山、横断山、岷山、祁连山、阿尔金山、（西）昆仑山紧紧环抱（图15-1）。它的面积近250万 km²（约占我国总面积的1/4），平均海拔约4 500 m，号称"世界屋脊"和"地球第三极"——全世界最高、我国最大的高原。地球之巅喜马拉雅山山脉主峰珠穆朗玛峰（又称珠峰、圣母峰、第三女神、萨加马塔峰、"埃非勒斯峰"）海拔高达8 844.43 m，直插云霄，可谓世界之魂，让人闻而敬畏。但那里的高差也时而悬殊惊人。世界第一大峡谷——雅鲁藏布大峡谷深至6 009 m，长约500 km。因为这一气势磅礴的高原从始新世（Eocene）晚期（距今37.8百万－33.9百万年）才开始陆地不均一的整体快速抬升，而且如今它的地壳运动仍很活跃，所以青藏高原又是全球充满活力的最年轻的高原。

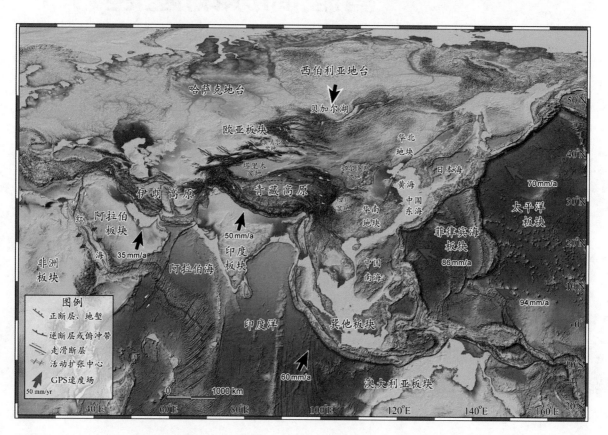

图15-1　青藏高原的地理位置、地形和主要构造带略图（修改翻译自Fu et al., 2011：fig. 1）。

那里气候格外寒冷，冰川发育，很多地区终年积雪，冻土层厚而坚固，构成了世界第三大固体水库，为亚洲的许多大河，特别是黄河、长江（金沙江）、澜沧江（湄公河）、怒江（萨尔温江）、狮泉河（印度河上游）、雅鲁藏布江（布拉马普特拉河），源源不断地输送着天然纯净水。确实，青藏高原是哺育中华民族的"中华水塔"，亚洲人民的江源。那里氧气稀薄（缺氧），很多地带只有平原地区含氧量的40％－60％，气候变化多端,并且极难预测。高寒缺氧的恶劣环境导致了广袤无垠的青藏大地人烟稀少,很多地区迄今仍为无人区,甚至为"人类的禁区""神秘的死亡地带",阻碍了人类对这些净土地带的干扰。结果那里成了珍稀野生动、植物的自由王国,风景独好的"世外桃源"。那里不但固体矿产丰富多样(如铬、铜、锌、金、银、铅锌、锂、镁、水晶、钾盐、钠盐、锂盐、硼、石棉),而且隐藏着大量的油气资源。因此青藏高原也是我国潜在的最大的矿产资源储备基地。

高耸的海拔、辽阔的幅员和长期且复杂的形成过程,是造就青藏高原独特的自然景观、生命和丰富矿产资源的基础和保障。

可是,古生代石炭纪至二叠纪早期乌拉尔世[①]中期(距今358.9百万—283.5百万年),羌塘、拉萨和藏南还位于约30°S以南地区,羌塘和喀喇昆仑与昆仑古陆(欧亚大陆南缘)隔洋遥望;中生代白垩纪(距今145.0百万—66.0百万年)中期,藏南与拉萨

① 按时间的先后顺序排,二叠纪分为乌拉尔世(Cisuralian,二叠纪早期)、瓜德鲁普世(Guadalupian,二叠纪中期)和乐平世(Lopingian,二叠纪晚期)。

之间的海洋至少宽达6 000 km;新生代古近纪古新世(Paleocene)(距今66.0百万—56.0百万年)晚期还有深海洋盆或裂谷残留。

这一神秘高原的形成机制、隆升过程和效应之谜,一直并越来越吸引着全球地质、地理、生物、生理、物理、气象、天文学家们的关注和对奥秘的追寻。

由内向外,地球由地核(包括内地核、外地核)、地幔(包括下地幔、上地幔)和地壳组成。按照组成性质,地壳又分为陆壳和洋壳。陆壳以巨厚的花岗岩质层为特点,但洋壳则由玄武岩及超镁铁岩石组成。地壳与上地幔最上层组成了岩石圈,岩石圈之下的上地幔称软流层。岩石圈分裂为大小小不等的块体,其中巨型岩石圈块体就是板块(plate)。目前全球岩石圈分为六大板块(太平洋板块、欧亚板块、印度洋板块、非洲板块、美洲板块和南极洲板块)。每一板块又由许多小板块和微板块(大型和小型岩石圈块体)组成,小型板块又称地块(block)、地体(terrane)或微板块(microplate)。

软流层驮着大小不等的板块大规模地水平漂移运动,驱动板块的碰撞、拼合、挤压和裂解。由于地球深部运动、地球运转速度的变化和太阳轨道混乱作用的影响,板块运动时强时弱,时快时慢。两个不同板块碰撞拼接后留下的愈合地带称为缝合带(suture zone/belt)或地缝合线(geosuture 或 geofracture)。缝合带内时常保存着由洋壳碎片和深海沉积岩[硅质岩,其中常保存有深海-大洋型放射虫(单细胞微小动物)化石]组成的一套岩石称为蛇绿岩套(ophiolite suit),简称为蛇绿岩(ophiolite)。其中的硅质岩常被视为蛇绿岩的基质。因此,缝合带两侧的岩石圈代表了来自不同方向的板块或地块和地体。夹有深海-大洋型放射虫化石的蛇绿岩和深海-大洋型放射虫硅质岩,是判别深水大洋或洋盆和裂谷的最可靠的标志。

翻开中国的地质图,我们不难看出,青藏高原清晰地保存着3条长大的缝合带(图15-2)。它们相距很远,最北部的缝合带谓龙木错(错=湖)-玉树(金沙江)古(古生代)特提斯(Tethys)[①]缝合带(又称北缝合带、北主缝合带)。这是青藏高原上最古老的缝合带。向西北方向,这一缝合带从喀喇昆仑山经里海、小高加索中部、黑海、摩西亚地台南部和西部边缘,最后可能延伸至喀尔巴阡纳布;向东南方向,它从孟连沿着清莱-清迈-湄南河谷-暹罗湾-文冬-劳勿-爪哇海方向延伸。最南边的缝合带叫印度斯(印度河)-雅鲁(雅鲁藏布江)中(中生代)特提斯缝合带(又叫南缝合带、南主缝合带、南缝合带的主支)[②]。这是青藏高原上最年轻的缝合带。向西北至印度河谷,向东南经阿依拉山、门士,过马攸木山口后大体沿雅鲁藏布江河谷分布,绕过雅鲁藏布江大拐弯后向南急拐,与印缅边境的那加山带相连。夹于南、北缝合带之间的缝合带称班公错-怒江中(中生代)特提斯缝合带(南缝合带的分支)。这一缝合带向西北与巴基斯坦科希斯

① 特提斯,即特提斯海/洋。此词源于古希腊神话中河海之神妻子的名字。这一海洋经历了漫长而复杂的不同发展间断。按照时间的先后顺序,先形成的特提斯称古特提斯(图15-3),后形成的特提斯谓新特提斯(图15-12)。因为古特提斯和新特提斯分别形成于古生代和中生代,因此它们又分别称为古生代特提斯和中生代特提斯,但两者统称特提斯。现代的地中海为地质时期特提斯的残留体,所以特提斯又称古地中海。

② 新特提斯由印度斯-雅鲁和班公错-怒江特提斯组成。因为它们同时形成于三叠纪,所以研究者时将这两条特提斯称为新特提斯的两个不同分支。前者大且形成较早,故古称主支,后者小且形成略晚,因此谓分支。

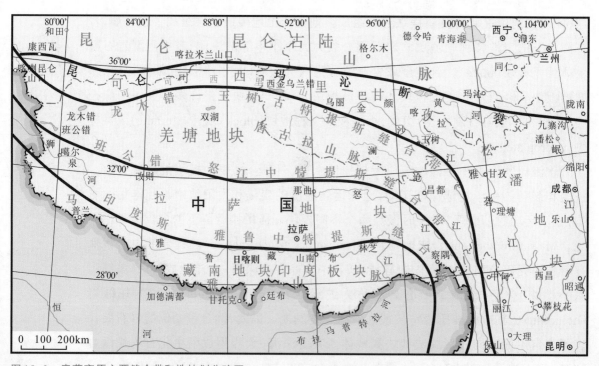

图15-2 青藏高原主要缝合带和地块划分略图。

坦地区喀喇昆仑断层带相连;向东南经改则、东巧、安多、丁青、八宿,大体沿怒江河谷延伸,直至中缅边境(图15-2)。

由北向南,这三大缝合带将"世界屋脊"分割成四大地块,即可可西里–甘孜–松潘地块(活动带,近代大地震多发地区,本章简称为可可西里地块)、羌塘地块、拉萨地块、藏南地块/印度板块/印度次大陆(藏南与印度两大地块的联合体)。北部以昆仑古陆/地块或昆仑山为界(图15-2)。

这些地块从哪里来?它们何时拼合为青藏大地?又怎样整体隆升为如今的"世界屋脊"?

青藏高原的古生物化石丰富多彩:植物、动物,微体、宏体,脊椎动物、无脊椎动物,应有尽有。特别是那里埋藏着不同时代、有着各种生活习性和来自不同古环境[深海、浅海,海相、陆相,高山、低地,两极/高纬度(喜冷)、赤道/中、低纬度(喜暖)]的标志——生物化石。它们娓娓道述了青藏高原海陆变迁和整体快速隆升的波澜壮阔和惊天动地的神秘故事。

第一节　二叠纪早期羌塘、拉萨、藏南地块与欧亚大陆隔洋遥望

随着罗迪尼亚(Rodinia)古陆(约750百万年前的超级大陆)解体后的陆块聚合,泛大陆(Pangea)于石炭纪(距今358.9百万－298.9百万年)构成,此时欧亚大陆与冈瓦纳大陆(Gondwana,Gondwanaland;也称南方大陆)之间的大洋——古特提斯向东开口(图15-3)。石炭纪至二叠纪早期乌拉尔世中期(距今358.9百万－283.5百万年),藏南地块与印度地块相连组成了近三角状的印度板块,拉萨地块紧贴于藏南地块东北缘。西藏阿里日土地区多玛一带霍尔帕错群中保存着典型的乌拉尔世冈瓦纳冷水双壳类宽铰蛤(*Eurydesma*)动物群,证明乌拉尔世拉萨地块及其以西南的印度板块确实位于南半球高纬度地带,均属冈瓦纳大陆的组成部分(图15-3A)。滇(云南)、缅(缅甸)、泰(泰国)、马(马来西亚)、羌塘、喀喇昆仑、阿富汗中部及伊朗等地块断续相连,构成了一条弧形岛链,即基墨里地体(Cimmerian terranes),沿着或靠近冈瓦纳北缘展布。其中含有乌拉尔世早–中期鎎类(一种单细胞纺锤形有孔虫动物)化石群,羌塘地块中部尼玛的乌拉尔世鎎类化石组合包括了冷、温两种类型的鎎类化石,指示了乌拉尔世羌塘或基墨里地体位于冈瓦纳东北缘、古特提斯西南部亚热带与温带交界甚至更北地带(图15-3A,图15-4A)。

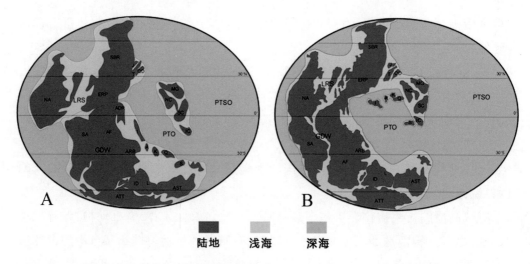

图15-3 二叠纪早期乌拉尔世(A)和晚期乐平世(B)海、陆分布的相对位置略图(底图基于 Zanchi and Gaetani, 2011: fig.86)。A:阿富汗;ADR:阿德里亚;AF:非洲;ARB:阿拉伯;AST:澳大利亚; ATT:南极洲;ERP:欧洲;GDW:冈瓦纳古陆;I:伊朗;IC:印度支那;ID:大印度;J:准噶尔;K:喀喇昆仑;L:拉萨;LRS:劳亚古陆;MG:蒙古;NA:北美洲;NC:华北;PTO:古特提斯洋;PTSO:泛大洋;Q:羌塘;QD:柴达木;S:滇缅泰马地块;SA:南美洲;SBR:西伯利亚;SC:华南;T:塔里木。

　　总之,石炭纪至二叠纪早期,羌塘、拉萨和藏南地块/印度板块均分布于古特提斯西南部,并位于约30°S以南(图15-3A,图15-4A)。

　　青藏高原北部可可西里地块南部,蛇绿岩分布广泛,其中埋葬了大量的深海-远洋型放射虫化石。它们的时代为石炭纪密西西比亚纪(早石炭世)早维宪期(Visean)(距今346.7百万-330.9百万年)(图15-5A-C)-二叠纪早期乌拉尔世阿瑟尔期(Asselian)-萨克马尔期[Sakmarian=狼营期(Wolfcampian);距今298.9百万-290.1百万年](图15-5D-G)。

　　除可可西里外,这些深水相放射虫化石还广泛产自我国滇西和桂南、日本西南、欧洲和北美洲等地,偶见于澳大利亚。这些放射虫化石及其蛇绿岩围岩均充分证明,在晚古生代羌塘地块与欧亚大陆之间确实曾存有横跨赤道的深水大洋(古特提斯北部),并且这一大洋于石炭纪或更早期业已形成,原可可西里洋盆位于这一古特提斯的北缘,并靠近赤道。

　　然而,羌塘地块及其以南地区迄今未见古生代放射虫化石记录,也没有有关蛇绿岩的报道,但却发现了大量的浅海相晚古生代有孔虫、珊瑚、软体动物等化石。这些事实说明古特提斯北部为深水大洋,但南部为广阔浅海。这一北深南浅的明显差异直至二叠纪中期瓜德鲁普世末(距今约259.8百万年)才消失。

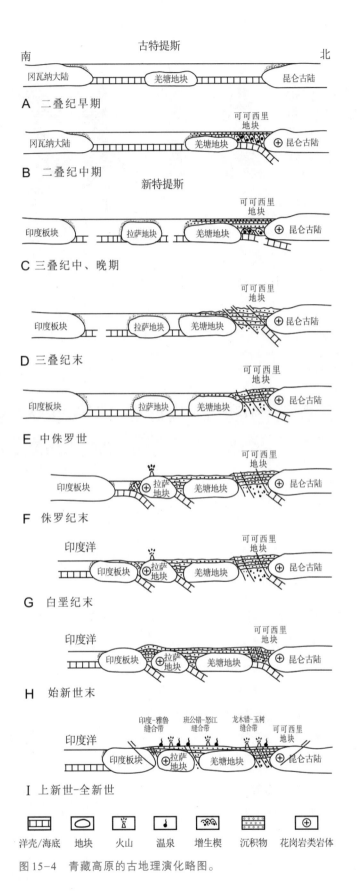

古特提斯
南　　　　　　　　　　　　　　　　　北
冈瓦纳大陆　　　　　　羌塘地块　　　　　　昆仑古陆

A　二叠纪早期

可可西里
地块
冈瓦纳大陆　　　　　　羌塘地块　　　　　昆仑古陆

B　二叠纪中期

新特提斯
可可西里
地块
印度板块　　　拉萨地块　　羌塘地块　　昆仑古陆

C　三叠纪中、晚期

可可西里
地块
印度板块　　　拉萨地块　　羌塘地块　　昆仑古陆

D　三叠纪末

可可西里
地块
印度板块　　　拉萨地块　　羌塘地块　　昆仑古陆

E　中侏罗世

可可西里
地块
印度板块　　　拉萨
地块　　　羌塘地块　　昆仑古陆

F　侏罗纪末

可可西里
地块
印度洋　　印度板块　　拉萨
地块　　羌塘地块　　昆仑古陆

G　白垩纪末

可可西里
地块
印度洋　　印度板块　　拉萨
地块　　　羌塘地块　　昆仑古陆

H　始新世末

印度-雅鲁　班公错-怒江　龙木错-玉树　可可西里
缝合带　　缝合带　　　缝合带　　　地块
印度洋　　印度板块　　拉萨
地块　　　羌塘地块　　昆仑古陆

I　上新世-全新世

洋壳/海底　地块　火山　温泉　增生楔　沉积物　花岗岩类岩体

图 15-4　青藏高原的古地理演化略图。

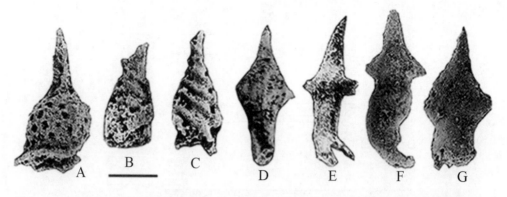

图15-5 密西西比亚纪早维宪期(A—C)—二叠纪早期乌拉尔世阿瑟尔期-萨克马尔期(D—G)深海-远洋型放射虫。A. 拉加布赖尔氏古笼虫(*Archocyrtium lagabriellei*)；B，C. 英德阿尔拜虫(*Albaillella indensis*)；青海省玉树藏族自治州治多县北麓河乡西部西金乌兰湖北、移山湖西北，石炭系密西西比亚统下维宪阶下西金乌兰群。 D，E. 锐边假阿尔拜虫菱胸亚种(*Pseudoalbaillella scalprata rhombothoracta*)；F. 萨克马尔假阿尔拜虫(*Pseudoalbaillella sakmarensis*)；G. 锐边假阿尔拜虫后锐边亚种(*Pseudoalbaillella scalprata postscalprata*)；青海省海西州格尔木市岗齐曲北侧康特金，二叠系乌拉尔统阿瑟尔阶-萨克马尔阶上西金乌兰群。比例尺：A 为0.075 mm；B 为0.9 mm；C，F，G 为0.1 mm；D 为0.134 mm；E 为0.82 mm。

第二节　二叠纪中期羌塘地块与欧亚大陆碰撞

随着古特提斯洋壳向北俯冲和羌塘地块向北漂移，自二叠纪中期瓜德鲁普世末卡匹敦期(Capitanian；距今265.1百万—259.8百万年)，羌塘地块就开始与欧亚大陆(欧亚板块)碰撞(图15-3B，图15-4B)。这两个地块碰撞接合处沿线形成了龙木错-玉树(金沙江)缝合带——古特提斯缝合带(图15-2)。古特提斯主体或古特提斯北部深海洋盆从此闭合消失，被开阔浅海替代，绚丽的古特提斯变得更为宽阔。羌塘地块与欧亚大陆的碰撞引发了海西(华力西)运动，导致了昆仑山及其以北的广大地区隆起成陆或形成褶皱，并伴有岩浆侵入；在昆仑山与羌塘地块之间形成了由增生楔及其上的沉积盖层组成的可可西里地块。但此时的拉萨地块几乎安然未动，依旧紧贴于藏南地块/印度板块东北侧，处于冈瓦纳北缘(古特提斯西南缘)。

自从二叠纪晚期乐平世初或二叠纪中期瓜德鲁普世末，古特提斯中的特提斯型浅水相生物更加繁荣昌盛，特别是微体古生物不仅丰富多彩，而且分布极为广泛。其中乐平世标志性浅海䗴类动物(图15-6A，B)常见于中国、南斯拉夫、高加索、东南亚和日本等地；乐平世重要浅海有孔虫动物(图15-6E—G)沿特提斯边缘的希腊-土耳其-高加索-亚美尼亚-塞浦路斯-伊朗-阿富汗-克什米尔-盐岭-阿里申扎-可可西里-喜马拉雅-藏东-华南-泰国-越南-日本一带延展；乐平世吴家坪期（Wujiapingian）牙形类动物（图15-6C,D）几乎遍布全球；乐平世吴家坪期钙藻植物（图15-6J—L）广布于意大利–匈牙利–高加索–日本一带及美国西南部等地开阔浅海或台地中。宏体古生物包括华东、华南和可可西里都有分布的乐平世浅海软体动物双壳类（图15-6I）和小个体腹足类（图15-6H）等。

这些形形色色的二叠纪晚期开阔浅海标志性生物的化石证据，均可在不整合于石炭纪–二叠纪早期乌拉尔世古特斯缝合带蛇绿岩–放射虫岩的盖层内找到。

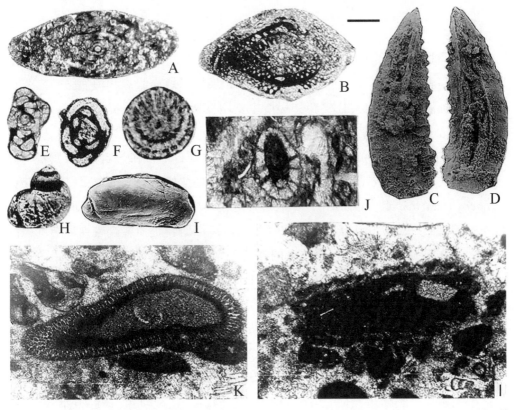

图15-6　二叠纪晚期乐平世开阔浅海相生物群。A,B. 鋋类：A. 卢氏喇叭鋋（*Codonofusiella lui*），轴切面；青海玉树藏族自治州治多县北麓河乡西部西金乌兰湖北、汉台山南蛇形沟，乐平统（二叠统上部）吴家坪阶汉台山群灰岩段底部；B. 中华古纺锤鋋（*Palaeofusulina sinensis*），轴切面；青海省玉树藏族自治州治多县索加乡开兴岭，乐平统长兴阶乌丽群上部碳酸盐岩组。C,D. 牙形类：罗森克兰茨新舟虫（*Neogondolella rosenkrantzi*）：C. 口视，D. 反口视；青海省海西州格尔木市岗齐曲北侧康特金，乐平统吴家坪阶乌丽群。E—G. 有孔虫：E. 不规则半结线虫（*Hemigordius irregulariformis*），轴切面；青海玉树藏族自治州治多县索加乡开兴岭，乐平统长兴阶乌丽群上部碳酸盐岩组。F. 美丽贝赛虫来特林格亚种（*Baisalina pulchra reitlingerae*），中切面；G. 科兰尼虫（未定种）（*Colaniella* sp.），横切面；青海省玉树藏族自治州治多县北麓河乡西部西金乌兰湖北，汉台山南蛇形沟，乐平统吴家坪阶汉台山群灰岩段底部。H. 腹足类：凸缘纹壳螺?（*Rhabdotochlis? conveximarginatus*），背视；青海玉树藏族自治州治多县索加乡开心岭，乐平统吴家坪阶乌丽群下部含煤碎屑岩组。I. 双壳类：江苏尼茨查耶韦阿蛤（*Netschajewia jiangsuensis*）；左壳内模侧视；产地层位同上。J—L. 钙藻：J. 维勒比特米齐藻（*Mizzia velebitana*）；K. 埃氏假蠕孔藻（*Pseudovermiporella elliotti*）；L. 细小裸海松藻（比较种）（*Gymnocodium* cf. *exile*）；青海玉树藏族自治州治多县北麓河乡西部西金乌兰湖北，汉台山南蛇形沟，乐平统吴家坪阶汉台山群灰岩段底部。比例尺：A,B为0.5 mm；C,D为0.167 mm；E,G为0.133 mm；F,J为0.4 mm；H为1 mm；I为6.667 mm；K为0.222 mm；L为0.213 mm。

如此宽广无垠但波光粼粼、生机勃勃的蓝色海洋，一直延续到中三叠世早期（距今247.2百万-242.0百万年）。

第三节 三叠纪新特提斯诞生，古特提斯消失

中三叠世至晚三叠世（距今247.2百万-201.3百万年）期间，沿着拉萨与藏南地块之间和班公湖-丁青-怒江一线发生了大规模的地壳张裂和海底强烈扩张运动。新特提斯（洋）的两大分支新特提斯主支印度斯-雅鲁新特提斯和新特提斯分支班公错-怒江新特提斯因此相继诞生。

迄今在印度斯-雅鲁缝合带内混杂堆积（不同岩石堆积在一起）的硅质岩和硅质泥岩中发现的最古老的深海相放射虫化石组合是纳札诺夫假桩球虫（*Pseudostylophaera nazarovi*）组合（图15-7F-K），其时代为中三叠世晚期拉丁期（Ladinian；距今242.0百万-237.0百万年）。但在班公错-怒江新特提斯缝合带内混杂堆积的硅质泥岩和硅质岩中记录的最古老的深海相放射虫化石为三叠烟囱球虫（*Capnuchospharera triassica*）组合（图15-7A-E），其时代为晚三叠世早期卡尼期（Carnian；距今237.0百万-227.0百万年）。

因此，新特提斯主支印度斯-雅鲁新特提斯和新特提斯分支班公错-怒江新特提斯形成的时代分别为中三叠世晚期拉丁期和晚三叠世早期卡尼期（图15-4C）。

印度斯-雅鲁一带剧烈的海底扩张运动驱动了拉萨地块快速向北漂移。典型的热带底栖双壳类伟齿蛤（一类个体硕大、贝壳特厚、铰板巨重、体腔很小、铰齿粗壮并强烈突出的形态奇特的热带底栖双壳类软体动物；图15-8）于晚三叠世广泛繁盛于新特提斯北岸。羌塘地块的中、西部，拉萨地块的东北缘（如洛隆地区）和西部（如日土和札达地区）均产这类晚三叠世中期诺利期（Norian；距今227.0百万-208.5百万年）热带底栖双壳类，表明晚三叠世中期，拉萨地块已从约55°-35°S地带快速向东北漂移进入北半球热带区，靠近班公错-怒江新特提斯北缘，并与羌塘地块接近甚至局部接壤，导致班公错-怒江新特提斯压缩变小和印度斯-雅鲁新特提斯迅速拓宽。

班公错-怒江一线的海底扩张和拉萨地块的迅速向北漂移迫使羌塘地块向北推挤，造成晚三叠世的可可西里古特提斯变得北深南浅，北部繁育了深水相的营悬浮和假漂浮生活的薄壳双壳类海燕蛤（*Hallobia*），南缘则产滨海相或半咸水相的双壳类蚌形蛤（*Unionites*）?和三角齿蛤（*Trigonodus*）。但此时的羌塘地块依然存有碳

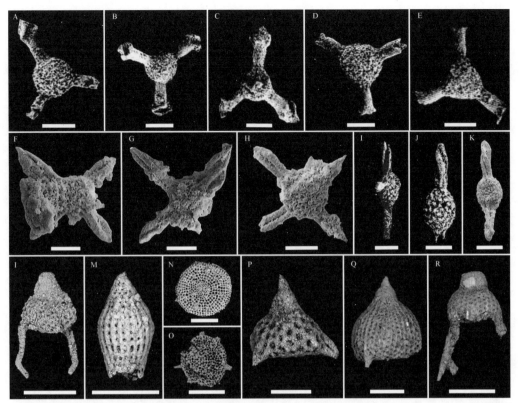

图 15-7 中-晚三叠世（A-K）和古新世（L-R）深海-远洋型放射虫。A-C. 三叠烟囱球虫
（*Capnuchospharera triassica*）；D, E. 乳头状烟囱球虫（*Capnuchospharera theloides*）；西藏南部泽当
县金鲁村上三叠统（来自王玉净等,2002：图版Ⅰ,图1-3,8,9）（这两种为西藏东北部丁青地区最古
老的放射虫化石,在西藏南部泽当县金鲁村上中三叠统拉丁阶之上上三叠统也有这类化石保存,并且
保存得更好,因此这里选用后者的照片作为这类化石的代表）。F-H. 匙形缪勒旋扭虫
（*Muelleritortis cochleata*）；藏南拉孜县曲下南部中三叠统拉丁阶（来自 Yang et al., 2000：pl.1,
figs.12-14）。I-K. 纳札诺夫假桩球虫（*Pseudostylophaera nazarovi*）；I, J, 藏南泽当金鲁村中三叠
统（来自王玉净等,2002：图版Ⅰ,图24,25）；K.藏南拉孜县曲下南部中三叠统拉丁阶（来自 Yang et
al., 2000：pl.1, fig.3）。 L. 比达特贝克马虫（*Bekoma bidartensis*）；M. 五房柏瑞虫（*Buryella
pentadica*）；N. 第四海绵盘虫第四亚种（*Spongodiscus quartus quartus*）；O. 精致针轮虫（*Stylotrochus
nitidus*）；P. 伴奥布拉虫（*Orbula comitata*）；Q. 肋钟灯虫？（*Lychnocanoma?costata*）；R. 凯姆佩贝克马
虫（*Bekoma campechensis*）；均产自西藏南部吉隆县桑单林古新统上部（罗辉提供）。比例尺为 0.1 mm。

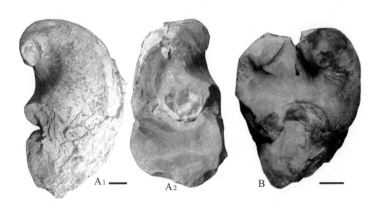

图 15-8 晚三叠世标志性热带底栖双壳类
伟齿蛤东方雀莫错伟齿蛤（*Megalodonta
orientus*）。A₁. 左壳,前视；A₂. 左壳,内视；
B. 闭合双壳,前视；青海省格尔木市雀莫错
西约 1 km,上三叠统诺利阶甲丕拉组。比例
尺为 20 mm。

酸盐台地,产有变口虫(*Variostoma*)和扭管虫(*Aulotortus*)等晚三叠世有孔虫。随着羌塘地块向北推挤,三叠纪末(约201.3百万年前)发生了强烈的印支造山运动,可可西里地块和羌塘地块北部褶皱隆起成为山地(伴有岩浆侵入)。古特提斯从此消失,三叠纪以后的沉积不整合于三叠纪地层之上(图15-4D)。

然而,在这新特提斯急剧扩张、拉萨地块快速向北漂移、羌塘地块强烈向北挤压的隆隆运动中,印度板块几乎岿然未动,依然没有摆脱非洲、南极洲-澳洲板块的嵌夹。印度斯-雅鲁新特提斯南部为广阔的浅海,其中三叠纪菊石等海洋无脊椎动物非常繁盛。

第四节　侏罗纪拉萨与羌塘地块碰撞,羌塘地块海水进退频繁

由于中生代侏罗纪初或三叠纪末西班牙通道的形成(北大西洋的打开),泛大陆解体,驱动了北美洲向西北方向漂移,太平洋缩小;拉萨地块快速北移,新特提斯主支印度斯-雅鲁新特提斯不断扩展和加深;全球海平面持续上升;藏南海平面急剧上升,导致了藏南三叠纪末和早侏罗世末托阿尔期(Toarcian;距今182.7百万-174.1百万年)生物大灭绝和缺氧事件。

侏罗纪末提塘期(Tithonian;距今152.1百万-145.0百万年),尽管连接东非与南安第斯的通道打开,冈瓦纳大陆开始解体,但是此时的藏南与阿根廷、南极、新西兰、澳大利亚的晚侏罗世的双壳类化石群不但非常相似,而且在这些地区及印度尼西亚均有提塘期高纬度/两极分布的喜冷雏蛤(*Buchia*)-隐瓦蛤(*Retroceramus*)-无股蛤(*Anoperna*)双壳类动物群(图15-9D-F)分布,表明藏南地块/印度板块依然位于较高纬度的冷-寒冷地带,紧依南极-澳大利亚。

侏罗纪的海水未达可可西里地块(图15-4E),早侏罗世海水也未及羌塘地块北部,因为那里自三叠纪末就已褶皱成山地,缺乏早侏罗世化石/沉积。但是中-晚侏罗世的羌塘地块海水进退频繁,生物组成丰富多样。那里不但保存了多种中-晚侏罗世浅海-滨海相生物化石(图15-10),而且时可发现保存精美的淡水化石,如唐古拉山地区,北至乌兰乌拉错,南达安多、聂荣等地,多处保存着广布于我国上海-阿尔泰连线以西地区的陆相中侏罗世(距今174.1百万-163.5百万年)特征化石——淡水蚌类双壳类丽蚌(始丽蚌)[*Lamprotula*(*Eolamprotula*)],裸珠蚌(*Psilunio*),楔蚌(*Cuneopsis*),皱蚌(*Undulatula*),珍珠蚌(*Marganitifera*)(图15-11A-F)。

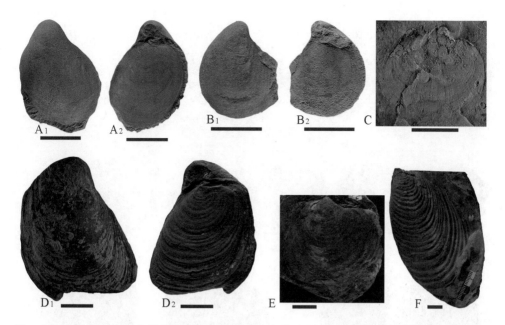

图15-9 晚侏罗世和早白垩世两极分布的喜冷双壳类。A，B. 科宽迪纳小雏蛤（*Aucellina co-quandiana*），内核；A₁，B₁. 左视；A₂，B₂. 右视；藏南岗巴县岗巴村，下白垩统阿普特阶-阿尔布阶岗巴群岗巴村口组下部。C. 弧鞋登小雏蛤（*Aucellina hughendengensis*），右壳外模，侧视；藏南岗巴县岗巴村，下白垩统阿普特阶-阿尔布阶岗巴群岗巴东山组。D. 平凸雏蛤（*Buchia blanfordiana*），双壳闭合的个体；D₁.左视，D₂.右视；E. 斯托利斯卡无股蛤（*Anopaea stoliczkai*），右壳内模，侧视；藏南吉隆县马拉山上侏罗统提塘阶。F. 埃非勒斯隐瓦蛤（*Retroceramus everesti*）；藏南乃东县泽当上侏罗统提塘阶。比例尺为10 mm。

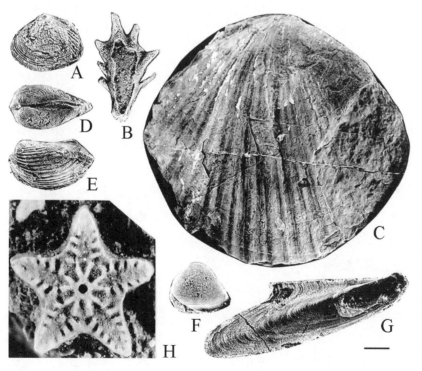

图15-10　中、晚侏罗世浅海-滨海相动物群。A. 斯氏始心蛤（*Protocardia stricklandi*），左壳内模，侧视；B. 乌兰乌拉射脊牡蛎（*Actinostreon wulanwulaensis*），左壳，侧视；C. 帕米尔刮具海扇（*Radulopecten pamirensis*），双壳闭合的个体，右视；D，E. 青海笋海螂（*Pholadomya qinghaiensis*），内核；D.背视，E.左视；F. 小类蓝蛤（*Corbulomina obscura*），右壳内模，侧视；G. 青海小荚蛤（比较种）（*Gervillella* cf. *qinghaiensis*），左壳外模，侧视；H. 海百合茎（*Isocrinus hohxilensis*）（可可西里等棘海百合），茎节面。均产自青海省格尔木市乌兰乌拉湖东山巴通阶（Bathonian）-钦莫里阶（Kimmeridgian）。比例尺：A 为 5 mm；B，G 为 3.33 mm；C 为 12.5 mm；D，E 为 10 mm；F 为 2 mm；H 为 0.5 mm。

图 15-11　中侏罗世(A—F)和早白垩世(G—I)淡水蚌类双壳类化石。A. 以斯法珍珠蚌(*Mataritifera isfarensis*),左壳,侧视;B. 客氏丽蚌(始丽蚌)[*Lamprotula* (*Eolamprotula*) *cremer*],左壳,侧视;均产自西藏安多县土门格拉北中侏罗统。C. 赵氏裸珠蚌(*Psilunio chaoi*),左壳,侧视;D,E. 四川楔蚌(*Cuneopsis sichuanensis*);D. 右视;E. 双壳闭合的个体,背视;F. 长皱蚌(*Undulatula perlonga*),左壳,侧视;均产自西藏聂荣县巴青乡西中侏罗统;G. 青海高丽蚌(始高丽蚌)(*Koreanaia Eokoreanaia qinghaiensis*),带壳顶的内模;G₁. 侧视,G₂. 背视;青海省格尔木市沱沱河岗齐曲,风火山群下岩组。H. *Trigonioides* (*Diversitrigonoides*) cf. *xizangensis* [西藏类三角蚌(异饰蚌)],双壳闭合的个体;H₁. 右侧视,H₂. 左侧视;I. 典型类三角蚌(类三角蚌)(比较种)[*Trigonioides* (*Trigonioides*) *kodairai*],双壳闭合的个体;I₁. 右侧视,I₂. 左侧视,I₃. 闭合双壳的背视;均产自西藏申扎县雄梅区色林当穷南坡,下白垩统阿普特阶–阿尔布阶多巴组。比例尺为 10 mm。

随着拉萨地块的快速向北推移和向羌塘地块逼近,侏罗纪末(约 145.0 百万年前),拉萨地块与羌塘地块碰撞,引发了燕山运动,羌塘地块南部隆起成陆(图15-4F),导致海水从羌塘向南退出,并且一去不复返;白垩纪地层大多不整合于侏罗纪地层之上,甚至部分地区全部缺失。

虽然拉萨地块与羌塘地块的碰撞导致新特提斯分支班公错–怒江新特提斯变窄,但是班公错–怒江缝合带西段改则拉果错蛇绿混杂堆积(蛇绿岩与其他岩石混杂堆积在一起)硅质岩或硅质泥岩里放射虫化石时代为中侏罗世早期至早白垩世阿普特期(Aptian)早期(距今174.1百万–121.0百万年),说明这一新特提斯分支的西段在中侏罗世早期至早白垩世阿普特期早期依然存有深水环境。

第五节　白垩纪印度板块抵近欧亚板块，可可西里和羌塘地块湖河连片

　　同属印度板块的我国藏南和印度南端均有白垩纪高纬度分布的喜冷小雏蛤（*Aucellina*）和赤道－近赤道分布的喜暖固着蛤（rudist；一类个体外形常呈珊瑚状和角状、双壳完全不等的形态特异的喜暖双壳类软体动物）双壳类化石记录，它们的相互消长过程印记了印度板块由南向北运动的主要足迹。

　　晚中生代白垩纪早白垩世阿普特期至阿尔布期（Albian，距今125.0百万－100.5百万年），藏南出现了大量与其周边地区不同的地方性双壳类动物，但与澳大利亚之间仍有不少同种双壳类。特别是我国藏南、阿根廷、新西兰、南极、澳大利亚、新几内亚都繁育着两极分布的喜冷小雏蛤，甚至在晚阿尔布期，我国藏南、澳大利亚及新几内亚依然栖居着同种小雏蛤（图15-9A－C）。这些化石记录充分表明阿普特期至阿尔布期，印度板块已与南极－澳大利亚隔离，印度洋已经形成并开始明显扩张，出现了阻隔扩散能力不强的海相双壳类交流迁移的屏障。但由于此时的藏南距离南极－澳大利亚不远（图15-12A），因此藏南与南极－澳大利亚两地动物群之间仍然保持着交流。特别是那些扩散能力强的喜冷生物（如小雏蛤）更易在冷水区域藏南与澳大利亚之间进行扩散迁移。

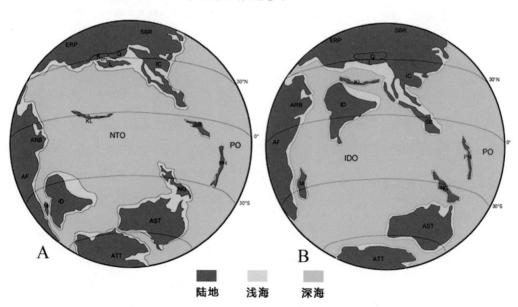

图15-12　白垩纪早白垩世阿普特期-阿尔布期（A）和晚白垩世马斯特里赫特期（B）海、陆分布的相对位置略图（底图基于Gibbons et al., 2015: fig.6c, d, i。AF:非洲；ARB:阿拉伯；AST:澳大利亚；ATT:南极洲；BN:班公错-怒江；ERP:欧洲；IC:印度支那；ID:大印度；IDO:印度洋；K:喀喇昆仑；KL:科伊斯坦-拉达克岛弧；L:拉萨；M:马达加斯加；NG:新几内亚；NTO:新特提斯洋；PH:菲律宾群岛；PO:古太平洋；Q:羌塘；SB:苏门答腊-婆罗洲岛；SBR:西伯利亚。

可是晚白垩世初塞诺曼期(Cenomanian;距今100.5百万-93.9百万年),小雏蛤在藏南消失,但在印度南端仍有残余。这一现象说明塞诺曼期藏南至少已进入或接近温暖的泛赤道地带,但印度南端仍处于较高的纬度。

塞诺曼期末,小雏蛤绝迹。在此后漫长的时期内,印度板块既无喜冷又缺喜暖海洋生物,也许暗示印度板块还处于喜冷和喜暖生物都难扎根生存的纬度带。

到了晚白垩世晚期坎潘期(Campanian;距今83.6百万-72.1百万年),固着蛤类,如西藏波褶蛤(图15-13B)和海登波褶蛤(图15-13C),突然占据了藏南岗巴海域,并很快在那儿建礁。但在印度却不见其踪影。此况说明塞诺曼期藏南已经向北漂移进入近赤道甚至赤道区范围,新特提斯已明显变窄,但印度尚无适合固着蛤类生存的环境。

图15-13 白垩纪固着蛤。A. 双凸黎明射蛤(*Auroradilites biconverus*);两枚右壳,磨光横切面;西藏日多县下白垩统阿尔布阶上部郎山组上部。B. 西藏波褶蛤(*Bournonia tibetica*),右壳,磨光横切面(饶馨提供);C. 海登波褶蛤(*Bournonia hydeni*),固着壳,侧视;均产于藏南岗巴县岗巴村,上白垩统坎潘阶-马斯特里赫特阶岗巴群宗山组。比例尺为10 mm。

白垩纪末马斯特里赫特期(Masstrichtian;距今72.1百万-66.0百万年),固着蛤类,如海登波褶蛤(图15-13C),同时在藏南和印度南端建礁。喜暖双壳类的这种分布格局,显然说明印度南端于马斯特里赫特期也已进入近赤道地带,印度板块已抵近欧亚板块南缘(新特提斯北缘),并与科伊斯坦-拉达克岛弧①碰撞(图15-12B)。其深部前缘无疑并可能部分陆壳已与欧亚板块接触或碰撞,结果导致了新特提斯几乎消失,仅仅残留了一个狭窄的条带状海域,但印度洋却变得浩瀚无际(图15-12B)。此时已听到喜山运动走来的隆隆脚步声。

早白垩世中、晚期,可可西里-羌塘地区地壳的伸展南移、变薄下沉,导致了那里大湖与交织的大河纵横成片,犹如大海。亚洲偶或英国南部和西班牙白垩纪特有的壳面具"V"形脊装饰的淡水双壳类类三角蚌类(图15-11H-I),以及个体小

① 科伊斯坦-拉达克岛弧由现今巴基斯坦北部的亚辛(Yasin)和印度北部的苏古(Shukur)和卡尔斯(Khalsi)等小地体组成。这些小地体均由从印度板块分裂向北漂移而来。因为这一岛弧产有与拉萨地块类同的晚阿普特期至阿尔布期固着蛤化石,因此它于阿普特期至阿尔布期就已向北漂移至赤道区(图15-12A)。

而呈盘状的短螺塔的腹足类，很快进入了可可西里和羌塘地区的湖泊。

在班公错–怒江缝合带西–中段沿着日土–噶尔（狮泉河）–革吉–改则（包括拉果错）–扎布耶茶卡–措勤–尼玛–申扎–班戈一带广泛分布着阿普特期至晚阿尔布期喜暖双壳类固着蛤化石（如双凸黎明射蛤；图15-13A）及圆粒虫类有孔虫碳酸盐岩，但在这一缝合带西部班公错南、中部申扎和班戈及东部边坝地区都产有阿普特期至阿尔布期的淡水双壳类类三角蚌类化石（图15-11H–I）。固着蛤和圆粒虫类有孔虫地层不整合于中侏罗世至阿普特期早期放射虫地层之上。固着蛤和类三角蚌类双壳类分别代表了低纬度台地相和淡水环境，它们的存在明显指示了白垩纪阿普特期至阿尔布期的班公错–怒江新特提斯已变得很浅很窄（图15-12A），并时而局部海底露出海面为陆，甚至其西段已经全部成陆，为淡水类三角蚌类生物群同时占据羌塘和拉萨地块提供了淡水环境背景。晚白垩世初或早白垩世末（约100.5百万年前），班公错–怒江新特提斯海水退尽。从此，拉萨地块抬升成陆（图15-4G），因为那儿迄今没有发现晚白垩世的海相化石。

第六节　新生代印度板块与欧亚板块全面碰撞，青藏大地整体快速隆升

尽管白垩纪末，印度斯–雅鲁新特提斯就已几乎消失（变得非常狭窄），但在我国境内的印度斯–雅鲁缝合带中–西部吉隆县（萨嘎县）桑单林、江孜羊卓雍错和仲巴地区的深海–远洋型的放射虫硅质岩和蛇绿混杂堆积里保存着精美的新生代古近纪古新世晚期（距今59.2百万－56.0百万年）深海–远洋型的放射虫化石群，其中包括主要分布于1 500 m以下的深海晚古新世奥布拉虫（*Orbula*）、钟灯虫（*Lychnocanoma*）、贝克马虫（*Bekoma*）等三角钟型笼罩虫（图15-7L–R）。这一化石记录无疑证明了，直至古新世晚期，狭长的印度斯–雅鲁新特提斯里还有裂谷或深海洋盆残留。

可是，到了古近纪始新世晚期（距今37.8百万－33.9百万年），海水或新特提斯从青藏地区全部消失，藏南地块海底也抬升为陆（图15-14，图15-4H），因为迄今青藏高原的最年轻的海相化石（如西藏石蜓；图15-15D）为古近纪始新世中期（距今47.8百万－37.8百万年）时代。从此整个青藏地区面貌焕然一新：大小不同的地块聚合成了一个没有尽头的高低不平的青藏大地，并随着印度板块对欧亚板块的全面碰撞、俯冲和挤压及喜山运动的兴起，青藏大地开始大规模形成褶皱和不均一的

整体隆升;生物界不再见海相生物,只见陆生植被和动物,但陆生生物的门类、种类和数量均较稀少。新生代湖泊水生软体动物类型单调、分异度很低、个体很小[如个体微小的双壳类(图15-15C:c)和腹足类(图15-15C:a,b)]。但是,那里时有纬度和气候标志的宏体植物(图15-15A)、微体植物孢粉(图15-15B)、无脊椎动物昆虫(图15-15E)及鱼类和三趾马等脊椎动物化石保存,它们是青藏高原隆升的相对高度和速率的最直接可靠的实据,大尺度地记录了自古近纪始新世晚期以来青藏大地快速隆升成"世界屋脊"的重要过程。

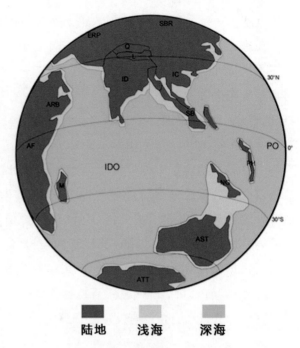

陆地　浅海　深海

图15-14 古近纪始新世晚期至渐新世海陆分布的相对位置略图(底图基于Gibbons et al., 2015:fig.6k)。AF:非洲;ARB:阿拉伯;AST:澳大利亚;ATT:南极洲;ERP:欧洲;IC:印度支那;ID:大印度;IDO:印度洋;L:拉萨;M:马达加斯加;NG:新几内亚;PH:菲律宾群岛;PO:古太平洋;Q:羌塘;SB:苏门答腊-婆罗洲岛;SBR:西伯利亚。

一、藏南地块

古近纪始新世中期(距今47.8百万-37.8百万年),藏南地块(主要是喜马拉雅山脉地区)还沉没于大海之中,直至始新世晚期(距今37.8百万-33.9百万年)才全部露出海面成陆,但从此不断隆升,至上新世中、晚期(距今4.00百万-2.58百万年),那里的海拔已高达2 300 m,更新世早期(距今约2.58百万-0.78百万年)的海拔近2 400 m,全新世早期的海拔至少为3 600 m。现代希夏邦马峰的主峰海拔约8 012 m,珠峰的顶峰海拔约8 844 m。

喜马拉雅山脉中部,珠峰西北部聂拉木县希夏邦马峰北坡海拔5 700-5 900 m地带保存着新近纪上新世中、晚期高山栎等植物化石,包括高山栎(图15-15A:c),黄背栎(比较种)(图15-15A:b),灰背栎(比较种)(图15-15A:a)等。它们的现生种类均为常绿植物,其中高山栎主要分布于海拔2 200-3 600 m的山区,黄背栎和灰背栎多长于海拔约2 300 m的地带。因此这些现生植物生长的共同海拔主要为2 300 m,表明希夏邦马峰地区上新世中、晚期的海拔高度大约为2 300 m(图15-16A)。从始新世晚期至上新世中、晚期的33.8百万-35.22百万年内,希夏邦马峰北坡隆升了近2 300 m,年均隆升0.068-0.065 mm。自上新世后的2.58百万年

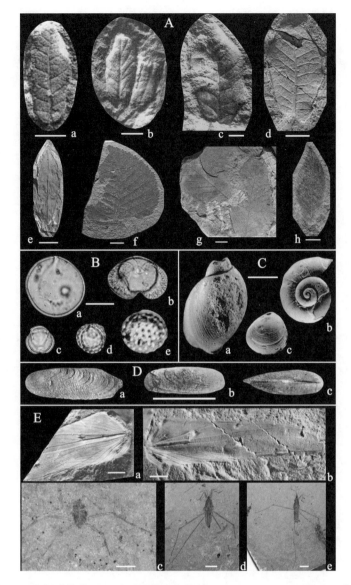

图 15-15 新生代生物。A. 上新世植物。 a. 灰背栎（比较种）（*Quercus* cf. *senescens*）；b. 黄背栎（比较种）（*Quercus* cf. *pannasa*）；c. 高山栎（*Quercus semicarpifolia*）；藏南聂拉木县希夏邦马峰北坡，新近系上新统中、上部（来自徐仁等，1973；图版 II，图 2、7、8）。 d. 乌龙栎（*Quercus wulongensis*）；e. 南木林杜鹃（*Rhododendron nanmulinensis*）；南木林县宗当盆地芒芤区乌龙村，上新统上部乌龙组上段；f. 似糙皮桦（*Betula parautilis*）；g. 大鹅耳枥（*Carpinus grandis*）；h. 乌龙千金榆（*Carpinus wulongensis*）；南木林县宗当盆地芒芤区乌龙村，中新统上部至上新统下部乌龙组下段（史恭乐提供）；比例尺为 10 mm。B. 晚更新世至全新世孢粉。a. 禾本科（Gramineae）；b. 松属（*Pinus*）；c. 蒿属（*Artemisia*）；d. 菊科（Compositae）；e. 藜科（Chenopodiaceae）；青海可可西里五雪峰北红水河更新统上部—全新统；比例尺为 0.03 mm。C. 非海相软体动物。a. 雅致土蜗（*Galba elegans*）；扁平高盘螺[*Valvata*（*Cincinna*）*applanata*]；c. 光彩球蚬（*Sphaerium nitidum*）；青海可可西里苟鲁错新近系中新统；比例尺：a 为 1.5 mm，b 为 3 mm，c 为 1.875 mm。D. 海相双壳类。西藏石蛏[*Lithophaga*（*Lithophaga*）*tibetensis*]；a. 左壳侧视，b. 右壳侧视；c. 闭合双壳的背视；藏南岗巴县后山，古近系始新统中部宗浦群第 V 段（来自文世宣等，1976；图版 39，图 10b，10c，11）；比例尺为 10 mm。E. 昆虫。a，b. 中华树哈格鸣螽（*Hylophalangopsis chinensis*）；青海羌塘盆地达卓玛古近系渐新统牛堡组（来自 Lin and Huang，2006：figs. 1 A，B）；比例尺为 2 mm。c—e. 伦坡拉大水黾（*Aquarius lunpolaensis*）；c，d. 若虫（幼年体）；e. 成虫（蔡晨阳提供）；拉萨地块伦坡拉盆地大玉古近系渐新统上部丁青组；比例尺：c 为 1 mm；d，e 为 5 mm。

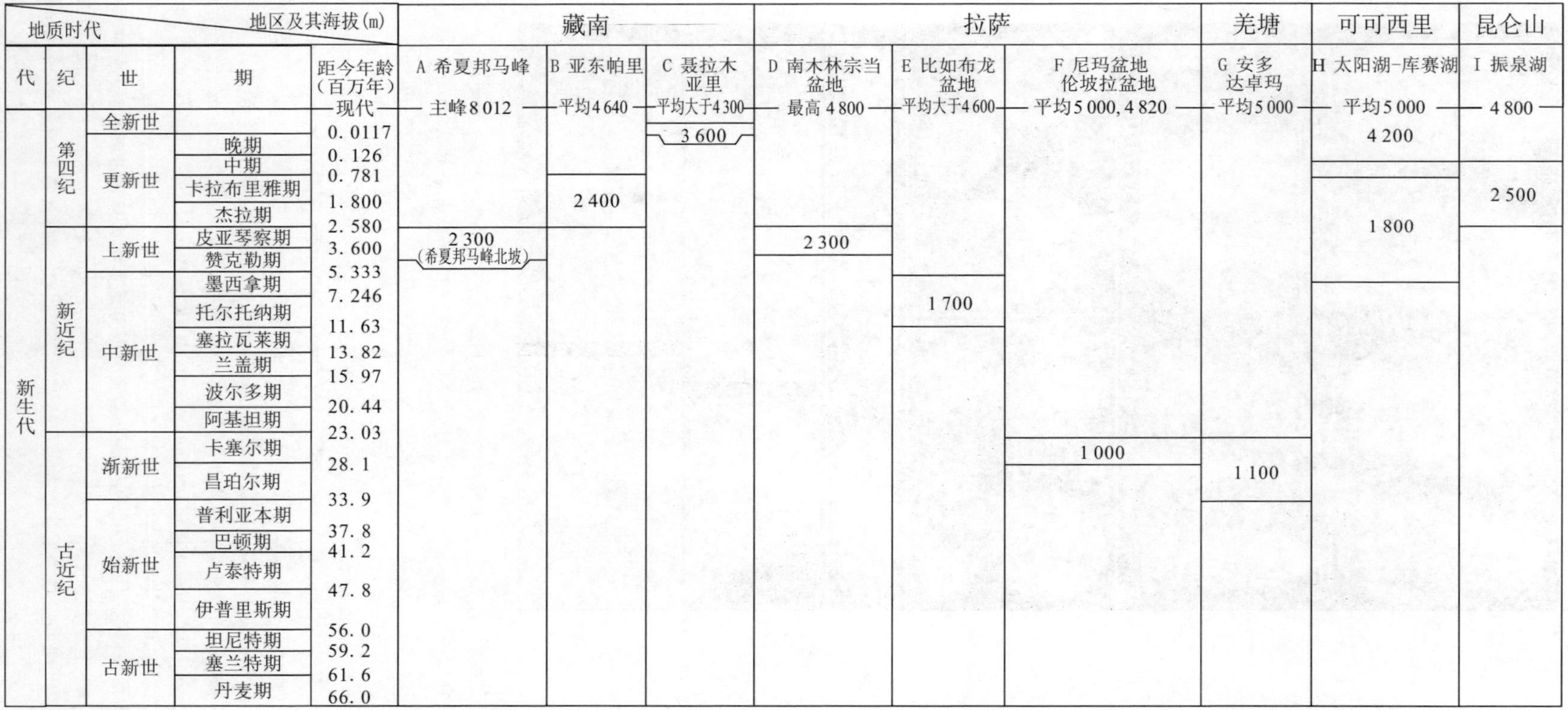

图 15-16 化石记录的青藏高原新生代的海拔演化。

地质时代 代	纪	世	期	距今年龄(百万年)	藏南 A 希夏邦马峰 主峰 8012	藏南 B 亚东帕里 平均 4640	C 聂拉木亚里 平均大于 4300	D 南木林宗当盆地 最高 4800	拉萨 E 比如布龙盆地 平均大于 4600	F 尼玛盆地 伦坡拉盆地 平均 5000,4820	羌塘 G 安多达草玛 平均 5000	可可西里 H 太阳湖-库赛湖 平均 5000	昆仑山 I 振泉湖
新生代	第四纪	全新世	现代	0.0117									4 800
		更新世	晚期	0.126								4 200	
			中期	0.781									
			卡拉布里雅期	1.800									2 500
		上新世	杰拉期	2.580									
			皮亚琴察期	3.600	2 300 (希夏邦马峰北坡)								
			赞克勒期	5.333		2 400						1 800	
	新近纪	中新世	墨西拿期	7.246									
			托尔托纳期	11.63									
			塞拉瓦勒期	13.82					1 700				
			兰盖期	15.97				2 300					
			波尔多期	20.44						1 000	1 100		
			阿基坦期	23.03			3 600						
	古近纪	渐新世	卡塔尔期	28.1									
			吕珀尔期	33.9									
		始新世	普利亚本期	37.8									
			巴顿期	41.2									
			卢泰特期	47.8									
			伊普里斯期	56.0									
		古新世	坦尼特期	59.2									
			塞兰特期	61.6									
			丹麦期	66.0									

内,那里至少隆升了3 400 m,平均每年至少隆升1.318 mm;希夏邦马峰主峰至少升高了5 712 m,年均升高2.214 mm。

珠峰西部,靠近喜马拉雅山主脊的亚东县帕里地区的平均海拔为4 640 m。那里海拔4 400 m地带的第四纪更新世早期地层里保存了栎属(*Quercus*)、桤木属(*Alnus*)、桦属(*Betula*)等混交林植物化石组合。这些植物的现代种类共同生长地带的平均海拔为2 400 m,指示亚东帕里地区更新世早期的海拔已近2 400 m(图15-16B);在始新世晚期至更新世早期的35.22百万—37.12百万年内隆升了约2 400 m,年均隆升0.068—0.065 mm;更新世早期后的0.78百万年内至少升高了2 000 m,年均升高2.564 mm。如果按照帕里地区的平均海拔计算,在早更新世后的0.78百万年内,帕里升高了2 240 m,年均升高2.872 mm。

珠峰西北部,喜马拉雅山脉主脊北侧聂拉木县亚里地区的平均海拔超过4 300 m,在那里海拔4 300 m地带的第四纪全新世早期(约0.012百万年前)地层里记录了杜鹃属(*Rhododendron*)、忍冬属(*Lonicera*)和荚蒾属(*Viburnum*)等高山灌丛植物化石。它们的现生种在喜马拉雅山南坡分布于海拔为3 400—3 800 m(平均3 600 m)地带。这些活化石的分布海拔旁证了聂拉木亚里地区全新世早期的海拔至少为3 600 m(图15-16C)。始新世晚期至全新世早期的37.788百万年内亚里地区抬升了3 600 m,年均抬升0.095 mm;全新世早期以来的0.012百万年里,亚里地区至少抬升了700 m,年均抬升58.333 mm。

总之,藏南地块于上新世中期前(上新世早期甚至更早)就开始快速隆升,至全新世达到了令人难以想象的隆升幅度和速率。

二、拉萨地块

自晚白垩世初(约100.5百万年前),拉萨地块就已与羌塘和可可西里地块及昆仑古陆联合为陆地甚至高地,因此那里很多地区缺乏古新世和始新世化石/沉积记录。

拉萨地块南部,念青唐古拉山西段南坡南木林县宗当盆地的最高海拔约4 800 m。那里海拔4 600 m地带的乌龙组保存了下、上两个新近纪植物化石组合。下植物化石组合包括似糙皮桦(图15-15A:f)、大鹅耳枥(图15-15A:g)、乌龙千金榆(图15-15A:h)等;上植物化石组合包括乌龙栎(图15-15A:d)、南木林杜鹃(图15-15A:e)等。并且乌龙组上植物化石组合中的栎类化石乌龙栎与藏南地块希夏邦马峰北坡上新世中、晚期灰背栎、黄背栎和高山栎(图15-15A:a—c)等的栎类化石在形态特征上非常相似,因此宗当盆地乌龙组上植物化石组合很可能与希夏邦马峰北坡植物化石组合的时代相同,上新世中、晚期,生长的海拔相近,约为2 300 m(图15-16D)。在始新世晚期至上新世中、晚期33.8百万—35.22百万年内,拉萨地块南部抬升了2 300 m,年均抬升0.068—0.065 mm;如果以宗当盆地最高海拔为准,自上新世后的2.58百万年内,南木林宗当地区大约升高了2 500 m,平均每年升高约0.969 mm。

拉萨地块北部比如布龙盆地的平均海拔超过4 600 m,那里4 600 m处保存着中新世晚期(距今11.63百万—5.33百万年)山核桃属(*Carya*)、棕榈科(Arecaceae)及竹亚科(Bambusoideae)等落叶和常绿阔叶林植物和三趾马等脊椎动物化石。其中植物的现生代表分布的平均海拔约1 700 m,标志布龙盆地中新世晚期的海拔已近1 700 m(图15—16E);在始新世晚期至中新世晚期26.17百万—32.47百万年内,布龙盆地大约升高了1 700 m,平均每年升高0.065—0.052 mm;中新世后的5.33百万年内,布龙盆地至少升高了2 900 m,每年升高0.544 mm。

尼玛盆地和伦坡拉盆地也位于拉萨地块北部,当今的平均海拔分别约为5 000 m和4 820 m。尼玛盆地江龙滩和伦坡拉盆地大玉地区古近纪渐新世晚期(距今28.1百万—23.03百万年)丁青组上部含有昆虫化石伦坡拉大水虿(图15—15E:c—e)。这类昆虫的现生代表的分布海拔约为1 000 m。显然,尼玛盆地和伦坡拉盆地在渐新世晚期的海拔近1 000 m(图15—16F);在始新世晚期至渐新世晚期9.7百万—14.77百万年间,那里隆升了1 000 m,年均隆升0.103—0.068 mm。渐新世后的23.03百万年内,那里又升高了近4 000 m,平均每年升高0.174 mm。

以上数据显示,拉萨地块自渐新世甚至更早就已开始持续快速隆升,那里的海拔于晚渐新世就达1 000 m,中新世为1 700 m,上新世中、晚期为2 300 m。上新世后的隆升速率更快。

三、羌塘地块

羌塘地块普遍缺失古新世和始新世的化石/沉积记录。那里现今的平均海拔超越了5 000 m,安多县达卓玛地区渐新世(距今33.9百万—23.03百万年)牛堡组产有昆虫化石中华树哈格鸣螽(图15—15E:a,b)。这类昆虫的现生种类在中国的分布海拔为900—2 060 m,但在藏南墨脱地区见于海拔1 100 m处。因此,以墨脱地区为准,羌塘渐新世的海拔约为1 100 m(图15—16G)。在始新世晚期至渐新世晚期9.7百万—14.77百万年间,那里隆升了1 100 m,年均隆升0.113—0.074 mm;渐新世后,羌塘又隆升了约4 000 m,平均每年上升约0.174 mm。

这里渐新世的海拔也已过1 000 m,渐新世后的隆升幅度和速率与拉萨地块北部尼玛和伦坡拉地区相差无几,表明羌塘地区也自渐新世甚至更早就开始快速隆升,并持续加快。

四、可可西里地块

可可西里地块也普遍缺失古新世和始新世的化石/沉积记录。此区现今的平均海拔约 5 000 m。那里东南缘苟鲁错产有个体微小的中新世(距今 23.03 百万—5.33 百万年)非海生腹足类雅致土蜗(图 15-15C:a)、扁平高盘螺(图 15-15C:b)、双壳类光彩球蚬(图 15-15C:c)等软体动物化石。其他地区,特别是北部太阳湖-库赛湖一带产上新世至更新世早期(距今 5.33 百万—0.78 百万年)乔木类植物孢粉化石罗汉松属(*Podocarpidites*),更新世晚期至全新世(距今 0.78 百万—0.012 百万年)蒿类与禾本科植物孢粉化石组合,其中包括松属(图 15-15B:b)、藜科(图 15-15B:e)、菊科(图 15-15B:d)、蒿属(图 15-15B:c)和禾本科(图 15-15B:a)。

以上软体动物的现生种类多见于平原和盆地的湖泊及河流中,说明中新世可可西里地块东南缘部分地带的海拔可能未过 500 m。但罗汉松孢粉植物的现生种类分布的海拔为 1 000—2 600 m,平均 1 800 m,指示上新世至更新世早期可可西里,特别是其北部的高原面的平均海拔已约 1 800 m(图 15-16H)。始新世至上新世早期的 32.47 百万年内,可可西里地块隆升了 1 800 m,年均隆升 0.055 mm。更新世早期后的 0.781 百万年内的可可西里地块至少隆升了 3 200 m,平均每年隆升 4.097 mm。蒿属等更新世晚期至全新世孢粉植物现生者分布于雅鲁藏布江和羌塘高原等地海拔 4 000—4 400 m(平均 4 200 m)地带,可见可可西里地块于更新世晚期就已抬升至约 4 200 m 的海拔(图 15-16H)。与现今的可可西里高原面平均海拔5 000 m 相比,更新世之后的全新世,即 0.012 百万年内,可可西里地块又抬升了至少约 800 m,每年至少抬升约 66.667 mm。

可见,虽然可可西里地块于上新世前快速隆升,但与其他地区相比,更新世中期前,那里隆升的幅度与速率相对较小。但更新世早期后,特别是全新世,那里的隆升速率惊人。

五、昆仑古陆

昆仑山区的晚侏罗世至上新世化石/地层大多缺失。那里的平均海拔高于5 500 m,其中段木孜塔格峰南麓振泉湖海拔为 4 800 m 的地带保存了更新世早期(距今 2.59 百万—0.78 百万年)的松属(*Pinus*)、雪松属(*Cedrus*)、云杉属(*Picea*)、冷杉属(*Abies*)等针叶林植物化石。这类孢粉植物的现生类群生长于平均海拔为2 500 m 的地带,标志振泉湖甚至东昆仑山南坡更新世早期的海拔约 2 500 m(图15-16I);在始新世晚期至更新世早期 35.22 百万—37.02 百万年内,振泉湖地区上升了 2 500 m,年均上升 0.71—0.068 mm;更新世早期后的 0.78 百万年内,那里又上升了至少 2 300 m,年均上升 2.949 mm。如果以昆仑山平均海拔计算,更新世早期后,昆仑山平均上升了3 000 m,年均上升3.846 mm。

　　显然,昆仑古陆从更新世前(上新世甚至更早)就已快速隆升,更新世早期后的隆升加速。

　　新生代,特别是自上新世始,快速的隆升运动和/或剧烈的喜山运动导致了青藏高原地壳断裂,火山四起,岩浆横溢,到处浓烟滚滚,地热沿着裂隙上升,温泉和气泉随处可见。火山熔岩堆成了锥状、柱状、颈状、馒头状、枕状、桌状、平台状和城堡状(图15-17A,B)等形态各异的熔岩地貌。泉华(泉水沉淀物)有时堆积成似卧龙又似巨鲸的地貌(图15-17C)。沸泉为天下一绝,温度高逾92 ℃,远远超过当地水的沸点(80 ℃),喷出的水柱有2 m多高,蒸汽缭绕,高可至数十米,数千米外便一目了然。地壳运动方兴未艾,新的断裂构造和地震遗迹在青藏高原特别是可可西里经常可遇。

图15-17　火山熔岩地貌(A,B)和泉华(C)。A.平台状熔岩被;B.锥状火山颈;C.沿断裂带分布的泉华。

第七节 现代高寒水多成江源：以长江源区青海可可西里为例

就青藏高原腹地长江源区青海可可西里①无人区而言，自晚更新世末至今，那里又隆升了约800 m，此时那里的平均海拔已超过5 000 m，成了青藏高原甚至世界最高最大的平台，高寒、严重缺氧的环境从此真正形成。恶劣的环境，阻止了人类对它的干扰和破坏，确保了可可西里这一"人类的禁区"成了世界珍奇动物和植物的天然王国。那里哺育着大批世界稀有的高原野生动物和植物。满山遍野分布的我国青藏高原特有的藏羚羊，它们常雌（无角，图15-18 A）雄（带剑状长角，图15-18B）成群分居。羊妈妈与羊宝宝们相依为命，群居在一起，公羊则三五结伴，到处乱窜。平时性格温顺，但一旦被触怒就什么也不怕，连汽车也会被它们撞翻踩扁的高原特有野牦牛，常数百头一群浩浩荡荡纵横驰骋于高原大地，特别壮观（图15-19A，B）。还有数十只成群、性情温和，但跑速赛过汽车的藏野驴（图15-19C,D）；像鼠又似兔的逗人喜爱的鼠兔（图15-18C）。还有常年遭受大风雪的侵袭，却丝毫不减艳色，即使被埋在雪底下也不凋谢的五彩缤纷的珍稀花草，以及珍贵的野生药材，如可可西里随处可见的抗缺氧保健药品的原材料红景天（图15-20）（据说苏联宇航员从预航那天始就每天服用用红景天提炼的抗缺氧药品）等。

① 本节的青海可可西里是现代地理概念，指东至青藏公路、西与西藏和新疆接壤、间于昆仑山和唐古拉山之间的青藏高原腹地。

图15-18 藏羚羊和鼠兔。A. 雌性藏羚羊群；B. 雄性藏羚羊群；C. 鼠兔。

图 15-19　野牦牛（A，B）和藏野驴群（C，D）（B和D分别由凌风和李炳元提供）。

图15-20　植物红景天。

　　正是因为这一惊人的高海拔，使得可可西里变得格外寒冷。即使在盛夏，那里的天气也酷似黄淮地区的隆冬，气温最低达−8 ℃。雨水不很多见，但雪或冰雹几乎天天都有，鹅毛大雪司空见惯。

　　也正是因为这一惊人的高海拔，使得可可西里很多地域特别是高山地区终年积雪。如位于可可西里西北部，迄今无人攀上顶峰，海拔6 860 m的布喀达坂峰（图

15-21A)；坐落于可可西里东南角，貌不惊人，海拔 6 621 m 的长江源头各拉丹东（图 15-21B,C）等。这些高山常年积雪，斗状、塔林状、舌状、帆状、龟状、城堡状、岛状和帽状等千姿百态的冰川（图 15-21）非常令人神往。

图 15-21 壮丽的雪山和冰川。A. 布格达坂峰；B, C. 长江源头格拉丹东。

因为高寒，可可西里的冰雪多，但蒸发很弱。可可西里多数地域地势平缓，犹如一个大平台，不易排水。因此除了雪山、冰川外，那里的湖泊星罗棋布，河流纵横交错，沼泽连片（图 15-22A），水体呈天蓝（图 15-22B）、蓝绿、淡黄和乳白色的大小湖泊数以千计。最高的雪莲湖海拔近 5 300 m，最低的海丁诺尔错海拔也达 4 500 m。最大的乌兰乌拉错面积达 540 km²，波澜壮阔，犹如浩瀚的大海；最小的湖不足 1 km²。湖深多不足 10 m，但偶有深水湖泊，如太阳错——20 世纪 80 年代末很多淘金者的遇难地，深近 50 m。尽管西金乌兰错（图 15-22B）大达 200 多 km²，风平浪静时，它却显得格外宁静。"风匠"用细小的砂砾在湖边垒起了新月形的沙丘（图 15-22C）。要不是缺氧，游人一定会将那里视为仙境。湖泊多属咸和半咸水湖，部分为盐湖，其中蕴藏着丰富的盐类资源。淡水湖较少，高原无鳞鱼常隐居其中。湖区为高原的飞禽走兽提供了广阔的天地。

正是这些绚丽多彩的大大小小的湖泊、河流和沼泽，储蓄了盛夏的雪山和冰川的融水；也正是这些雪山、冰川和湖泊、河流、沼泽的清水，从四面八方的高山或高地，特别是从各拉丹东方向，源源不断地流向沱沱河，经通天河汇入金沙江，使长江充满活力，奔腾不息。长江源头水浇灌着长江流域的每一寸土地，哺育着长江两岸的万物生灵，滋养着中华儿女。长江和黄河一样，是我们伟大祖国的母亲河。最终，长江汇百川浩浩荡荡东去倾入太平洋，与来自世界各地的生命之源相拥相抱，为大海和大洋推波助澜。

图15-22 沼泽(A)、西金乌兰湖(B)及其滨岸的新月形沙丘(C)。

　　总之,化石记录了青藏高原不同地块/板块先后由南向北漂移,越过赤道洋(特提斯),与欧亚大陆相拥碰撞、挤压、拼贴后,由北向南逐步脱离海洋抬升成陆和青藏大地整体快速隆升的主要过程(图15-4,图15-16)。

　　石炭纪或更早期,欧亚大陆与冈瓦纳大陆之间具有一个北深南浅的大洋——龙木错-玉树(金沙江)古特提斯。石炭纪至二叠纪早期乌拉尔世中期(距今358.9百万－283.5百万年),羌塘、拉萨和藏南地块位于30°S以南,与欧亚大陆隔洋遥望(图15-3A,图15-4A)。二叠纪中期瓜德鲁普世末(约259.8百万年前),羌塘地块与欧亚大陆碰撞,古特提斯北部深海洋盆闭合,在羌塘地块与昆仑古陆之间形成了可可西里地块(图15-3B,图15-4B)。中三叠世晚期至晚三叠世初(距今242.0百万－227.0百万年),拉萨地块先后南与藏南地块、北与古特提斯分裂,形成了印度斯-雅鲁新特提斯(主支)和班公错-怒江新特提斯(分支)(两者构成新特提斯)(图15-4C),拉萨地块和羌塘地块快速向北漂移和推挤,导致可可西里地块和羌塘地块北部于三叠纪末(约201.3百万年前)褶皱隆起成为山地,古特提斯消失(图15-4D)。侏罗纪末(约145.0百万年前),拉萨地块与羌塘地块开始碰撞,大海从羌塘南去,羌塘南部也抬升为高地(图15-4F)。早白垩世末(约100.5百万年前),拉萨地块与羌塘地块完全拼合,班公错-怒江新特提斯被陆地取代,拉萨、羌塘、可可西里地块及昆仑古陆从此联合成陆或山地。阿普特期(距今125.0百万－113.0百万年),印度板块与南极-澳大利亚分裂并急速向北漂移,印度洋迅速扩大,白垩纪末期(约66.0百万年前),印度板块抵近欧亚板块南缘,开始与欧亚大陆碰撞,印度斯-雅鲁新特提斯被压缩成狭窄的条带(图15-12B,图15-4G)。直至始新世晚期(距今37.8百万-33.9百万年),新特提斯海水从藏南退尽,从此青藏地区全部脱离海水成陆,开始了不均一的整体快速隆升(图15-14,图15-4H,图15-16)的征程——我国西部、亚洲中部甚至整个北半球自然界的变革。

渐新世晚期,甚至渐新世早期(距今33.90-23.03百万年),拉萨地块和羌塘地块的海拔已达1 000-1 100 m(图15-16F,G),其他地区的海拔很可能亦已近1 000 m。因此,在渐新世,青藏大地已整体快速抬升进入了高原状态。此后,高原持续快速隆升,上新世中、晚期(距今4.00百万-2.58百万年),藏南、拉萨、昆仑山及可能羌塘地块的高原面已隆升至海拔2 300 m(图15-16A,B,D,G,I),但可可西里地块的海拔未足2 000 m(图15-16H)。上新世后,青藏高原加速隆升。更新世晚期至全新世早期(距今0.126百万-0.012百万年),藏南地块和可可西里地块已明显隆升至海拔3 600 m甚至更高(图15-16C,H),拉萨地块、羌塘地块和昆仑地块的海拔很可能超过了3 600 m。全新世早期后的青藏高原的隆升速率惊人,最大可达60 mm/年。

但是,具体至各地,青藏高原整体隆升的幅度和速率,就明显显得因地和因时而异。正是这种隆升的不均一性说明了地壳构造运动和岩石圈性质的不均一性及青藏高原地质演化的复杂性。也正是这种差异与其他地质作用合力在全球最高的高原上"雕刻"出了高约8 844 m的地球巅峰——珠穆朗玛峰和深过6 000 m的全球切割最深的峡谷——雅鲁藏布大峡谷,"规划"出了"中华水塔"、亚洲江源,开辟了珍稀生物的自由王国、"人类的禁区"和风景独好的"世外桃源"等神秘的自然地带,为人类创造了一个令人惊叹、敬畏、神往的需要呵护的"世界屋脊"。

拓展阅读

黄汲清，陈炳蔚，1997. 中国纪邻区特提斯海的演化 [M]. 中英文版. 北京：地质出版社.

李浩敏，郭双兴，1976. 西藏南木林中新世植物群 [J]. 古生物学报，15 (1)：7-18.

刘本培，崔新省，1983. 西藏阿里日土县宽铰蛤 *Eurydesma* 动物群的发现及其生物地理区系意义 [J]. 地球科学：武汉地质学院学报，(1)：79-92.

王玉净，杨群，松冈笃，等，2002. 藏南泽当雅鲁藏布缝合带中的三叠纪放射虫 [J]. 微体古生物学报，19(3)：215-227.

王学恒，罗辉，许波，等，2016. 藏南桑单林剖面晚古新世放射虫动物群及其地质意义 [J]. 微体古生物学报，33(2)：105-126.

徐仁，陶君荣，孙湘君，1973. 希夏邦马峰高山栎化石层的发现及其在植物学和地质学上的意义 [J]. 植物学报，15 (1)：103-119.

姚华舟，张仁杰，沙金庚，等，2014. 中国西部地区晚三叠世伟齿蛤类及其分类演化 [M]. 北京：科学出版社.

中国科学院西藏科学考察队，1976. 珠穆朗玛峰地区科学考察报告(1966—1968). 古生物(第三分册) [M]. 北京：科学出版社.

中国科学院青藏高原综合科学考察队，1982. 西藏古生物：第四分册 [M]. 北京：科学出版社.

中-英青藏高原综合地质考察队，1990. 青藏高原地质演化：1985年中国科学院-英国皇家学会青藏高原综合地质考察报告 [R]. 北京：科学出版社.

Fu B H, Walker R, Sandiford M, 2011. The 2008 Wenchuan earthquake and active tectonics of Asia [J]. Journal of Asian Earth Sciences, 40: 797-804.

Gibbons A D, Zahirocic S, Müller R D, et al., 2015. A tectonic model reconciling evidence for the collisions between India, Eurasia and intra-oceanic arcs of the central-eastern Tethys [J]. Gondwana Research, 18: 451-492.

Lin Q B, Huang D Y, 2006. Discovery of Paleocene Prophalangopsidae (Insecta, Orthoptera) in the Jiangtang Basin, Northern Tibet, China [J]. Alcheringa, 30: 97-102.

Sha J G, Johnson A L A, Fürsich F T, 2004. From deep-sea to high mountain ranges: Palaeogeographic and biotic changes in Hohxil, the source area of the Yangtze River (Tibet Plateau) since the Late Palaeozoic [J]. Neues Jahrbuch für Geologie und Paläontologie, 233 (2): 169-195.

Wen S X, 1999. Cretaceous bivalve biogeography in Qinghai-Xizang plateau [J]. Acta Palaeontologica Sinica, 38 (1): 1-30.

Wen S X, 2000. Cretaceous bivalves of Kangpa Group, south Xizang, China and their biogeography [J]. Acta Palaeontologica Sinica, 39 (1): 1−27.

Yang Q, Matsuoka A, Wang Y J, et al., 2000. A Middle Triassic radiolarian assemblage from Quxia, Lhaze County, southern Tibet [J]. Scientific Reports of Niigata University Series E (Geology), 15: 59−65.

Zanchi A, Gaetani M, 2011. The geology of the Karakoram range, Pakistan: The new 1: 100 000 geological map of Central-Western Karakoram [J]. Italian Journal of Geosciences (Bollettino della Società geologica italiana e del Servizio geologico d'Italia.), 130(2): 161−262.

第十六章

新生代哺乳动物的演化

它们起源于遥远的中生代，
但在爬行动物霸主的阴影下
默默地潜伏着；
直到新生代开始，
它们迸发出勃勃生机，
在地球上占据了统治地位；
它们就是包括人类在内的哺乳动物。

今天世界上的生物千奇百怪,其中也包括形形色色的哺乳动物。哺乳动物在分类上属于脊椎动物亚门中最高等的一纲:哺乳纲。哺乳动物的身体一般分为头、颈、躯干、尾和四肢5个部分,体表一般有毛,恒温,除单孔目外均为胎生,都以乳汁哺育幼仔。

由于新的化石类群不断被发现,使已认识到的哺乳动物的组成日趋复杂化。目前古生物学家将哺乳纲分为4个亚纲:① 始兽亚纲,包括三叠纪和侏罗纪的非常原始的哺乳动物。② 原兽亚纲,是卵生的哺乳动物,仍保存着许多近似爬行动物的原始特征,现生的鸭嘴兽和针鼹为其典型代表。③ 异兽亚纲,包括贼兽类和多瘤齿兽类等一些古老哺乳动物。④ 真兽亚纲,包括了现代哺乳动物在内的30余个化石和现生的类群,其下又分为3个次亚纲,即古兽次亚纲,是现代有袋类和有胎盘类的祖先;后兽次亚纲,也就是有袋类;真兽次亚纲,也就是有胎盘类。

第一节　哺乳动物特征的确立

对于绝灭的动物来说,除了西伯利亚永久冻土地带和一些沥青湖中有软组织的特殊保存类型外,绝大多数化石仅仅是动物的硬体部分。哺乳动物硬体部分的特征可以归纳如下:具有1对枕髁,使头骨和第一颈椎形成关节;具有次生的骨质硬腭,使鼻道与口腔隔离;外鼻孔只有1个开口,位于头的前方。在哺乳动物中,连接头骨和下颌骨的是鳞骨和齿骨,而在爬行动物中则是方骨和关节骨。所有哺乳动物,除了非常原始的以外,都有比较大的头颅,反映它们脑容量的增大和智力的提高。此外,哺乳动物的牙齿分化为门齿、犬齿、前臼齿和臼齿。前臼齿和臼齿合称为颊齿,通常有包括几个齿尖的齿冠,以两个或两个以上的齿根固着在颌骨上。哺乳动物颈部的肋骨总是愈合在颈椎上,成为颈椎的组成部分,在身体的后部,腰椎则具有游离的肋骨。哺乳动物的肩胛骨中部形成一条强大突起的肩峰。骨盆上的髂骨、坐骨和耻骨愈合成一个单一的骨质结构。哺乳动物的趾骨数目也明显减少,第一趾仅有2个趾骨,其余各趾也仅有3个趾骨(图16-1)。

至于从爬行动物进化到哺乳动物在软组织方面的变化,从绝灭动物形成的化石中很难找到直接的证据,但可以进行合理的推测:哺乳动物的恒温和高度活动性与它们具有四室的心脏有关,因为它们的动脉血和静脉血可以完全分开;毛发的覆盖也可能与哺乳动物的恒温有关,因为毛发可以起到隔热的作用,使它们不至于太冷或太热;哺乳动物还具有横膈膜,可以将体腔的胸部和腹部隔开,能在呼吸时起到辅助作用,即使是现代的爬行动物也不具有这样的结构。在繁殖方面,早期的哺乳动物虽然具备了哺乳的特征,但可能还是卵生的,就像现代的针鼹和鸭嘴兽一样。

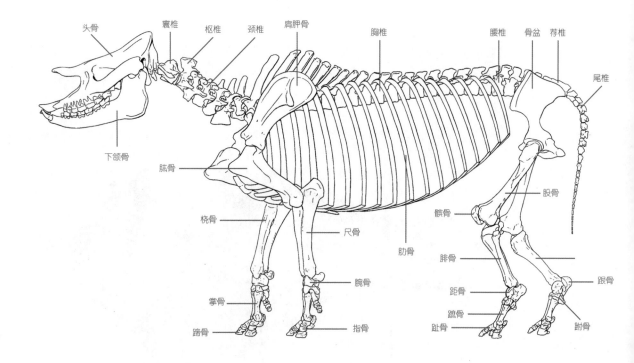

图16-1 犀牛的骨架。

    由于哺乳动物牙齿的坚固性,因此其最容易保存为化石。牙齿可以清楚地表明一种哺乳动物属于哪个科,特别是颊齿,能够让我们准确鉴定物种,并判断这种动物吃何种食物,如何咀嚼,以及动物有多大的年龄,等等。

    在哺乳动物的一生中有两副牙齿:一副是幼年时期的乳齿,另一副是成年时期的恒齿,其基本齿式为3-1-4-3/3-1-4-3(上门齿I-犬齿C-前臼齿P-臼齿M/下门齿i-下犬齿c-下前臼齿p-下臼齿m)。以狗为例。每一侧的颌骨上有3枚门齿,其功能是抓握和撕扯,门齿是小型的具有凿状边缘和单齿根的牙齿,它们的乳齿跟恒齿相似,但要小一些。在门齿之后是犬齿,每一侧颌骨上有1枚犬齿;犬齿是大型的尖状牙齿,也是单齿根的,其功能是穿刺,乳犬齿是犬齿的小型翻版。接下来是每一侧4枚的前臼齿,第一枚前臼齿总是很小,并且是终生不换的乳齿。狗的上颌的第四枚前臼齿高度特化,外侧成延长的刀片状,与同样特化的下颌的第一枚臼齿相对进行切割,这两枚牙齿称为裂齿。在裂齿之后的其他臼齿具有扩展的齿冠面,其功能是咀嚼。臼齿共3枚,没有乳齿阶段,但狗的上第三枚臼齿已退化消失(图16-2)。颊齿在早期类型中的齿尖只有原尖、前尖、后尖,后来出现次尖。

    牙齿可以反映出哺乳动物不同的食物类型。食肉类哺乳动物,例如狗,具有原始三尖呈片状形成切割功能的切尖齿,它们偏爱取食肉类。食草类哺乳动物主要或完全以植物为食,它们的犬齿通常缺失或极大地退化,它们的颊齿为脊形齿,宽阔且相当平,四尖在偶蹄类中扩大成新月形,在奇蹄类中连接成脊,以便碾碎和磨细植物材料。啮齿类哺乳动物基本上具有与食草类相同的颊齿,但它们的门齿特化成有效的凿子,用来切割植物纤维。杂食性动物,包括人类的牙齿为四尖及附属小尖构成的瘤形齿,并不像食肉类或食草类那样特化(图16-3)。

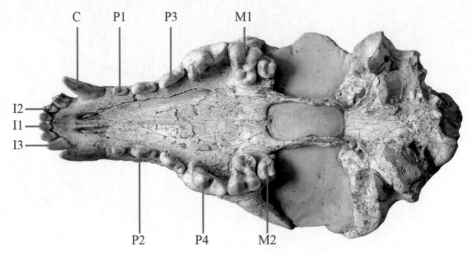

图16-2 德氏犬(*Canis teilhardi*)头骨化石,显示腹面的牙齿。

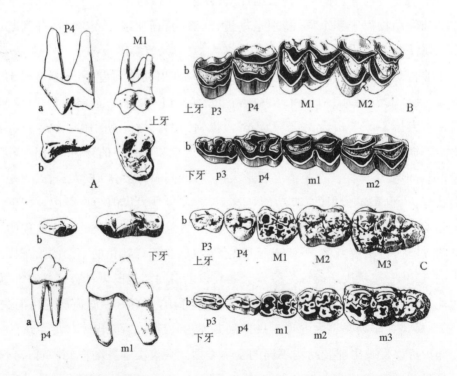

图16-3 哺乳动物牙齿主要类型(据Schmid, 1972)。A. 切尖齿,B. 脊形齿,C. 瘤形齿;a. 侧面,b. 冠面。

第二节　哺乳动物的起源

　　一条蜥蜴和一只猫是截然不同的两种动物,前一种是爬行动物,后一种是哺乳动物。然而,它们也具有很多共同的特征:都有4条腿、1条尾巴、头部、颌骨、眼睛和舌头。如果解剖它们,能够发现它们都具有带关节的骨架、心脏、血液、肾、大脑、肺等等。它们相互是有关系的,因为它们在中生代的早期具有一个共同的祖先,哺乳动物是在三叠纪从爬行动物中进化出来的。

　　要准确地确定爬行动物在什么时候变成了哺乳动物是很困难的,因为进步的爬行动物逐渐获得了越来越多的哺乳动物特征。爬行动物具有低的代谢率,通常用从身体向两侧突出的四肢来进行相当笨拙的运动;它们的体温是变化的,只有在当其有鳞的身体暴露在阳光下时体温才会升高;它们产卵;与其身体大小相比,头部很小。哺乳动物具有高的代谢率,能够将体温保持在一个恒定的水平,其皮毛可以保持体温;它们利用直接从身体下伸出的四肢进行有效的运动;真正的哺乳动物的胚胎是在母亲体内发育的,在发育到相当成熟时才出生,之后用乳汁来喂养;它们的头部相对于身体大小来说是相当大的。

　　当所有这些特点都出现就可以区分爬行动物和哺乳动物了,然而除了极端偶然的情况,在正常条件下上述这些部分都不可能保存为化石。我们只能利用一组与颌骨关节和中耳构造有关的骨骼特征将这两个纲分开。在所有的爬行动物中,头骨和下颌骨利用方骨和关节骨相互连接,只有1块单一的中耳骨,即镫骨。在所有的哺乳动物中,头骨和下颌骨利用鳞骨和齿骨相互连接,在中耳内有3块骨头,即镫骨、砧骨和锤骨(图16-4)。砧骨和锤骨并不是新获得的特征,它们由爬行动物的方骨和关节骨转化而来,只是其位置和功能都发生了变化。

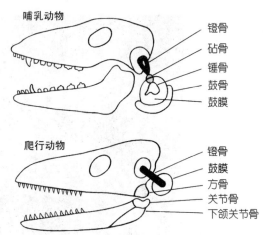

图16-4　爬行动物和哺乳动物中耳骨的对比(据 Savage and Long, 1986)。

　　爬行动物的下孔类由两个目组成,即原始的盘龙目和进步的兽孔目。盘龙类第一次出现于石炭纪晚期,在二叠纪结束之前绝灭,但从这些晚期的盘龙类中诞生了兽孔类。兽孔类是哺乳动物的直接祖先,包括巨头兽、二齿兽、犬齿兽、丽齿兽、兽头类和三列齿兽等。兽孔类中很多类型具有大的头骨和分化很好的齿列,有些还具有次生腭,四肢越来越像哺乳动物。趋向于哺乳动物的特征在三叠纪中、晚期的犬齿兽中已经取得,然后很快就扩散到各个大陆。早期的哺乳动物在各个大陆上都有发现,包括柱齿兽类、三尖齿兽类、对齿兽类、真古兽类和多瘤齿兽类。不过,这些早期哺乳动物与今天狭义的或严格意义上的所谓哺乳动物还不一样,不能被归入现生的哺乳动物类型,只能被称为广义的哺乳动物或哺乳型动物。

第三节　中生代哺乳动物

　　最早的哺乳动物有可能是三叠纪晚期生活在北美洲的隐王兽(*Adelobasileus*)和侏罗纪早期生活在中国的中国尖齿兽(*Sinoconodon*),但它们的化石材料都不完整,更可靠的哺乳动物标本则属于侏罗纪早期的摩根齿兽。摩根齿兽可以分为3个类群,以3个属为代表,即贼兽(*Haramiya*)、巨带兽(*Megazostrodon*)和孔耐兽(*Kuehneotherium*)。

　　贼兽　发现于英国、德国和中国等地,它的尺寸为老鼠样大小,其颊齿可以压碎食物,最早出现于晚三叠世。贼兽与中生代最为繁盛的多瘤齿兽牙齿类似,构造奇特,齿冠具有多个齿尖,呈两行纵向排列,与其他早期以及现生哺乳动物牙齿结构明显不同。过去对贼兽的认识几乎只局限于单个的牙齿,缺乏完整的标本。最近在中国辽宁西部发现了一些侏罗纪贼兽的完整骨架化石,据此可以反推哺乳动物起源于至少2.08亿年前的三叠纪晚期。尽管仍然有些原始的特征,但它们更多地表现出典型的哺乳动物特征,比如典型的哺乳动物中耳结构以及齿骨-颞骨颌关节,明确分化的胸腰椎和胸骨、肋骨等,表明它们已经拥有了哺乳动物胸腔中特有的横膈膜,可以使动物在快速运动中呼吸(图16-5;Bi et al.,2014)。

　　巨带兽　在尺寸、比例和生活方式上与鼩鼱相似,在非洲南部的莱索托发现了巨带兽

图16-5　两种贼兽(据Bi et al., 2014)。

的完整骨架,相关的属也发现于英国和中国。有证据显示其下颌骨向内运动而闭合,使牙齿能通过剪切运动来切割食物;颊齿分化为前臼齿和臼齿,并发展出有限的牙齿替换;头与颈的连接具有相当的自由度,脊柱的结构具有比任何犬齿兽都好得多的机动性,前肢可以很好地进行受神经支配的精确运动,后脚可以进行抓握动作。身体温度可能在25—30℃,与现代哺乳动物相比相当低,与爬行动物的代谢水平差不多。可以推断,巨带兽在夜间攀爬,在树木的小枝叶上捕食昆虫。

孔耐兽 第三个三叠纪哺乳动物类群中唯一的代表,它的牙齿和肢骨发现于威尔士石炭纪灰岩的裂隙中,尽管与巨带兽相比对孔耐兽的了解要少得多,但它们可能具有相同的生活方式。它们之间的重大区别在于颊齿上齿尖的排列情况,孔耐兽的主要齿尖排列成三角形,而不是巨带兽的轴向排列样式,这是中生代晚期宏进化方面的重大区别。

从上面的各个化石得到的综合特征,反映出最早的哺乳动物摩根齿兽类是具有纤细下颌骨的小型哺乳动物,它们的下颌骨是属于哺乳动物型的,由单一的齿骨所组成,其背面有一个用以附着强大颞肌的高大冠状突起,还有一个发育很好的与头部鳞骨相关连的髁状突起。然而,它们的下颌内侧有一条沟,其中保留着关节骨的残余,在古生物学上这是使人想起爬行动物的地方。爬行动物下颌上的这个构造仍然保留在最古老的哺乳动物摩根齿兽身上,使摩根齿兽不能被归入现生的哺乳动物类型。由于头部的方骨也保留着,所以摩根齿兽具有两种颌联合,成为从爬行动物向哺乳动物逐渐过渡的中间类型。摩根齿兽的齿式已经是典型的哺乳动物类型,包括小的门齿、一边一个的大而锐利的犬齿,以及分为前臼齿和臼齿的颊齿,这些牙齿的齿尖沿牙齿的中轴差不多排列在一条线上。

中生代还生活着一些与哺乳动物共同进化的旁支生物,例如古兽类的对齿兽,其牙齿的特点是臼齿齿冠上的3个主要的齿尖排列成比较对称的三角形(Hu et al.,1997)。不过,对齿兽和现在的哺乳动物走了不同的进化道路,它们并没有留下后代(图16-6)。从贼兽进化出的多瘤齿兽,产自欧亚大陆和北美的侏罗纪地层中,如热河生物群中的中国俊兽。多瘤齿兽与啮齿类非常相似,重要的是它们取代了侏罗纪中、晚期的似啮齿类的三列齿兽,而它们自己在古新世晚期被真正的啮齿类取代。从巨带兽类型进化出三尖齿兽和柱齿兽,然后进化成食虫哺乳动物。三尖齿兽的颊齿具有排成一列的3个突出的齿尖,其体型已经变得较大,跟今天的家猫差不多。柱齿兽通常分为食草类和食虫类,其上臼齿扩展得相当宽阔,具有两个相互呈横断式排列的主要齿尖。

从早白垩世哺乳动物中可以追踪到单孔类、有袋类和有胎盘类3个主要现生类群的踪迹,分别以在澳大利亚发现的久齿鸭嘴兽、在辽宁发现的中国袋兽和始祖兽为代表。

图16–6 对齿兽(Mark Klingler绘)。

第四节　新生代哺乳动物的发展

　　哺乳动物的演化历史经历了3个适应辐射阶段:晚三叠世至侏罗纪原始哺乳动物起源,白垩纪出现有袋类和有胎盘类,新生代哺乳动物空前发展。不过,关于有胎盘类的出现时间最近有了新的进展。利用世界上最大的包含形态和遗传特征的数据集,古生物学家重建了有胎盘类哺乳动物的共同祖先,认为其直到大约6 600万年前的新生代最早期才出现(图16-7)。

　　在新生代,爬行动物的大量绝灭为古新世空出无数生态带,哺乳动物开始广泛地适应辐射,相当笨拙和迟钝的古有蹄类与追击和捕杀能力较弱的原始古食肉类构成主要的生态链;始新世和渐新世,除南美洲以外,古老动物群被现代哺乳动物的祖先所替代,奇蹄类、偶蹄类、长鼻类与新食肉类构成主要的生态链,啮齿类、灵长类和翼手类的发展使动物群更加丰富;新近纪是动物群的现代化时期,有蹄类、食肉类、啮齿类、灵长类其他较小的类群向现代状态大大特化,现代的真马、鹿、狼、狐狸等出现;第四纪是现代动物群的形成时期,具有比现代更丰富的种属,但许多大型哺乳动物在全新世早期绝灭。

　　古新世的古有蹄类由原始食虫类祖先演化而来,以植物为食,有蹄,其个体较小,牙齿原始,四肢和脚粗短而笨拙。具有几个平行进化的不同类别,主要是踝节类和钝脚类。踝节目是现生奇蹄类和偶蹄类的祖先,其代表类型如原蹄兽(*Phenacodus*),头骨低而长,尾长,五趾末端有蹄,齿式完全,发育次尖,生活于北美和欧亚大陆。钝脚目动物的身体向增大方向发展,犬齿大,其代表类型有:阶齿兽(*Bemalambda*),其臼齿分为呈阶梯状的两部分,齿式完全,上犬齿獠牙状,分布于中国南方;尤因他兽(*Uintatherium*),大如现代犀牛,头骨长,具3对角,生活于北美和欧亚大陆。古食肉类也由原始食虫类祖先进化而来,以其他食草动物为食,具爪,其牙齿为原始的三尖类型,四肢短粗,追击和捕杀能力较弱,其代表类型如古鬣齿兽(*Sinopa*),体型小而纤弱,第二上臼齿和第三下臼齿为裂齿。

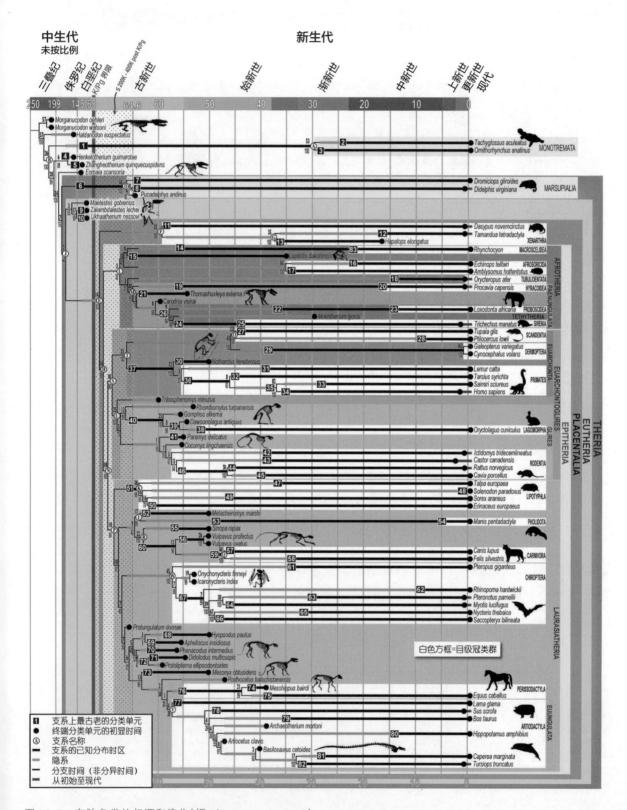

图16-7 有胎盘类的起源和演化（据O'Leary et al., 2013）。

第五节　有袋类

　　有袋类的特点是怀孕一个短时期后,生下未长成的幼体,进入母亲袋中继续发育。在白垩纪时期,有袋类在全世界广泛分布,与原始有胎盘类共生。至新生代,由于有胎盘类巨大的进步,竞争的结果使有袋类在很多大陆大量减少,现代只在澳洲和南美洲这两个地区继续生存。

　　澳洲在白垩纪与亚洲大陆完全分开,因此有袋类未遭遇有胎盘类的竞争,最后获得广泛的适应辐射。南美洲在新生代早期由于巴拿马地峡断裂而与北美洲隔离,隔离前生活着有袋类和原始有胎盘类的动物群,隔离后因为进步的有胎盘类被阻挡,南美洲成为有袋类的避难所。有袋类在南美洲成功发展到新近纪末期,巴拿马地峡再次连接北美,高度特化的有胎盘类的侵入导致绝大多数有袋类灭绝,原始有胎盘类也消失。

　　有袋类的骨骼特征表现为:脑颅小,这导致其智力低;眼眶与颞孔相通,这是原始哺乳动物的共同特征;下颌后角内弯,这在有胎盘类动物中少见。有袋类的门齿单侧多达上颌5枚下颌4枚,原始有袋类颊齿单侧3枚前臼齿、4枚臼齿,而有胎盘类是4枚前臼齿、3枚臼齿。有袋类的恒齿替换次数比有胎盘类少,其臼齿呈三角形(图16-8)。

　　在现代美洲,负鼠是从白垩纪残存下来的活化石,大小如家猫,是典型的原始有袋类

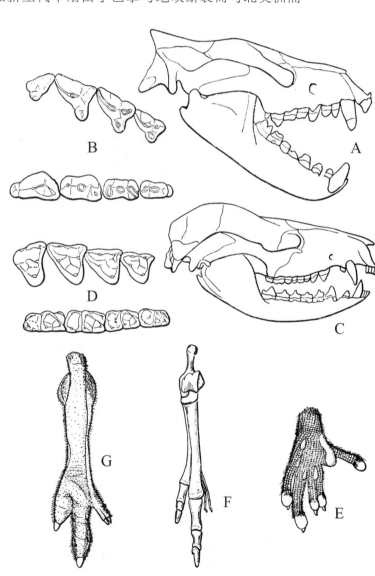

图 16-8　有袋类的特征(据科尔伯特,1976)。A. 南美袋犬头骨;B. 袋狼颊齿;C. 负鼠头骨;D. 负鼠颊齿;E. 负鼠后脚;F. 袋鼠后脚骨;G. 袋鼠后脚。

祖先类型。在化石方面,南美袋犬的体型如狼,是犬齿发达的肉食动物;袋剑虎的体型如虎,其上犬齿呈刀片状。

澳洲的有袋类包括三大类群,即袋鼬类(dasyurids)、袋兔类(darameloids)和双门齿类(diprotodonts)。袋鼬类的特点是多门齿和肉食性,如袋狼(*Thylacinus*)、袋獾(*Sacrophilus*,别名"塔斯马尼亚恶魔")、袋鼬(*Dasyurux*)。袋兔类的特点也是具有多门齿,但植食或杂食,如袋兔(bandicoots)。双门齿类是一个庞大而多样化的类群,包括最为人熟知的澳洲有袋类,如袋鼠(kangaroos)、树袋熊(*Phascolarctos*,考拉)和袋熊(*Phascolomys*)等。

澳洲由于缺乏高等的有胎盘类动物,所以有袋类占领了各个生态领域,由此在形态和行为上与有胎盘类发生了进化趋同现象。袋狼相当于狼,猎取大的食草类动物;袋鼬相当于鼬,猎取小动物;袋鼠相当于鹿和羊,食草,生活于草原和开阔森林地带;袋熊相当于旱獭,适应于干旱的草原环境。

第六节 有胎盘类

新生代95%的哺乳动物都属有胎盘类,其特点是幼仔在母体内生长相当长时期,发育到比较成熟时出生。在分类上,有胎盘类属于真兽次亚纲,其下包括食虫目、亚兽目、翼手目、皮翼目、纽齿目、裂齿目、灵长目、贫齿目、啮齿目、兔形目、鲸目、肉齿目、食肉目、鳍脚目、踝节目、钝脚目、南方有蹄目、奇蹄目、偶蹄目、长鼻目、海牛目、索齿兽目、蹄兔目、重脚目等,以下介绍其中的一些重要类群。

一、食肉动物的辐射与进化

食肉动物在长期的生存竞争中比食草动物经历了更大的进化风险,它们通常需要具有捕捉其他动物的能力,这使得食肉动物的食物源变得很不固定。以肉齿目和食肉目为代表的食肉动物,常常具有可以咬住东西的强大门齿以及用于刺杀猎物的发达匕首形犬齿,犬齿就是它们用来杀死猎物的武器。其颊齿中有些常常呈片状,上、下的牙齿作用在一起就像锋利的剪刀一样,可以很容易地把肉切割成碎片,以方便吞咽和消化,这种特别的牙齿被称为裂齿。食肉动物还具有坚强的上、下颌,在头骨上具有强大的颌肌附着的矢状嵴和颧弓。

食肉动物是非常聪明的动物,因为它们必须跟猎物斗智斗勇,在捕杀其他动物时必须在精神上高度集中,在动作上充分协调。食肉动物的感觉器官通常非常灵敏,特别是嗅觉发达,眼光敏锐。其身体和四肢一般都很强壮,能够做出柔软而有力的动作。其脚趾很少退化,在趾端都具有尖利的爪子。食肉类要么是快速的奔跑者,要么是熟练的攀爬者。

肉齿目(Creodonta) 肉齿目动物主要生活于古近纪,它们虽然凶猛,但捕捉猎物的能力还相当笨拙。随着更进步的食草动物在始新世与渐新世之交出现,肉齿类的劣势逐渐显露出来,它们也因此被特化程度更高、捕猎技巧更娴熟、智力水平更高的食肉目动物所取代。仅有少数肉齿类残留到新近纪,而绝大多数肉齿类最终不敌食肉类的竞争,在始新世末期就绝灭了,随之更加兴旺发达的食肉类一直持续到今天。

肉齿类的特点是头骨低,脑颅相当小,颊齿基本上还是原始的三角形,但不同的是臼齿通常特化成具备切割功能的片状结构。肉齿类的四肢一般比较短粗,尾巴很长,脚趾的末端也具有尖锐的爪子。牛鬣兽类的M1和m2是裂齿,鬣齿兽类的M2和m3是裂齿。肉齿类有些小而纤弱,如始新世的古鬣齿兽;而另一些则大而强壮,如始新世的牛鬣兽(*Oxyaena*)和父猫(*Patriofelis*)以及渐新世的鬣齿兽(*Hyaenodon*)。这些肉齿类是古近纪的首要捕猎者,它们的生活方式和适应辐射是后来的食肉类进化的预演。

古猫兽(Miacoidea) 出现于古新世,在经过始新世的繁荣后在始新世末期绝灭。古猫兽作为肉齿类中的一员,具有许多原始的特征,然而它们也具有一些重要的进步性状,特别是其大脑比一般的肉齿类要大一些。古猫兽的裂齿前移,由P4和m1齿构成,臼齿为三角形,最后的上臼齿,也就是M3消失了。上述古猫兽的牙齿特点正是食肉类的典型性状,因此,有些古生物学家认为古猫兽实际上是最原始的食肉类。细齿兽(*Miacis*)是始新世特有的古猫兽,它们以及近亲就是食肉类的直系祖先。

食肉目 食肉目从始新世晚期一直到现代都占据着优势,其中的许多动物都是我们相当熟悉的,如狼、熊、浣熊、熊猫、鼬、貂、獾和水獭等,这些动物又被称为狗形类(Canoidea);灵猫、鬣狗和猫等被称为猫形类(Feloidea);还有海豹、海象、海狮等,被称为鳍脚类(Pinnipedia,有时被认为是一个独立的目)。

狗形类 早期的狗形类生活在森林中,以捕获小动物为食,始新世晚期的指狗(*Cynodictis*)和渐新世的黄昏犬(*Hesperocyon*)可作为代表。它们一方面依然还保持着很多其祖先古猫兽的特点,但另一方面已经显现出狗类的一些典型性状。在这些早期的狗类中,四肢和脚开始伸长,裂齿变得更加锋利,脑颅也扩展了。

狗类从渐新世的小型黄昏犬经过一系列中间类型演变成现代的狼和狗(*Canis*),在其进化过程中有许多旁支最后绝灭了,比如中新世笨重的尾长体大的半犬(*Amphicyon*)和上新世壮实的头高牙强的豪食犬(*Borophagus*)等,这一时期蠢笨的狗形动物还包括半熊(*Hemicyon*)和祖熊(*Ursavus*)。戴氏祖熊(*Ursavus tedfordi*)化石产自甘肃临夏盆地(图16-9),它是已知最晚的祖熊(约800万年前),拥有更进步的接近于现生熊类的特点(Qiu et al.,2014)。狗类在第四纪达到了它们最大的繁盛期,它们是很聪明伶俐的动物,人类最早驯养的动物就是狗。

狗形类的另一个演化方向是适应于攀爬和杂食,在今天的食肉类中以浣熊为代表。这个类群最早出现于渐新世,在中新世已发展得相当完善。小熊猫(*Ailurus*)就是一种典型的浣熊,而其祖先可以追溯到中新世晚期的短吻犬(*Simocyon*)。至于中国最珍稀的动物大熊猫(*Ailuropoda*),它在分类上也属于浣熊一类。大熊猫在更新世广泛地分布在亚洲地区,而今天其产地只限于中国西部四川、甘肃和陕西很小的范围之内。

图16-9　戴氏祖熊的头骨化石、头部复原(史勤勤绘)及产出地层。

鼬类的特点与其他的狗形类相差较远,它们从渐新世初期起源后就沿着一条独立的道路发展。鼬类的脸部短,脑颅长而扩大,这是它们的典型特征。从其祖先类型开始,鼬类于新生代中、晚期在发展上出现了高度的适应辐射,其中有不少生存时间很短就绝灭了的类型。直到今天,还有鼬类的5个类群生活在世界上,分别以黄鼠狼、蜜獾、獾、臭鼬和水獭(图16-10)为代表。鼬类在所有食肉类中表现出了最大范围的适应辐射。

猫形类　在猫形食肉类中,包括果子狸在内的灵猫类是现代食肉类中最原始的一个类群,它们就是小型化的进步古猫兽,是从始新世晚期一直延续到现在的食肉动物。灵猫主要生活在森林中,身体和尾巴都很长,但四肢较短,爪子像猫一样能够伸缩;头骨又长又低又窄,裂齿尖锐而锋利,臼齿呈原始的三角形,但最后的第三枚臼齿缺失。灵猫最早出现于始新世晚期和渐新世早期之交,但总的来说灵猫的化石记录并不丰富,这与它们主要生活于热带森林而难以保存为化石有关。现代灵猫与其祖先相比变化不太大,表明灵猫在进化中属于比较保守的一类。

中新世从灵猫进化的主干上分化出了一类重要的食肉类,这就是体型较大、头骨沉重和牙齿粗壮的鬣狗。换句话说,鬣狗是灵猫大型而笨重的后代,它们的四肢因经常奔跑而变长,牙齿和颌骨因咀嚼骨头而增大。晚中新世的巨鬣狗(*Dinocrocuta gigantea*)是已知最大的鬣狗,体重可达380 kg,是现代斑鬣狗的4倍多,是非洲狮体重的2倍(图16-11)。鬣狗牙齿的增大尤其表现在最后2枚前臼齿,也就是第三和第四枚锥形的前臼齿上,这是其咬碎大骨头的重要工具,因为它们在习惯地食腐肉的过程中必须对付那些难啃的骨头。与此相关,鬣狗的颌和颌肌也变得非常强壮,其裂齿高度特化成具有强大剪切功能的片状,而裂齿之后的臼齿则大大退化到只余痕迹。因此,鬣狗虽然看起来有些像狗或狼,但它们不是真正的狗,与狗的亲缘关系比较远,倒是与猫的关系更近。

猫类的进化比鬣狗还要早一些,而且进化速度也非常快,在始新世晚期从灵猫祖先分化出来,之后很快就发展成完全特化的猫类,并在随后的时间里一直保持着这种高度的特化。在所有陆生食肉类中,猫类具有最完善的捕杀和食肉能力,它们是强壮而灵敏的动物,有完美的身体结构用来跳跃并捕杀与其差不多大或更大的动物。猫类的四肢沉重而强壮,趾端具有尖锐的能屈能伸的爪子,这是其捕捉猎物的重要武器。猫类的颈部粗壮,可以抵抗由于头和牙齿的猛烈动作而引起的巨大震动。猫类的刺戳用的犬齿和剪切用的裂齿相当发达,而其他的牙齿则退化甚至消失了。较小的猫类善于爬树,而较大的猫类更喜欢生活在地面上。现生的大型猫科动物为豹亚科(Patheriinae),是猫科动物里最早分支出来的一个类群。西藏札达盆地上新世的布氏豹(*Panthera blytheae*)是目前已知全球最古老的豹类(图16-12),综合豹类的形态学特征和DNA数据,证明了布氏豹与现生雪豹互为姊妹群(Tseng et al.,2014)。

所有猫类的身体结构与渐新世早期的猫非常一致,但猫类明显向两个方向演化:一支是活跃敏捷的侵略者,它们就是为大家所熟悉的普通猫类,其祖先类型以渐新世的恐齿猫(*Dinictis*)为代表;另一支则是笨重迟钝的剑齿虎类,其祖先以渐新世的古剑虎(*Hoplophoneus*)为代表。这两类都是中等体型的具有长尾的猫类。恐齿猫的上犬齿大而粗壮,裂齿为发育完好的刃状,裂齿之前有前臼齿,但裂齿之后的臼齿则极度退化。古剑虎的上犬齿为长的马刀形,对应地在下颌上有一个突起以便在闭口时保护下伸的上犬齿,裂齿发达,但其他的颊齿则极度退化甚至消失了。

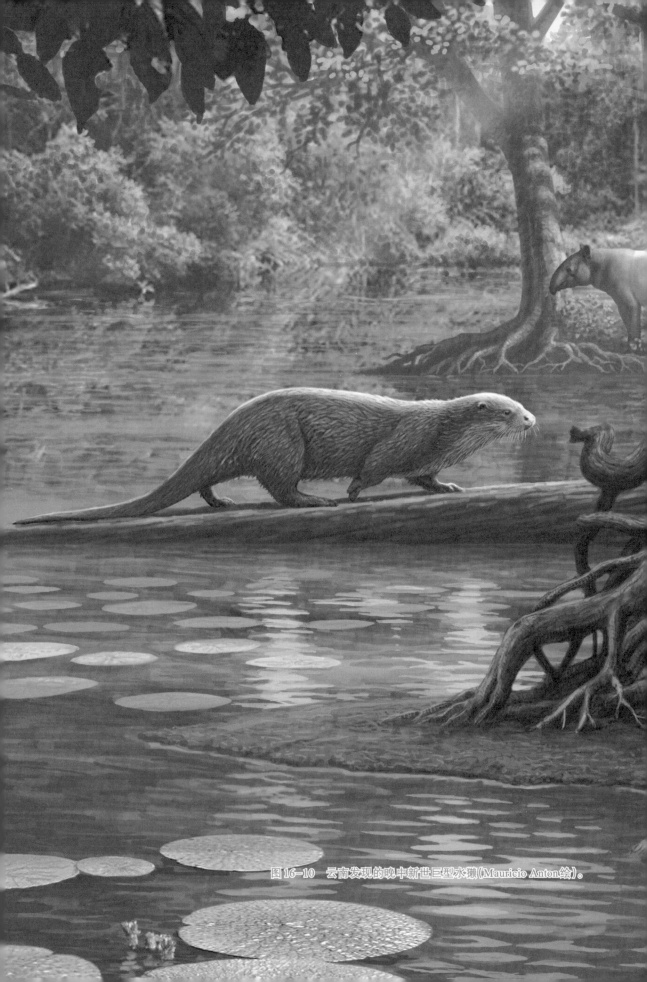

图 16-10　云南发现的晚中新世巨型水獭(Mauricio Anton 绘)。

普通猫类在进化过程中犬齿变得比恐齿猫的还小，但它们的齿式没有太大的改变，而剑齿虎在进化中其犬齿像古剑虎一样仍然很大。这样的演化说明普通猫类变得来越来越善于捕杀小而灵巧的动物，而剑齿虎则特化为专门捕杀大而笨拙的动物。

鳍脚类　鳍脚类的四肢已进化为鳍状肢。最早得到广泛认可的鳍脚类化石是产自中新世北美洲西部的海熊兽（*Enaliarctos*）化石。海熊兽与现代鳍脚类动物十分相似，是一种具有发达鳍状肢的短尾海生动物，它被认为是地球上最早的鳍脚类动物，但它与其陆地始祖之间，却依然横着一条巨大的进化鸿沟。最近在加拿大的中新世早期河流相沉积中发掘出一种全新的半水生食肉动物海幼兽（*Puijila*）的几近完整的骨架，它充分展现了早期

图 16-11　巨鬣狗的骨架、肌肉和外形复原图（Mauricio Anton 绘）。

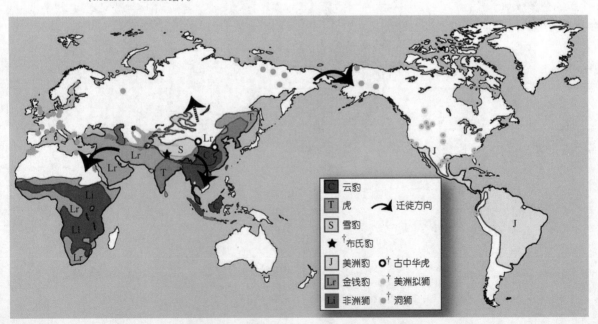

图 16-12　豹亚科的起源及全球扩散（据 Tseng et al., 2014）。

鳍脚类动物与其陆地始祖的联系,因而填补了这条进化鸿沟(Rybczynski et al., 2009)。

相比现代鳍脚类动物,海幼兽更接近于现代陆地食肉类动物的形态,但具有半水生的适应性状。它没有鳍状肢,其足部可能具蹼,有长尾,其四肢比例基本上与现代水獭的相似,以四肢来游泳。海豹使用其后足配合骨盆侧向交替摆动来划水,而海狗则摆动其鳍状前肢以类似于飞行动作的方式前进。作为一种可能以四肢划水的动物,海幼兽的这种游泳方式也许是现今鳍脚类动物两种主要游泳模式的最初起源。海幼兽与海熊兽和亚洲渐新世的半鼬(*Amphicticeps*)等古兽构成进化谱系。

二、长鼻类的进化

长鼻目的动物就是我们大家都熟悉的大象,它们在其全部历史中都是森林中或平原上的大型或巨型的哺乳动物。在大象已绝灭的远古亲戚中,还有水生的食草动物索齿兽以及巨大而有角的有蹄类重脚兽,大象现生的亲戚则是栖息在沿海浅水中的水生食草动物海牛以及看上去像啮齿动物的小型有蹄类蹄兔。这几类动物与长鼻类可能起源于在北非生活的一个共同的祖先,之后在新生代沿着很不同的进化方向发展,这个已知的最早祖先的化石就产自摩洛哥的古新世沉积物中。

虽然现在仍然有相当数量的大象生活在亚洲和非洲,但它们是一个走向绝灭的类群的最后代表。然而,大象的祖先和近亲在新生代的中、晚期曾经在世界上除大洋洲和南极洲以外的所有大陆上非常繁盛。今天世界上的大象仅仅限于2个属,每个属也只有1个种,即生活在亚洲的亚洲象(*Elephas maximus*)和生活在非洲的非洲象(*Loxodonta africana*)。

目前已知最古老的象化石是2009年在摩洛哥约6 000万年前的古新世地层中发现的初象(*Eritherium*)化石,初象只比兔子略大,体重才4—5 kg。因为初象的化石材料只有破碎的头骨化石和下颌化石,所以目前还没有足够的证据能证明这种动物到底长什么样(Gheerbrant,2009)。5 500万年前的磷灰象(*Phosphatherium*)体重已增加到10—15 kg,但其化石材料仍然非常少,所以古生物学家对它们的身体形态和生活方式还缺乏足够的了解。在磷灰象化石被发现之前,始祖象科的动物长期被认为是最原始长鼻类,其化石产自埃及始新世晚期的沉积物中。

始祖象(*Moeritherium*)的特点与始新世的有蹄类接近,其体型粗笨,大小与猪相似,身体长,脚强壮,长而宽阔,趾端有扁平的蹄,尾短;长型的头骨特化,眼睛靠前至最前面的臼齿之前,颅部和颧弓伸长,枕部宽阔而前倾;下颌深,上升支高;第二上、下门齿增大,第一门齿小;上颌第三门齿和犬齿小,下颌第三门齿和犬齿消失;臼齿具2条横脊,每一脊为2个并排的大齿尖。外鼻孔位于头骨前端,未形成长鼻(图16-13)。

图 16-13　始祖象（Michael Long 绘）。

　　长鼻类的演化趋势是：① 体躯强大，几乎所有长鼻类都变成巨兽；② 肢骨增长并发育出短而宽的脚，这是巨型哺乳动物中最通常的进化趋势；③ 头骨发展到非常大；④ 颈部缩短，由于头骨及其相连结构变大变沉，颈的长度减短以缩短身体和头之间的距离；⑤ 下颌伸长，在很多后期的长鼻类中，下颌有再次缩短的现象，但下颌的伸长则为早期的初次的趋势；⑥ 长鼻的发育，上唇和鼻部的伸长可能与下颌的伸长相关，之后鼻子进一步形成非常灵活的长鼻；⑦ 第二门齿增大形成象牙，用以自卫和争斗；⑧ 颊齿有不同的特化方式，以适应于咀嚼和研磨植物食料。

　　长鼻类有两条主要的进化支系：恐象类（dinotheres）和象类（elephantoids）。恐象类的适应道路狭窄，在更新世绝灭。象类在新生代中、晚期非常繁盛，分支众多，巨大具象牙的长鼻类遍布世界，分为长颌乳齿象、短颌乳齿象和真象。

　　恐象类最早出现在中新世，已相当特化，与始祖象的联系较少。其特点是腿长，体型巨大，头骨和牙齿与其他象类差别较大。头骨扁平，无象牙，具长鼻；下颌两个大象牙，呈钩状下弯，功能不详；每枚颊齿具有 2 排齿脊，全部颊齿连续排列。恐象类生活于欧亚大陆和非洲，未进入新大陆。

　　长颌乳齿象类最早出现于渐新世，渐新世晚期至中新世早期记录缺乏。其头骨肿大，鼻骨极度退缩，发育长鼻，上颌具 2 枚象牙。下颌很长，也具 2 枚象牙。颊齿低冠，每个为 3 排锥形齿尖组成。嵌齿象为长颌乳齿象的主干类型，下颌大大伸长，具铲形下门齿，以铲齿象（*Platybelodon*；图 16-14）最具代表性。

图16-14　铲齿象(陈瑜绘)。

　　短颌乳齿象类初期下颌无象牙,以美洲乳齿象(*Mastodon americanus*)为代表,其身体结构粗壮,上象牙大而强烈弯曲。全新世初期绝灭,原因未定。

　　真象类由脊棱象类(stegolophodonts)进化而来,其下颌缩短,上象牙大,臼齿有横脊,由小齿尖组成。最早的真象类为剑齿象(*Stegodon*;图16-15),出现于上新世和更新世,下颌短而无象牙,上象牙巨大;白齿大大伸长,牙齿替换生长,同时起作用的颊齿只有1枚或2枚。猛犸象和现代象的颊齿齿冠显著增高。

图16-15　剑齿象(陈瑜绘)。

三、奇蹄类的进化

　　奇蹄目(Perissodactyla)的现生代表为马、斑马、驴、貘和犀牛,趾数常为奇数,通常为3趾,进步的马单趾;脚的中轴通过中趾,前、后第一趾(内趾、大拇指)和后第五趾消失,大多数的前第五趾也消失,但某些原始种类保留前第五趾。具单滑车的距骨,股骨存在第三转子。上、下门齿通常完整,用于切割植物;门齿和颊齿之间有齿缺;前臼齿臼齿化,以便增加牙齿的研磨面积。

奇蹄类由踝节类演化而来,拉氏兽(*Radinskya*)可能是在中国南方发现的奇蹄类的最近祖先。更接近奇蹄类的是四尖兽(*Tetraclaeonodon*),其上臼齿方形,具有6枚齿尖,但其距骨下关节面圆。

始祖马(*Hyracotherium*)是已知最原始的奇蹄类,体型如狐狸般大小,身体结构轻巧,背部弯曲,尾短。距骨下关节面平,前脚4趾,后脚3趾,具蹄,奔跑能力提高。头骨长而低,颊齿为丘形齿,原脊、后脊、外脊形成,但前臼齿尚未臼齿化,以嫩叶为食(图16-16)。

图16-16　始祖马(Michael Long绘)。

奇蹄目分为:马形亚目(Hippomorpha),包括古兽(palaeotheres)、雷兽(titanotheres)、马类(equids);角形亚目(Ceratomorpha),包括貘类(tapirs)和犀牛(rhinocerotids);爪脚亚目(Ancylopoda),仅包括爪兽(chalicotheres)。

在第四纪冰期结束时绝灭的披毛犀就是一种典型的奇蹄动物。过去曾认为包括披毛犀在内的冰期动物起源于北极圈地区,但最近在西藏札达盆地发现的西藏披毛犀生活在上新世中期,它在系统发育上处于披毛犀谱系的最基干位置,是目前已知最早的披毛犀,表明其起源地是青藏高原(图16-17;Deng et al.,2011)。

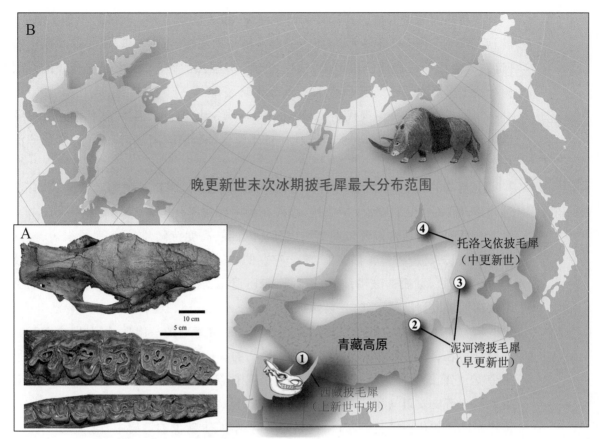

图 16-17　披毛犀的起源、迁徙和分布（据 Deng et al., 2011）。A. 西藏披毛犀（*Coelodonta thibetana*）头骨化石；B. 披毛犀的扩散过程。

马类 5 600 万年的完整进化历史有大量的化石保存，可以作为奇蹄类进化的代表。始祖马始新世早期分布于北美和欧洲，始新世末在旧大陆绝灭，此后马的进化主要限于北美，并迁移到其他大陆。马的进化趋势表现为体型增大，腿和脚伸长，侧趾退化，中趾加强，背部伸直和变硬；门齿变宽，前臼齿臼齿化，颊齿齿冠增高（图 16-18），齿冠形式进一步复杂化；头骨前部和下颌加深，以适于高冠的颊齿；眶前面部伸长，适应于加长的颊齿列，同时提高眼位，便于观察敌害；脑增大而复杂化。

马的进化阶段各自具有代表类型，依据出现时间为序，包括早始新世的始祖马、中始新世的山马（*Orohippus*）、晚始新世的上马（*Epihippus*）、早渐新世的渐新马（*Mesohippus*）、晚渐新世的中新马（*Mio-hippus*）、中新世的草原古马（*Merychippus*）、早上新世的上新马（*Pliohippus*）和晚上新世的真马（*Equus*）。

■ 髓腔
□ 骨质
▤ 釉质
▨ 齿质
▨ 白垩质

人牙（低冠齿）　　马牙（高冠齿）

图 16-18　低冠齿与高冠齿的对比。

渐新马的体型似羊。其背脊变得直而硬,腿的长度增加。前脚的小趾头消失,前、后脚3趾,中趾明显增大,但所有的趾头都与地面接触;颊齿低冠,但除了第一前臼齿,其余的前臼齿都已臼齿化,颊齿齿冠形成强烈的脊形,成为非常有效的切割树叶的工具。生活于气候干燥、灌木丛生的环境中。

草原古马的体型似现代的小马。其前、后脚3趾,但只依靠中趾行走,侧趾已经退化到很少起作用;脸部变长,下颌增高;牙齿已是耐磨的高冠齿,便于取食已广泛分布的草本植物。

上新马的体型似现代中等马。其前、后脚单趾,只用粗壮的中趾行走,具有发达的蹄,而侧趾已退化到仅剩痕迹,隐藏在脚上部的皮肤里;颊齿齿冠更高。

真马的体型通常似现代的高头大马。其四肢高度特化,肱骨和股骨很短,桡骨和胫骨很长,尺骨和腓骨都退缩,唯一存在的中趾发达,掌骨非常长,而趾骨则比较短;颊齿高冠,釉质褶皱精细,第一前臼齿已退化到很小甚至完全消失。真马在更新世初期扩散到其他大陆,在第四纪时广泛分布在亚洲、欧洲、非洲和南美洲。

随着中新世草原的扩散,适应辐射作用下取食青草的马出现,同时取食嫩叶的马继续存在,因此马类在中新世达到了最高的多样性。在新近纪出现了马类的各个旁支,它们的某些性状是进步的,而另一些性状又是原始的。在马类进化中最重要的两个旁支安琪马和三趾马就出现在中新世,它们不是现生的真马的直系祖先,但这两个属的化石多且分布广,在划分和对比中、上新世的地层中具有重要的科学意义(图16-19)。

安琪马的体型如现代的小马,是生活在森林中的动物,它在中新世分布在北美和欧亚大陆。其牙齿低冠,前、后脚都具有3个趾头。

三趾马结构灵巧,大小与安琪马相似,当然,它也是3趾的,这是原始的性状(图16-20)。与安琪马不同的是,三趾马的颊齿是高冠的,具有复杂的釉质褶皱,这是进步的性状。三趾马在中、上新世广泛分布在北美、欧亚和非洲,直到更新世中期才最后灭绝,没有留下任何后代。在中国,三趾马是从晚中新世到早更新世最有代表性的哺乳动物之一(Deng et al., 2012)。

南美马也是一个进化的旁支,出现在上新世末期,是上新马祖先在巴拿马地峡形成后进入南方大陆时在南美起源的。南美马体型硕大,但腿脚却比较短,它生活在更新世,到冰期结束前就灭绝了。

经历了轰轰烈烈的进化演变和纷繁复杂的适应辐射之后,马的历史在更新世晚期归于平静。在马类进化主战场的美洲,马在8 000年前彻底绝迹,直到公元1519年西班牙殖民者才重新将马带回到美洲大陆。在今天的世界上,马科中只有真马一属存在,而在中新世最多时曾有13个属共存。现代马类的全部6个野生种都是珍稀动物,它们是3种斑马(山斑马、平原斑马、细斑马)、2种野驴(非洲野驴、亚洲野驴)和1种野马(普氏野马)。

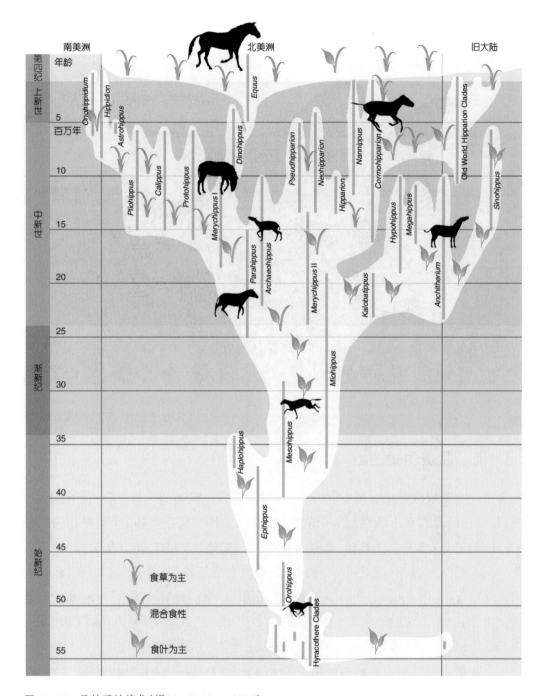

图16-19　马的系统演化(据MacFadden，2005)。

　　马与人类历史的联系可以追溯到350个世纪以前，最早记录来自法国和西班牙旧石器时代中期距今10万－3.5万年的洞穴壁画上的野马。人类驯养马的历史要比驯养狗更晚，家马大约在6 000年前才由西欧的泰班野马或东亚的普氏野马驯养而来。自那以后，马在人类的历史中扮演了极其重要的角色。

图16-20　三趾马(陈瑜绘)。

四、偶蹄类的进化

现代大多数有蹄动物属于偶蹄类,包括猪、河马、骆驼、鹿、长颈鹿、羚羊、羊、牛等,其成功的原因在于其拥有复杂的消化系统,尤其是反刍类具4个胃室。偶蹄类的形态特征为:通常具偶数趾,每只脚4或2趾,脚的中轴通过第三和第四趾之间,第一趾几乎从不存在;距骨具2个滑车,股骨没有第三转子,第三和第四掌、蹠骨愈合成炮骨(cannon bone)。原始偶蹄类齿列完整,但上门齿有消失的强烈倾向,下犬齿门齿化;一些类型的犬齿呈短剑形,而很多犬齿退化或消失;颊齿前有1齿缺,前臼齿很少臼齿化;原始类型为低冠丘形齿,进步类型为高冠新月形齿,上臼齿方形。

已知最早的偶蹄类是始新世早期的古偶蹄兽(*Diacodexis*),其体型小,四肢短,具4趾,头骨低,齿列完整,犬齿发达,颊齿为低冠的三角形齿。始新世的巨猪(entelodonts)体型接近野牛,腿长背直,具有2趾,因此并非猪科动物。

猪和西猯(peccaries)　渐新世早期猪出现在旧大陆,而西猯出现在北美,二者呈平行进化。原古猪(*Propalaeochoerus*)是最早的猪类之一,渐新世早期出现在欧洲。中国南方也发现了最原始的猪类。猪的演化特点为:身躯中等速度增大;头骨大大地伸长,特别是面部;臼齿齿冠复杂化,犬齿大而外弯;脚4趾,中间2趾发达。家猪由亚洲野猪驯化而来。

始猯（*Perchoerus*）是早期西猯之一，渐新世早期生活于北美。西猯向与猪不同的方向进化：身体较小，长腿适合奔跑，侧趾退化仅剩痕迹，头骨较短，犬齿不弯曲，臼齿较简单。

石炭兽（anthracotheres）与河马（hippopotamuses）　石炭兽在始新世中期出现，广泛分布于欧亚大陆，渐新世侵入北美。其外形像猪，头骨长而低，腿中等长度，具4趾；牙齿完全，从丘形齿向新月形齿进化。石炭兽可能是河马的祖先，但河马化石仅从上新世地层中开始发现。

反刍类（ruminants）　现代偶蹄类中最多样化和数量众多的一类。古鼷鹿（*Archaeomeryx*）为其祖先，体型如兔子大小，脊背弯曲，尾长，炮骨未形成，上门齿小。鼷鹿类是原始反刍类，体小，无角，上犬齿匕首状，无上门齿，下门齿完全，4趾，至少前脚炮骨未形成。新反刍类即进步反刍类，包括鹿、长颈鹿和牛科，消化系统特化，身体增大，四肢引长，炮骨完全形成，大多数具角。

鹿类是最原始的新反刍类，在渐新世开始出现。小古鹿（*Eumeryx*）为理想的祖先类型，身体较小，无角，上犬齿军刀状，脚长，尾短，4趾，侧趾退化，炮骨形成。麝（*Moschus*）为其现生代表。鹿类在进化中身体有增大的趋势，具低冠新月形齿。由额骨上长出骨质角柄，初期皮肤覆盖，长成后皮肤干枯，形成骨质角叉（即鹿角），交配季节后鹿角脱落，新角开始生长（图16–21）。

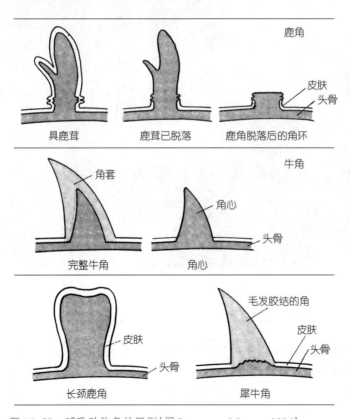

图16–21　哺乳动物角的区别（据Savage and Long，1986）。

骆驼(camel)　驼类起源于北美,大部分时间在北美进化,迁入旧大陆后发展出骆驼,迁入南美洲发展出羊驼,更新世末期在北美消失。始驼(*Protylopus*)出现于始新世晚期,其四肢短,具4趾,齿系完整。与其他反刍类分异进化,多数向大型化发展,向2趾迅速演化;炮骨弯曲愈合而简单,长腿善跑;颈部增长;上门齿减少,齿缺形成,臼齿为高冠的新月形齿。

长颈鹿(giraffe)　中新世由鹿类中分出。霍加狓(okapi)为原始长颈鹿的现生代表,腿长,且前腿稍长于后腿,颊齿低冠。长颈鹿最明显的特点就是四肢和颈部在进化中越来越长(图16-22)。

图16-22　古长颈鹿(李荣山绘)。

牛类(bovids)　现代世界占优势的偶蹄类,包括叉角羚、羊、羚羊、麝牛和牛。牛科动物起源于中新世,广布于世界各地。其身体强壮,长腿善跑,侧趾严重退化,颊齿高冠,釉质褶皱。牛科中出现了特有的洞角,其结构为额骨突起的骨质角心外覆角质套(图16-23)。

图 16-23　和政羊（*Hezhengia bohlini*；李荣山绘）。

五、重返海洋的鲸类

鲸类是最高度特化的哺乳动物，与早期有胎盘类祖先之间的联系还未找到。鲸类在古近纪早期突然出现，构造已深刻改变以适应高度特化的生活方式，到中始新世已完全适应于海洋生活。鲸类表现出典型的趋同现象，其形态模仿鱼类，在海洋中代替了中生代的鱼龙。鲸类在水中生活面临的问题包括行动、呼吸和生殖等，由此身体呈流线型，尾鳍为主要推进器，四肢为平衡用的桨，肺呼吸的效率增加。

鲸类在身体结构方面没有明显的颈部，无毛，皮肤下脂肪厚。各脊椎骨的形态相似，数量多，脊柱可弯曲，颈椎缩短并愈合。尾鳍中无骨骼，腰带和后肢退化到只余痕迹。其前肢保留，臂骨短而扁平，腕骨呈盘状，指骨数目繁多而加长。外鼻孔移至头顶背部，围耳骨和听囊愈合成听器。

原先已知的早期鲸类的肢骨都反映两栖或完全水生的生活方式，并且由于化石是如此稀少又总是不完整，以至于这个类群的亲缘关系很难建立。根据牙齿和耳区的形态特征，古生物学家主张鲸类与中兽最接近，但分子生物学家倾向于河马是鲸类的姊妹群。然而，近年来发现的化石显示最早的鲸类是完全陆生的，甚至是善于奔跑的,并进一步揭示鲸类与已知最早的偶蹄动物的亲缘关系比与任何其他哺乳动物都更密切。

所有头后骨骼指示在巴基斯坦发现的巴基鲸(pakicetids)是陆生哺乳动物,如果不是发现了的头骨,它们一定会被认为是原始的陆生偶蹄类。其化石的许多特征,包括颈椎的长度、腰椎相当固定的关节和长而细的肢骨,都指示它们是奔跑者,在运动时只用其脚趾接触地面。距骨有2个滑车,分别连接胫骨和更远端的踝骨,具有极大的机动性。这种形态类型是对奔跑的适应,曾经被认为是偶蹄类特有的,但现在很清楚它也出现在鲸类中(Rose, 2001)。

这意味着偶蹄类和鲸类形成一个较大类群(即鲸-偶蹄类支系)的2个分支,中兽被排除在这个较大的类群外,部分原因是这些有蹄动物没有双滑车的距骨。一方面鲸类和一些中兽类具有牙齿上的相似性和延长的头骨,但这些特征可能是趋同进化的结果。另一方面,没有一个现生偶蹄类的科比另一个科更接近于鲸类,换句话说,河马不是鲸类现生的姊妹群。鲸类最接近的化石亲戚可能是已知最早的偶蹄类,如古偶蹄兽(*Diacodexis*;Thewissen et al., 2001)。

至始新世中期,古鲸类(archaeocetes)已摆脱重力限制,其体型很大,反映出典型鲸类的进化趋势(图16-24)。其尾很长,前肢变成桨,后肢消失。头骨比后期鲸类稍原始,面部骨头尚未嵌入头骨后部,鼻孔位于前方。与原始有胎盘类一样具有44枚牙齿,齿尖排列成单行的线。

图16-24 早期鲸类(据 Savage and Long,1986)。

中新世已出现现代鲸类的各个科,包括齿鲸和须鲸,齿鲸类包括大多数现代鲸。渐新世晚期出现鲛鲸(squalodonts),其个体较小,具有带齿尖的三角形颊齿。中新世的原鲛鲸(*Prosqualodon*)鼻孔已位于头顶背部。鲛鲸在上新世绝灭,而小型的齿鲸类海豚兴起。海豚牙齿数目很多,具简单的刺状形式。齿鲸早期有向巨型发展的趋势,以抹香鲸(*Physeter*)达到顶峰。须鲸的种类少,以浮游生物为食,向巨大体型发展。原始须鲸的怪兽鲸(cetotheres)已失去牙齿;后期头骨发展成高的拱形结构,以悬挂大片的鲸须;眼和脑颅被限制在头后很小的部位。蓝鲸在动物进化中达到极端巨大。

六、灵长类的起源与早期进化

灵长类直接起源于食虫类祖先,在白垩纪兴起,与现生的树鼩(*Tupaia*)和羽尾树鼩(*Ptilocercus*)相似。树鼩为小型动物,其吻和尾长,适应于攀爬高树,取食昆虫和果实,逐渐转变为主要取食果实。树鼩有一根骨质的眶后骨弓分隔眼眶和颞区,这是灵长类的特征;其中耳区和狐猴相似;大拇指和大脚趾与其他指(趾)有点分开。

灵长类在古新世和始新世发生最早的辐射,一支以狐猴和懒猴为代表,另一支以眼镜猴为代表(Ni et al., 2004)。第二次辐射从狐猴祖先产生出高等灵长类,以猴、猿和人为代表。由于大多数灵长类为森林动物,所以化石稀少。

灵长类在许多方面未高度特化,但树栖方面的特征加强。视觉发达而嗅觉退化,大脑和智力增长,手能灵活运用。脑颅和眼睛很大,大多数灵长类两眼前视。眼眶与颞区之间为一骨弓分隔,进步灵长类的眼孔为完整骨壁包围。鼻小,颌通常很短。牙齿原始或一般化,第三门齿消失。除最原始灵长类外,所有其他种类的第一前臼齿消失。比较高等的灵长类中,前面两个前臼齿消失,齿式通常为2—1—3—3或2—1—2—3。颊齿通常低冠,具有钝的齿尖,适应于杂食。四肢灵活,关节具有较大的旋转能力,手和脚5指(趾),通常有指甲。大多数灵长类的大拇指和大脚趾与其他指(趾)分开,便于执握和操纵物体,绝大多数手同脚一样进行移动,一些高等灵长类部分地用两脚行走。许多灵长类尾长,而猿和人的尾消失。

目前已知最古老灵长类化石的最完整骨架产自湖北松滋约5 500万年前的湖相沉积中,被命名为"阿喀琉斯基猴"(*Archicebus achilles*;图16-25)。通过研究阿喀琉斯基猴,古生物学家首次获得了一个相对完整的、非常接近于类人猿和其他灵长类开始分异时的图景,在重建人类和灵

图16-25　阿喀琉斯基猴(倪喜军绘)。

长类的早期演化历程方面,向前跨进了一大步。阿喀琉斯基猴与其他已知的灵长类相比,无论是化石的还是现生的,都非常不同。它就像一个怪胎,长着类人猿的脚,却又长着更原始的灵长类的牙齿、胳膊和腿。对于一个早期灵长类来说,它的眼睛也出奇地小。所有这些都重新改写了类人猿的演化历史(Ni et al.,2013)。

通过大量的统计学分析,推测阿喀琉斯基猴在生活时的体重仅有20—30 g,比现生的最小的倭狐猴还略小一些。阿喀琉斯基猴如此小的个体和它非常基干的系统演化位置证明,最早的灵长类动物,包括眼镜猴、猕猴、猩猩和人类的共同祖先,都是非常小的,颠覆了原先一些人认为的类人猿的早期类型与某些现生类人猿在体型大小上相差无几的观点。尽管阿喀琉斯基猴在系统演化位置上更加接近于眼镜猴支系的基部,但它也具有一些类人猿的特征,这说明眼镜猴和类人猿的祖先可能彼此非常相像,且远比大多数科学家认为的要相像。根据生态复原,阿喀琉斯基猴应该是一种小型的非常活跃的灵长类,在白天活动,善于跳跃,依靠视力用手来捕食昆虫(Ni et al.,2013)。

狐猴类 古新世的原始灵长类平猴类(paromomyids)、腕猴类(carpolestids)和近兔猴类(plesiadapids)可归入狐猴类,它们位于进化的侧线。其个体小,臼齿为低冠三楔式,门齿增大成凿状齿,脚趾端具爪。始新世的假熊猴(*Notharctus*)外形与现代狐猴相似,生活在热带和亚热带森林,其头骨低,眼睛位于头骨前后向的中部,吻部和下颌较长;颊齿完全,门齿一般化,犬齿小而尖;臼齿低冠,近四方形;背部易于弯曲,尾很长;腿长而细,手、脚的第一指(趾)与其他指(趾)分开。

始新世后狐猴从北半球消失,继续生存于旧大陆热带区域。今天狐猴在马达加斯加仍然有繁多的数量和种类,是始新世遗留下的后裔,与假熊猴相比变化不大。印度和非洲的懒猴类是与狐猴类同级的类群。许多方面已经特化:吻部退化,眼睛转向前方,前臼齿退化为2个,脑颅高。

眼镜猴类 出现于古新世,一直延续到今天。它们从早期就已是高度特化的灵长类,一些外形介于狐猴和高等灵长类之间。现代的跗猴(*Tarsius*)不比松鼠大,眼睛巨大,直视前方,外耳很大,夜间活动,捕食昆虫和小动物;其身体结实,尾长,后腿也长,跟骨和舟骨特别长,指、趾细长。

高等灵长类 即类人猿亚目,包括新大陆猴类、旧大陆猴类,以及大猿与人类。高等灵长类眼睛大而朝前,眼孔以坚固的骨壁与颞窝完全分隔开;具有3个前臼齿(新大陆类型)或2个前臼齿(除最原始类型外的所有旧大陆类型),臼齿低冠并呈四方形;脑较大,颅骨圆形。大多数能采取直坐式,手可以自由操控物体。大拇指和大脚趾通常与其他指(趾)分离开,达到高度完善的程度。最早的高等灵长类是发现于江苏溧阳和山西垣曲中始新世(4 500万年前)的曙猿(图16-26;Beard et al., 1994,1996)。

图 16-26　曙猿(*Eosimias*)复原图(倪喜军绘)。

新大陆猴类现今生活于中美和南美,其尾长可执握树枝,栖息于热带森林的树顶。化石稀少,可能由从北美进入南美的狐猴祖先演化而来。

旧大陆猴类化石记录从渐新世延续至今。副猿(*Parapithecus*)产自埃及早渐新世堆积中,个体小,颌较深,上升支相当高,具3枚前臼齿,犬齿比较小,齿列连续。中新世以后猴类化石丰富,个体从小型到中等大小,具2枚前臼齿,脑很发育,尾或长或短,外耳小。

最早的猿类原上猿(*Propliopithecus*)产自埃及渐新世地层,下颌高,前臼齿2枚。

拓展阅读

科尔伯特，1976. 脊椎动物的进化 [M]. 周明镇，刘后一，周本雄，译. 北京：地质出版社.

Beard K C, Qi T, Dawson M R, et al., 1994. A diverse new primate fauna from Middle Eocene fissure-fillings in southeastern China [J]. Nature, 368: 604−609.

Beard K C, Tong Y S, Dawson M R, et al., 1996. Earliest complete dentition of an anthropoid primate from the late Middle Eocene of Shanxi Province, China [J]. Science, 272: 82−85.

Bi S D, Wang Y Q, Guan J, et al., 2014. Three new Jurassic euharamiyidan species reinforce early divergence of mammals [J]. Nature, 514: 579−584.

Deng T, Li Q, Tseng Z J, et al., 2012. Locomotive implication of a Pliocene three-toed horse skeleton from Tibet and its paleo-altimetry significance [J]. PNAS, 109: 7374−7378.

Deng T, Wang X M, Fortelius M, et al., 2011. Out of Tibet: Pliocene woolly rhino suggests high-plateau origin of Ice Age megaherbivores [J]. Science, 333: 1285−1288.

Gheerbrant E, 2009. Paleocene emergence of elephant relatives and the rapid radiation of African ungulates [J]. PNAS, 106: 10717−10721.

Hu Y M, Wang Y Q, Luo Z X, et al., 1997. A new symmetrodont mammal from China and its implications for mammalian evolution [J]. Nature, 390: 137−142.

MacFadden B J, 2005. Fossil horse: evidence for evolution [J]. Science, 307: 1728−1730.

Ni X J, Wang Y Q, Hu Y M, et al., 2004. Euprimate skull from the Early Eocene of China [J]. Nature, 427: 65−68.

Ni X J, Gebo D L, Dagosto M, et al., 2013. The oldest known primate skeleton and early haplorhine evolution [J]. Nature, 498: 60−64.

O'Leary M A, Bloch J I, Flynn J J, et al., 2013. The placental mammal ancestor and the post-K-Pg radiation of placentals [J]. Science, 339: 662−667.

Qiu Z X, Deng T, Wang B Y, 2014. A Late Miocene *Ursavus* skull from Guanghe, Gansu, China [J]. Vertebrata PalAsiatica, 52(3): 265−302.

Rose K D, 2001. The ancestry of whales [J]. Science, 293: 2216−2217.

Rybczynski N, Dawson M R, Tedford R H, 2009. A semi-aquatic Arctic mammalian carnivore from the Miocene epoch and origin of Pinnipedia. Nature, 458: 1021−1024.

Savage R J G, Long M R, 1986. Mammal Evolution: an Illustrated Guide [M].

New York: Fact on File Publications.

Schimd E, 1972. Atals of Animal Bones [M]. Amsterdam: Elsevier.

Thewissen J G M, Williams E M, Roe L J, et al., 2001. Skeletons of terrestrial cetaceans and the relationship of whales to artiodactyls [J]. Nature, 413: 277-281.

Tseng Z J, Wang X M, Slater G J, et al., 2014. Himalayan fossils of the oldest known pantherine establish ancient origin of big cats [J]. Proceeding of the Royal Society B: Biological Sciences, 281: 20132686.

第十七章

人类的演化

本章介绍了人类起源与演化研究历史、人类演化主要阶段的化石发现与研究、近年中国古人类研究进展。

人类起源与演化是指人类自身起源与演化过程及其规律。人类起源与演化研究主要是追溯人类在什么时间、什么地区以及怎样从猿类分化出来并如何最终进化成现代人的过程。人类起源与演化过程包括最早人类的出现(从猿到人的过渡)、早期人类演化、直立人起源与演化、现代人起源、现代人群形成与扩散等。对这些涉及人类演化不同阶段的研究形成了古人类学研究的前沿与热点,并提出了关于人类起源的多种假说。追寻人类自身起源与演化过程及其规律是古人类学(paleoanthropology)的主要研究内容。狭义的古人类学是指通过对古人类化石形态与变异的研究,探讨人类起源与演化的科学,属于体质人类学(physical anthropology)或生物人类学(biological anthropology)的一部分。广义的古人类学则包含人类起源与演化过程中涉及的年代、文化与行为、生存环境等。这些内容与旧石器考古学、年代学、地质学、古环境学等学科密切相关。人类起源也有狭义的人类起源和广义人类起源两个概念。狭义的人类起源是指从猿到人的过渡,就是最早人类的出现。广义的人类起源则包括最早人类的出现以及此后不同演化阶段古人类成员的起源与演化的整个过程。

第一节　研究简史及人类演化主要阶段

19世纪中叶以前,由于发现的古人类化石很少,加之缺乏以比较解剖和进化理论为基础的研究方法,人类对自身起源的追寻只能通过间接途径进行推测。在基督教盛行的欧洲,宣扬上帝造人的观点非常流行。真正采用科学方法收集证据来研究人类起源是从英国学者达尔文开始的。在大量观察和详细分析论证动物和植物等生物多样性的基础上,达尔文于1859年出版了《物种起源》。在这部著作中,达尔文提出各种动物和植物都不是一成不变的,而是在外界的影响下产生变异。通过自然选择和生存竞争,适者生存,各种动物和植物由低级向高级进化。他相信人类也是在这样的规律下出现的,并指出他的进化理论将有助于人类及其历史的阐明。达尔文的进化论在科学界和宗教界引发了激烈的争论。赫胥黎支持达尔文的观点,于1863年出版了《人类在自然界的位置》。在这本书中,赫胥黎把人与灵长类身体构造,包括骨骼和牙齿形态、躯干和四肢比例、脑构造结构、卵子发育等,做了详细的比较。他发现人类与猿类非常接近,人类与猿类之间的差异比猿类与猴类之间的差异还要小。根据这些发现,赫胥黎认为人类与猿类是近亲,人类是由远古时期的类人猿逐渐演化来的,人类和猿类很可能是同一个祖先的不同分支。这样,赫胥黎首先提出了人猿同祖论。他认为在生物分类上,人类和猿类应该被归入各自的科:人科和猿科(图17-1,图17-2)。

图 17-1　人类与现生猿类的关系及共同祖先分支时间。

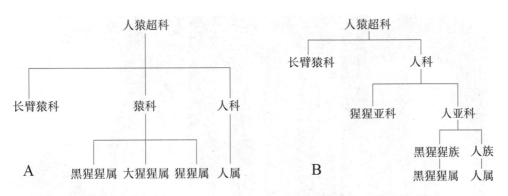

图 17-2　人猿超科的分类(引自 Stanford et al,2013)。A. 过去的分类;B. 现在的分类。

近年分子生物学研究发现,人类与猿类之间的差异比以往通过比较解剖学和胚胎学研究所看到的要小很多。因此,目前多数学者倾向于将黑猩猩、大猩猩和猩猩一起放到人科中。达尔文在继续收集资料并进行更深入的思考之后,于1871年发表了《人类起源和性的选择》一文。达尔文以人类和动物在胚胎和身体结构上的相似为证据,论证人类与动物的关系,得出了人类起源于古代猿类的结论。

达尔文和赫胥黎对人类起源研究的证据主要来自对现代人类和猿类比较解剖学和胚胎学研究,属于间接的证据,缺乏最直接的证据:由人类祖先的遗骸形成的

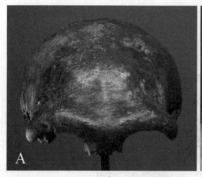

图17-3 在德国尼安德特山谷发现的尼安德特人头盖骨化石(A)及复原的人像(B)。

化石。从19世纪后期开始,对人类起源的研究重点聚焦到寻找人类祖先的化石。当时由于发现的人类化石很少,认为人类起源的历史只有数千年。1856年,尼安德特人化石(图17-3)的发现使得人们意识到人类起源的历史至少可以追溯到10多万年以前。受到人猿同祖论的影响,荷兰学者杜布哇认为猿只能在热带生活,东南亚的猩猩与人类关系密切,因此他相信人类的起源地很可能在东南亚。1890—1892年,杜布哇在印度尼西亚爪哇岛先后发现人类下颌骨、头盖骨、牙齿和股骨化石(图17-4)。根据形态研究,杜布哇将这些化石归入一种远古人类:直立猿人(*Pithecanthropus erectus*),认为是从猿到人之间的缺失环节。根据对伴生动物化石组成的分析,推断这种古人类生活在大约50万年前。由于当时人类学界普遍认为人类是能够制造工具的动物,而在爪哇没有发现人类制作的石器,于是围绕在爪哇发现的化石是否是人类祖先引发了激烈的争论。

图 17-4 荷兰学者杜布哇(C)与他发现的爪哇人头骨(A)及其股骨化石(B)。

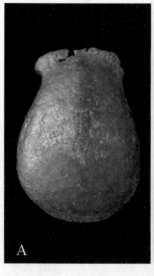

　　20世纪初,在中国北京附近的周口店连续发现人类化石。从1927年开始,对周口店进行了连续10年的发掘,发现了包括5件头盖骨、100余枚牙齿以及下颌骨和头后骨在内的大量人类化石(图17-5)。研究显示,周口店人类化石与爪哇人类化石形态特征接近,被定名为中国猿人北京种(*Sinanthropus pekinensis*),俗称北京猿人。除人类化石外,在周口店还发现了大量的古人类制作使用的石器、用火遗迹及反映古人类生存时代和环境的动物化石。正是由于北京猿人化石以及与其共生的大量石器与人类用火遗迹的发现、大量动物化石的发现以及确定的地质时代,终于确定了直立人(*Homo erectus*)在人类起源与演化过程中的地位。

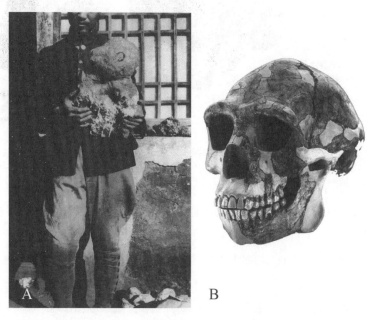

图 17-5 1929 年裴文中发现第一颗北京猿人头骨化石(A)及复原的北京猿人头骨(B)。

从 20 世纪 50 年代后期开始,人类起源研究的中心逐渐转移到非洲。1959 年,玛丽·利基在东非坦桑尼亚奥杜威峡谷发现大约 175 万年前的人类头骨化石和大量石器。其头骨化石与大猩猩相似,被命名为鲍氏东非人(图 17-6)。后经研究,将其归入南方古猿鲍氏种(*Australo-pithecus boisei*)。这一发现将人类的历史延长了 100 多年。此前的 1924 年,在南非一个叫汤恩的采石场发现一件与人类相似的幼年头骨。经解剖学家达特(Dart)研究,确认脑量为 500 ml,定名为南方古猿非洲种(*Aus-tralopithecus africanus*;图 17-7),生存时代在距今 300

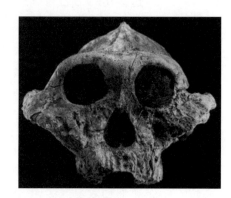

图 17-6 在奥杜威峡谷发现的鲍氏东非人头骨化石。

万—230 万年。由于传统的观点认为能够制造和使用工具是人类区别于猿类的标志,而又没有证据显示南方古猿能够制造工具,所以在很长一段时间内,南方古猿被归入"前人"亚科,不属于真正的人类。后来的研究发现黑猩猩也能够制造和使用工具,因而制造工具的能力并不是人类独有的。20 世纪 60 年代以后,古人类学界不再以制造工具作为人类区别于猿类的标志,而是以直立行走作为人类的标志。研究显示,南方古猿枕骨具有大孔位置靠前、股骨具有粗线、骨盆宽而矮等与直立

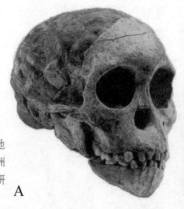

图 17-7 在南非汤恩地点发现的南方古猿非洲种头骨化石(A)及其研究者达特(B)。

行走有关的特征,说明南方古猿已经具有直立行走的能力,被纳入人类范围。迄今已经在南非和东非肯尼亚、埃塞俄比亚、坦桑尼亚及中非乍得多个地点先后发现了大量的南方古猿化石。其生存时代在距今440万—150万年之间。根据迄今发现的化石及相关研究,目前古人类学界将南方古猿归入人亚科内的一个属,划分为至少11个种(非洲种、鲍氏种、粗壮种、阿法种、埃塞俄比亚种、羚羊河种、惊奇种、始祖种、湖畔种、源泉种、近亲种)。1960年,在奥杜威峡谷距离东非人头骨发现地不远处,发现了一件幼儿头骨。这件头骨较薄,估计脑量650 ml。路易斯·利基对这件化石以及在这个地点发现的其他相似人类化石进行研究后,于1964年发表论文将这些化石命名为"能人(*Homo habilis*)"。能人的意思是手巧的人,路易斯·利基认为能人已经能够制造工具,在奥杜威峡谷与东非人化石一起发现的石器很可能就是由能人制造的。此后,在东非陆续发现了更多的能人化石。其中最重要的是1972年在肯尼亚特卡纳湖东岸发现的编号为KNM-ER1470号的头骨,其年代为180万年前,脑量为775 ml,头骨和牙齿特征都较南方古猿更接近现代人。目前,古人类学界将能人作为人属(*Homo*)的早期成员。20世纪50年代以后,在东非和北非陆续发现了直立人化石。90年代以来,在中亚的格鲁吉亚和欧洲西班牙等地发现了数量可观的更新世早期人类化石,其中一些也被归入直立人。此外,在非洲、亚洲和欧洲许多地点都发现了更新世中期人类化石。而更新世晚期人类化石则产自包括澳洲和美洲在内的世界各地。这些更新世中、晚期人类化石一般被分别归入古老型智人、海德堡人、尼安德特人和解剖结构上的现代人。20世纪90年代以来,对人类起源的研究取得突破性进展,先后在东非的埃塞俄比亚、肯尼亚、中非的乍得发现了距今700万—520万年的地猿、原初人、撒海尔人3批时代更早的人类化石,使得人类的历史延长到大约700万年前。

根据迄今发现的古人类化石证据,人类起源与演化的历史至少可以追溯到大约700万年前。按照化石形态和生存年代,目前古人类学界一般将人类演化大致划分为如表17-1和图17-8所示的阶段。

表 17-1　人类演化主要阶段及其化石分布

阶段名称	生存年代	分布区域
人猿过渡 （撒海尔人、原初人、地猿）	距今700万－520万年	乍得、肯尼亚、埃塞俄比亚
南方古猿	距今440万－150万年	东非：肯尼亚、埃塞俄比亚、坦桑尼亚 中非：乍得 南非
能　　人	距今260万－150万年	肯尼亚、埃塞俄比亚、坦桑尼亚、南非
直　立　人	距今190万－20万年	东非：肯尼亚、埃塞俄比亚、坦桑尼亚 北非：阿尔及利亚 东亚：中国、印度尼西亚 西亚：格鲁吉亚 欧洲：西班牙、意大利、法国
古老型智人	距今60万－10万年前	非洲、亚洲、欧洲
海德堡人	距今70万－13万年前	欧洲、非洲(?)
尼安德特人	距今13万－3万年前	欧洲、西亚
早期现代人 （解剖学结构上的现代人）	距今16万－4万年前	非洲、亚洲、欧洲、澳洲
完全现代类型人类(现生人类)	8万年以来,或1万年以来	世界各地

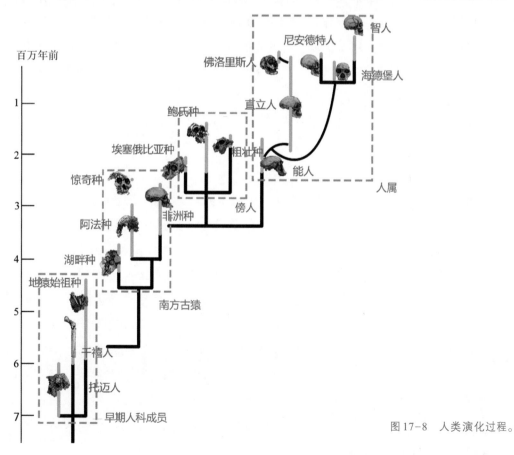

图 17-8　人类演化过程。

迄今为止,人猿过渡、南方古猿、能人阶段的化石只发现于非洲。古人类学界对上述人类演化阶段的划分和年代范围有不同认识,如有学者将人类演化分为早期猿人、晚期猿人、早期智人、晚期智人4个阶段。表17-1中罗列的人猿过渡、南方古猿、能人一般被归入早期猿人阶段。由于存在这些不同的认识,古人类学界在人类起源与演化的研究中形成了一些关注点或争议,并提出了一些假说。

第二节　最早的人类

　　根据达尔文和赫胥黎的研究,人类是由某种已经绝灭的古猿演化来的。长期以来,寻找人类最古老的祖先出现的时间和地点,探究从猿类向人类的演化过渡的过程一直是人类起源研究的重要内容。以往一些学者分别提出,欧洲的森林古猿、印巴次大陆的腊玛古猿、非洲的肯尼亚古猿、匈牙利的鲁达古猿,以及在中国云南开远、禄丰、元谋发现的第三纪古猿,是人类的祖先。也有人提出生活在中国和印度的巨猿是人类的祖先。但后来的研究证实,所有这些古猿或巨猿都是演化的旁支,最终都绝灭了,不是人类的直系祖先。20世纪60年代,分子人类学家根据对比人类和猿类蛋白质结构的差异,结合蛋白质演化速率的分析,推算出人类和猿类分离的时间在大约500万年前,也就是说人类与猿类最后的共同祖先(last common ancestor)生活在大约500万年前。后来的一些基于分子生物学的研究计算出的人猿分离时间提早到700万年前。迄今还没有找到人猿分离之前属于人类直接祖先的古猿,但在寻找人猿过渡以及最早的人类成员方面取得了一些重要进展(图17-9)。

一、地猿始祖种

　　尽管南方古猿作为早期人类成员已得到古人类学界的广泛承认,但日益增多的研究证据显示,目前已发现的南方古猿化石只是从猿到人过渡阶段较晚的类型,应当还存在比现有的南方古猿更早一些的过渡阶段的早期类型。1992-1998年,在埃塞俄比亚亚中阿瓦什(Middle Awash)地区一个叫Aramis地点的上新世地层中,发现了大约代表20余个个体的70多件人类化石,包括单个牙齿、下颌骨、近端趾骨、中间和近端指骨、肱骨、尺骨、锁骨、上肢骨及头骨碎片,化石年代为距今580万-520万年。这些化石在牙齿和肢骨的许多特征上都与时代较晚的人类成员接近,但同时也具有一些与猿类相似的原始特征,呈现原始特征与进步特征并存的镶嵌模式。尤为重要的是,近端趾骨所呈现出的进步特征表明,这些化石成员已经具有直立行走的能力。这些化石在形态上比南方古猿阿法种原始,年代又早于阿法种,很可能更接近人猿共同祖先的早期成员,分类上应归入人类,研究者将这些化石命名为地猿始祖种(*Adipithecus ramidus*;图17-10)。

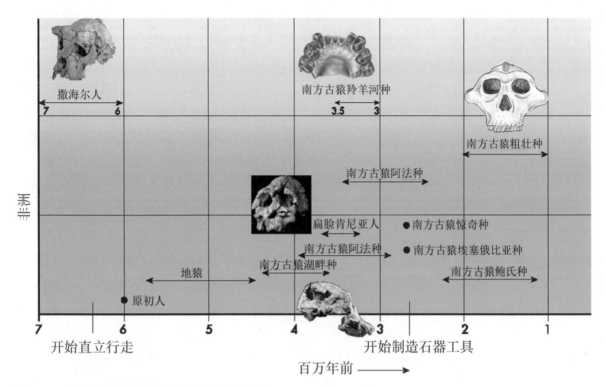

图17-9 目前在非洲发现的部分早期人类化石(据Stanford et al, 2013)。

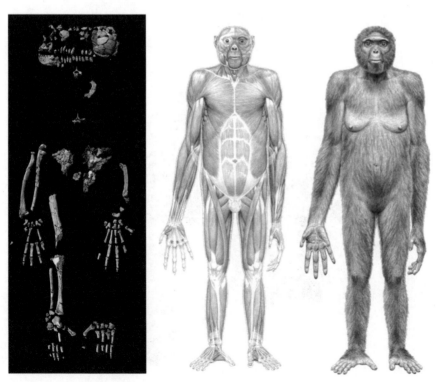

图17-10 地猿化石及其复原像(引自Gibbon,2009)。

二、原初人图根种

2000年，在肯尼亚中部图根山区（Tugen Hills）的 Lukeino 地点发现了600万年前的人类化石，包括有2件下颌骨残段、3件股骨（其中两件近乎完整）、1件肱骨干、1件近端指骨、6枚单个牙齿，代表着至少5个个体。对发现的股骨化石的研究表明，这些化石成员在陆地行走时已经适应习惯性直立，甚至已经完全直立，但同时仍具有攀援功能；此外，在牙齿及下颌骨特征上，呈现出一些与非洲大猿和人类共有的原始性状。综合上述化石特征，化石研究者提出将这批化石命名为"原初人图根种"（*Orrorin tugenensis*），认为原初人图根种是与人猿最接近的人科成员。由于化石发现的时间正值世纪之交，他们将这批化石称为"千僖人（Millennium Man）"。

三、撒海尔人乍得种

2002年，《自然》杂志发表了对在中非的乍得共和国北部沙漠地区发现的一件距今700万−600万年与人类相似的头骨、2件下颌骨及3枚牙齿化石的研究论文。这些新发现的化石呈现出与猿及人类相似的混合特征：一方面颅骨形态与猿类相似，脑量与黑猩猩接近，宽阔的眶间距与大猩猩相似；另一方面，其面部和牙齿形态与人类相似。据此，研究者认为这些化石很可能代表着人猿分别后最早的人科成员，并按照发现地将其归入一个新属新种：撒海尔人乍得种（*Sahelanthropus Tchadensis*）。同时，根据当地部落语言，给予通俗名"托麦人（toumai）"，意思是"生命的希望（hope of life）"。随后的研究证实撒海尔乍得人已经具有直立行走的能力（图17−11）。

图 17−11　撒海尔人乍得种头骨及其复原像（据 Gibbons, 2005）。

上述 3 批化石的年代距今 700 万－600 万年,都具有直立行走能力。化石又呈现人猿混合的镶嵌特征,是迄今发现的年代最古老的可能位于人猿分叉位置的化石成员,使得寻找人类祖先的化石证据取得进一步进展,同时也使古人类学界意识到人猿实际分别时间可能比分子生物学研究推断的时间要早,很可能在距今 900 万－700 万年之间。这些研究化石和研究发现进一步支持了非洲是最早人类的起源地。

传统的观点认为,近 1 500 万年以来非洲自然环境变化,许多森林消失,变成稀疏草原。这样的环境改变迫使依赖树栖的古猿离开森林,获得了直立行走的能力,最终演化为人类。但对地猿等非洲早期人类成员生态环境指标的分析表明,这些早期成员生活在一个森林覆盖的环境里。此外,对非洲早期人类化石指骨形态与功能的研究显示,他们的直立行走能力还不完善,仍然保留了一定程度的攀援能力。这些研究发现指示,从猿到人演化过渡的关键过程——直立行走,很可能发生在森林环境。

第三节 早期人类在非洲的演化

距今 440 万－150 万年,在非洲生存有南方古猿和能人。迄今已有的化石证据显示,南方古猿和能人这两个阶段的古人类只生活在非洲,被认为属于早期人类。一般认为,众多南方古猿中的一支演化为能人,然后向后期人类演化,而其余的南方古猿则最终绝灭了。在非洲发现的这个时段人类化石的种类和数量非常多,尤其近 20 年来新发现了一些呈现特殊形态特征的化石。基于这些化石发现和相关研究,一些学者提出早期人类在非洲的演化比以往认为的要复杂得多。

自 1924 在南非发现南方古猿非洲种化石以来,在东非和中非的肯尼亚、埃塞俄比亚、坦桑尼亚和乍得陆续发现了更多的南方古猿化石。以往将这些南方古猿化石划分为纤细型南方古猿(gracile *Australopithecus*)和粗壮型南方古猿(robust *Australopithecus*)两大类。前者包括湖畔种(*A. anamensis*)、阿法种(*A. afarensis*)、惊奇种(*A. garhi*)、羚羊河种(*A. bahrelghazali*)、非洲种(*A. africanus*),后者包括埃塞俄比亚种(*A. aethiopicus*)、鲍氏种(*A. boisei*)、粗壮种(*A. robustus*)。也有学者将粗壮型南方古猿归入旁人属(*Paranthropopus*)。传统观点认为,粗壮型南方古猿是演化的旁支,最终灭绝了;纤细型南方古猿中的一支阿法种向着后期人类方向演化。南方古猿阿法种化石发现于东非的埃塞俄比亚和坦桑尼亚,生存年代大约在 370 万年前,其中包括产自埃塞俄比亚的南方古猿"露西"骨架(图 17-12)。在坦桑尼亚莱托里(Laetoli)地点发现的 370 万年前的人类足迹被认为是南方古猿阿法种

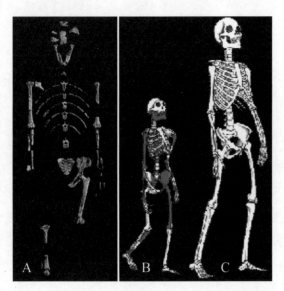

图17-12 南方古猿阿法种"露西"骨架（A，B）及与现代人骨架对比（C）。

留下的。南方古猿的平均身高为1.2－1.4 m，体重30 kg左右，脑量350－400 ml。1996－1998年发现于埃塞俄比亚的250万年前的南方古猿惊奇种化石具有较阿法种更为进步的与后期人类相似的特征，被认为是从阿法种演化而来的，是后期人属的直接祖先。与南方古猿惊奇种伴生的动物化石表面呈现明显的切割、砍砸等人工活动痕迹，研究者认为250万年前的人类已经具有使用石器工具获取肉类和骨髓的能力。值得注意的是，发现惊奇种化石的地点与最早的发现Gona石器的地点相距不远，两者的时代都在250万年前。这种获取食物的人类行为变化伴随石器出现的现象，可能与最早的人属成员从南方古猿阿法种在东非演化出现同时发生。

能人是距今250万－150万年生活在东非和南非的早期人类成员。能人化石自1960年在坦桑尼亚奥杜威峡谷首次被发现并于1964年由路易斯·利基等命名后，迄今已经在坦桑尼亚、肯尼亚、埃塞俄比亚、南非等地发现能人化石。因此能人的分布区域与南方古猿基本相同，并且在相当长的一段时间内能人与南方古猿是并存的。根据对能人化石的研究，能人身体大小与南方古猿接近，在1.1 m左右，但平均脑量已经达到630 ml。与能人化石同时被发现的有古人类制造使用的石器工具。目前古人类学界认为，能人已经能够制造和使用石器工具。正是由于石器工具的广泛使用，提升了能人获取食物的方式，改变了食物构成，增加了肉食的比例，进而促进了大脑的发育。一般认为，能人是早期人类开始向现代人类演化过渡的开端，所以目前被归入与现代人相同的属——人属（*Homo*），被认为是人属的第一个成员。

多年来，古人类学界对在坦桑尼亚奥杜威峡谷和肯尼亚特卡纳湖地区发现的能人化石代表着一个种或是两个种一直存在不同的看法。1986年俄罗斯学者Alexeev提出在特卡纳湖地区发现的编号为KNM-ER1470的头骨具有一系列与在奥杜威峡谷发现的能人化石不同的形态特征，故根据特卡纳湖的旧称鲁道夫湖（Lake Rudolf）将其归入一个新种直立人鲁道夫种（*Pithecanthropus rudolfensis*；图17-13）。Wood进一步将其他一些在特卡纳湖地区发现的化石归入这一新种并重新命名为人属鲁道夫种（*Homo rudolfensis*）。鲁道夫人的生存年代在距今240万－190万年前。鲁道夫人化石形态特征与能人的主要不同之处包括：脑量较大，平均脑量为751 ml，而能人平均脑量为610 ml（表17-2）；眉脊较弱；眶后缩窄较明显；中

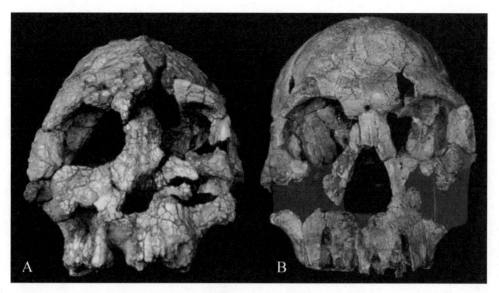

图 17-13 扁脸肯尼亚人头骨(A)及编号为 KNM-ER1470 的能人头骨(B)。

面部较宽;前部牙齿包括门齿、犬齿偏大,而位于后部的前臼齿和臼齿中等,说明其咀嚼功能较强;头后骨特征与后期人属成员接近,完全适应直立行走。目前学术界对鲁道夫人的分类地位存在不同意见,有人认为它与能人之间的差别不大,仍应归入能人。

表 17-2　人类进化过程中脑量、体重对比

	平均脑量(ml)	变异范围(ml)	平均体重(kg)
南方古猿阿法种	450	400—500	约 37.0
南方古猿非洲种	445	405—500	约 35.5
南方古猿粗壮种	507	475—530	约 36.1
能　　人	631	509—775	约 34.3
直　立　人	1 003	650—1 251	约 57.8
古老型智人	1 330	1 100—1 568	约 68.7
尼安德特人	1 445	1 200—1 750	约 64.9
现代人	1 490	1 290—1 600	约 63.5

数据引自: Aiello and Dean, 1990; Kappelman, 1996; Holloway et al., 2004.

1998—1999 年,米芙·利基在肯尼亚特卡纳湖西南部发现一件几乎完整的人类头骨和部分上颌骨,化石的年代为距今 350 万—330 万年。这件头骨面部非常扁平,与后期能人成员(鲁道夫人)接近,但鼻部和脑颅较原始。米芙·利基将其命名为肯尼亚人扁脸种(*Kenyanthropus platyopis*;图 17-13)。此前,包括南方古猿在内的所有早期人类面部都明显向前突出。从整个人类演化历史看,面部形态是从向前突出朝着扁平方向发展的。因此研究者认为,扁脸肯尼亚人可能是人属的祖先,

也可能扁脸肯尼亚人与南方古猿阿法种并存,其后也与其他多种南方古猿并存,或与后来出现的人属并存。但也有学者认为,应该废除肯尼亚人这个属名,将扁脸种并入南方古猿阿法种。

2008年,在南非著名的Sterkfontein,Swartkrans,Kromdraai人类化石地点群附近一个叫Malapa的地点发现了至少代表4个个体的人类化石,其中包括保存有头骨、下颌骨、锁骨、部分椎骨、上肢骨、下肢骨、骨盆、手骨、足骨的1号幼年个体及保存有部分上颌骨、下颌骨、牙齿、头后骨的2号个体。测定化石的年代为197万年前。对这批化石的系列研究显示Malapa化石呈现与南方古猿和人属成员相似的混合特征,尤其与后期人属成员更为相似。研究者将这些化石命名为南方古猿源泉种(*Australopithecus sediba*;图17-14),认为源泉种是从南方古猿非洲种演化而来的,是南方古猿与人属之间的过渡类型。此外,对人属早期成员的演化,古人类学界也有不同的认识。传统观点认为,人属出现后的第一个成员能人直接演化为直立人。但有学者将在肯尼亚发现的编号为KNM-ER1470的头骨归入鲁道夫人(*Homo rudolfensis*),认为只有鲁道夫人才是后期直立人的祖先。

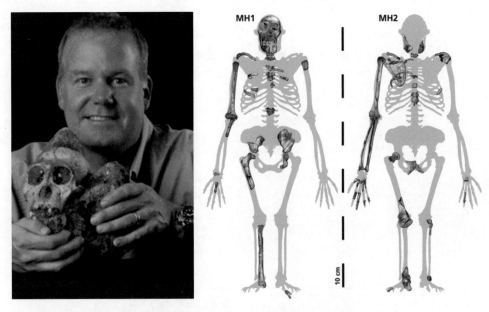

图17-14 南方古猿源泉种及其发现者Lee Berger(据Lee Berger,et al., 2010)。

尽管古人类学界对早期人类在非洲的演化模式与分类存在不同的认识,但都意识到这一时期可能有若干种不同类型的早期人类并存,因此人类进化的早期形态是呈树丛状的,而不是像过去认为的阶梯状。

第四节 直立人起源与演化

　　直立人是除南方古猿之外在地球上生存时间最长的化石人类成员。根据现有的化石证据,直立人生活在距今190万—20万年之间,分布在亚洲、非洲和欧洲的许多地点,代表着人类演化的一个重要阶段。进入直立人阶段的人类在体质特征和行为模式方面均呈现出明显的特征性的变化,如脑量增加、四肢更加灵活、直立行走功能日趋完善等;在文化行为方面,直立人具有了制造和使用不同类型的石器、用火和狩猎的能力(图17-15)。

图17-15　周口店直立人的生活景象。

　　直立人化石最初在19世纪末到20世纪上半叶发现于亚洲的印度尼西亚爪哇和北京周口店两地。继1891年杜布瓦在印度尼西亚爪哇岛的特里尼尔村(Trinil)附近发现直立人头盖骨以后,1892年又在附近发现一件直立人的股骨。当时学术界认为人类起源的历程是从古猿进化到不会说话的猿人,再发展到后来的人,而猿人是从猿到人演化过程中"缺失的环节"。在爪哇特里尼尔地点发现的那件头盖骨的颅容量(或脑量)只有900 ml,现代人类的平均脑量为1 300—1 500 ml,而现生猿类大猩猩的最大脑量为600 ml。爪哇这个头盖骨特征介于人和猿之间,杜布瓦认为他找到了人猿之间的"缺环",因而使用"猿人"这个词作为他发现的这种古人类的属名。发现的那件股骨与现代人一样,在股骨干背面有一根股骨粗线或称股骨脊,表明它的主人能够直立行走。因此,杜布瓦使用"直立"这个词作为这种人的种名。在随后发表的论文中,他将这位祖先命名为直立猿人。因为化石是在爪哇发现的,后人也称之为爪哇猿人。此后,在印度尼西亚多处地点发现了生活在不同时期的直立人化石。印度尼西亚直立人的生存年代在距今180万—20万年,也有人认为印度尼西亚直立人的生存年代最晚到2.7万年前。

在中国,直立人化石最初被发现于周口店。20世纪初,瑞典地质和考古学家安特生和他的助手师丹斯基在位于北京西南大约48 km的周口店附近进行考察时,发现了许多已经灭绝的动物化石。此外,还发现了一些破碎的石英片,其锋利的刃口和尖端可以用来切割肉、挖掘地下的植物根茎。安特生预感远古人类曾经生活在这里。1921—1923年间,师丹斯基和他的同事在这里进行小规模发掘,发现很多动物化石,根据化石组成判断堆积物形成于大约50万年前。1923年挖掘出1枚像人牙的牙齿。1926年夏天,在运送到瑞典乌普萨拉大学的含化石地层胶结物中修理出1枚人类牙齿化石。1926年10月,瑞典王太子访华,安特生选择在欢迎王太子的会议上宣布在北京周口店发现50万年前的古人类。当时学术界普遍认为,人类起源是由于喜马拉雅山隆起,挡住了由山的南边吹来的湿润空气,使得喜马拉雅山另一侧的气候变得干燥、森林变得稀疏,原来生活在那里的古猿不得不到地面生活,改用两腿走路,最后变成了人。在周口店发现古人类化石在一定程度上支持了这个观点。

1927年开始,在美国洛克菲勒基金会的资助下,北京协和医学院与中国地质调查所合作对周口店进行正式发掘。当年10月,又发现1枚人类下颌臼齿。当年12月,协和医学院解剖科主任步达生发表研究报告,认为在周口店发现的3枚人类牙齿代表50万年前的一种古人类,但与爪哇直立猿人差别很大,因此他给周口店的人类化石取名为"中国人北京种(*Sinanthropus pekinensis*)"。随着研究的深入,古人类学家布勒发现周口店与爪哇人类化石之间的差异比过去认为的要小,够不上"属"一级的差别,应该统一并入"猿人"这个属。1946年,他将"中国(猿)人"这个属名废弃,保留"北京"这个种名,从此将在周口店发现的这种古人类的学名改成"猿人属北京种",俗称"北京猿人"。目前,古人类学界将这些化石归入"直立人"这个物种。1927—1937年,连续10年对周口店的发掘一共发现了包括5件较完整的头骨在内的头骨、下颌骨、牙齿、肢骨等大量直立人化石,代表着大约40个个体。此外,还发现了古人类制造使用的工具、用火等反映当时人类生存活动的证据。1937年7月,日本侵略中国,对周口店的发掘中断。1949年以后,在对周口店的发掘中又发现了一些直立人化石。采用不同年代测定方法获得的周口店人类化石的年代数据差别较大。一般认为,出产人类化石的上部地层的年代在距今30万－20万年,下部地层的年代不早于60万年前,最早和最晚古人类生存时间相差约30万年。最近,沈冠军等采用铝铍埋藏方法对周口店第一地点7－10层石英样品的年龄测定结果为77万年前。

自20世纪初在北京附近的周口店发现直立人化石迄今,已经在中国10余处地点发现了直立人化石。主要的中国直立人化石产地包括云南元谋、陕西蓝田公王岭及蓝田陈家窝、安徽和县、湖北郧县曲远河口、湖北郧西白龙洞、湖北建始龙骨洞、南京汤山、山东沂源等。一般认为,直立人在中国的生存年代在距今170万－40万年之间,但也有人认为直立人在中国的生存年代最晚要到大约20万年前。1965年在云南元谋发现的2枚直立人牙齿化石的年代为大约170万年前,被认为是中国最早的直立人牙齿。

20世纪60年代以后在东非发现大量南方古猿化石的同时,也出土了数量丰富、年代更为古老的直立人化石,包括在肯尼亚发现的编号为KNM-ER3733、KNM-ER3883的头骨和迄今最为完整的直立人骨架KNM-WT15000(图17-16)。迄今已经在东非、北非和南非(?)许多地点发现距今190万－60万年的直立人化石。这些化石以可靠的古老年代(距今190万－160万年)和翔实的解剖特征使学术界早期普遍认为直立人最初出现在非洲,在距今大约200万年以内向亚洲和欧洲扩散并成为后期人类的祖先(图17-17)。

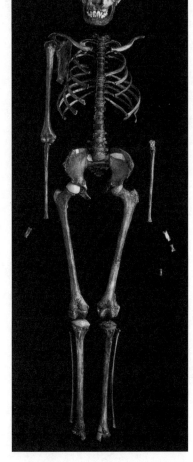

图 17-16　在肯尼亚发现的完整直立人骨架化石(KNM-WT15000)。

20世纪90年代以来,在西亚格鲁吉亚Dmanisi地点陆续发现了数量丰富的直立人化石,年代在177万年前。以往古人类学界对在欧洲是否有直立人有争议。有学者将在法国 Arago、希腊 Petralona 等地点发现的更新世中期人类化石归入直立人,但也有人认为这些化石属于古老型智人或

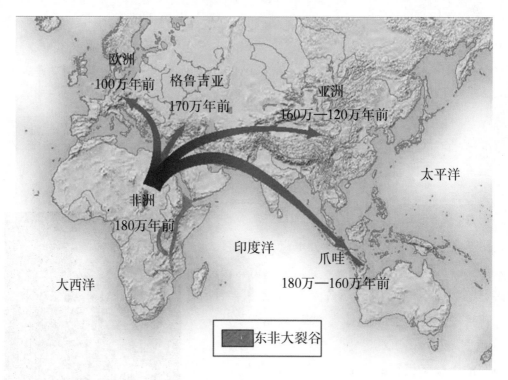

图17-17　直立人主要扩散路径（据Stanford et al., 2013）。

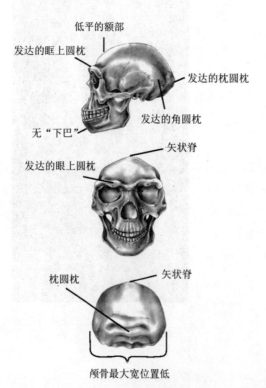

图17-18　直立人的典型头骨特征。

海德堡人。近30年来,在意大利Ce-prano、西班牙Atapuerca等地发现了更新世早期人类化石,尤其在Atapuerca发现数量较多的人类化石,最早的年代为140万年前。一些学者将在Atapuer-ca发现的更新世早期人类化石命名为先驱人(*Homo antecessor*),但目前古人类学界普遍认为这些欧洲的更新世早期人类化石应归入直立人。

直立人化石具有一系列标志性特征:低的颅穹隆、颅最大宽位置低、连续的眶上圆枕及圆枕上沟、明显的眶后缩窄、明显的矢状脊、明显的角圆枕、明显的枕圆枕、枕骨区呈角状过渡并形成圆枕上沟、颅骨壁厚、脑量725-1 250 ml、面最大宽位置靠上、头后骨总体较现代人为粗壮等(图17-18,图17-19)。

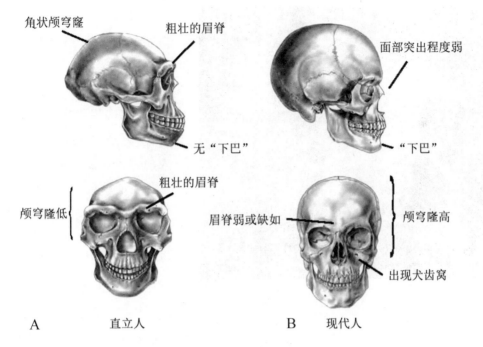

图17-19 直立人(A)与现代人(B)头骨特征对比。

关于直立人起源与演化,目前多数人认为直立人在大约200万年前起源于非洲,从能人(或鲁道夫人)演化而来。然后很快向亚洲和欧洲迁移。有学者认为一些东非直立人化石,如KNM－WT15000、KNM－ER992、KNM－ER3733、KNM－ER3833等,缺乏以周口店北京猿人为代表的典型直立人的衍生特征,而与后期智人更为相似,建议将这些化石归入匠人(*Homo ergaster*),但更多学者认为仍应将他们放在直立人中。对于欧亚地区是否有早于200万年前的直立人,或者在欧亚地区存在200万年前不同于直立人的人类成员,在古人类学界一直存在争议。在中国发现石器的一些地点(如安徽繁昌、河北泥河湾等)提示可能存在生存时代更早的直立人,但由于缺乏人类化石的直接证据,以这些地点作为支持非洲以外存在200万年前的直立人的证据尚未得到古人类学界的广泛承认。

第五节　古老型智人

古人类学界对生活在直立人与早期现代人之间这一阶段古人类的名称与演化分类争议较大。一般认为,直立人在非洲的出现、生存及消失时间均较在亚洲和欧洲为早。直立人进一步演化成为古老型智人(早期智人,archaic *Homo sapiens*)。古老型智人是紧接直立人之后化石智人的最早类型,其生存时代在距今40万－20

图 17-20　发现于埃塞俄比亚 Bodo 地点的古老型智人头骨化石。

万年之间。化石证据显示,古老型智人在世界各地出现的时间不尽一致。对在埃塞俄比亚 Bodo 地点发现的人类头骨化石(图 17-20)的研究显示,该头骨化石所具有的直立人与智人的特征组合表明,至少在 60 万年前的中更新世早期直立人向古老型智人转变的"成种事件(speciation event)"在非洲就已经发生。因而古老型智人与直立人的生存时代有重叠。

通过形态特征来确定某件人类化石是否应该归属于古老型智人而不是直立人,有时不是很容易,因为很多更新世中期人类化石呈现镶嵌或混合性(mosaic 或 mixed) 特征。但一般认为,古老型智人应具有以下特征:脑量 1 000－1 400 ml,其下限与直立人脑量平均值接近,其上限接近尼安德特人及现代人脑量平均值;与直立人相比,其面部总体突出程度明显缩小,与尼安德特人及部分现代人表现接近;如同直立人,古老型智人的上面部较宽,但同时具有显著突出的中面部,与现代人中面部平均突出程度接近,但低于尼安德特人。在颅底部颞骨耳区的特征也与尼安德特人及现代人相似。此外,颞骨相对较短,上部边界弯曲度较均匀。这一特征可能与脑量及颅骨高度增加有关。虽然古老型智人颅骨仍较低而长,但其顶骨已呈现延长和曲度增加的趋势。从后面观察,古老型智人颅骨没有直立人颅骨顶部狭窄的特点;相反,其顶骨两侧较平直,上端呈现一定程度的拓宽。此外,古老型智人头骨与直立人头骨的明显差别在于其总体粗壮程度减弱,呈现纤细化趋势。枕骨角、枕骨圆枕、角圆枕、正中矢状脊等直立人标志性特征均减弱,颅骨壁厚度变薄。眉脊在古老型智人面部仍较明显,但已呈现弯曲或减弱趋势。

除 Bodo 外,在非洲发现的著名古老型智人化石还有在赞比亚布落肯山(Broken Hill)发现的头骨。在欧洲英国斯旺斯库姆、德国海德堡、德国施泰茵海姆、希腊佩特拉洛纳(图 17-21)、法国阿拉戈等地点发现的更新世中期人类化石都被归入古老型智人。1976 年开始在西班牙阿塔普埃尔卡山胡瑟裂谷的山洞里陆续发现了数量丰富的距今 40 万－30 万年的人类头骨、牙齿等化石,以往曾将这些化石也归入古老型智人,但目前多数学者将这些化石归入海德堡人。

古老型智人化石在中国 10 余处地点被发现,保存有比较完整的头骨出土于陕西大荔(图17-22)和辽宁金牛山,年代都在距今30万－20万年。大荔头骨脑颅骨壁与北京猿人接近,额骨正中有矢状脊,但比北京猿人的矢状脊微弱和短得多。枕部有枕骨圆枕,中部粗,向两端逐渐变细。颅骨最宽处的位置介于直立人和现代人之间,面部比猿人向后缩。有学者认为大荔人粗大的眉脊最厚处接近中央、眼眶与鼻腔前口之间骨面隆起这两项特征与欧洲和非洲古老型智人相似。此外,大荔人还有一些特征落在早期现代人的变异范围之内,他们可能代表中更新世人类中对中国现代人的形成贡献最多的人群。在金牛山发现的古老型智人化石不但有完整的头骨,还有脊椎骨、肋骨、四肢骨、髋骨,属于同一个体。金牛山人头骨化石特征整体与大荔头骨接近,但眉脊和骨壁都比大荔头骨薄。除大荔和金牛山外,在中国的河北许家窑、山西丁村、安徽巢县、贵州桐梓和盘县大洞、广东马坝等地也发现有生存时代在距今30万－10万年之间的古老型智人。

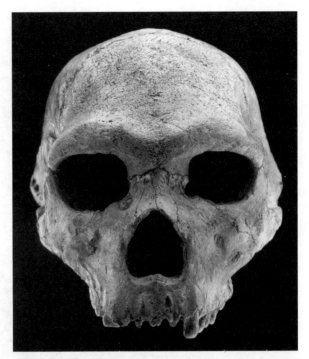

图17-21　在希腊佩特拉洛纳地点发现的古老型智人头骨。

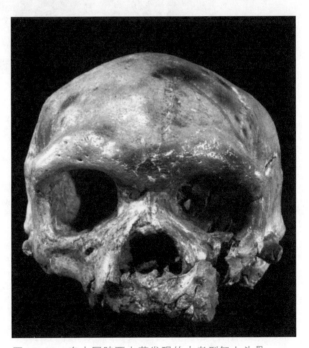

图17-22　在中国陕西大荔发现的古老型智人头骨。

古人类学界对古老型智人的定义、标志性特征、演化存在不同认识(图17-23)。一般认为,古老型智人进一步演化成为了早期现代人。有学者将一些欧洲更新世中期人类化石(如德国海德堡、西班牙阿塔普尔卡等)归入海德堡人。

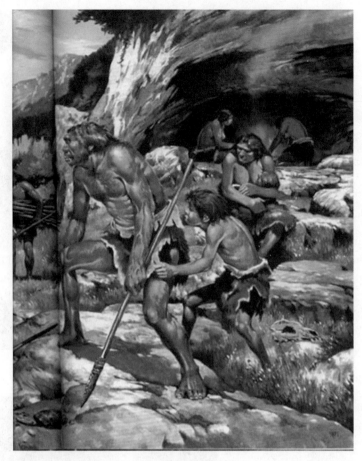

图17-23　古老型智人的生活景象。

第六节　尼安德特人

　　1856年,采石工人在德国杜赛尔多夫附近的尼安德特山谷的一个山洞中挖掘出一些人骨,包括一件完整的头盖骨、肋骨、肩胛骨、锁骨等(图17-3)。这些化石被发现后,一些学者对其有不同认识,有人认为这是比日耳曼人还早的古代人骨,也有学者提出尼安德特头盖骨属于一个白痴或佝偻病患者。爱尔兰解剖学家金仔细研究了这些人骨,确信它们代表一种与现代人不同的古代人类。1864年,他发表文章将这种古代人类命名为人属尼安德特种(*Homo neanderthalensis*),或尼安德特人。1886年,在比利时一个叫斯披(Spy)的地点又发现了2个人类头盖骨,形态与在尼安德特山谷发现的头骨非常相似。尤其重要的是,在斯披还发现了大量与人类化石相伴的动物化石。通过对动物化石组成的分析,确认发现的人骨显然代表与现代人不同的古人类的看法。从此,尼安德特人在人类演化历史上的地位得到确认。

迄今已经在欧洲、西亚和中亚多处地点发现尼安德特人化石(图17-24)。一般认为典型尼安德特人的生存年代在距今13万—3万年之间。但目前古人类学界倾向于将部分距今20万—13万年之间的欧洲和西亚中更新世晚期人类归入尼安德特人。甚至有学者认为尼安德特人谱系可以上溯到大约40万年前的一些欧洲更新世中期人类。尼安德特人具有一系列与其他更新世中、晚期人类不同的化石特征:头骨粗壮,额骨低矮,最宽位置介于直立人和现代人之间。头骨厚度也是介于直立人和现代人之间。尼安德特人脑量非常大,在1 200—1 750 ml之间,平均1 450 ml。尼安德特人具有一些特有的标志性特征:眼眶呈圆形,眼眶和鼻腔宽阔,枕骨后部有一个圆形隆起(发髻状隆起),枕骨上部有一个小的圆形凹陷,下颌骨无颏隆突,下颌第3臼齿后方有较大空隙,躯干和四肢都短而粗等(图17-25,图17-26)。

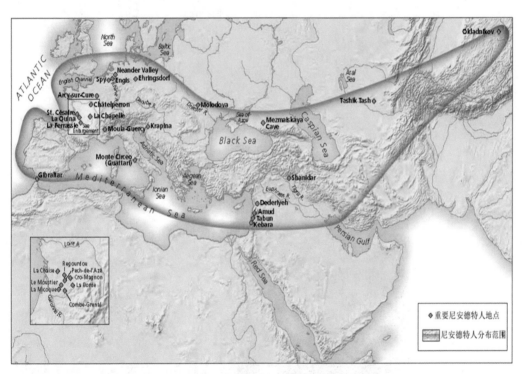

图17-24　尼安德特人在欧洲和西亚的分布范围(引自Stanford et al., 2013)。

尼安德特人的文化行为也比较独特。他们采用一种称为“莫斯特文化”的技术制造尖状石器。尼安德特人已经具有埋藏死者的习俗。在伊拉克沙尼达尔山洞的尼安德特人化石点周围发现大量植物孢子和花粉化石。研究显示,这些孢粉化石代表多种色彩艳丽的花卉,推测在死者下葬后,同伴在其身边放了许多鲜花(图17-27)。

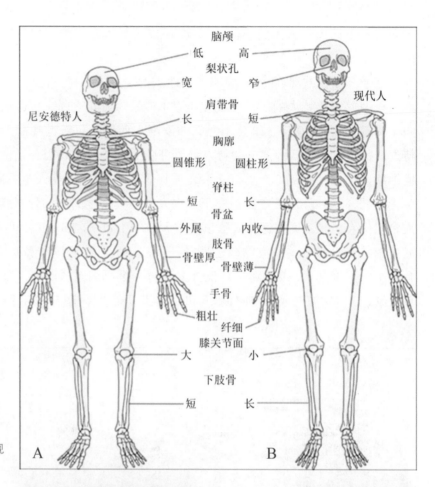

脑颅　　　低　高
梨状孔　　宽　窄
肩带骨　　长　短
胸廓　圆锥形　圆柱形
脊柱　　　短　长
骨盆　　外展　内收
肢骨　骨壁厚　骨壁薄
手骨　　粗壮　纤细
膝关节面　大　小
下肢骨　　短　长

尼安德特人　　　　　现代人

A　　　　　　　　　B

图 17-25　尼安德特人(A)与现代人(B)的身体比例比较。

图 17-26　尼安德特人(A)与现代非洲人(B)的体型比较。

图 17-27　尼安德特人用鲜花埋葬同伴。

　　以往曾将尼安德特人归入古老型智人,但日益增多的证据显示尼安德特人具有独特的化石特征、行为方式以及生存年代范围,目前古人类学界主流观点倾向于将尼安德特人归入一个专门的分类单元。由于尼安德特人的生存年代与部分古老型智人及早期现代人重叠,长期以来,古人类学界对尼安德特人在人类演化上的作用特别关注,也存在很多争议。关于尼安德特人与欧洲古老型智人及现代人的关系,有两种对立的观点。一种观点认为尼安德特人是欧洲现代人的祖先;另一种观点则主张尼安德特人是演化的绝灭旁支,对现代人在欧洲的形成没有贡献。近10余年来,古人类学界对尼安德特人的研究取得很多重要进展。一些新发现的化石证据显示,尼安德特人的分布范围已经扩大到中亚和西伯利亚南部。对化石形态及DNA的研究发现,尼安德特人与欧洲更新世晚期人类(早期现代人)甚至东亚的早期现代人,可能发生过接触、融合或者基因交流。近年的基因组研究显示,尼安德特人和现代人祖先发生过多次杂交。除非洲人以外的现今现代人基因组中留存有1%—2%的尼安德特人遗传信息。

第七节　更新世晚期人类演化与现代人起源

　　距今12.6万—1万年的更新世晚期是人类演化距离现生人类最近的阶段。在这一时间段,人类已经扩散分布到包括美洲、澳洲和大洋洲在内的广泛区域。现有的证据显示,更新世晚期生存有古老型智人、早期现代人、尼安德特人、弗洛里斯人、丹尼索瓦人等不同种类的人属晚期成员。这些人属晚期成员的生存年代和分布区域不尽一致,化石形态特征和行为特征也有明显差别。近年,古人类学界对更新世晚期人类化石特征及演化的研究的关注点,主要集中在现代人起源、不同人群之间的基因交流、更新世晚期人类演化多样性等方面。

一、现代人起源

　　对现代人起源(modern human origins)的研究是指探究现代人最近的化石祖先起源与演化的过程,涉及早期智人(古老型智人)向晚期智人(早期现代人,或解剖结构上的现代人)演化过渡以及现代人群的出现、分化与扩散等。

　　20世纪80年代中期以来,现代人起源的研究与争论一直占据着古人类学研究的前沿,形成非洲起源说(out of africa)和多地区进化说(multiregional evolution)两个主要的对立学说。非洲起源说认为最早的现代人(早期现代人)大约在20万年前首先出现在非洲,大约在13万年前走出非洲,向世界各地扩散,取代了当地的古人类成为各地现代人的祖先。非洲起源说的主要证据来自对现代人DNA的研究以及在非洲发现的时代较早的早期现代人化石。早期现代人(early modern human)是指已经具有现代人基本解剖特征,同时还保留有部分古老型智人原始特征的古人类,也被称为解剖结构上的现代人(anatomically modern humans),是古老型人类向现代人演化的过渡类型。寻找早期现代人化石并确认其最早出现的时间,是研究一个地区现代人起源的关键。此前,在南非的Klasies River Mouth和Border Cave、东非的Mumba等地,以及西亚的Qafzeh和Skhul等地点,发现距今10万年左右具有现代人特征的人类化石。支持非洲起源说的学者认为起源于非洲的早期现代人经过中东地区向欧亚地区扩散。2003年公布的在埃塞俄比亚北部Herto地点发现的3件人类头骨化石,已呈现一系列现代人特征,脑量达1 450 ml,超过了现代人的平均范围。^{40}Ar/^{39}Ar同位素测定显示化石的年代为距今16.0万—15.4万年,被认为是迄今发现的最古老的早期现代人(图17-28)。这一发现强化了现代人最早起源于非洲的观点。多地区进化说主张世界各地的现代人起源于当地的古人类,其主要证据是一个地区不同时代的古人类化石具有一系列共同的特征,呈现演化的连续性。同时，与其他地区的古人类之间也有一定程度的基因交流。多地区进化说认为世界各地的现代人起源于当地的古人类，其核心是强调同一地区人类在演化上呈现区域连续性（regional continuity），呈现出一些区别于其他地区古人类的区域性特征。近年古人类学界对现代人起源与扩散的具体过程的认识发生了一些变化。一些学者认为最早的现代人起源于非洲，向欧亚扩散并取代当地古人类的出自非洲起源说，以及强调连续进化的多地区进化说都难以准确解释现代人起源与演化的过程。现代人起源很可能遵循一种吸收或同化的模式（Assimilation model）。按照这一模式，最早的现代人出现在东非后，迅速扩散到亚洲西南部和非洲其余地区，最终到达高纬度的欧亚地区。在这一过程中，不断与当地古人类发生融合或基因交流。这个解释现代人起源的同化模式结合了非洲起源说和多地区进化说各自的一些观点。

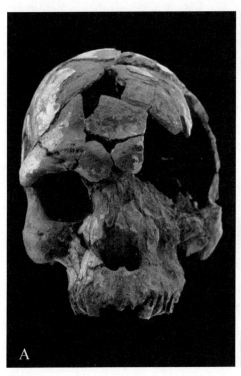

图 17-28　在埃塞俄比亚 Herto 地点发现的早期现代人头骨化石（A）及其复原像（B）（引自 White, et al., 2003）。

　　作为多地区进化说的重要组成部分，中国学者吴新智提出"连续进化附带杂交"来解释中国地区古人类演化以及现代中国人的起源。根据这个学说，在中国发现的古人类化石（从直立人阶段的元谋人、北京人、南京人，到早期智人阶段的大荔人、金牛山人、许家窑人、马坝人，一直到晚期智人阶段的柳江人、山顶洞人、资阳人、丽江人等）具有一系列共同的形态特征，如上面部低矮、面部扁平、颧骨额蝶突偏向前方、颜面中部欠前突、鼻区扁塌、眼眶呈长方形、铲形门齿等。此外，现代中国人的形成有来自其他地区人类基因交流的影响,如在一些中国古人类化石上发现圆形眼眶、发髻状枕部、梨状孔上外侧膨隆等欧洲尼安德特人的特征。但也有国内学者根据对 Y 染色体 DNA 的分析,支持非洲起源说,认为 6 万年前有一批非洲现代人来到中国,取代了当地古人类,成为现代中国人的祖先。

尽管在中国 40 多处地点发现了更新世晚期人类化石,但由于多数地点的年代不确定,加之相关研究对从古老型智人向早期现代人演化过渡的形态证据缺乏足够的关注,古人类学界对早期现代人在中国的出现时间及演化并不清楚,一般将这一时间段的人类化石笼统归为晚期智人。2003 年,在周口店附近的田园洞内发现 34 件人类化石及丰富的动物化石。对伴生的哺乳动物化石和 1 件从人类股骨提取的样品进行的质谱加速器 ^{14}C 测定,人类化石的年代被确定为距今 4.2 万－3.9 万年,这是首次对中国更新世晚期人类化石进行的准确年代测定。研究发现,田园洞人类化石已经具有一些现代人类的衍生性特征,因此田园洞人曾被认为是东亚最古老的早期现代人。

近年,中国古人类学界在现代人起源领域的研究取得了一系列重要进展。先后在湖北郧西黄龙洞、广西崇左智人洞、湖南道县等地发现了大约 10 万年前的早期现代人化石,证实早期现代人 10 万年前在中国某些地区就已经出现,而古老型智人向早期现代人演化过渡的时间可能更早。

黄龙洞　位于湖北省郧西县境内。2004－2006 年对黄龙洞的 3 次发掘发现了 7 枚人类牙齿化石,以及古人类制作使用的工具、燃烧痕迹、大量动物化石及其他古人类活动证据。采用铀系法和 ESR 法对与人类化石同一层位次生碳酸盐岩和骨化石样品的测年结果显示,人类化石的年代在距今 10.0 万－5.7 万年,很可能在距今 10.0 万－7.7 万年。

对黄龙洞人类牙齿的研究显示,黄龙洞人类牙齿形态特征的总体特点是牙齿结构简单,常见于更新世中期人类的牙齿形态特征(如门齿舌面结节、指状突、齿带;臼齿咬合面的附加脊、沟、复杂皱纹等)在黄龙洞人类牙齿上都没有出现。相反,黄龙洞人类牙齿在这些方面表现相对较纤细。一方面,黄龙洞人类与现代人牙齿形态特征的差别主要在上颌前部牙齿(侧门齿及犬齿),体现在黄龙洞人类前部牙齿较为粗壮。这种差别可能代表了黄龙洞人类牙齿仍保留一些相对原始的特征;另一方面,也可能与当时人类对前部牙齿使用方式造成的功能适应有关。值得注意的是黄龙洞人类牙齿上颌中门齿呈现的明显发育的双铲形特征是多见于现代人的特征。黄龙洞人类牙齿各项数据都在现代中国人的变异范围,其中多数数据与现代中国人的平均值接近。尽管如此,仍有一些黄龙洞人类牙齿的测量数据及尺寸比例呈现出与更新世晚期人类相似的特点,主要出现在上颌前部牙齿及下颌第二臼齿。总体上看,多数黄龙洞人类牙齿形态特征与现代人相似,但在某些方面仍然呈现出一些不同于现代人的特点。黄龙洞人类牙齿呈现的铲形门齿、双铲形门齿及臼齿釉质延伸说明,当时人类已经具有了东亚人群的典型牙齿形态特征。

智人洞 2003－2007年对位于广西崇左境内的木榄山智人洞进行了发掘,发现1件古人类下颌骨前部残段、2枚牙齿,以及大量共生的哺乳动物化石。经鉴定,智人洞与人类化石共生的动物群为晚更新世早期(或中更新世晚期)。采用^{230}Th–^{234}U不平衡铀系法对智人洞出土人类化石的地层进行了年代测定,智人洞古人类的生存年代在距今11.3万－10万年(图17-29)。

图17-29 广西崇左木榄山智人洞地点。

对智人洞人类化石的研究显示,智人洞人类牙齿尺寸较小,齿冠颊舌径、近中–远中径以及齿冠面积均位于现代人变异范围之内。牙齿咬合面有5个齿尖,无前凹和中央三角脊结构。齿根分叉位置较高。这些特征表现多见于早期现代人。在智人洞发现的3件人类化石中,下颌骨最为重要。这件下颌骨保存有完整的下颌联合部以及相邻接的两侧部分下颌体。智人洞人类下颌骨与时代接近的更新世晚期人类相比,显得略小,形态特征呈现进步与古老并存的镶嵌混合特点。对比研究显示:一方面,智人洞人类下颌骨已经出现一系列现代人类的衍生特征,包括较明显的颏三角、突起的联合结节、中央脊、明显的颏窝、中等发育的侧突起、近乎垂直的下颌联合部(下颌联合倾角为91°)、明显的下颌联合断面曲度等;另一方面,智人洞人类下颌还具有一些相对原始的特征,包括下颌体比较粗壮及较明显的下横圆枕,使其与古老型人类相似(图17-30)。与迄今发现的早期现代人相比,智人洞人类下颌比较原始,呈现出原始与进步特征镶嵌特点,在形态上似乎代表一种古老型智人与早期现代人之间的过渡类型。这些特征说明智人洞人类属于正在形成中的早期现代人,处于古老型智人向现代智人演化的过渡阶段。

田园洞、黄龙洞和智人洞人类化石的发现和研究使得学术界能够以更为准确和翔实的年代和化石形态信息来分析现代中国人起源过程。通过这些发现和研究获得的最为重要的认识是早期现代人在中国乃至整个东亚的出现时间,可以追溯到10万年前,比以往的认识至少要提早6万年。此外,田园洞人与智人洞人之间在下颌骨形态特征上的差别说明,早期现代人在东亚地区的形成过程中经历了一定程度的连续演化。在这一时间段内,来自其他地区的早期现代人简单替代东亚大陆当地古人类是不大可能的。

对在贵州盘县大洞发现的距今28万−13万年的人类牙齿化石的研究发现,这些牙齿具有古老和衍生(或现代)特征并存的表现特点,与同时期亚洲和非洲人类相比,盘县大洞牙齿呈现出更多的衍生特征。在4枚盘县大洞人类牙齿中,上颌中门齿外观粗壮,具有显著的底结节、指状突和边缘脊,尺寸与古老型智人及尼人接近。这些特征表现与欧亚古老型智人相似,呈现较多的原始性。其余3枚牙齿(下颌犬齿、上颌及下颌第三前臼齿)则呈现出原始与现代特征混合的表现特点,相对原始的特征包括齿冠轻微不对称、个别尺寸偏大等,但总体上看这些原始特征表现程度很弱。另外一些特征与早期现代人及现代人相似,如齿冠轮廓形状、对称性、牙齿尺寸和粗壮度等。在盘县大洞人类牙齿上发现的这些相对进步的衍生特征,提示部分中国中更新世晚期人类可能已经出现向早期现代人演化过渡的趋势。

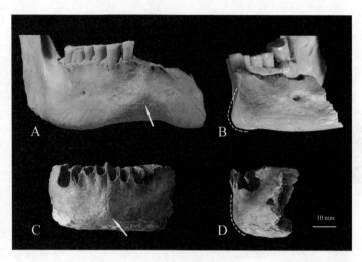

图 17-30　在田园洞和智人洞发现的人类下颌骨。A. 田园洞下颌骨正面观;B. 田园洞下颌骨侧面观;C. 智人洞下颌骨正面观;D. 智人洞下颌骨侧面观。

道县福岩洞　2011−2013年,在湖南省道县福岩洞发现47枚人类牙齿和大量的哺乳动物化石(图17-31,图17-32)。测年结果表明,人类化石的年代在距今12万−8万年。经研究发现,道县人类牙齿几乎所有特征都与现代人非常接近。道县人类牙齿尺寸较小,位于现代智人变异范围。因此,道县人类化石代表着东亚地区最早的现代人。道县人类化石的年代和形态研究显示,具有完全现代形态特征的人类距今12万−8万年在东亚大陆就已经出现。根据对化石形态的对比分析,黄龙洞人、智人洞人属于从古老型智人向现代人演化的过渡类型,而道县人类则代表着演化进入完全现代类型的人类。这些研究发现提示,在中国地区,华南是现代人形成与扩散的中心区域,早期现代人以及完全现代类型的人类都可能首先在华南地区出现,然后向华北地区扩散。

图 17-31 湖南道县福岩洞。

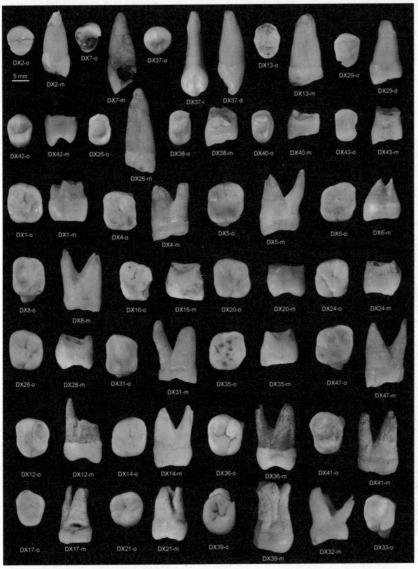

图 17-32 在湖南道县福岩洞发现的47枚人类牙齿化石。

二、更新世晚期人类演化多样性

多年来,古人类学界将生活在更新世晚期的人类分别归入古老型智人、早期现代人以及尼安德特人,认为古老型智人(或尼安德特人)进一步演化成为早期现代人。近10余年来,一系列有关更新世晚期人类化石的新发现和研究成果显示,这一时期人类演化比以往认为的要复杂得多。这种演化复杂性表现在化石特征多样化、呈现出明显的演化不同步、存在智人及尼安德特人以外的其他人类成员等方面。

1. 弗洛里斯人

2003年以来,在印度尼西亚弗洛里斯岛的一个山洞中发现了数量较多的人类骨骼化石,包括一件完整的头骨。这些人骨化石尺寸很小,估计身高106 cm,脑量380 ml,体重16−29 kg(图17-33,图17-34)。与人类化石同时被发现的有一些砾石石器和绝灭的矮小象化石。年代测定显示人类化石的年代在距今3.8万−1.8万年,与许多早期现代人的生存年重叠。化石形态特征与在爪哇桑吉兰地点发现的直立人相似。研究者将这些人类化石命名为人属弗洛里斯种(*Homo floresiensis*),俗称弗洛里斯人或小矮人。古人类学界对弗洛里斯人的演化地位存在争议。有人

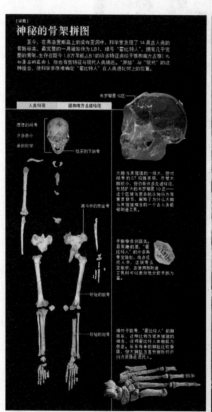

图17-33　弗洛里斯人化石及所在洞穴地点(引自Wong,2009)。

认为他们的异常形态是小头症或其他疾病造成的后果。也有学者认为他们是直立人迁徙到弗洛里斯岛，在隔离环境下存活到如此晚近的一个人类成员。

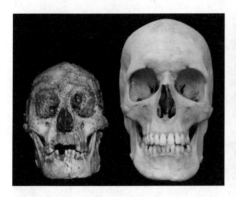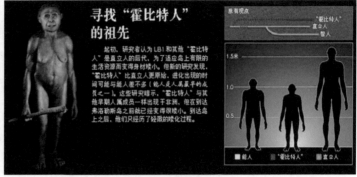

图17-34 弗洛里斯人复原像及其身体大小比较。左：弗洛里斯人头骨与现代人头骨对比（引自Wong, 2009）。

2. 丹尼索瓦人

在俄罗斯境内的南西伯利亚阿尔泰地区丹尼索瓦山洞中发现的人类指骨和臼齿化石，年代大约在4.5万年前。研究人员从这些化石中提取了DNA并进行了分析。结果显示，其基因组与尼安德特人及智人都不同，但与尼安德特人及智人都发生过一定程度的基因交流。这些人类化石被命名为丹尼索瓦人。在丹尼索瓦山洞中还发现有制作工艺复杂的石器和骨器，估计是智人制作的。研究人员推测，在丹尼索瓦山洞曾经生存有丹尼索瓦人、尼安德特人和早期现代人3种人类。此外，在南太平洋美拉尼西亚人的基因组中发现有大约5%的丹尼索瓦人基因。

3. 许昌人

2005－2016年，对位于河南省许昌市的灵井遗址进行了连续12年的挖掘，发现了45件人类头骨碎片化石、古人类制作使用的石器以及20余种哺乳动物化石。通过地层对比、动物群组成分析及光释光测年等多种方法的综合研究，人类化石的年代被确定为距今12.5万－10.5万年。经过鉴定，确认这些头骨碎片代表5个个体，其中Ⅰ号和Ⅱ号个体相对较为完整：许昌Ⅰ号由26块游离的头骨碎片组成，复原后的头骨保留有脑颅的大部分及部分底部，代表一个年轻的男性个体；许昌Ⅱ号头骨由16块游离的碎片拼接而成，复原后的头骨保存有脑颅的后部，为一较为年轻的成年个体（图17-35，图17-36）。

研究发现，许昌人头骨呈现复杂的混合及镶嵌性形态特征。

（1）脑颅的扩大和纤细化：Ⅰ号头骨的脑量约为1 800 ml，Ⅱ号头骨虽然小于Ⅰ号，但也位于晚更新世人类的平均值附近。骨壁变薄，颅形圆隆，枕圆枕弱化，眉脊厚度中等。从中更新世到晚更新世早期，人类脑量具有增大及纤细化的演化趋势，许昌头骨明显扩大的脑量符合这一演化特点，进一步证实了这一时期的人类具有相似的演化模式。

图17-35 在河南灵井遗址发现的许昌人Ⅰ号（右侧）和Ⅱ号（左侧）头骨化石。

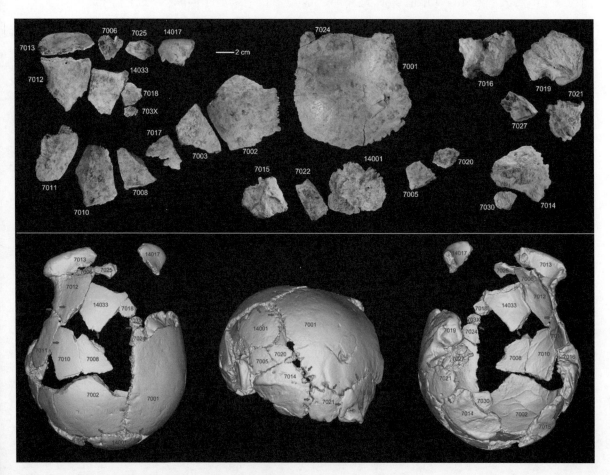

图17-36 许昌Ⅰ号头骨化石碎片及头骨化石的虚拟复原。

（2）具有东亚中更新世早期人类（如周口店直立人、和县直立人等）的原始及共同特征：包括低矮的头骨穹隆、扁平的脑颅中矢状面、位置靠下的最大颅宽、短小并向内侧倾斜的乳突。许昌人头骨具有东亚古人类一些原始特征及若干共同的形态特征提示，从更新世中、晚期，东亚古人类可能具有一定程度的连续演化模式。

（3）具有与典型的尼安德特人相似的两个独特性状：一个性状表现在项区，包括不发达的枕圆枕、不明显的枕外隆突伴随其上面的凹陷；另外一个性状是内耳迷路的模式，前、后半规管相对较小，外半规管相对于后半规管的位置较为靠上。这两个独特性状，其中一个性状（枕圆枕上凹/项部形态）在东亚古人类头骨不清楚；另外一个特征（内耳迷路比例）在东亚古人类中只有1例具备。许昌头骨在枕圆枕上凹和颞骨内耳迷路半规管的形态上与欧洲的尼安德特人相似，暗示了两个人群之间基因交流的可能性。许昌人头骨具有的这种混合性，尤其是镶嵌性头骨形态特征，反映东亚更新世人类演化特点既具有一般性的趋势，同时还呈现一定程度的地区连续性以及与其他地区古人类之间的交流。许昌人很可能代表着华北地区早期现代人的直接祖先。

4. 早期现代人在中国出现与演化过程中的化石形态多样性

近年，中国古人类学界对早期现代人在中国出现与演化过程中的化石形态变异、人群地区间差异开展了多方面的研究，取得了一些新的发现和认识。

近年确认的早期现代人化石地点（如智人洞、黄龙洞、土博、陆那洞）以及呈现向早期现代人演化过渡趋势的中更新世晚期人类地点（如盘县大洞），大多位于华南地区。最近发现的现代类型人类化石地点道县，以及柳江、资阳、丽江等地点也都位于华南地区。相比之下，在华北地区，以许家窑人为代表的晚更新世早期人类仍保留较原始的化石形态，其演化尚未进入早期现代人阶段。年代较晚的山顶洞人也保留了较多的原始特征。说明东亚地区更新世晚期人类演化不同步，在化石形态方面呈现出明显区域性差别。因此，至少在大约10万年前的晚更新世早期，生活在中国南部和北部的人类在体质形态上已经呈现出明显的差异，具体表现为南方更新世晚期人类较同时期北方人类与现生人类更为接近，在演化上比北方人类更早进入现代人阶段。根据这些研究发现，一些学者提出华南是东亚地区现代人形成与扩散的中心区域，早期现代人以及完全现代类型的人类都可能首先在华南地区出现，然后向华北地区扩散。

5. 早期现代人出现与演化过程中健康与生存适应活动的化石证据

作为古人类骨骼和牙齿形态与结构信息的承载体，人类化石除保存骨骼和牙齿外表及内部形态或结构信息外，很多情况下还保留当时人类健康状况、生存活动留下的各种痕迹。研究显示，早期现代人出现及演化过程中的健康状况和生存适应活动复杂多样。

（1）病理现象：以往对中国古人类化石的研究也曾注意到病理或其他异常现象，如山顶洞人和资阳人牙齿疾病、蓝田人头骨表面异常痕迹和下颌骨呈现的牙周病等。近年，对中国古人类化石上保留的反映古人类演化过程中的健康状况开展了一些相关研究。田园洞、黄龙洞和智人洞人类化石是近10年来在中国发现的最为重要的早期现代人化石。对这些化石的研究除揭示早期现代人出现与演化的形态信息外，还发现了一些反映当时人类健康状况的病理现象。在上述3个地点发现的人类化石中，田园洞和智人洞人类化石都发现有多种病理现象。

对田园洞人类化石的研究发现该个体生前患有颈椎炎和指关节炎、肌腱和韧带骨化、牙齿生前缺失（右侧下颌中门齿-左侧第三前臼齿）、牙齿釉质发育不全、齿槽变化与牙骨质增生病变等。对智人洞人类化石病理现象的研究显示，智人洞3件人类化石上都呈现有明显的病变：附带有部分齿槽的下颌第三臼齿齿槽骨明显萎缩，生前患有牙周炎；单个的下颌第二（或第三）臼齿呈现非常明显的龋齿病灶和次生的牙骨质增生；而智人洞下颌骨双侧前臼齿位置呈现对称性根尖周炎。智人洞发现的人类龋齿是目前我国乃至东亚地区报道的最早的龋病病例。

（2）创伤与暴力行为：1958年发现的广东马坝人头骨化石是华南地区最完整的中更新世晚期人类化石，年代测定为约13万年前。马坝化石被发现后，曾经有学者注意到其右侧额骨表面有一个凹陷的痕迹，但没有进行过深入的研究。最近对这个痕迹进行的形态观测、CT扫描和病理分析发现，马坝人右侧额骨的痕迹表面粗糙，呈现波纹状隆起的细脊；痕迹对应的颅骨内面呈凸出状；在痕迹周边可见有明显的伤后愈合迹象。CT扫描显示痕迹及其附近呈现明显的愈合证据，包括颅骨外板和板障区域明显增厚等。与相关标本和数据的对比显示，马坝人头骨的痕迹符合局部受到钝性物体打击的表现，可能是受到局部钝性力量冲击造成的外伤愈合后所致。根据外伤痕迹的形态和部位判断，这种痕迹很可能是当时人类之间暴力行为的结果。对许家窑3件头骨化石表面痕迹的分析证实这些痕迹同样是生前受到外力打击所致（图17-37）。

（3）牙齿使用痕迹：除承担咀嚼功能在牙齿表面造成磨耗痕迹外，人类牙齿有时还被用于其他用途，在牙齿表面造成使用痕迹，如啃咬、叼衔、剔牙、牙齿修饰等。对黄龙洞人类牙齿的研究发现，其前部牙齿切缘局部有粗糙面，在齿冠咬合面及附近呈现出许多釉质表面破损、崩裂。进一步分析发现，黄龙洞人类前部牙齿表面具有釉质破损与崩裂、齿冠唇面破损、齿间邻接面沟3种类型的使用痕迹。根据这些牙齿使用痕迹的分布和表现推测，生活在黄龙洞的更新世晚期人类经常使用前部牙齿从事啃咬、叼衔或剥离坚韧的食物或非食物物品等活动，并可能将前部牙齿作为工具使用；齿间邻接面沟提示当时人类经常从事剔牙活动。结合已经在黄龙洞发现的其他人类活动证据，认为当时人类可能从事狩猎活动，食物构成中包含有较多的肉类及粗纤维植物。

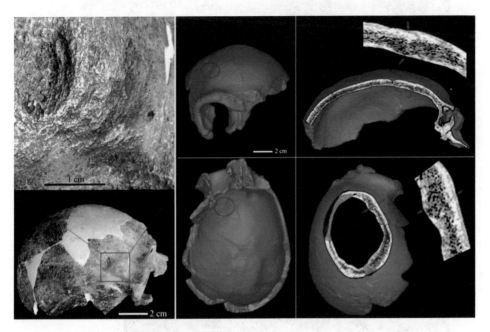

图 17-37　马坝人头骨表面创伤痕迹。

（4）生长发育异常及先天畸形：最近的研究发现，大约11万年前的许家窑人具有罕见的先天发育异常：巨顶孔。许家窑11号化石为一成年个体双侧顶骨中后部残片，其后方有一个直径2 cm左右的异常穿孔，穿孔边缘处外板光滑转向内板，无受伤后的愈合迹象，穿孔后方的矢状缝斜行偏向右侧顶骨，颅内面加宽的上矢窦静脉压迹延伸到巨顶孔后缘。研究显示，穿孔为先天形成的穿过矢状缝的单巨顶孔，个体血管系统可能异常，此缺陷虽然没有导致个体死亡，但是有可能导致次生的神经系统异常。巨顶孔在现代人群中的出现率仅为1/25 000，孔直径10 mm左右。许家窑11号标本是迄今为止发现的更新世古人类唯一一例巨顶孔病例（图17-38）。造成各种先天发育异常和疾病的原因，可能与更新世人群内部遗传密切、人口不稳定有关。小群体、高密度近亲交配的结果是人口出现高比例的先天异常或疾病。各种先天异常和疾病即便不致命，也会造成人群健康水平、生存竞争能力、平均寿命的降低，最终导致人群灭绝消失或被外来群体替代。

从近年开展的相关研究看，对病理、创伤、各种生存活动以及生长发育异常等现象在古人类化石上保留的痕迹的研究，已经成为近年早期现代人在中国出现与演化研究的一个重要组成部分。现有的研究证据显示，早期现代人在中国的形成与演化似乎经历了复杂的生存适应活动，承受过很大的生存压力。

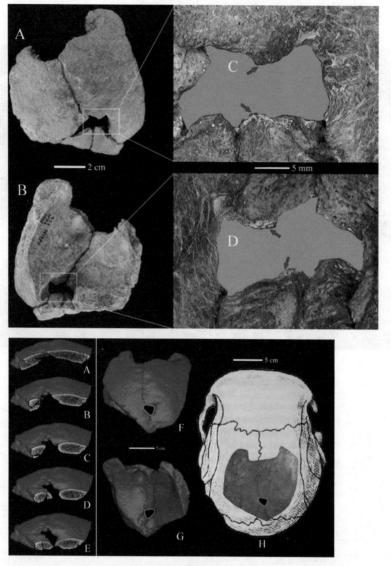

图 17-38　许家窑人头骨扩大顶孔先天畸形。

三、基因交流

　　中国古人类演化过程是否受来自欧洲古人类基因交流的影响及其化石证据，一直是古人类学研究的关注点。有学者认为，一些中国更新世中、晚期人类化石上呈现有尼安德特人特征，出现在丽江人头骨枕部的发髻状隆起、鼻额缝位置高以及卡氏尖这3项特征与中国化石人类的通常表现不大相同，可能反映了中国古人类在进化的后期与西方古人类基因的交流逐渐频繁。此外，马坝人圆形眼眶、柳江人和穿洞人枕部的发髻状隆起、资阳人鼻额缝上凸呈拱形也被认为是与欧洲人类基因交流的结果。近年，对部分中国中更新世晚期和晚更新世人类化石的研究，也揭示出一些可能与尼安德特人基因交流的化石形态证据。

1. 许家窑人和许昌人似尼人内耳迷路模式

内耳迷路是埋藏在颞骨岩部内面的结构,由半规管、前庭和耳蜗三部分组成。尼安德特人的内耳迷路在半规管的大小、比例及其角度上表现出一系列不同于其他人属成员的特殊形态,几乎所有的尼安德特人都具有较小的前半规管、较大的外半规管和相对于外半规管位置靠下的后半规管,这种类型的内耳迷路模式在其他更新世古人类及全新世人群中极其罕见,因而被学术界命名为"尼人内耳迷路模式"。相对于尼人内耳迷路模式,其他更新世及全新世人类相似的内耳迷路类型被称为"祖先内耳迷路模式"。

最近,利用高分辨率工业CT技术,复原出公王岭蓝田直立人、和县直立人、许家窑早期智人、柳江早期现代人以及新发现的许昌人内耳迷路形态,并与世界各地更新世和180例全新世人类内耳迷路的形态特征进行了对比和分析,结果显示中国更新世古人类内耳迷路的形态呈现出祖先内耳迷路模式和尼人内耳迷路模式两种类型:蓝田直立人、和县直立人和柳江人内耳迷路的形态同现代人基本一致,表现出明显的祖先内耳迷路模式;许家窑人和许昌人内耳迷路形态与尼安德特人极其相似,表现为典型的尼人内耳迷路模式(图17-39)。

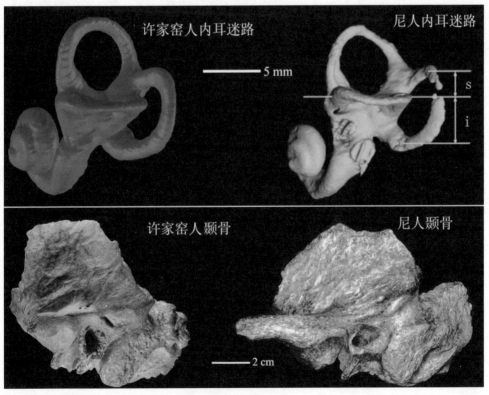

图17-39　许家窑人及尼安德特人颞骨与内耳迷路。

2. 其他在中国更新世晚期人类化石上发现的似尼安德特人特征

对许家窑人下颌骨的研究发现,在所观测的6项特征中,有2项特征(磨牙后间隙较大以及粗大的翼内肌结节）的表现特点与尼安德特人相似。采用激光扫描对许家窑人鼻骨基底部断面的形态进行研究，也发现与尼安德特人表现相似。此外，对新发现的许昌人头骨化石进行研究，发现两个典型的尼安德特人枕骨特征。

这些研究发现提示，早期现代人在中国出现和演化的过程中可能与欧洲尼安德特人发生过基因交流。

经过 100 多年几代人的努力，学术界根据发现的化石证据已经建立了人类起源与演化的大致框架。现有的证据显示，人类起源与演化至少经历了 700 万年的历程。最早的人类很可能出现在非洲，早期阶段的人类演化也发现在非洲。大约 200 万年前，人类演化进入直立人阶段后，向亚洲和欧洲迁移扩散。

由于目前掌握的人类化石证据有限，在很多区域或时代保存下来的化石记录不完整，因此古人类学界对人类起源与演化的许多问题还不清楚或存在争议。解决这些问题的关键是发现更多的保存状态良好、年代准确的人类化石。因而，寻找不同演化阶段人类祖先化石及相关生存活动证据，仍然是未来研究人类起源与演化的重要工作。

随着人类化石标本数量不断增加、年代测定更加精确、一系列新的研究方法和手段被用于人类化石研究、古 DNA 等的多学科交叉渗透，近年对人类起源与演化的研究更加关注演化规律和细节过程，涉及不同演化阶段古人类的内部变异、相互关系、地区人群之间的交流等。在东亚古人类起源与演化方面，古人类学界对人类最早在东亚大陆起源或出现的时间存在争议，尤其关注东亚大陆是否存在早于 200 万年前的人类。近年研究显示东亚大陆直立人与化石智人具有明显的内部变异，而这些变异对于这一地区人类演化的影响还需要更深入的研究来阐明。此外，化石形态及古 DNA 研究都发现，更新世晚期东亚大陆人类与欧洲尼安德特人之间存在基因交流。由于开展的工作还不多，对于这种交流的方式、范围、程度还不清楚。

拓展阅读

吴新智，徐欣，2015. 探秘远古人类 [M]. 北京: 外语教学与研究出版社.

刘武，吴秀杰，邢松，等，2014. 中国古人类化石 [M]. 北京: 科学出版社.

Delson E, Tattersall I, Van Couvering J, et al., 2000. Encyclopedia of Human Evolution and Prehistory [M]. New York: Garland Publishing, Inc.

Stanford C, Allen J S, Antón S C, 2013. Biological Anthropology [M]. 3rd ed. Boston, MA: Pearson.

Gibbon, 2009. A New Kind of Ancestor: Ardipithecus Unveiled [J]. Science, 326: 36–40.

Gibbons A, 2005. Facelift supports skull's status as oldest member of the human family [J]. Science, 308: 179–180.

Aiello L, Dean C, 1990. An Introduction to Human Evolutionary Anatomy [M]. London: Academic Press.

Kappelman J, 1996. The evolution of body mass and relative brain size in hominids [J]. Journal of Human Evolution, 30: 243–276.

Holloway R L, Broadfield D C, Yuan M S, 2004. The Human Fossil Record, Vol. 3 Brain Endocasts: The Paleoneurological Evidence [M]. New York: Wiley-Liss.

Lee Berger, Ruiter D, Churchill S, et al., 2010. Australopithecus sediba: A New Species of Homo-like Australopith from South Africa [J]. Science, 328: 195–204.

White T, Asfaw B, DeGusta D, et al., 2003. Pleistocene Homo sapiens from Middle Awash, Ethiopia [J]. Nature, 423: 742–747.

Wong K, 2009. Rethinking hobbits of Indonesia [J]. Scientific Americans, 11: 64–71.

第十八章

地球生命演化的现代启示

如同源远流长、延绵不断的
生命进化长河，
进化论本身也在不断进化之中；
作为特殊的生物物种之一，
人类应当从37亿年地球生命史书中
获得怎样的启示呢？

美国著名的进化生物学家杰瑞·科恩曾这样写道:"达尔文在写作《物种起源》的时候,胚胎学的证据被用作最强有力的证据,今天它可能会将这个荣誉交给化石,因为对许多人来说,化石在心理上比分子数据更有说服力"。

地球有46亿年的历史,地球有生命的历史至少有37亿年,古生物学家通过数百年的努力,已经发现了大量珍贵的化石证据,为我们理解地球生命的历史提供了许多宝贵的证据。中国享有世界上十分独特且极为丰富的地层和化石资源。从6亿年前的翁安生物群到5亿多年前的澄江生物群,一直到6 500万年以来的新生代,中国都有丰富的化石发现,为我们恢复远古生命的演化提供了极为珍贵的资料。

尽管古生物学为地球生命演化提供了最直接的证据,描绘了宏伟的画卷,但是,要了解生命演化的机理,并且探讨其对现代人的启示,首先要了解达尔文所创立的进化论。

第一节　进化论的简要回顾——兼论对其常见的误解

"如果没有了进化论,生物学的一切都将变得无法理解",美国著名的进化生物学家杜布赞斯基的这句话很好地说明进化生物学是生物学的一个非常基础而关键的学科,它的影响力可能遍及生物学的其他许多分支学科。诺贝尔奖获得者雅克·莫诺曾经说过,"进化论还有一个奇特好笑的特点,是每一个人都以为自己懂得进化论"。这句话的意思是进化论看似简单,实际上常常会让公众产生很多误解,这些误解总结起来主要有3个:第一个误解是把达尔文进化论和拉马克所创立的获得性遗传假说相混淆;第二个误解是认为进化是有方向性的,是有进步性的,或者认为所谓进化就是从简单到复杂,从低等到高等,由低级到高级;第三个误解是很多人认为进化等同于适者生存,更有甚者,认为适者生存也就等同于强者生存。

拉马克提出的"用进废退——获得性遗传的假说"现在已经被主流生物学界所抛弃。他的主要观点包括3个方面:第一,生物的变异是环境变化诱发的(现在我们知道变异主要是遗传控制的);第二,他认为环境变化所诱发的变异是可以遗传的(事实上,这也是错误的。不可否认,表观遗传学揭示的表观遗传确实是由环境导致的,但这类遗传并没有改变基因的序列,而且它对进化的影响目前学术界还存在争议);第三,他认为简单的生命形式能够不断自生并自动地向更高级的形式发展,也就是说,他认为生命的演化是一个有意识的、自动的由所谓低级向高级发展的过程（这一点也早被生物学界所抛弃）。譬如，长颈鹿的脖子为什么那么长，很多人会认为其原因是长颈鹿总是伸长脖子想要够到更高的树上的叶子，久而久之，脖子就变长了。这就是拉马克的获得性遗传的观点，即长颈鹿脖子变长，是由于环境诱发与长颈鹿祖先自身努力共同作用的结果。

图18-1　有关长颈鹿的长脖子进化，拉马克认为长颈鹿的祖先原本脖颈很短，但是为了吃到高处树枝的叶子，不断地伸长脖子去够，变长了的脖子可以遗传给下一代，慢慢就有了今天的长颈鹿；但达尔文的解释是：首先长颈鹿的祖先们由于遗传的差异产生不同的个体，那些脖子比较长的祖先由于能吃到高处的叶子，获得了比脖子短的个体更多的生存优势，在自然选择的作用下，日积月累变成了今天的长颈鹿。

达尔文进化论有两个最主要的观点。第一个观点是群体内的变异。也就是说，一个物种种群内的每一个个体之间存在的变异，是由不同个体之间的遗传差异导致的。有遗传的差异才能进行选择，这是进化发生的前提。达尔文进化论的第二个（也是最重要的）观点是自然选择。达尔文（图18-2）认为自然选择是生物进化的最主要的推动力，是生物进化的机制。通过对具有可遗传差异个体的自然选择

图18-2 达尔文。

的作用,伴随时间的推进,生物就产生了进化适应。这是达尔文学说的最基本内容,而自然选择是达尔文学说的核心。

普通大众对于达尔文进化论的第二个误解是认为进化是有方向性的,或者说是不断进步的。事实上,进化是有很大的随机性和偶然性的。首先,变异是随机的,其次大自然是变化无穷的。日本著名进化生物学者太田朋子曾经说过,在自然界能够被最终保存下来的,不见得是那个最适应环境的特征,不好的性状,由于机遇,在自然界也有可能被固定下来,这和我们过去理解的"适者生存"是有所区别的。

生物进化并没有预见性和目的性,也就没有预设的方向性,因为自然界的自然选择只着眼于当前和当地。进化实际上是一个机会主义的过程。进化也没有所谓变得越来越进步的趋向,因为基于选择的进化是随机性和规则性的结合。

事实上,达尔文很早就说过,"说一种动物比另外一种动物高级其实是荒谬的"。我们经常听人讲,在生物类群中,人类是最高等的。实际上,所谓高级低级、高等低等都是人为的价值判断,生命的演化属于科学范畴,不能将人为的道德标准强加给生命世界。

公众对进化论的第三个误解是认为:进化=适者生存=强者生存。这个误解在中国似乎更加严重。生物学中严格意义上的"适应"是指存活并繁殖后代,这和我们日常生活中所理解的适应相差很大。我们通常理解的"适应"是适应形势、适应环境,带有很多有意识的、主动性的含义(与拉马克的观点比较接近);而生物学上的"适应",从某种意义上说是一个被动的过程,也就是说,是大自然的选择造就了"适应"。"适者生存"这个词本身还很容易引起误解,有人认为这个词语义上是重复的。

但是适者生存显然并不等于强者生存。我们通常会认为强壮的才是更适应的,实际上不一定。生物的适应有多种不同的方式,它可以通过强壮,也可以通过快速,或者通过它独特的行为方式、社会群体的分工等多种方式适应环境。

此外,"适应"都是相对的。某种生物今天可能适应这样的环境,如果换了一个时间或者换了一个地域,它可能就并不适应了。譬如,鱼龙是恐龙时期海洋里的霸主。它的祖先来自陆地,也是爬行动物。3亿多年前,脊椎动物从海洋登陆,征服了陆地,这是一个新的生态的适应,后来由于陆地生态空间竞争压力增加,一些脊椎动物又重返海洋,并且成功繁衍下来,显然这是一种新的进化适应,而不是它的祖先很早以前预设的进化方向。当然,更谈不上谁更高级,谁更进步。所以,所有的适应都是自然选择造成的,是自然选择创造了适者。

第二节　继承和发展:达尔文之后的进化论

达尔文自然选择学说真正获得学术界的广泛认同是在20世纪三四十年代,此后进化论获得了极大的继承和发展,其最主要的贡献来自由孟德尔开启的遗传学。

20世纪三四十年代学术界诞生了所谓的现代综合学派,或者叫做进化综合学派。这主要源自3个学科的贡献:一是作为基础的达尔文的自然选择,此外还有遗传学和古生物学。遗传学的一个重要贡献就是解释了达尔文当年所无法理解的变异的机理问题。

20世纪50年代后,分子生物学的发展,特别是DNA的发现和研究,为我们更好地认识生物遗传和变异的规律提供了新的视角。DNA是生物遗传的基础,是控制生物性状的基本遗传单位,同时也是变异的基础。生物学家越来越认识到DNA突变的发生是随机的,不同个体之间存在差异,这种差异是可以遗传的,而这种差异最初则来源于基因的突变,染色体的重组等也会产生变异。因此说,分子生物学为我们更好地理解生物的遗传机理以及变异过程提供了重要的科学基础。

达尔文进化论在发展的过程中同样遭遇过挫折,或者说挑战。1968年,日本群体遗传学家木村资生,直接挑战了自然选择是主要演化力量的主流观点,首次提出中性突变的遗传漂变(genetic drift)是分子演化的主要原因,他认为分子水平上绝大部分的变异都是中性或近似中性的,并不受到自然选择的影响。他忽略了一个很重要的问题,即达尔文自然选择强调的是生命的一个个体或者群体这个层次的选择,而非分子层次。因此,中性理论是解释分子进化的理论,并不适用于解释其他层次的进化现象。从某种意义上说,这两者并不矛盾,但是并不能简单地把分子的进化直接照搬来否定达尔文的自然选择假说。美国著名华裔进化生物学家龙漫远先生曾说,中性演化实际上是对达尔文理论在分子水平上的补充,他提出了并不是一切演化都是适应性演化的结果。在演化中,机遇也扮演着非常重要的角色。

今天,分子生物学获得了突飞猛进的发展,可以说,我们进入了基因组时代。从DNA的发现到DNA演化的研究,再到新基因起源方面的研究,我们现在已经不满足于仅仅了解生命的遗传密码,进化生物学家更想要研究某个基因在地质历史时期中的出现时间、它是如何出现的等问题。我们开始把生物演化的研究和发育生物学结合起来,研究一个个体从最初阶段到成长的过程是如何受基因调控的。表观遗传学的研究进展为我们更准确理解环境对生物发育演化的影响提供了新的视角。现代生物学为我们更好地理解生命进化提供了越来越多的知识。

地质学和古生物学对我们理解生命演化历程也非常重要,它们提供了极其丰富的证据。达尔文时期,很多人都认为地球是固定不变的。如今,从大陆漂移理论到海洋扩张理论,再到板块构造理论,我们逐步了解到地球并不是固定不变的。直到今天,板块之间的相对运动仍在持续,这就为我们认识过去某一生物所处的特定空间提供了科学依据。达尔文曾经认为中间类型或者说过渡类型生物的缺少是对他的理论的最大挑战。按照达尔文的理论,生物演化是渐变的,如果化石记录很完整,则可以保存不同的过渡类型,但是,事实上,古生物学家往往在不同层位里面发现不一样的物种的化石。那么,为什么过渡类型会比较少?达尔文当时的解释就是化石记录不完善。古生物学家在20世纪70年代提出间断平衡理论,认为生物演化的速度并不是永远恒定的,一个新种的产生,或者一个支系的产生,是一个比较快速的过程,而一旦一个新的物种诞生后稳定下来,它将会有一个相对长的稳定发展期,而且比较少地发生变化。

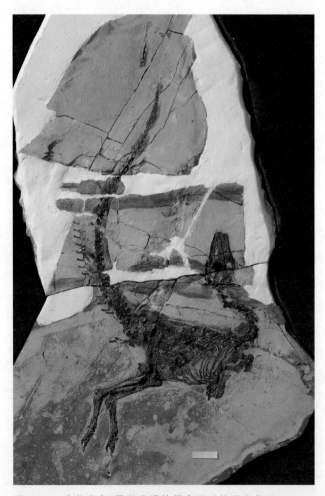

图18-3 中华龙鸟,最早发现的带有羽毛的恐龙化石。

现代生物学家,包括分子生物学家,对生物演化的分布和速度做了大量的研究工作,可以帮助我们更好地理解为什么从古生物学的角度没有发现那么多的过渡类型。生物学家Jean-Baptiste de Panafieu曾经这样写道,不同的物种在形成之后,已经与相对稳定的环境之间形成了一种较为理想的适应,因此它可以长时间保持不变;而当生态环境发生骤变的时候,物种也会发生急剧变化。此外,快速的演化一般发生在个体比较少的种群中(分布的地区也有限),这些小规模种群形成化石的概率也是较小的。这两个因素最终导致了过渡形态物种化石较少的现象。

在过去的100余年间,古生物学家发现了很多重要的过渡类型的化石。例如,中国在过去20余年中发现了很多重要的化石证据,验证了鸟类是从某一类恐龙演化而来的,为鸟类的起源提供了丰富的证据。

从达尔文创立开始,进化论到今天100多年的时间里,在挑战中接受了检验。遗传学和古生物学的新发现、地质学革命性的发展,使达尔文进化论获得了越来越多的证据,并获得了极大的丰富和发展。自然选择是生命进化主要的机制和动力,得到了学术界的公认,但是我们也必须承认机遇也很重要,所以并不能简单地用"适者生存"概括进化的过程,至少还需要加上"幸者生存"。但是我们能说我们对进化论已经完全理解了吗?显然不能。表观遗传学的发展提示我们环境对生物进化的影响或许过去被我们低估了。生物进化本身已经不仅仅是假设甚至是理论,而是事实,但是有关进化的过程和机理显然还存在很多假说,还存在许多未知需要我们去探索。

第三节　进化论、人类及其启示

虽然进化论的实用领域非常广泛,医学、农业、生态学,甚至在法医学上都有很多应用。但是,进化论首先是一门科学,它的影响已经远远超越了生命科学领域,对人类的思想、政治、文化、心理等众多领域的发展产生了广泛而深远的影响。

一、进化论在中国的传播和影响

在中国,大多数人是接受进化论的,但是存在很多误解,大家对进化论的理解通常停留在"物竞天择""适者生存",或者"优胜劣汰"。这种曲解不能仅仅归结于无知,正如美国芝加哥大学著名华裔生物学家龙漫远教授所说:"原本是一种科学理论的演化论,从19世纪末到20世纪初开始化身为中国人救亡图存的指导思想和政治口号"。中国的进化生物学家张德兴研究员曾经这样写道:"从严复先生开始的对达尔文进化论的通俗性的传播,一方面使得中国成为世界上对进化论接受程度最高的国家之一,但另外一方面也使得很多国人对进化论一知半解,不求甚解,甚至道听途说、以讹传讹,鲜有继承和发展。对'物竞天择,适者生存',现代中国社会把这个概念甚至滥用到了极致的程度,以至于达到了一切在于竞争,唯有最强者才能拥有一切,并且为了一己之利而不择手段的地步"。这段话说得比较尖锐和激烈,但从某种意义上反映了一种现状,那就是很多人都觉得达尔文理论就是生存斗争,就是适者生存。这是很不完整的一种理解。

著名学者严复先生所译的《天演论》在中国近代历史上产生了很重要的作用，影响了一代又一代的中国人。这本书是翻译自英国学者赫胥黎的《进化论与伦理学》。从书名，我们就可以看出严复并没有完整、准确地翻译赫胥黎的原著，而是对原著进行了演绎。华裔学者苗德岁先生不久前出版了《天演论（少儿彩绘版）》，书中他详细解释了严复的《天演论》对赫胥黎的《进化论与伦理学》有哪些改变，哪些是赫胥黎的观点，哪些是严复本人的观点。事实上，赫胥黎强调的是人类社会与动物社会的差异，他认为不能把生物演化的规律生搬硬套地运用到社会学领域。然而严复先生翻译的《天演论》其实只翻译了赫胥黎原书中进化论的部分，而有意舍去了其伦理学的观点，不仅如此，严复先生在《天演论》中还加入了斯宾塞的社会达尔文主义观点，这跟赫胥黎的本意简直是南辕北辙。

赫胥黎强调的是我们人类要克服自己的一些野蛮的动物本性，要讲伦理、讲道德，但是严复先生在翻译时把这些内容都剔除掉了，因此，百年来我们中国人接受的很多是一种比较偏激狭隘的进化论思想，过分强调了斗争和适应，而使我们理解的这种"适应"并非生物学意义上的"适应"。那么，生物和生物之间究竟是一种什么样的关系呢？现代生物学通过大量研究已经揭示出生物之间并不仅仅有竞争关系，还存在共生关系，有的是寄生关系。此外，很多物种之间是一种协同演化的关系。在动物社会里面还有很多利他行为，用我们人类的道德标准来说，甚至可谓是"毫不利己、专门利人"，在生物学上可以用"群体选择、亲缘选择"等来解释。生物的演化是一个群体演化的过程，并非个体的演化，所以为了群体的利益，某些生物就会做出牺牲，这在生物界并非罕见的现象。

图18-4　赫胥黎，达尔文进化学说的最坚定支持者之一，他的著作《进化论与伦理学》经过严复先生的选材和配菜，由"西餐"完全做成了"中餐"，一道适合当时急于改变中国落后局面的中国精英人士口味的大餐。

二、人类的进化

有些人认为我们人类是最高级的，他们之所以这样认为，主要是因为我们人类既是裁判员，也是运动员，所以总是以人类中心论、以人类为标准来看待其他动物。

事实上，即使是人类也不是完美的，发生在人类身上的"适应"也不是完美的，是相对的。例如，直立行走解放了我们的双手，带来了很多适应环境的优势，但同时也带来了颈椎和腰椎的负担这种不利的影响。再举一个例子。许多人会生一种叫阑尾炎的病，阑尾实际上是一种已经退化的器官，那么，为什么这种退化的器官没有被自然选择掉呢？这就涉及生物学意义上的"适应"，它指的是存活并繁衍下去，也就是说，一个器官，或者是我们现在已知的许多被认为无用的基因或性状，只要它不威胁生存，不影响繁殖后代，它就会保留下去。生物的进化是很复杂的过程，有利的会获得，不利的不一定会被淘汰掉。

人类是由何而来的呢？达尔文曾经推测人类的祖先来自非洲。今天，随着大量的形态学、分子生物学和古人类学的研究，我们知道人这种动物是从过去的猴演化到过去的猿，一直进化到了今天的人类。分子生物学的研究成果证实我们人类最近的动物亲戚黑猩猩和我们人类的基因相似度达到了99%，甚至更高，古人类学家在过去的若干年里发现了大量的证据，表明我们人类的历史大概已经有至少六七百万年，这和分子生物学所得到的推论基本是一致的。人类的演化至少经历了从南方古猿，到能人、直立人，再到智人的阶段，人类演化的不同阶段的证据越来越丰富，越来越清晰。

"我们从哪里来，往哪里去？"是人类的一个终极思考。实际上，古生物学家、古人类学家已经帮我们解答了第一个问题：我们人类是从动物祖先演化而来，地球生命已经有30多亿年的历史，我们对我们的过去已经有了很深刻的了解。那么，我们又要往哪里去呢？我们人类是不是还在进化？我们人类的进化和动物以及其他生物是不是一样的呢？原理是一样的。人类作为生物的一种，其演化依然遵循着自然选择的一些规律，但人类毕竟是一种很特殊的生命形式，其演化也存在着某些差异。人类是不是还在进化呢？人类只能观察到很短时间内发生的变化，这和地质记录中动辄几百万年、上千万年甚至上亿年的时间尺度是完全不同的，所以我们要意识到这样的差异。研究现代人的进化问题，很多时候我们要依赖可靠的数据才能得出结论。

2015年，英国皇家学会会刊（生物）发表了一篇文章，文中称荷兰人的身高在过去的150年里面平均增长了20 cm，目前荷兰人是世界上平均身高最高的人群。荷兰人为什么在过去一百多年里变得这么高？这里面还有一个有趣的现象，即生育最多的男子身高超过平均身高7 cm，生育最少的男子身高低于平均身高14 cm，前者比后者平均多生0.24个孩子。换句话说，个子高的男性，孩子相对多一点，也就是说自然选择，或者说在这种情况下性选择（一种特殊的自然选择）发生了作用，使得个高的人后代相对多一点，这是基于统计数据得出的结论。无论如何，根据人体健康数据，我们知道现代人还在进化，而且自然选择依然在发挥作用。

许多生物是有社会属性的，我们人类也是一种社会性生物。1975年，美国著名的生物学家威尔逊，出版了名为《社会生物学》的专著，可以说这是划时代的巨著，在社会上产生了深远的影响，但是也引发了极大的争议。其主要争议在于该书的第27章探讨了社会生物学和社会学，他把有关动物的社会学研究延伸到人类的社会学上。这种观点引起了很多人,包括他同在哈佛大学的同事,著名的学者斯蒂文·古尔德的激烈反对。后者认为生物学的理论不能轻易引申到人类社会学的研究中。现在看来,古尔德的观点可能稍显偏激,因为大多数学者还是很推崇威尔逊的贡献的。威尔逊本人是位很严肃的学者,他对关于生物性与人性之间的关系问题有一段论述,他说:"生物学是与人文学科相关联并与其共同进步的。生物学当下所做的,似乎在揭示人性暧昧的根源,比如我们一直讨论人性的永恒冲突,一方面是利己与有利于自己后代的行为,另一方面是利他与有利于群体

图 18-5　威尔逊,社会生物学的创始人。

的行为。作为进化动力的这种冲突,似乎从未达到过平衡。然而,如果一味地走向个体主义,社会就会分崩离析;但如果过分强调服从群体,人群就无异于蚁群。故此,人类总是处在富有创造性的冲突之中,在罪孽与美德、反叛与忠诚、爱与恨之间左右摇摆着。人文科学不过是我们认识与应对这类冲突的方式。这类冲突是绝不可能得到彻底解决的。当然,我们也不必过于努力去解决它——因为它塑造了我们智人这一物种,也是我们创造性的源头活水"。

　　实际上,威尔逊也不是孤立的。在20世纪六七十年代,一位名为莫利斯的学者出版了一本畅销书——《裸猿》,紧接着又出了两本书——《人类动物园》和《亲密行为》,这3本书通常被称为"裸猿三部曲",探讨的更多是人类社会生物的特性。这3本书同样引起了很大争议,斯蒂文·古尔德等多位学者对他的观点不以为然,甚至有些国家把这3本书列为禁书。莫利斯也是位很严谨的学者,他曾说,"你是旷世无双、无与伦比的物种中的一员,但是请理解你的动物本性并予以接受",我们不要因为我们的动物本性或者我们的由来而感到羞耻。

　　20世纪还有一位著名的英国学者理查德·道金斯,也是当今很活跃的一位进化生物学家和科普作家,他写过一本著名的书,书名是《自私的基因》,他认为基因都是自私的,这个比喻并不完全贴切,因为自私原本是人类的一种带有主观价值判断的行为,用于动物或者某一生物中不一定妥当。道金斯先生还提出了"文化基因"的概念,提出了人类和其他生物的差异所在,因为文化本身具有一定的继承性,文化对人类的影响使我们和其他生物产生了根本性的差异。此外,文化在某些方面还代替了自然的选择,影响了人类的进化。

　　另一位著名生物学家查尔斯·沃斯曾经说过:"我们是由冷酷的进化力量所造就的、数量极多的生命形式的一部分"。也就是说,我们人类也是芸芸众生中很普

通的一个物种,而且自然选择是很冷酷的。道金斯说只有我们人类才能反抗我们自私的基因,事实上也只有我们人类才能够研究进化论。所以,我们人类有动物的本性,但是我们能够意识到这样一点,并能够做出一些违背生物本性的事情来,这也是我们人类有别于动物的地方。

三、地球生命历史的启示

地球生命至少从37亿年前开始出现,5亿多年前产生了一次大的发展,直到今天,地球历史出现了6次生物大的辐射现象(生物多样性快速增加)和至少5次生物大灭绝事件,我们最熟悉的是6 500万年前的恐龙大灭绝,在2.5亿年前还发生了一次规模更大的灭绝事件,即二叠纪末生物大灭绝,有95%的海洋生物和80%的陆生生物物种在几万年的时间里从地球上消失了。那么,我们人类会不会面临新的灭绝,我们现在是不是正处于第六次大灭绝呢?现在很多生物物种均面临灭绝的风险,我们对环境的破坏已经直接威胁到我们人类的生存,很多可爱的生物在不太久远的过去已经从地球上消失了,比如猛犸象、渡渡鸟(图18-6)。白鳍豚则是一个近代灭绝物种的例子。很多近代生物的灭绝是和我们人类密切相关的。

图18-6 渡渡鸟,自1598年被人类发现以来,仅数十年后即于1662年便惨遭灭绝。

《人类简史》的作者尤瓦尔·赫拉利曾经这样说:"翻开历史,智人看起来就是个生态的连环杀手"。他认为,我们人类在获得自身成功的同时,实际上也对我们与我们相伴的许多生物和我们所处的环境造成了极为恶劣的影响。苗德岁先生也曾经写道:"在人类出现之前,生物多样性完全是由大自然30多亿年塑造的,不仅保护了人类的生存与发展,而且保护了人类文化的多样性。从人类所有的食物到药材、木材、纤维、油料、橡胶、燃料等。生物多样性在我们人类的语言、文学艺术、音乐以及宗教发展过程中，也都扮演了重要的角色，因而是人类文化和社会文明的有机组成部分。"生物多样性不仅是生物本身的事情，与我们人类的生存发展以及文明都有很密切的关系，所以我们人类应该更好地善待与我们相伴的生物，更好地保护我们的环境。

过去是理解现在的一把钥匙，对地质历史时期生物与环境相互关系的正确认识，不仅能够为我们应对当今全球变暖的环境危机、应对生物多样性的衰减，甚至对我们人类生存环境的影响提供历史的借鉴和启示。

以上的内容或许可简单概括为几点。第一，生命没有高低、贵贱之分，只有相对的适应，并没有绝对的完美，都是在大自然、在偶然与必然的交替过程中造化的结果。第二，今天我们人类赖以生存的生物多样性是过去30多亿年地球演变的结果，保护生物多样性以及我们所依赖的环境，实际上是保护我们人类自身。第三，人既是动物，也区别于其他动物。过分强调哪一个方面都是不可取的，我们既不能陷入生物决定论的陷阱，也不要把人强行地抬上"道德至上"的神坛。

拓展阅读

布赖恩·查尔斯沃思，德博拉·查尔斯沃思，2015.进化：英汉双语对照 [M].舒中亚，译.南京：译林出版社.

达尔文，2013.物种起源 [M].苗德岁，译.2版.南京：译林出版社.

福提，2017.化石：洪荒时代的印记 [M].邢路达，胡晗，王维，译.北京：中国科学技术出版社.

古尔德，2016.自达尔文以来：进化论的真相和生命的奇迹 [M].田洛，译.海口：海南出版社.

科因，2009.为什么要相信达尔文？[M].叶盛，译.北京：科学出版社.

迈尔，2003.进化是什么 [M].田洛，译.上海：上海科学技术出版社.

苗德岁，2014.物种起源：少儿彩绘版 [M].南宁：接力出版社.

苗德岁，2016.天演论：少儿彩绘版 [M].南宁：接力出版社.

莫利斯，2010.裸猿 [M].何道宽，译.上海：复旦大学出版社.

内维茨，2014.第6次大灭绝 [M].徐洪河，蒋青，译.上海：上海科学技术出版社.

齐默，2011.演化：跨越40亿年的生命记录 [M].唐嘉慧，译.上海：上海人民出版社.

威尔逊，2008.社会生物学：新的综合 [M].毛盛贤，孙港波，刘晓君，等译.北京：北京理工大学出版社.

周忠和，王向东，王原，2013.十万个为什么：古生物卷 [M].上海：上海少儿出版社.

Douglas J Futuyma，2017.生物进化 [M].葛颂，顾红雅，饶广远，等译.3版.北京：高等教育出版社.